全国高校安全工程专业本科规划教材

安全检测与监控

教育部高等学校安全工程学科教学指导委员会组织编写

主　编　董文庚
主　审　曲　方

中国劳动社会保障出版社

图书在版编目(CIP)数据

安全检测与监控/教育部高等学校安全工程学科教学指导委员会组织编写. —北京：中国劳动社会保障出版社，2011

全国高校安全工程专业本科规划教材

ISBN 978-7-5045-8769-5

Ⅰ.①安… Ⅱ.①教… Ⅲ.①安全管理-监控-技术-高等学校-教材 Ⅳ.①X924.2

中国版本图书馆 CIP 数据核字(2011)第 010608 号

中国劳动社会保障出版社出版发行

(北京市惠新东街 1 号 邮政编码：100029)

出 版 人：张梦欣

*

三河市华骏印务包装有限公司印刷装订 新华书店经销

787 毫米×960 毫米 16 开本 22.5 印张 393 千字

2011 年 1 月第 1 版 2023 年 7 月第 11 次印刷

定价：49.00 元

营销中心电话：400－606－6496

出版社网址：http: // www.class.com.cn

编审人员

主　编　董文庚

编写人员　苏昭桂　张金锋　刘庆洲

主　审　曲　方

内 容 简 介

本书从预防职业危害和预防生产安全事故工作的实际需要，较系统地阐述了安全检测与监控的内容。教材共分八章，着重介绍了工业生产过程参数检测与监控、有毒有害和易燃易爆气体检测与监控、作业场所空气中粉尘的检测、工业噪声检测、无损检测技术、火灾信息检测与监控、防雷防静电检测及物质放射性检测与监控等内容。

本书力求反映安全检测与监控领域的新理论、新技术、新仪器，可作为高等院校安全工程专业教学用书，以及环境科学、预防医学等专业的教学参考书，同时也可作为从事职业卫生管理、生产安全管理等人员的参阅资料。

序　言

党的十六届五中全会确立了“安全发展”的指导原则，极大地促进了我国安全科学事业的发展，同时为安全工程学科提供了良好的发展机遇。据初步统计，到目前为止，全国开设安全工程专业的高校已达百余所，安全工程专业已成为我国高等教育中重要的新兴专业之一。

加强教材建设，是促进我国安全工程专业健康发展的重要基础工作。教育部高等学校安全工程学科教学指导委员会（2004—2008 年）在充分吸收和借鉴上届教指委安全工程专业教材成功编写经验的基础上，于 2006 年启动了“全国高校安全工程专业本科规划教材”的组织编写和出版工作。第一批 15 种安全工程专业本科规划教材已基本完成。在此基础上，教育部高等学校安全工程学科教学指导委员会（2008—2010 年）组织开发了第二批规划教材共 14 种，包括《安全评价》《安全法学》《安全工程专业英语》《安全监察》《消防工程概论》《安全工程概论》《安全检测与监控》《防灾减灾工程》《矿山安全工程》《交通运输安全技术》《建筑施工安全技术》《计算机在安全领域中的应用》《安全科技概论》《安全工程专业毕业设计与论文指南》。

本套规划教材的编写力求满足安全工程专业课程体系和课程教学的新发展，立足现实，反映前沿，力求创新，既包括已经成熟并被公认的理论与学术思想，又反映安全工程学科领域具有前瞻性与代表性的最新理论、技术和方法，并借鉴吸收世界上发达国家的先进理论、理念与方法。

在本套教材开发过程中，全国数十所高等学校、科研院所的近百名专家和学者积极参与了教材的编写和审订工作，教指委秘书处、教材开发分委会和中国劳动社会保障出版社做了大量的组织工作，在此向他们表示衷心的感谢！

本套教材的编写和出版，是我国安全工程学科在教材建设方面又迈出的重要一步。虽然我们尽了最大努力，但仍有不足，恳请安全工程领域的专家学者和广大师生提出宝贵意见。

教育部高等学校安全工程学科教学指导委员会

2010 年 8 月

前　言

安全生产工作者所从事的工作可以由“辨识、评价、控制”六个字笼统地概括。辨识是指对作业场所中的环境、设备、设施中存在的危险源进行识别，预测其可能出现的各种事故，分析事故隐患引发危险源灾变为事故的机理；评价是指对危险源的灾变为事故风险的定性定量评价和与相关标准、设计规范符合性评价；控制是指防止危险源灾变为事故所采取的工程技术措施、人员行为的强制控制措施和安全教育措施。在辨识、评价、控制三个基本工作环节中，安全检测工作的作用就相当于人的“耳朵”和“眼睛”，起到收集安全状况信息的作用，如作业场所有害气体浓度、粉尘的浓度、噪声强度等是否超过限值，需要依据检测数据进行判断，可燃气体或可燃液体是否泄漏、浓度是否接近燃爆危险浓度、有限作业空间气体中氧气浓度是否在安全范围内也需要固定式或移动式的检测仪表或检测仪随时检测，运行中设备的温度、压力、流体流速等物理参数也必须靠物理参数传感器感知响应，场所发生火灾的初始期也需要火灾探测器传递出信息，相关的安全联锁系统和自动控制系统也需要传感器提供实时的参数信号。安全监控包括了“监测”与“控制”两个方面，监测是指对被测对象的某一参数进行连续的响应和输出，显示其实时值及其变化趋势，控制是指根据监测的实时结果，对设备的运行进行调整的过程，监测是控制的基础和前提。

《安全检测与监控》是根据安全生产工作的需要，结合了分析化学、传感器科学和火灾探测、设备探伤、尘毒检测、环境监控等领域的知识和技术，综合而成的实用性技术及其原理。教材所述内容是安全生产工作者应该熟悉和了解的知识。

在 2009 年的高等学校安全工程学科教学指导委员会教材建设会议（沈阳）上，本书的编写大纲经委员和教授们的审阅和讨论，经修改后确定，作者按照大纲选定的内容和要求进行编写，经审稿、修改后定稿。

全书共分八章，第一章绪论和第三章气体检测与监控由董文庚编写；第二章过程参数检测与监控和第六章无损检测技术由苏昭桂编写；第四章作业场所空气中粉尘的检测和第七章火灾信息检测与监控由张金锋编写；第五章工业噪声检测由刘庆洲编写，第八章防雷防静电及物质放射性检测与监控由董文庚和张金锋共同编写，全书由董文庚主编，曲方教授主审。

全书在编写过程中力图实现既注重基础又突出实用的目的，根据安全工程专业本科学生的基础知识，适度介绍了相关检测所需的基础理论，对于检测仪器设备和检测技术，主要侧重于通用性知识与技能的介绍。

本书在编写过程中参阅了大量的相关资料，在此，谨对原作者表示最真诚的谢意。

由于编者水平有限，书中疏漏和错误在所难免，敬请读者不吝赐教。

编　者

2010 年 10 月

目　录

第一章 绪论

本章学习目标

1. 了解安全检测的基本任务，掌握安全检测的基本概念。
2. 了解安全监控的任务和特点。
3. 掌握现代安全检测系统的基本知识。

安全是指人的身体与精神免受危险、危害因素伤害、威胁的存在状态、健康状况及其保障条件。没有伤害、没有损失、没有威胁、没有事故发生的内涵是：预知、预测、分析危险，限制、控制、消除危险，使人的生命、健康、精神状态均处于人们在当时社会发展条件下普遍可接受的安全状态。安全的本质是人、物和环境三大要素及其相互关系和谐并达到预定的安全目标。在生产领域，安全是指人们在生产活动中免遭不可接受的风险和伤害的存在状态。这种状态消除了可能导致人员伤亡、职业危害、设备及财产损失或危及环境的潜在因素。不能预知、掌握、控制或消除危险的所谓平安无事，是虚假的安全，不可靠的安全。仅凭人们自我感觉的安全，是危险的安全。安全检测活动的作用就是让人们了解所处作业环境中是否存在危险因素及其危险的水平，了解设备运行状态，其目的是尽量避免人员伤亡、职业危害、设备及财产损失，使风险控制在人们可以接受的水平。

第一节 安全检测与安全监测

确切地说，安全检测和安全监测没有本质上的区别，第一是习惯的叫法，来源于早期的尘毒检测工作；第二是来自检测工作的性质区别。

一、安全检测

安全检测（Safety detection）是借助于仪器、仪表、探测设备等工具，准确地了解生产系统与作业环境中危险、有害因素的类型、危害程度、危害范围及其动态变化的活动总称。有时也把尘毒检测称为狭义的安全检测。安全检测的对象是劳动者作业场所空气中可燃或有毒气体或蒸气、漂浮的粉尘、物理危害因素以及反映生产设备和设施安全状态的温度、压力、流速、壁厚等参数。其作用是获取有害气体、可燃气体、粉尘浓度及噪声分贝值等因素的安全状态信息，为安全管理决策提供数据，或者为控制系统提供基础参数。安全检测的工作是由场所或设施所属企业自己完成的，是企业安全生产工作的一部分。

从安全检测的含义可以看出，安全检测由两部分组成：一是以保证人员不受职业伤害为目的的职业危害因素检测；二是以保证生产设备、设施正常运行为目的的设备运行参数的检测。

根据被检测物质类别，安全检测中的气体检测又分为可燃气体检测和有毒气体检测。

可燃气体检测（Combustible gas detection）是利用气体检测仪器对可燃气体或易燃液体的蒸气浓度进行的测定。最常用的可燃气体检测仪器是催化燃烧式检测仪、红外式检测仪、半导体式检测仪和热导型检测仪。检测地点是生产、使用、储存可燃气体或易燃液体的场所。其作用是指示可燃气体浓度，并在浓度达到报警值时发出报警信号，以便采取堵漏、通风等措施。其目的是避免形成爆炸性混合气体，防范气体爆炸事故的发生。

有毒气体检测（Toxic gas detection）是利用气体检测仪器对有毒气态物质浓度进行的测定。包括对人体有毒的气体和液体的蒸气。检测地点是人员工作场所，也包括设备内部、地井、巷道等空间狭小的临时工作场所，即受限作业空间。作用是确认人员出现场所空气中有毒气体浓度是否超过职业接触限值及氧气浓度是否低于缺氧危险作业的标准值，避免人体中毒或缺氧窒息。在有缺氧危险的作业场所，作业空间氧气浓度是必须检测的，一旦缺氧（低于19.5%），作业人员可能受到伤害，严重缺氧会导致窒息，其后果如同中毒。

根据检测结果显示的地点和目的，安全检测又分为实时检测、实验室检测和应急监测。

实时检测（Real time detection）又称实时监测，是指能够随时跟踪显示被检测物质浓度或物理参数数值的检测。其特点是：传感器或检测器固定在被检测场所或设备的现场，检测输出信号或显示数值与被检测量的数值几乎同时变化。工厂采用的固定式气体检测报警系统就是其中一种。其作用是随时能了解被测量的数值。

实验室检测（Detection in laboratory）是指在被检测的现场采集含有有毒气体、可燃气体的气体样品，带回到实验室，应用实验室型检测仪器对被测物浓度进行测定的检测。因为不能实时显示检测结果，所以这种检测方式仅适合于例行的定期检测。

应急检测（Emergency detection）是指在发生泄漏、火灾、爆炸等生产安全事故时，为完成对某种特定危险物质在空气或水体中浓度的检测任务，采用快速检测技术手段而进行的检测。实施检测的地点是事故现场或受影响的区域，并能够实时给出检测结果。有毒有害或易燃易爆气体等危险物质在事故时释放进入空气中后，或者是液态、固态有毒物质进入水体后，需要检测人员检测危险气体或溶质的危害范围、浓度的变化趋势、气体扩散的主要方向，为制定疏散人员、确定戒严范围等应急决策提供依据。

进行安全检测所采用的设备或仪表称为安全检测仪器（Safety detection instrument），其种类繁多，很多情况下它是用于作业场所空气中有毒气体浓度、可燃气体浓度和粉尘浓度及组成测定的仪器总称。按照使用场所的不同可分为实验室型检测仪和便携式检测仪。实验室型检测仪只能对在现场采集来的气体样品进行测定，如气相色谱仪、高效液相色谱仪、原子吸收光谱仪等；便携式检测仪能够被携带到现场，采样和测定两个过程同时进行，可实现实时检测，如手持式可燃气体检测仪、手持式有毒气体检测仪和粉尘测定仪等。根据可检测气体种类的多少，便携式检测仪有单一式气体检测仪和复合式气体检测仪。主要用于作业场所、受限作业空间、事故现场气体的检测和泄漏源追踪等。

对固定生产场所进行的长期的气态物质的检测一般应用安全检测报警系统（Safety detection and alarm system），又称气体检测报警系统。它是能够对场所空气中有毒气体或可燃气体浓度产生响应，将浓度信号转换成相应电信号，并在其浓度达到或超过预先设定的报警浓度值时发出报警信号的装置系统。其基本的构成包括：检测器和报警器组成的可燃/有毒气体报警仪，或由检测器和指示报警器组成的可燃/有毒气体报警仪，也可以是专用的数据采集系统与检测器组成的检测报警系统。根据检测报警功能的不同系统可分为两类：第一类由检测器和报警器组成，当气体浓度达到报警浓度时，发出报警信号，但不能显示浓度的具体值；第二类由检测器和指示报警器组成，不仅能发出报警信号，还能随时指示出气体的浓度值。在可能泄漏有毒气体、可燃气体、易挥发性有毒及易燃液体场所，设置安全检测报警系统可起到防止有毒气态物质浓度超过职业卫生限值和形成爆炸性混合气体的作用。

对于职业有害因素的检测，其检测结果不能直接显示对人体是否有害，需要将检测结果与国家标准规定的职业接触限值（Occupational exposure limits，OELs）相比较来确定。职业接触限值就是职业性有害因素的接触限制量值，即劳动者在职业活动过程中长期反复接触某种有害因素，绝大多数接触者的健康不引起有害作用的容许接触水平。其量值由国家标准规定，包括化学有害因素职业接触限值和物理因素职业接触限值两部分。化学有害因素的职业接触限值可分为时间加权平均容许浓度、最高容许浓度和短时间接触容许浓度三类。它是进行工作场所卫生状况、劳动条件、劳动者接触化学与物理因素的程度、生产装置泄漏（露）、防护措施效果的监测、评价、管理、工业企业卫生设计及职业卫生监督的主要技术依据。对于可燃气体及易燃液体蒸气等爆炸性气态物质的检测，目的是防止接近形成爆炸性混合气体，检测结果需要与爆炸极限下限进行比较。对于工业过程参数，如温度、压力、流量等进行的检测，是否处于安全范围需要与设计的工艺参数波动允许范围相比较。

二、安全监测

监测可以理解为监视性的检测，一般认为包括两个方面的含义：

第一方面是指政府执法部门委托的从事作业场所作业环境监测的机构定期对企业某些指标所进行的检测，或者是对特种设备（如压力容器）及安全设施（如防雷装置接地电阻）的检测，目的是监督企业作业场所工作环境的质量，检查职业卫生设施或措施的有效性，属于强制性质的第三方检测。监测结果作为评判是否满足国家行业要求的依据，所以检测所用的设备及检测方法都严格执行国家标准或者行业标准，检测结果具有法律效力。对于特大型企业，上级对所属企业的检测也属于安全监测。

第二方面是指本企业对内部场所或设备的监控性检测，比如气体检测报警系统、气体检测报警控制系统，由于也具有很强的监视性，也属于安全监测。

总之，除实施检测的部门有区别外，安全检测与安全监测使用的设备及方法没有本质区别。在环境保护领域，使用“环境监测”而不用环境检测，其原因是在早期检测工作中，大气质量和水体质量检测主要由政府部门检测完成的，检测者也是执法者，所以具有监督的职责，因此习惯上使用监测。

第二节　安全监控的主要内容与特点

安全监控是指监测与控制两功能的结合，监测设备提供被检测设备或场所的某一特征数据，由控制设备或者是人对检测数据进行分析，根据已设定的标准判断是否需要改变被控制设备的运行状态，需要时对被控制设备发出启动信号，被控制设备启动或者改变运行参数。因此，安全监控也称为安全测控。在安全检测与控制技术学科中所称的控制可分为以下两种：

第一种是过程控制。在现代化工业过程中，一些重要的工艺参数大都由变送器、工业仪表或计算机来测量和调节，以保证生产过程及产品质量的稳定，这就是过程控制。在比较完善的过程控制设计中，有时也会考虑工艺参数的超限报警，外界危险因素（如可燃气体、有毒气体在环境中的浓度、烟雾、火焰信息等）的检测，甚至紧急停车等联锁系统。然而，这种设计思想仍然着眼于表层信息捕获的习惯模式。如车间内可燃气体或有毒气体达到报警浓度时，通风设备根据变送器发出的指令性信号自动启动；再如用空气氧化某种气态物料的合成工艺过程中，检测系统的监测数据发现氧气浓度达到或超过设定的临界浓度时，控制系统调整空气输送速度，就可以将氧气浓度调整到安全的浓度范围。

第二种是应急控制。在对危险源的可控制性进行分析之后，选出一个或几个能将危险源从事故临界状态调整到相对安全状态，以避免事故发生或将事故的伤害、损失降至最小程度。这种具有安全防范性质的控制技术称为应急控制。将安全监测与应急控制结合为一体的仪器仪表或系统，称为安全监控仪器或安全监控系统。

从安全科学的整体观点出发，现代生产工艺的过程控制和安全监控功能应融为一体，综合成一个包括过程控制、安全状态信息监测、实时仿真、应急控制、自诊断以及专家决策等各项功能在内的综合系统。这种系统既能够对生产工艺进行比较理想的控制，从而使企业受益，又能够在出现异常情况时及时给出预警信息，紧急情况下恰到好处地自动采取措施，把安全技术措施渗透到生产工艺中去，避免事故的发生或将事故危害和损失降到最低程度。

监控技术的发展主要表现在：a. 监控网络集成化。它是将被监控对象按功能划分为若干系统，每个系统由相应的监控系统实行监控，所有监控系统都与中心控制计算机连接，形成监控网络，从而实现对生产系统实行全方位的安全监控（或监视）；b. 预测型监控。这种监控即控制计算机根据检测结果，按照一定的预测模型进行预测计算，根据计算结果发出控制指令。这种监控技术对安全具有重要的意义。

预警一词用于工业危险源时，可理解为系统实时检测危险源的“安全状态信息”并自动输入数据处理单元，根据其变化趋势和描述安全状态的数学模型或决策模式得到危险态势的动态数据，不断给出危险源向事故临界状态转化的瞬态过程。由此可见，预警的实现应该有预测模型或决策模式，亦即描述危险源从相对安全的状态向事故临界状态转化的条件及其相互之间关系的表达式，由数据处理单元给出预测结果，必要时还可直接操作应急控制系统。

报警和预警区别甚大，前者指危险源安全状态信息中的某个或几个观测值，分别达到各自的阈值时而发出声、光等信号而引人注意的功能。阈值是事先设定的，例如在可燃气体检测报警系统中，使用前设定浓度为≤25%LEL和≤50%LEL作为低和高两个报警阈限值。

报警是指某参数达到了预设的阈值，而预警是在一定程度上是对危险源状态的转化过程实现在线仿真，根据状态数据的变化趋势判断是否向危险状态转变。二者的本质区别在于有无预测模型或模式。

第三节　安全检测技术与安全监控系统

一、安全检测技术

安全检测的对象包括：作业场所空气中的粉尘、可燃气体、有毒气体、噪声、电离辐射，带静电物料或物体的静电电位、静电电荷量、对地电容，设备内的压力、温度、流速、物位，可能发生火灾场所的火灾信息，设备的缺陷、裂纹、厚度，防雷设施的接地电阻等许多方面。所用检测仪器种类多、型号多，原理也各不相同，检测地点也分室内室外，检测过程涉及许多领域的知识。为了得到准确可靠、可比性强的检测结果，最好采用标准的检测方法，没有标准检测方法的检测项目，可采用权威部门推荐的方法，或能被广泛认可的检测方法。

在露天布置或室内安装的工业装置现场使用的固定式气体检测报警系统，不仅要求检测的准确度高，而且还要求能快速探知泄漏，所以传感器的安装位置设计也要规范。我国颁布了许多车间空气中粉尘、有毒物质、噪声和辐射的职业卫生检测标准；对于有害气体，包括最高容许浓度、时间加权平均容许浓度、短时间接触容许浓度和相应的检测方法，这些是进行安全检测的依据。

目前，空气尘毒检验常用的分析方法有紫外—可见分光光度法、气相色谱法、高效液相色谱法、原子吸收光度法、电化学分析法、荧光光度法以及滴定分析等实验室分析方法，还有很多采用便携式检测仪的方法。对于待测的空气中危险物质，选择分析方法的原则是尽量采用灵敏度高、选择性好、准确可靠、分析时间短、经济实用、适用范围广的分析方法。

除固定场所的常规检测外，安全检测的另一个重要任务是突发事故时的应急检测，主要是对泄漏气体和挥发性液体蒸气的检测，有时也需要对火灾时的燃烧热解产物，如一氧化碳、氰化氢、二氧化硫等进行应急检测，有时也需要对临时性的受限作业空间（如设备内维修）进行检测。应急检测的目的是确定危险区域或判断人员是否有危险，但检测过程没有标准方法。

与检测有关的国家标准包括采样标准、检测方法标准、浓度阈限值标准、仪器安装设计标准及标准气体配置标准等。

对于本书讲到的其他检测内容，同样需要一定的检测方法。这些检测不仅是对现有科学知识的应用，也有本学科特有的理论和相应的检验设备、仪器和检测方法。

安全检测技术是为保证从业人员职业安全和生产过程安全所进行的检测过程所需原理知识和技能的总称。检测人员不一定对所用检测设备或仪器的原理完全精通，但需要掌握其基本原理和特性，否则不能很正确地使用，甚至得到误差较大的检测结果。同其他技能一样，安全检测操作技能需要在实践中熟练，不是仅懂理论就能做好的。

二、安全监测系统

安全监测系统就是测试系统在安全检测领域的应用。现代测试系统以计算机为中心，采用数据采集与传感器相结合的方式，既能实现对信号的检测，又能对所获信号进行分析处理求得有用信息，能最大限度地完成测试工作的全过程。

1. 基本型测试系统

计算机控制的基本型测试系统如图1—1所示，主要由传感器、信号调理、数据采集卡（板）、计算机控制中枢等几部分组成。该系统能完成对多点、多种随时间变化参量的快速、实时测量，并能排除信号噪声干扰，进行数据处理、信号分析，由测得的信号求出与研究对象有关信息的量值或给出其状态的判别。

各组成部分的功能分别为：

①传感器　传感器的作用是将被检测的参量转换成相应的可用输出信号。被测参量可以是各种非电气参量，也可以是电气参量，如气体浓度、噪声分贝、流体流

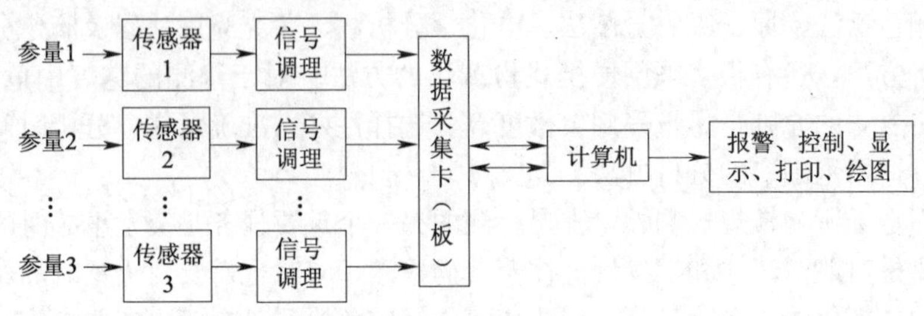

图 1—1 现代测试系统的基本形式框图

量等，将被测参量信号转换成电信号。

②信号调理　信号调理的作用有两个：一是将来自传感器的输出信号放大，放大到与数据采集卡（板）中的 A/D 转换器相适配。A/D 转换器即模数转换器（Analog to digital converter），将模拟信号转换成数字信号的电路，如果信号调理电路输出的是规范化的标准信号，即 4～20 mV 电流信号，则称这种信号调理电路为变送器；二是预滤波，抑制干扰噪声信号的高频分量，将频带压缩以降低采样频率，避免产生混淆。此外，根据需要还可进行信号隔离与变换等。

③数据采集卡（板）主要起到三个作用：其一是由衰减器和增益可控的放大器进行量程自动改换；其二是由多路切换开关完成对多点多通道信号的分时采样，将时间连续信号［x（t）］经过采样后变为离散时间序列［x（n），n=0，1，2，…］；其三是将信号的采样值由 A/D 转换器转换为幅值离散化的数字量，或由 V/F 转换器转换为脉冲频率，以适应计算机工作。

④计算机控制中枢的作用就像神经中枢，按预定的程序自动进行信号采集与存储，自动进行数据的运算分析与处理，指令附属设备以适当形式输出、显示或记录测量结果。可燃气体和有毒气体检测报警系统还应该具有历史事件的记录功能。

通常，传感器部分与变送器安装在检测现场，其他部分安装在控制室。以上检测系统属于传统型测试控制系统。

2. DCS 系统

现在应用较普遍的测试与控制系统是 DCS 系统。DCS 系统是分散控制系统（Distributed Control System）的简称，一般习惯称为集散控制系统。它是一个由过程控制级和过程监控级组成的以通信网络为纽带的多级计算机系统，综合了计算机（Computer）、通信（Communication）、显示（CRT）和控制（Control）4C 技术，其基本思想是分散控制、集中操作、分级管理、配置灵活、组合方便。

所谓的分散式控制系统是相对于集中式控制系统而言的一种新型计算机控制系

统，它是在集中式控制系统的基础上发展、演变而来的。系统网络是 DCS 的基础和核心。系统满足实时性的要求，即在确定的时间限度内完成信息的传送。这里所说的“确定”的时间限度，是指在无论何种情况下，信息传送都能在这个时间限度内完成，而这个时间限度则是根据被控制过程的实时性要求确定的。系统网络还必须非常可靠，无论在什么情况下，网络通信都不能中断，因此多数 DCS 系统均采用双总线、环形或双重星形的网络拓扑结构。系统网络还须满足系统扩充性的要求，系统网络上可接入的最大节点数量应比实际使用的节点数量大若干倍，一方面可以随时增加新的节点，另一方面也可以使系统网络运行于较轻的通信负荷状态，以确保系统的实时性和可靠性。

3. 标准通用接口型测试系统

标准通用接口型测试系统与现代开放型控制系统一样，采用了现场总线（Field bus）技术。它是 20 世纪 80 年代末以后发展起来的，用于监测控制自动化、过程自动化、楼宇自动化等领域的现场智能设备互连通信网络。现场总线系统由于采用了智能现场设备，能够把原先 DCS 系统中处于控制室的控制模块、各输入输出模块置入现场设备。现场设备具有通信能力，现场的测量变送仪表可以与阀门等执行机构直接传送信号，因而控制系统功能能够不依赖控制室的计算机或控制仪表，直接在现场完成，实现了彻底的分散控制。现场控制总线系统与传统控制系统结构的区别见图 1—2 所示。由于现场总线系统中分散在设备前端的智能设备能直接执行多种传感器、控制、报警和计算功能，因而减少了变送器的数量，不再需要单独的控制器、计算单元等，也不需要 DCS 系统的信号调理、转换、隔离技术等功能单元及其复杂连线。由于与总线连接的接口都采用国际标准化的接口，各厂家的产品规格统一，具有互换性，所以称为标准通用接口。

传统控制系统中由于具有一定功能的各模块千差万别，与总线连接的接口可能不通用，组成系统时相互间接口十分麻烦，而且模块是系统不可分割的一部分，不能单独使用，缺乏灵活性。标准通用接口型也是由模块（如台式仪器或插件板）组合而成，所有模块的对外接口都按规定的国际标准设计。组成系统时，若模块是台式仪器，用标准的无源电缆将各模块接插连接起来就构成系统。若模块为插件板，只要将各插件板插入标准机箱即可。组建这类系统非常方便，如 GPIB 系统、VXI 系统就是这类系统，虽然首次投资大，但有利于组建大、中型测量系统。GPIB 通用接口测试系统示意图如图 1—3。

应用现场总线技术构成的测试系统在技术上具有开放性、互可操作性与互用性、现场设备的智能化与功能自治性、系统结构的高度分散性、对现场环境的适应

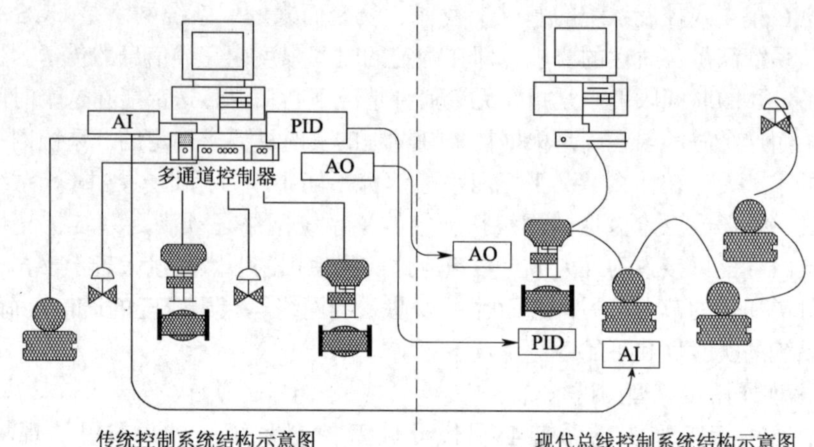

图 1—2　现场控制总线系统与传统控制系统结构的比较

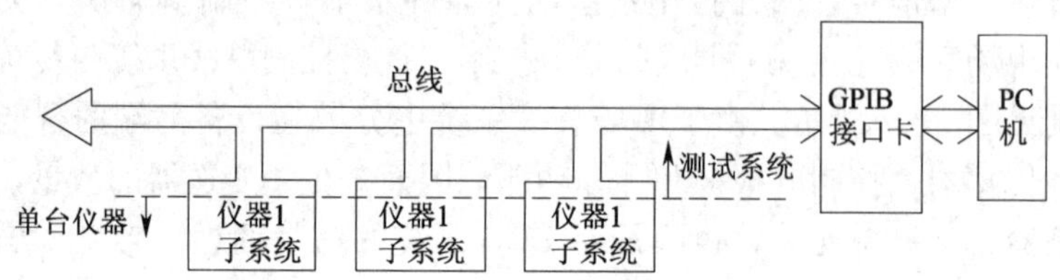

图 1—3　GPIB 通用接口测试系统

性等特点。由于现场总线技术的以上特点，特别是现场总线系统结构的简化，使测试、控制系统从设计、安装、投运到正常生产运行及其检修维护，都体现出优越性。

第四节　职业卫生检测与监控技术现状

在职业有害因素中，以有害气体和粉尘对人体危害最严重。有害气体检测分为实验室检测、便携式检测仪检测和检测报警系统检测三类。

一、实验室检测法

《工作场所有害因素接触限值—第一部分　化学危害因素》（GBZ2. 1—2007）

中，规定了339种化学物质的职业接触限值浓度，其中对人体具有明显刺激、窒息或中枢神经系统抑制作用，可导致严重急性损害的54种化学物质规定了最高容许浓度（MAC），其余的285种规定了时间加权平均容许浓度（PC—TWA），在这285种中有118种还规定了短时间接触容许浓度（PC—STEL）。PC—TWA是评价工作场所环境卫生状况和劳动者接触水平的主要指标，在建设项目竣工验收、定期危害评价、系统接触评估等职业病危害控制效果评价时，以及因生产工艺、原材料、设备等发生改变需要对工作环境影响重新进行评价时，尤其应着重进行PC—TWA的检测和评估。PC—STEL是与PC—TWA配套使用的短时间接触限值，只用于短时间接触较高浓度可导致刺激、窒息、中枢神经抑制等急性作用及其慢性不可逆组织损伤的化学物质。PC—TWA是8 h时间段内的平均浓度，即使PC—TWA满足标准要求，在期间的某一短时间（15 min）内也可能会浓度较高，因此需要用PC—STEL加以限制。对于规定了PC—TWA但未规定PC—STEL的167种化学物质，不仅要求满足PC—TWA，还应控制其浓度漂移上限，国家标准是根据PC—TWA数值的大小，规定了TWA1.5～3倍的可超标倍数，以限制短时间浓度波动的上限。MAC是针对毒性比较大的化学物质制定的，检测时应在了解生产工艺过程的基础上，根据不同工种和操作地点采集能够代表最高瞬间浓度的空气样品来进行检测。

化学危害因素的另一类有害物质是粉尘，包括总粉尘和呼吸性粉尘。总粉尘（简称总尘）是指可进入整个呼吸道（鼻、咽和喉、胸腔支气管、细支气管和肺泡）的粉尘。呼吸性粉尘（简称呼尘）是指按呼吸性粉尘标准测定方法所采集的可进入肺泡的粉尘颗粒，其空气动力学直径均在7.07 μm以下，空气动力学直径5 μm粉尘粒子的采集效率为50%。限值标准规定了47种粉尘的总粉尘PC—TWA，其中的18种还规定了呼吸性粉尘的PC—TWA，所有粉尘的短时间浓度波动上限不能超过PC—TWA的2倍。

规定了浓度限值标准，还需要有相应的浓度检测方法。我国2007年颁布的工作场所空气中气态有害物质检测标准方法中，采用的样品采集方法有吸附剂吸附采样管、气泡吸收管、气溶胶采集器等，测定方法采用最多的是气相色谱法，其次是高效液相色谱法、分光光度法、原子吸收法、等离子体发射光谱法和电化学分析法等。

粉尘的检测项目包括总粉尘、呼吸性粉尘、粉尘分散度、游离二氧化硅浓度、石棉纤维浓度等。总粉尘用测尘滤膜采集，重量法测定。呼吸性粉尘用配有预分离器（即粉尘切割器）和粉尘滤膜的采集器采集，同样也还是用重量法测定。粉尘分散度的测定还是采用滤膜溶解涂片法和自然沉降法，滤膜溶解涂片法是用乙酸丁酯溶解已采集了粉尘的过氯乙烯（即聚氯乙烯）测尘滤膜，之后均匀涂布在载玻片上，在显微镜下按一定规则测量粉尘的直径。游离二氧化硅浓度的测定采用焦磷酸法、红外分光光度法、X射线衍射法。石棉纤维浓度采用滤膜/相差显微镜法。以上介绍的测定方法都是采用实验室型检测仪器进行检测的，即在现场用个体采样法或固定点采样法采集样品，将样品带回实验室，用实验室型检测仪进行测定。

二、便携式气体检测仪检测法

现在，检测有毒气体的便携式检测仪都是手持式检测仪器，体积小、质量轻，便于携带，甚至可以挎在腰带上或放入工装的上衣兜里，其防爆性能等级高（多为 $IICT_6$），可以在大多数场所使用。其采样方式分为扩散式和吸气式两种，后者响应时间较短，对浓度变化的跟踪性好于前者。手持式检测仪有配置一个传感器的单一式检测仪，也有配置 2～5 个传感器的复合式检测仪，后者能对多种气体进行检测。便携式检测仪与实验室型检测仪器最大的区别是它能够在现场采样，现场显示检测结果，所以可以用于事故现场的应急检测、受限作业空间的临时检测、动火前的气体检测、泄漏源的追踪检测等不能用实验室型检测仪器检测的检测场所和任务。由于便携式检测仪使用场所几乎不受限制，所以有很多场所的检测离不开便携式检测仪器的使用，所以近些年便携式检测仪的性能提高得很快，价格也越来越低，有利于普及使用。

三、固定式气体检测报警系统

在有可能泄漏有毒气体、可燃气体的生产装置处，需要设置固定式气体检测报警装置，系统中的传感器（包括变送器）部分设置在现场，信号处理与报警装置设置在控制室（有些报警器也设在现场），完成监测数据显示、记录和超限报警。由于系统采用现场总线技术，现在的监测控制系统已经能够携带多数量、多品种的检测传感器和输出控制的设备，使监测与控制合为一体。

四、粉尘浓度检测仪

粉尘的现场检测仪器也发展得很快，主要的有石英晶体差频粉尘测定仪、β射线粉尘测定仪、光散射法测尘仪等，它们都能够在有粉尘危害的现场实时显示出粉尘浓度的检测结果，有效提高粉尘检测的效率。

本 章 小 结

本章介绍了安全检测在安全生产工作中的作用，解释安全检测、可燃气体检测、有毒气体检测、实时检测、实验室检测、应急检测等概念的含义，阐述了安全检测与安全监测的区别，目的是让读者对安全检测有初步的了解。

介绍了安全检测与安全监测的区别与联系，明确了安全检测是安全监测的一部分，即获取信息的部分。解释了“预警”与“报警”的区别。

概括了安全检测技术与安全监控系统的主要内容，简要介绍了现有的主要监测控制系统的组成与功能，目的是初步了解监测系统。

复习思考题

1. 解释安全检测、可燃气体检测、有毒气体检测、实时检测、实验室检测、应急检测等概念的含义。

2. 安全监测与安全检测有什么区别?

3. 在安全检测报警系统中，预警与报警有何区别?

4. 现场控制总线系统与传统控制系统的主要区别是什么?

第二章　过程参数检测与监控

本章学习目标

1. 了解过程参数检测的基本概念、分类及其特点。
2. 掌握压力、温度、流量及物位等参数的检测方法及工作原理。
3. 掌握过程参数检测与监控的常见仪表及其设备。
4. 了解过程参数检测与监控装置的安装、使用及其维护方法。

在工业生产过程中，各种工艺生产过程和许多设备都需要测量压力、温度、流量及物位等参数。过程参数的安全检测与监控，直接关系到生产企业的安全生产、产品质量以及生产过程的自动化。因此，实现准确地检测各种过程参数和有效监控具有十分重要的意义。本章主要介绍工业生产过程中压强、温度、流量及物位等参数的检测方法。

第一节　压强检测与监控

一、概述

压强是工业生产中经常需要测量的重要参数，也是生产企业保证安全生产，预防事故发生的最基本、最重要的参数之一。压强检测与监控可以有效地预防生产过程因过压而引起破坏或爆炸。本章将主要介绍压强的检测方法、监控技术、测量中所用仪器设备及所用传感器的基本原理及结构。

（一）压强的基本概念

压力是指垂直作用在物体表面上的力。物理学中，把垂直作用于物体单位面积上的力称为压强，工程上，人们习惯把压强称为压力（以后称为压力）。

由上述定义可知压力 P 为

$$P=\frac{F}{S} \tag{2—1}$$

式中　F——垂直作用在面积 S 上的力；

S——物体受垂直作用力的面积。

（二）压力的表示方法

压力的表示方式有 3 种：绝对压力 P_a、表压 P、负压或真空度 P_h，其关系如图 2—1。

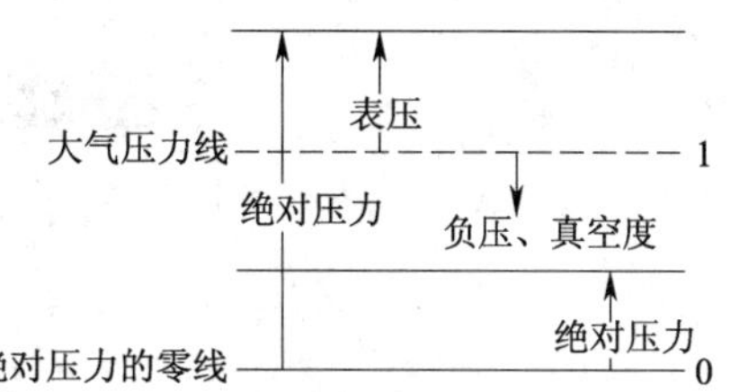

图 2—1　绝对压力、表压、负压（真空度）的关系

工程上所用的压力指示值，大多为表压（绝对压力计的指示值除外）。表压是绝对压力 P_a 和大气压力 P_0 之差，即

$$P=P_a-P_0 \tag{2—2}$$

当被测压力低于大气压力时，一般用负压或真空度 P_h 来表示，它是大气压力 P_0 与绝对压力 P_a 之差，即

$$P_h=P_0-P_a \tag{2—3}$$

因为各种工艺设备和检测仪表通常是处于大气之中，本身就承受着大气压力。所以，工程上经常用表压或真空度来表示压力的大小。以后所提到的压力，除特别说明外，均指表压或真空度。

二、压力检测方法

（一）液柱压力检测

液柱压力检测是以液体静力学原理为基础的。一般采用水银或水作为工作液，用 U 形管、单管等进行压力测量，主要有 U 形管压力计、单管压力计和倾斜式压力计 3 种。结构形式如图 2—2 所示。

该方法常用于实验室或科学研究的低压、负压或压力差的测量，具有结构简单、使用方便、准确度较高等优点。其缺点是量程受液柱高低的限制，玻璃管易损坏，只能就地指示，不能远传。

（二）弹性压力检测

弹性压力计是利用被测介质的压力，使弹性元件受压后产生弹性变形的原理制成的测压仪表。具有结构简单、使用可靠、读数清晰、牢固耐用、价格低廉、测压

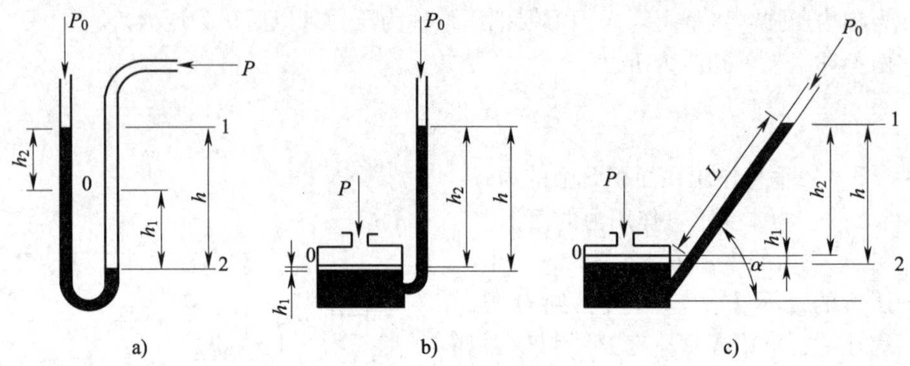

图 2—2　液柱式压力计

a）U 形管压力计　b）单管压力计　c）倾斜式压力计

范围广以及有足够的精度等优点。若增加附加装置，如记录机构、电气变换装置、控制元件等，则可以实现压力的记录、远传、信号报警、自动控制等。

1. 弹性元件

弹性元件是弹性式压力计的测量元件，用来作为气动单元组合仪表的基本组成元件。测压范围不同，所用的弹性元件也不一样。常用弹性元件主要有弹簧管式（见图 2—3a）、薄膜式及波纹管式，如图 2—3 所示。

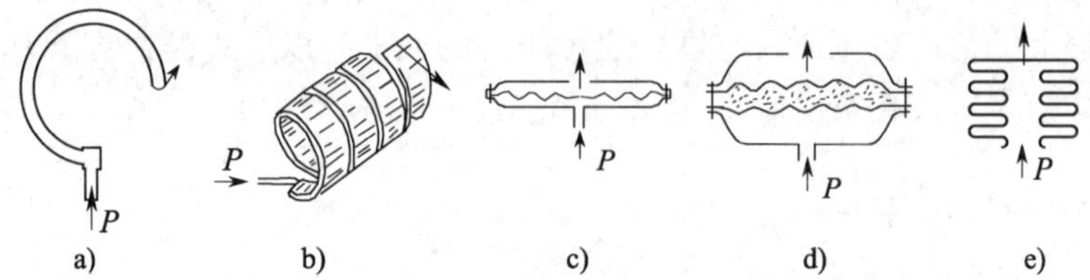

图 2—3　弹性元件示意图

2. 弹簧管压力表

（1）弹簧管的测压原理

单圈弹簧管是弯成圆弧形的空心管子，如图 2—4 所示。它的截面积呈扁圆或椭圆形，椭圆形的长轴 a 与图面垂直和弹簧管中心轴 O 相平行。A 为弹簧管的固定端，即被测压力的输入端；B 为弹簧管的自由端，即位移输出端；γ 为弹簧管中心角初始角；$\Delta\gamma$ 为中心角的变化量；R 和 r 分别为弹簧管弯曲圆弧的外半径和内半径；a 和 b 为弹簧管椭圆截面的长半轴和短半轴。

作为压力—位移转换元件的弹簧管，当它的固定端通入被测压力后，由于椭圆

形截面在压力 P 的作用下将趋向圆形，其自由端就由 B 移到 B'，如图 2—4 上虚线所示，弹簧管的中心角即减小 $\Delta\gamma$。根据弹性变形的原理可知，中心角的相对变化值 $\frac{\Delta\gamma}{\gamma}$ 与被测压力 P 的关系可用下式表示：

$$\frac{\Delta\gamma}{\gamma}=P\frac{1-\mu^2}{E}\frac{R^2}{bh}\left(1-\frac{b^2}{a^2}\right)\frac{\alpha}{\beta+K^2} \tag{2—4}$$

式中　μ、E——弹簧管材料的泊松系数和弹性模数；

h——弹簧管壁厚；

K——弹簧管的几何参数，$K=\frac{Rh}{a^2}$；

α、β——与 $\frac{a}{b}$ 比值有关的参数。

上式计算适合于计算薄壁弹簧管（即 $\frac{b}{a}<0.7\sim0.8$）。

由式（2—4）可知，如要求 P 与 $\frac{\Delta\gamma}{\gamma}$ 成正比关系，必须使式中其余各参数均为定值。而中心角的变化量 $\Delta\gamma$ 与中心角的初始值 γ 成正比（一般取 $\gamma=270°$），并随椭圆短半轴 b 的减小而增大。如果 $b=a$，则 $\Delta\gamma$ 将等于零，即具有均匀壁厚的圆形弹簧管不能作测压元件。此外，$\Delta\gamma$ 的数值还与弹性材料的性质、几何尺寸等因素有关。

（2）弹簧管压力表的结构

弹簧管压力表的结构原理如图 2—5 所示。被测压力由接头 9 通入后，弹簧管由椭圆形截面张大趋于圆形，由于变形，使弹簧管的自由端 B 产生位移，自由端的位移量一般很小，直接显示有困难，必须通过放大机构才能指示出来。放大过程为：自由端 B 的弹性变形位移通过拉杆 2 使扇形齿轮 3 做逆时针转动，于是指针 5 通过同轴的中心齿轮 4 带动而做顺时针偏转，从而在面板 6 的刻度标尺上显示出被测压力 P 的数值。由于自由端的位移与被测压力间有正比关系，因此弹簧管压力表的刻度标尺是线性的。

游丝 7 用来克服因扇形齿轮和中心齿轮的间隙所产生的仪表变差。改变调整螺钉 8 的位置（即改变机械转动的放大系数），可以实现压力表量程的调整。

弹簧管的材料，一般在 P 小于 20 MPa 时采用磷铜，P 大于 20 MPa 时则采用不锈钢或合金钢。但是使用压力表时，必须注意被测介质的化学性质。例如：检测氧气时，应严禁沾有油脂，以确保安全。

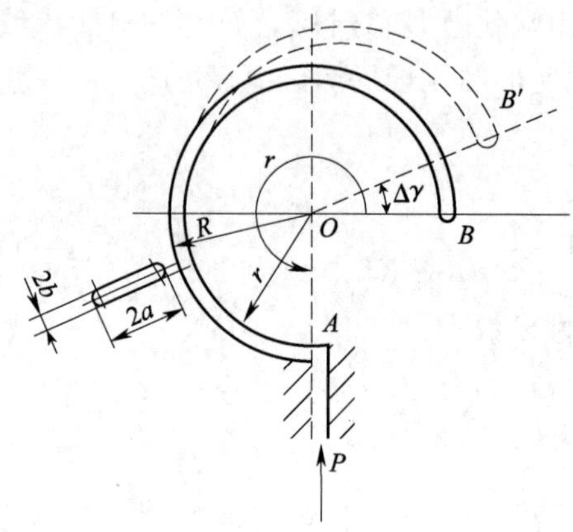

图 2—4　弹簧管的测压原理

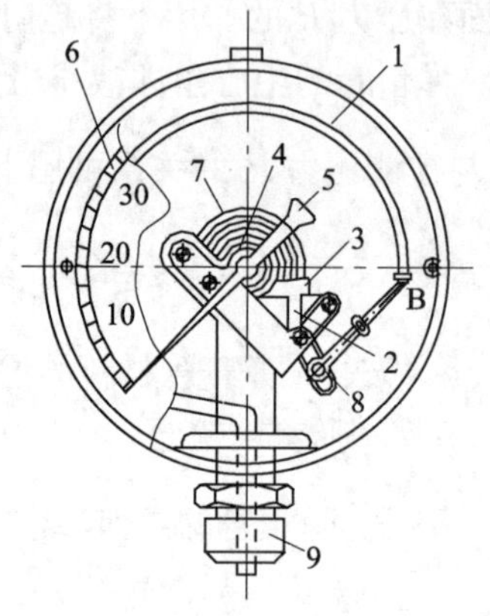

图 2—5　弹簧管压力表

1—弹簧管　2—拉杆　3—扇形齿轮

4—中心齿轮　5—指针　6—面板

7—游丝　8—调整螺钉　9—接头

（三）电气压力检测

电气压力检测仪表是利用压力敏感元件（简称压敏元件）将被测压力转换成各种电量，如电阻、频率、电荷量等来实现测量的。该方法具有较好的静态和动态性能、量程范围大、线性好、便于进行压力的自动控制，尤其适合用于压力变化快和高真空、超高压的测量。主要有压电式压力计、电阻式压力计、振频式压力计、霍尔式压力计等。

电气压力计一般由压力传感器、检测电路和信号处理装置所组成。常用的信号处理装置有指示器、记录仪、应变仪以及控制器、微处理机等。图 2—6 是电气式压力计组成方框图。

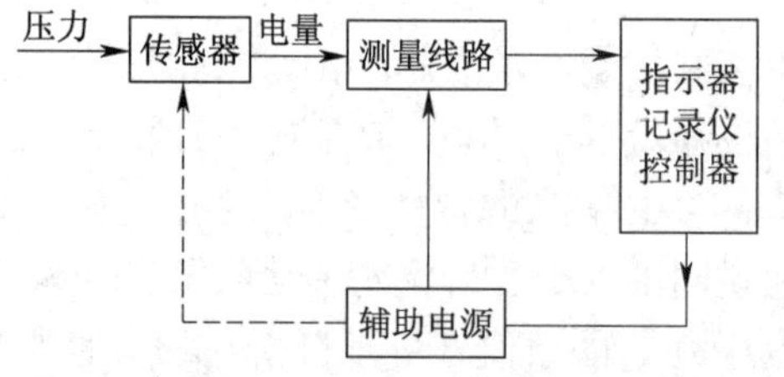

图 2—6　电气式压力计组成方框图

1. 应变片式压力计

应变片式压力计是利用电阻应变原理构成的。电阻应变片有金属应变片（金属丝或金属箔）和半导体应变片两类。被测压力使应变片产生应变。当应变片产生压缩应变时，其阻值减小；当应变片产生拉伸应变时，其阻值增加。应变片阻值的变化，通过电桥变成电信号，从而检测出压力的大小。

图 2—7 是 BPR-2 型应变片式压力计的原理图。应变筒 1 的上端与外壳 2 固定在一起，下端与不锈钢密封膜片 3 紧密接触，两片康铜丝应变片 r_1 和 r_2 用特殊胶合剂（缩醛胶等）贴紧在应变筒的外壁。r_1 沿应变筒轴向贴放，作为检测片；r_2 沿径向贴放，作为温度补偿片。应变片与筒体之间不发生相对滑动，并且保持电气绝缘。当被测压力 P 作用于膜片而使应变筒作轴向受压变形时，沿轴向贴放的应变片 r_1，也将产生轴向压缩应变 ε_1，于是 r_1 的阻值变小；而沿径向贴放的应变片 r_2，由于本身受到横向压缩将引起纵向拉伸应变 ε_2，于是 r_2 阻值变大。但是由于 ε_2 比 ε_1 要小，故实际上 r_1 的减少量将比 r_2 的增大量为大。

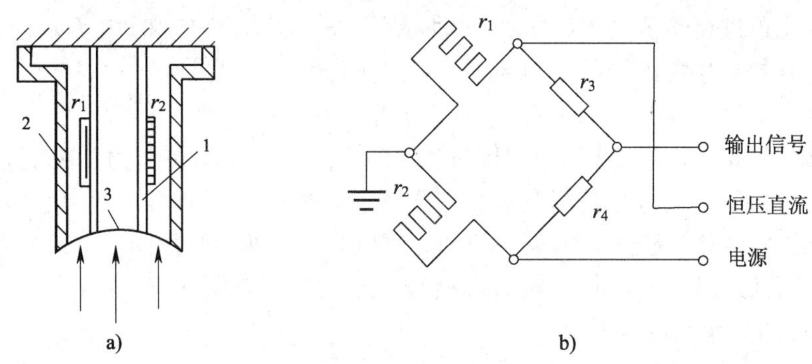

图 2—7　应变片压力计原理示意图

a）传感筒　b）测量电路

1—应变筒　2—外壳　3—密封膜片

应变片 r_1 和 r_2 与两个固定电阻 r_3 和 r_4 组成桥式电路（$r_3=r_4$），如图 2—7b 所示。由于 r_1 和 r_2 的阻值变化而使桥路失去平衡，从而获得不平衡电压 ΔU 作为传感器的输出信号。也可以采用 4 片应变片组成电桥，每片处在同一电桥的不同桥臂上，温度升降将使这两个应变片电阻同时增减，从而不影响电桥平衡。当有压力时，相邻两臂的阻值一增一减，使电桥能有较大的输出。但应变片压力计仍有比较明显的温漂和时漂，一般多用于动态压力检测中。

2. 压阻式压力计

压阻式压力计是基于压阻元件的压电效应制成的，其工作原理如图 2—8 所示。采用单晶硅片为弹性元件，在单晶硅膜片上利用集成电路的工艺制成扩散电阻，并将电阻接成电桥，单晶硅片置于传感器腔内。当压力发生变化时，单晶硅产生应变，使扩散电阻的电阻率发生变化，使其阻值产生与被测压力成比例的变化，从而获得相应的压力输出值。

压阻式压力计具有精度高、工作可靠、频率响应高、迟滞小、尺寸小、质量轻、结构简单等特点，可以适应恶劣的环境条件下工作，便于实现显示数字化。不仅可用来检测压力，稍加改变，还可检测差压、高度、速度、加速度等参数。

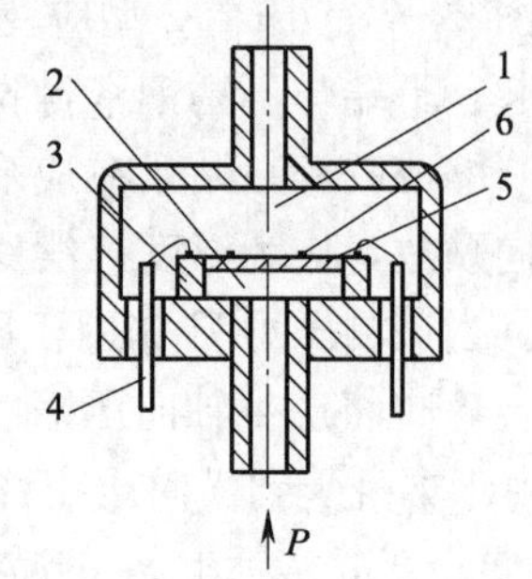

图 2—8 压阻式压力计结构示意图

1—低压腔 2—高压腔 3—硅杯 4—引线 5—硅膜片 6—扩散电阻

3. 电容式压力变送器

电容式压力变送器是将压力的变化转换为电容量的变化再进行检测的。如图 2—9 所示是 CE-CY 型电容式压力变送器的检测部分。测量膜盒内充以填充液（硅油），中心感压膜片 1（可动电极）和其两边弧形固定电极 2 分别形成电容 C_1 和 C_2。当被测压力加在测量侧 3 的隔离膜片 4 上后，通过腔内填充液的液压传递，将被测压力引入到中心感压膜片，使中心感压膜片产生位移，因而，使中心感压膜片与两边弧形固定电极的间距不再相等，从而使 C_1 和 C_2 的电容量不再相等。通过转换部分的检测和放大，转换为 4～20 mA 的直流电信号输出。

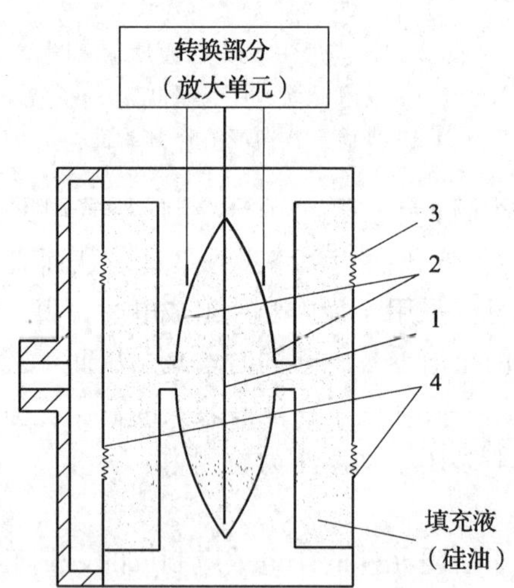

图 2—9 电容式压力变送器测量膜盒

1—中心感应膜片（可动电极） 2—固定电极 3—测量侧 4—隔离膜片

电容式压力计的精度较高，允许误差不超过量程的±0.25%。由于它的结构性能经受振动和冲击，使其可靠性、稳定性高。当检测膜盒的两侧通以不同压力时，便可以用来检测差压、液位等参数。

三、压力计的选用与安装

（一）压力计的选用

1. 仪表类型的选用

仪表类型的选用必须满足工艺生产的要求：是否需要远传变送、自动记录或报警；被测介质的物理化学性质（诸如腐蚀性、温度高低、黏度大小、脏污程度、易燃易爆等）是否对检测仪表提出特殊要求；现场环境条件（诸如高温、电磁场、振动及现场安装条件等）对仪表类型有否特殊要求等。总之，根据工艺要求正确选用仪表类型是保证仪表正常工作及安全生产的重要前提。

2. 仪表检测范围的确定

仪表的检测范围（Measuring range）是指按规定精确度进行检测的范围，主要根据操作中需要检测的参数大小来确定的。

3. 仪表精度的选取

仪表精度是根据工艺生产上所允许的最大检测误差来确定的。一般来说，所选用的仪表越精密，则检测结果越精确、可靠。但不能认为选用的仪表精度越高越好，因为越精密的仪表，一般价格越贵，操作和维护越费事。因此，在满足工艺要求的前提下，应尽可能选用精度较低、价廉耐用的仪表。

（二）压力计的安装

压力计的安装正确与否，影响到检测结果的准确性和压力计的使用寿命。

1. 测压点的选择

所选择的测压点应能反映被测压力的真实大小。

a. 要选在被测介质直线流动的管段部分，不要选在管路拐弯、分叉、死角或其他易形成旋涡的地方。

b. 检测流动介质的压力时，应使取压点与流动方向垂直，取压管内端面与生产设备连接处的内壁应保持平齐，不应有凸出物或毛刺。

c. 检测液体压力时，取压点应在管道下部，使导压管内不积存气体；检测气体压力时，取压点应在管道上方，使导压管内不积存液体。

2. 导压管铺设

a. 导压管粗细要合适，一般内径为 6～10 mm，长度应尽可能短，最长不得超过 50 m，以减小压力指示的迟缓。如超过 50 m，应选用能远距离传送的压力计。

b. 导压管水平安装时应保证有 1∶10～1∶20 的倾斜度，以利于积存于其中之液体（或气体）的排出。

c. 当被测介质易冷凝或冻结时，必须加保温伴热管线。

d. 取压口到压力计之间应装有切断阀，以备检修压力计时使用。切断阀应装设在靠近取压口的地方。

3. 压力计的安装

a. 压力计应安装在易观察和检修的地方。

b. 安装地点应力求避免振动和高温影响。

c. 检测蒸汽压力时，应加装凝液管，以防止高温蒸汽直接与测压元件接触（见图 2—10a）；对于有腐蚀性介质的压力检测，应加装有中性介质的隔离罐，图 2—10b 表示了被测介质密度 ρ_1 大于和小于隔离液密度 ρ_2 的两种情况。

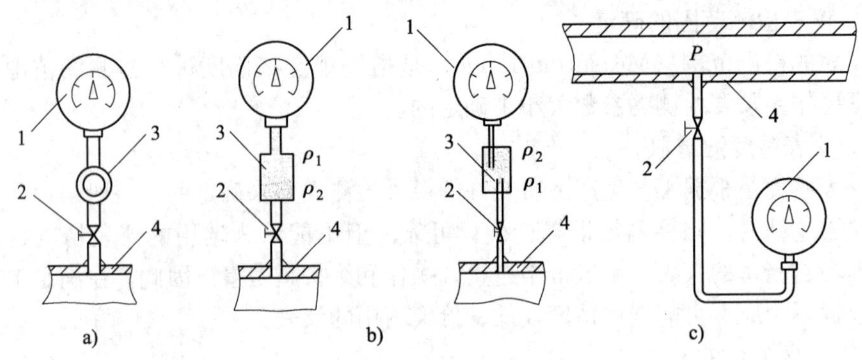

图 2—10　压力表安装示意图

a）测量蒸汽　b）测量有腐蚀性介质　c）压力表位于生产设备之下

1—压力表　2—切断阀门　3—隔离罐　4—生产设备

ρ_1、ρ_2—中性隔离液和被测介质的密度

d. 压力计的连接处，应根据被测压力的高低和介质性质，选择适当的材料，作为密封垫片，以防泄漏。一般低于 80℃及 2 MPa 时，用牛皮或橡胶垫片；在 450℃及 5 MPa 以下用石棉或铝垫片，温度及压力更高时用退火紫铜或铅垫片。但检测氧气压力时，不能使用浸油垫片及有机化合物垫片；检测乙炔压力时，不能使用铜垫片，因它们均有发生爆炸的危险。

e. 当被测压力较小，而压力计与取压口又不在同一高度时，如图 2—10c，对由此高度差而引起的检测误差应按 $\Delta P=H\rho g$ 进行修正。式中 H 为高度差，ρ 为导压管中介质的密度，g 为重力加速度。

f. 为安全起见，检测高压的仪表除选用表壳有通气孔的外，安装时表壳应朝向墙壁或无人通过之处，以防发生意外。

第二节　温度检测与监控

一、概述

温度是表征物体冷热程度的物理量，是工业生产各种工艺过程中最普遍、最重要的热工参数之一。大多数工艺生产过程均是在一定温度范围内进行的，当温度超过某一阈值后就会有燃烧、爆炸等危险。因此，温度检测与监控对于确保安全生产具有非常重要意义。

（一）温度检测的分类

根据测温方式的不同，温度测量可以分为接触式测温与非接触式测温两大类。

1. 接触式测温

任意两个冷热程度不同的物体相接触，必然要发生热交换现象。热量将由较热的物体传到较冷的物体，直到两物体的冷热程度完全一致，即达到热平衡状态为止。接触法测温就是利用这一原理，选择某一物体与被测物体相接触，并进行热交换。当两者达到热平衡状态时，被选择物体与被测物体温度相等，于是，可以通过检测选择物体的某一物理量（例如液体的体积、热电偶的热电势、导体的电阻等），得出被测物体的温度数值。

接触式测温的优点是：较直观、可靠；系统结构相对简单；测量准确度高。其缺点是：测温时有较大的滞后（因为要进行充分的热交换），在接触过程中易破坏被测对象的温度场分布，从而造成测量误差；不能测量移动的或太小的物体；测温上限受到温度计材质的限制，所检测的温度不能太高。

2. 非接触式测温

非接触式测温时，测温元件是不与被测物体直接接触的。它是利用物体的热辐射（或其他特性），通过对辐射能量（或亮度）的检测来实现测温的。它的优点是：测温范围广（理论上没有上限限制）；测温过程中不破坏被测对象的温度场分布；能测运动的物体；测温相应速度快。缺点是：所测温度受物体发射率、中间介质和测量距离等的影响。

（二）温度测量的基本原理

1. 热膨胀原理

利用液体或固体受热时产生热膨胀的原理，可制成膨胀式温度计。玻璃温度计是属于液体膨胀式温度计；双金属温度计是属于固体膨胀式温度计。

2. 压力随温度变化的原理

利用封闭在固定体积中的气体、液体或某种液体的饱和蒸汽受热时，其压力会随着温度而变化的性质，可以制成压力计式温度计。一般称充以气体、液体的饱和蒸汽的容器为温包，因此，又称为温包式温度计。

3. 热电效应

利用金属的热电性质制成热电偶温度计。根据使用热电偶材料的不同，有铂铑—铂热电偶、镍铬—镍硅热电偶、镍铬—考铜热电偶、铂铑$_{30}$—铂铑$_{6}$热电偶等。

4. 热阻效应

利用导体或半导体的电阻随温度变化的性质，可制成热电阻式温度计。根据所使用的热电阻材料的不同，有铂热电阻、铜热电阻和半导体热敏电阻温度计等。

5. 热辐射原理

利用物体辐射能随温度而变化的性质，制成辐射高温计。测温元件不与被测介质相接触，故属于非接触式温度计。

二、热电偶温度检测

热电偶温度计是以热电效应为基础将温度变化转换为热电势变化进行温度测量的仪表，属于接触式测温。它的测温范围很广，可检测生产过程中－200～2 000℃范围内液体、蒸气和气体介质以及固体表面的温度。

用热电偶测温主要有如下优点：

a. 结构简单，使用方便，容易制造，热电偶的大小和形状可按照需要自行配置；

b. 测量温度范围广，低温用热电偶可达－27℃，高温用热电偶可达 3 000℃；

c. 测量精确度较高；

d. 因为它是自发电型传感器，因此，测量时无须外加电源；

e. 易于实现远距离传输和测量。

（一）测温原理

1. 热电效应

热电偶的测温原理是基于 1821 年塞贝克（Seebeck）发现的热电现象。将两种不同的导体或半导体如图 2—11 所示组成闭合回路，如果两个接点的温度不同（$t>t_0$），则在该回路内就会产生热电动势（简称热电势），这种物理现象称为塞贝克热电效应。导体 A、B 称为热电极，一端采用焊接或绞接的方式连接在一起（见

图 2—12），感受被测温度，称为热电偶的热端或工作端；另一端通过导线与显示仪表相连，称为热电偶的冷端或自由端。

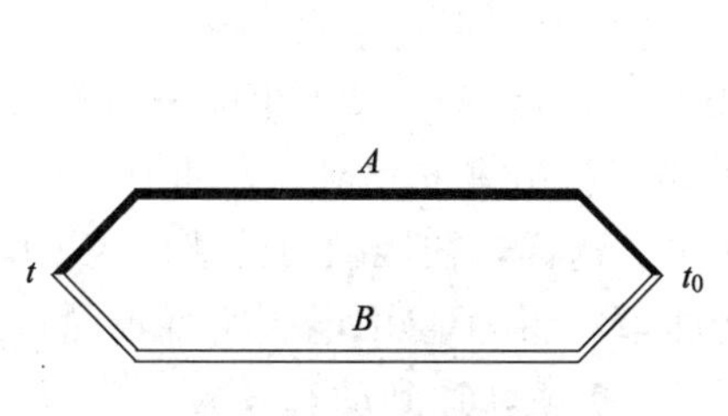

图 2—11　热电偶回路

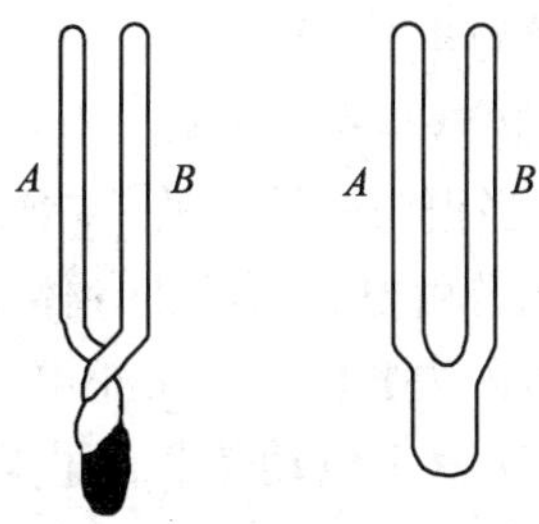

图 2—12　热电偶示意图

图 2—13 是热电偶测温监控系统的简单示意图，它主要由三部分组成：热电偶 1 是系统中的测温元件；显示仪表 3 是用来检测热电偶产生的热电势信号的，可以采用动圈式仪表或电位差计；导线 2 用来连接热电偶与显示仪表，为了提高检测精度，一般都要采用补偿导线和考虑冷端温度补偿。

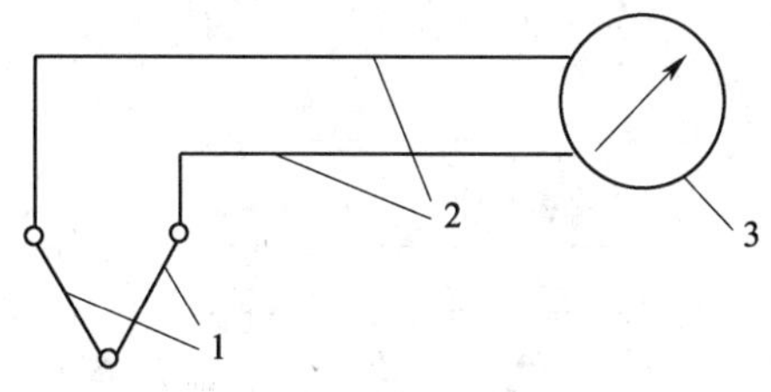

图 2—13　热电偶测温监控系统示意图

1—热电偶　2—导线　3—显示仪表

在热电偶回路中，当存在温差时将出现塞贝克热电动势，产生的热电势是由温差电势和接触电势两部分所组成。

2. 温差电势

温差电势也称为汤姆逊（W. Thomson）电势。它是在同一导体或半导体材料两端因其温度不同而产生的一种热电势。由于导体两端温度不同，例如 $t>t_0$，见图 2—14，则两端电子的能量也不同；温度越高电子能量越大，能量较大的电子会向低温端扩散，这就会形成一个由高温端向低温端的静电场；静电场又阻止电子继续向低温端迁移，最后达到动平衡状态。温差电势的方向是由低温端指向高温端，并与两端温差有关。

当导体 A 两端温度分别为 t 和 t_0，且 $t>t_0$ 时，其温差电势记为 e_A（t，t_0），可用下式表示：

$$e_A(t,t_0)=\int_{t_0}^{t}\sigma_A dt \tag{2—5}$$

式中　σ_A——导体 A 的汤姆逊系数，表示温差为 1℃（或 1K）时所产生的电动势数值，其大小与材料性质和导体两端的温差有关。

由式（2—5）可见，温差电势只与导体材料的性质和导体两端的温度有关，而与导体长度、截面大小及沿导体长度上的温度分布无关。

3. 接触电势

接触电势也称珀尔帖（J. C. Peltier）电势。由于不同导体材料中的自由电子密度不同，当把两种导体的一端焊接在一起时，在接触面处将发生电子的扩散；假如导体 A 的自由电子密度比导体 B 大，那么电子就由 A 扩散到 B，如图 2—15 所示，于是 A 将因失去电子而带正电，B 则带负电。这样，在接触面处就形成了电位差，即电动势。这个电动势将阻止电子由 A 流向 B。由于自由电子密度不同，当引起电子扩散的能力与相应的电动势阻力相等时，扩散就达到动态平衡，A、B 间就建立了一个固定的接触电势。温度越高，激发的自由电子越多，扩散能力也越强。所以，接触电势的大小除了与 A、B 材料的性质有关，还与接触点的温度有关；但与导体的形状和尺寸无关。如果接触点的温度为 t，根据电子理论，接触点的接触电势记为 e_{AB}（t），可用下式表示：

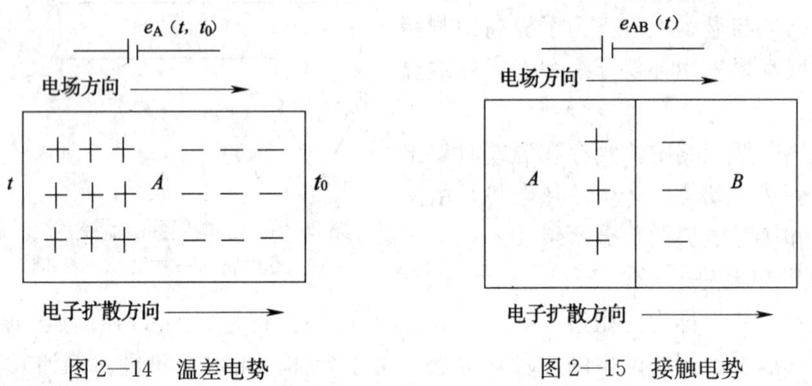

图 2—14　温差电势　　　图 2—15　接触电势

$$e_{AB}(t)=\frac{kt}{e}\ln\frac{N_A}{N_B} \tag{2—6}$$

式中　k——波尔兹曼常量；

e——电子电量；

N_A，N_B——导体 A 和 B 的自由电子密度；

t——接触点的温度。

综上所述，由 A、B 两种不同导体组成热电偶回路中，如果两个接触点的温度和两个导体的电子密度不同，假如 $t>t_0$，$N_A>N_B$，则整个回路中会存在两个温差电势 e_A（t，t_0）和 e_B（t，t_0），两个接触电势 e_{AB}（t）和 e_{AB}（t_0），各电势的方向见图 2—16 所示。由图中可知，两个温差电势方向相反，两个接触电势的方向也相反，回路中的总电势 E_{AB}（t，t_0）可以表示为：

$$\begin{aligned}E_{AB}(t,t_0)&=e_{AB}(t)+e_B(t,t_0)-e_{AB}(t_0)-e_A(t,t_0)\\&=\frac{kt}{e}\ln\frac{N_{At}}{N_{Bt}}+\int_{t_0}^{t}\sigma_B dt-\frac{kt_0}{e}\ln\frac{N_{At_0}}{N_{Bt_0}}-\int_{t_0}^{t}\sigma_A dt\end{aligned} \tag{2—7}$$

式中下标 A、B 的顺序表示热电势的方向，因温差电势往往远小于接触电势，则回路总电势 E_{AB}（t，t_0）的方向取决于 e_{AB}（t）的方向。A 表示为正极（电子密度大的）导体，B 表示为负极（电子密度小的）导体，t 表示热端（测量端）温度，t_0 表示冷端（参考端）温度。如果次序改变，则热电势前面的符号也应随之改变，即 e_{AB}（t）$=-e_{BA}$（t）。所以

$$E_{AB}(t,t_0)=-E_{BA}(t,t_0)=-E_{AB}(t_0,t) \tag{2—8}$$

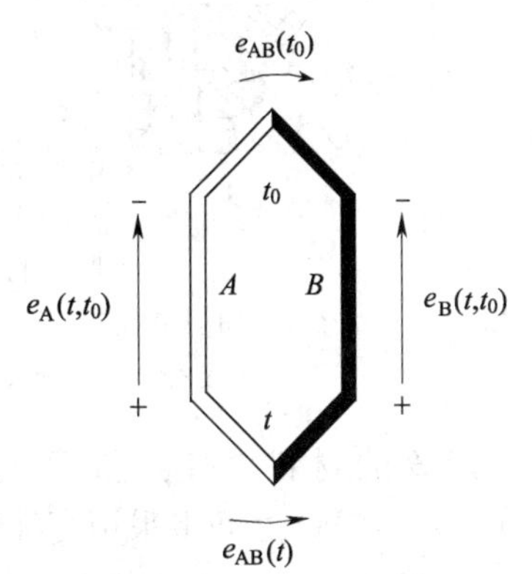

图 2—16　热电偶回路的总电势

因此，当 A、B 两种导体材料确定之后，热电势仅与两接点的温度 t 和 t_0 有关，如果 t_0 端温度保持不变，即 e_{AB}（t_0）为常数，则热电偶回路中的总电势就成为热端温度 t 的单值函数。只要测出 E_{AB}（t，t_0）的大小，就能得到被测温度 t，这就是利用热电现象来测温的原理。

另外，如果组成热电偶回路的 A、B 导体材料相同（即 $N_A=N_B$），则无论两接点温度如何，热电偶回路中的总电势为零。如果热电偶两端温度相同（即 $t=t_0$），尽管 A、B 两导体材料不同，热电偶回路内的总电势也为零。热电偶回路中的热电势除了与两接点处的温度有关外，还与热电极的材料有关，不同热电极材料制成的热电偶在相同温度下产生的热电势是不同的。

（二）热电偶的结构

热电偶可分为普通型、铠装型和薄膜型三种。

1. 普通型热电偶

这种热电偶又称为装配式热电偶，如图 2—17 所示。其焊接端即为测量端。基本结构通常由热电极、绝缘套管、保护套管和接线盒等主要部分构成。

1）热电极　组成热电偶的两根热偶丝称为热电极。热电偶的直径由材料的价格、机械强度、导电率、热电偶的使用条件和测量范围等决定。

2）绝缘套管　也称绝缘子，用于防止两根热电极或热电极与保护套管之间短

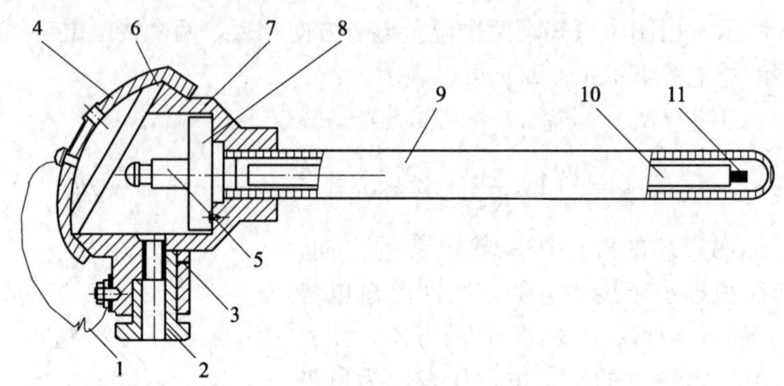

图 2—17　普通型热电偶的结构示意图

1—链条　2—出线孔螺母　3—出线孔密封圈　4—盖子　5—接线柱　6—盖子的密封圈　7—接线盒　8—接线座　9—保护管　10—绝缘套管　11—热电极

路。套管的材料由使用温度范围确定：在 1 000℃ 以下多采用普通陶瓷；在 1 000～1 300℃ 之间多采用高纯氧化铝；在 1 300～1 600℃ 之间多采用刚玉。

3）保护套管　为使热电极免受化学侵蚀和机械损伤，确保使用寿命和测温的准确性，通常将热电极（包括绝缘子）再以保护套管保护之。保护套管材料的选择一般根据测温范围、插入深度、环境条件以及测温的时间常数等因素来决定。

4）接线盒　热电偶接线盒是供连接热电偶和显示仪表用。

2. 铠装型热电偶

铠装热电偶是将热电偶丝与绝缘材料及金属套管经整体复合拉伸工艺加工而成可弯曲的坚实组合体，如图 2—18 所示。

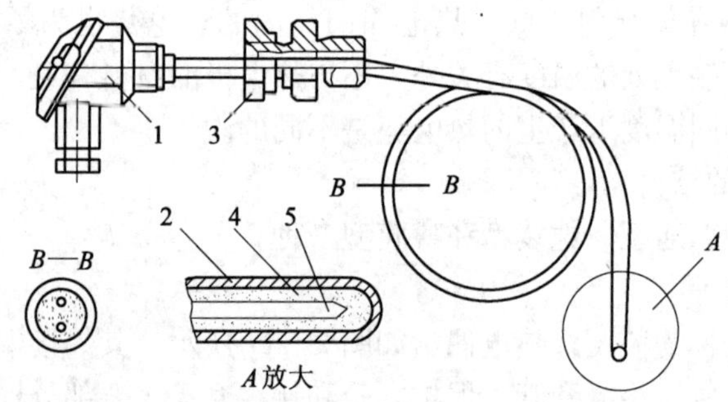

图 2—18　铠装热电偶

1—接线盒　2—金属套管　3—固定装置　4—绝缘材料　5—热电极

铠装热电偶的结构形式和外表与普通型热电偶相仿。但与普通热电偶不同之处是：热电偶与金属保护套管之间被氧化镁绝缘材料填实，三者成为一体，具有一定的可挠性，一般情况下，最小弯曲半径为其直径的 5 倍，安装使用方便，为满足特殊场合的需要，其截面可加工成圆变截面或扁圆变截面型两种。套管材料一般采用不锈钢或镍基高温合金，绝缘材料采用高纯度脱水氧化镁或氧化铝粉末。

铠装热电偶的测量端有接壳、绝缘、露端等形式，如图 2—19 所示，其中以露端及接壳型的动态特性较好。接壳型是热电极与金属套管焊接在一起，其反应时间介于绝缘型和露端型之间；绝缘型的测量端封闭在完全焊合的套管里，热电偶与金属套管之间是互相绝缘的，是最常用的一种形式；露端型的热电偶测量端暴露在套管外面，仅在干燥的非腐蚀性介质之中才能使用。

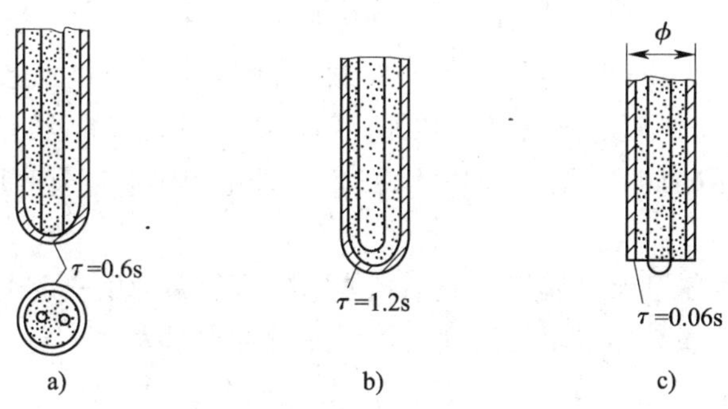

图 2—19　铠装热电偶测量端形式

a）接壳型　b）绝缘型　c）露端型

3. 薄膜热电偶

薄膜热电偶是一种比较先进的瞬态温度传感器，其热接点很薄，厚度仅约 0.01～0.1 μm，反应时间仅为数毫秒级，非常适用于动态测温以及测量微小面积上的温度，其测温范围一般在 300℃以下。

三、热电阻温度检测

热电阻测温是将温度变化转换为电阻变化进行温度测量的，属于接触式测温。其特点是性能稳定，测量准确度高，不需冷端温度处理。在－200～500℃温度范围内，测温效果较好。在特殊情况下低温可测至 1K，高温达 1 200℃。热电阻输出的是电阻信号，便于远距离显示或传送信号。其缺点是热电阻温度计的感温元件——电阻体的体积较大，因此热容量较大，动态特性则不如热电偶，而且抗机械冲击与振动性能较差。

(一) 测温原理

1. 热电阻的温度特性

电阻值随温度的变化，通常以电阻温度系数来描述电阻与温度的关系。电阻温度系数的定义为：某一温度间隔内，当温度变化1℃时，电阻值的相对变化量，常用α表示，即

$$\alpha = \frac{R_t - R_{t_0}}{R_{t_0}(t - t_0)} = \frac{1}{R_{t_0}} \frac{\Delta R}{\Delta t} \tag{2—9}$$

式中　R_t、R_{t_0}——在温度为t或t_0时的电阻值。一般取$t_0=0℃$和$t=100℃$，则式（2—9）变为

$$\alpha = \frac{R_{100} - R_0}{100R_0} \tag{2—10}$$

由式（2—10）可看出，α是在$t_0 \sim t$之间的平均电阻温度系数。对于金属热电阻有：$\alpha_{金}>0$，即电阻随温度升高而增加；对于半导体热敏电阻有：温度系数α可正可负，对于常用的NTC型热敏电阻$\alpha_{金}<0$，即电阻随温度升高而降低。

2. 测温原理

热电阻温度计是基于金属导体或半导体电阻值与温度呈一定函数关系的原理实现温度测量的。金属导体电阻与温度的关系一般可表示为

$$R_t = R_{t_0}[1 + \alpha(t - t_0)] \tag{2—11}$$

一般金属材料的电阻与温度的关系并非线性，故α值也随温度而变化，并非常数，但在某个范围内可近似为常数。

大多数半导体电阻与温度的关系为

$$R_T = Ae^{B/T} \tag{2—12}$$

式中　R_T——温度为T时的电阻值；

T——热力学温度，K；

e——自然对数的底，2.718 28；

A、B——常数，其值取决于半导体材料和结构，A的量纲为电阻，B的量纲为温度。

多数金属当温度升高1℃时，其阻值约增加0.4%～0.6%，称它具有正的温度系数；多数半导体当温度升高1℃时，阻值减小2%～6%，称它具有负的温度系数；也有少数半导体具有正的温度系数。由于阻值随温度的变化基本上呈线性关系或者有确定的函数关系，所以阻值的变化能反映温度的变化。根据这一特性，制成热电阻温度计。

（二）常用热电阻

工业生产常用的热电阻主要是铂热电阻、铜热电阻以及热敏电阻。

1. 铂热电阻

金属铂容易提纯，在氧化性介质中具有很高的物理化学稳定性，有良好的复制性。但是铂的价格较贵；在还原性介质中，特别是在高温下很容易被沾污，以致使铂丝变脆，并改变了它的电阻与温度间的关系。

常用铂热电阻的感温元件是用直径 $\phi=0.05\sim0.07$ mm 的铂丝绕在云母、石英或陶瓷支架上制成的。工业上用的铂电阻有两种：一种是 $R_0=46\ \Omega$（R_0 是指当温度为 0℃时的电阻值），相对应的 $R_t\sim t$ 的关系表的分度号为 BA_1；另一种是 $R_0=100\ \Omega$，相对应的分度号为 BA_2。

2. 铜热电阻

铜容易加工提纯，价格便宜；它的电阻温度系数很大，且电阻与温度呈线性关系；在测温范围－50℃～150℃内，具有很好的稳定性。其缺点是温度超过 150℃后易被氧化，氧化后失去良好的线性特性；另外，由于铜的电阻率小（比铂小 5/6），为了要绕得一定的电阻值，铜电阻丝必须较细，长度也要较长，故铜电阻体积较大，机械强度较低。

在－50℃～150℃的范围内，铜电阻与温度的关系是线性的，即

$$R_t = R_0(1+\alpha t) \tag{2—13}$$

式中 α 为铜的电阻温度系数（4.25×10^{-3}/℃）。

金属热电阻的品种、代号、分度号和测温范围如表 2—1 所示。

表 2—1 金属热电阻的品种、代号、分度号和测温范围

<table>
<tr><th>热电阻名称</th><th>代号</th><th>0℃时电阻值 R₀/Ω</th><th>分度号</th><th>温度测量范围/℃</th></tr>
<tr><td rowspan="2">铂热电阻</td><td rowspan="2">IEC（WZP）</td><td>10</td><td>Pt10</td><td>0～850</td></tr>
<tr><td>100</td><td>Pt100</td><td>－200～850</td></tr>
<tr><td rowspan="2">铜热电阻</td><td rowspan="2">WZC</td><td>50</td><td>Cu50</td><td rowspan="2">－50～150</td></tr>
<tr><td>100</td><td>Cu100</td></tr>
<tr><td rowspan="3">镍热电阻</td><td rowspan="3">WZN</td><td>100</td><td>Ni100</td><td rowspan="3">－60～180</td></tr>
<tr><td>300</td><td>Ni300</td></tr>
<tr><td>500</td><td>Ni500</td></tr>
</table>

3. 半导体热敏电阻

热敏电阻通常用铁、锰、钼、钛、镁、铜等金属氧化物或碳酸盐、硝酸盐、氯

化物等材料制造。对式（2—13）进行微分，得热敏电阻的温度系数为

$$\alpha=\frac{1}{R_{T}}\frac{dR_{T}}{dT}=-\frac{B}{T_{2}} \qquad (2—14)$$

式中 B 称为热敏指数。它是描述热敏材料物理特性的一个常数，其大小取决于热敏材料的组成及烧结工艺，B 值越大，阻值也越大，灵敏度越高。常用半导体热敏电阻的 B 值在 1 500～6 000 K 之间。

由式（2—14）可见，电阻温度系数并非常数，它随着温度 T 平方的倒数而变化，这样就使灵敏度随温度升高而降低，从而限制了热敏电阻在高温下的使用。随着 B 的取值不同，α 可正可负，由此将热敏电阻分为 3 类：

a. 负温度系数 NTC（Negative Temperature Coefficient）热敏电阻　大多数半导体热电阻随温度升高，电阻温度系数急剧减少，即高温下的测量灵敏度很低，低温下反而更灵敏。这种电阻称为负温度系数热敏电阻。电阻与温度的关系如图 2—20 中曲线①所示。

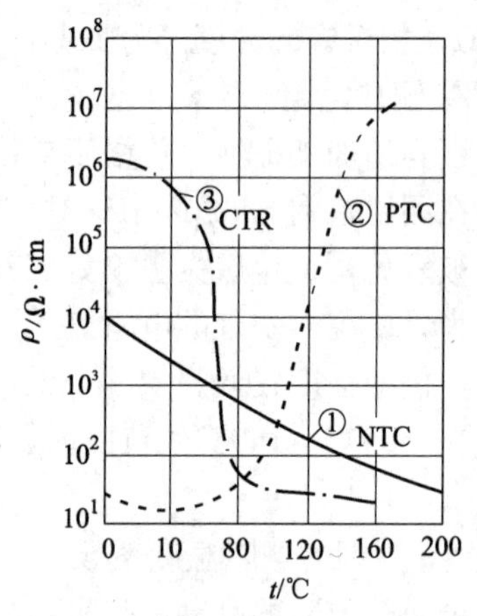

图 2—20　半导体热敏电阻的温度特性

b. 正温度系数 PTC（Positive Temperature Coefficient）热敏电阻　与 NTC 正好相反，电阻随温度的升高而增加，并且当达到某一温度时，阻值突然变得很大。根据这个特性，PTC 型热敏电阻可用做位式（开关型）温度检测元件。如图 2—20 中曲线②所示。

c. 临界温度热 CTR（Critical Temperature Resistor）敏电阻　即在某一温度下电阻急剧降低，必须分段研究其特性。如图 2—20 中曲线③所示。

半导体热敏电阻根据需要可制成各种形状，如珠形、管形、棒形、圆片形等。

半导体热敏电阻具有以下一些优点：灵敏度高；电阻值高；响应时间快；结构简单；资源丰富、价格低廉、化学稳定性好，元件表面用玻璃、陶瓷材料封装，可用于环境较恶劣的场合。主要缺点是其阻值与温度的关系呈非线性，元件的稳定性及互换性差。除高温热敏电阻外，不能用于 350℃以上的高温检测。

（三）热电阻的结构

1. 普通热电阻

工业用普通热电阻主要由感温元件、引线和保护管三部分组成，如图 2—21 所

示。通常还具有与外部测量及控制装置、机械装置相连接的部件。

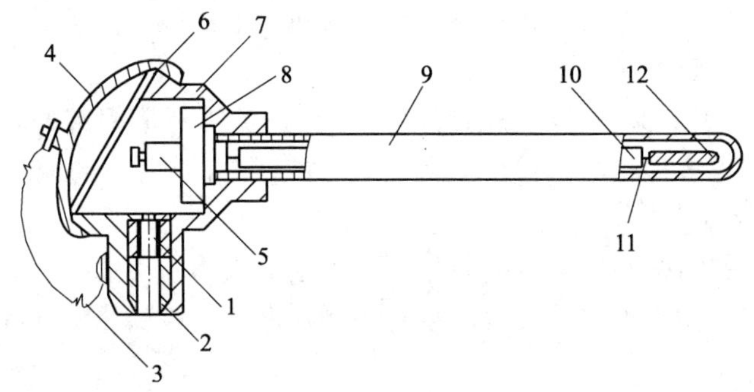

图 2—21　普通热电阻结构

1—出线孔密封圈　2—出线孔螺母　3—链条　4—面盖　5—接线柱　6—盖的密封圈
7—接线盒　8—接线座　9—保护管　10—绝缘管　11—引出线　12—感温元件

1）感温元件　热电阻感温元件是热电阻的核心部分，用来感受温度的变化。由电阻丝和绝缘骨架构成，如图 2—22 所示。

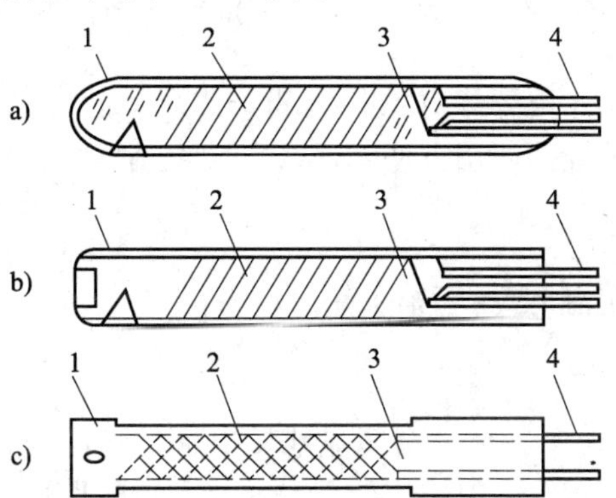

图 2—22　热电阻感温元件的典型结构

a）玻璃骨架　b）陶瓷骨架　c）云母骨架

1—外壳或绝缘　2—电阻丝　3—骨架　4—引出线

电阻丝的直径一般为 0.01～0.1 m，由所用材料或测温范围所决定。

绝缘骨架用来缠绕、支撑或固定热电阻丝，它的质量将会直接影响热电阻的性能。因此，对骨架材料也提出了一定的要求：①在使用温度范围内，电绝缘性能好；②热膨胀系数要与热电阻丝相近；③物理化学性能稳定，不产生有害物质污染电阻丝；④比热小，热导率大，有足够的机械强度及良好的加工性能。

2）引线　引线是热电阻出厂时自身具备的引线，其功能是使感温元件能与外部测量线路相连接。热电阻引线对测量结果有较大的影响，目前常用的引线方式有两线制、三线制和四线制 3 种。

3）保护管　用来保护已经绕制好的感温元件免受环境损害的管状物，其材质有金属、非金属等多种材料。将热电阻装入保护管内，其引出线和接线盒相连。

2. 铠装热电阻

铠装热电阻的结构与铠装热电偶相似。它由电阻体、引线、绝缘粉末及保护套管整体拉制而成，在其工作端底部，装有小型热电阻体，其结构如图 2—23 所示。

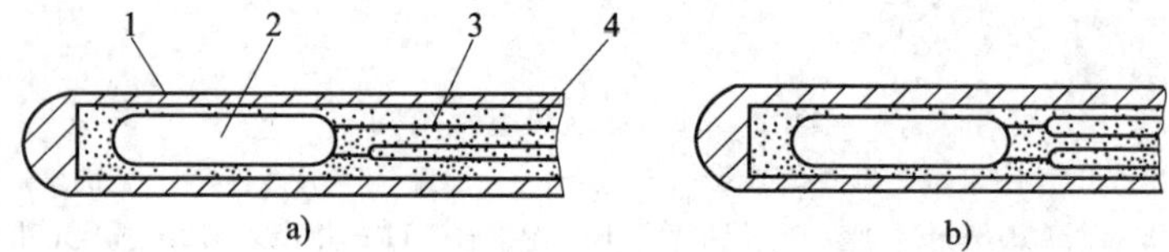

图 2—23　铠装热电阻结构

a）三线制电阻　b）四线制电阻

1—不锈钢管　2—感温元件　3—内引线　4—氧化镁绝缘材料

同普通热电阻相比，铠装热电阻具有如下优点：外径尺寸小，套管内为实体，响应速度快；抗振，可绕，使用方便，适合安装在结构复杂的部位；感温元件不接触腐蚀性介质，使用寿命长。

四、非接触式测温仪表与监控

（一）亮度温度计

当温度高于 700℃时，物体就会明显地发出可见光，具有一定的亮度。亮度温度计就是利用各种物体在不同温度下辐射的光谱亮度不同原理制成的。具有较高的准确度，可作为基准或测温标准仪表用。亮度温度计的种类很多，最常用的是灯丝隐灭式光学高温计和光电高温计。

灯丝隐灭式光学高温计是一种典型的光谱辐射光学高温计。这种仪表使用方便，测量范围广，但由于依靠人眼观测来确定灯丝隐灭，因此主观性误差较大。

光电高温计的理论基础与光学高温计完全相同，工作过程也完全相同。但相对光学高温计，光电高温计具有灵敏度高、准确度高、使用波长范围宽、响应速度快、受水蒸气的影响小及易于形成温度的闭环控制等优点。

WDL 型光电高温计是利用硅光电池将被测对象与标准灯泡的亮度分别转换为

电信号，再经放大或送往检测系统进行测量、比较，当两个电信号之差等于零时，说明二者的亮度相等，则标准灯泡的亮度温度即为被测对象的亮度温度。为了减少硅光电池性能参数的变化及电源电压波动对测量结果的影响，光电高温计采用负反馈原理进行工作。其工作原理示意图如图 2—24a 所示。

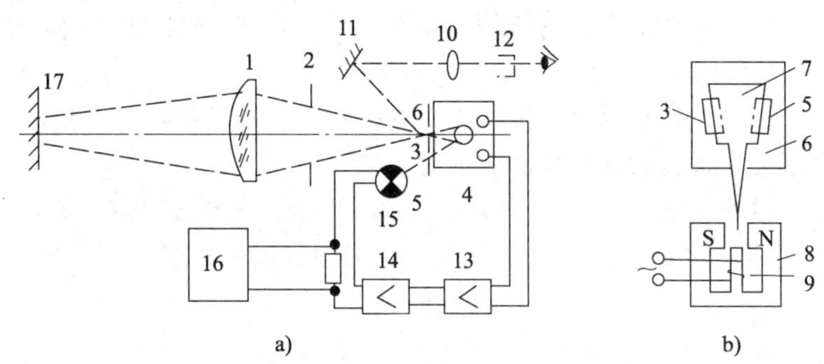

图 2—24　WDL 型光电高温计的工作原理示意图

1—物镜　2—光栏　3、5—小孔（窗口）　4—硅光电池　6—遮光板　7—光调制片　8—永久磁铁　9—激励绕组　10—透镜　11—反射镜　12—观察孔　13—前置放大器　14—主放大器　15—标准灯(反馈灯)　16—电位差计　17—被测物体

被测物体 17 发射的辐射能由物镜 1 聚焦，通过光栏 2 和遮光板 6 上的窗口 3，透过装于遮光板内的红色滤光片（图中未画出）射至光电探测器，即硅光电池 4 上。被测物体发出的光束必须盖满孔 3，这可用瞄准系统进行观察、调节。瞄准系统是由瞄准透镜 10、反射镜 11 和观察孔 12 组成。从反馈灯 15 发出的辐射能通过遮光板 6 上的窗口 5，透过上述的红色滤光片也投射到硅光电池 4 上。在遮光板 6 前面放置光调制器，如图 2—24b 所示，光调制器的激磁绕组 9 通以 50 Hz 的交流电，所产生的交变磁场与永久磁钢 8 相互作用使调制片 7 产生 50 Hz 的机械振动，交替地打开和遮住窗口 3 和 5，使被测物体和标准灯泡的光谱辐射能 E_1 和 E_2 交替地投射到硅光电池上，并在硅光电池上叠加，由于 E_1 和 E_2 成 180°的相位差，因此在硅光电池上产生幅值为 $\Delta E=E_1-E_2$ 的复合光照。当两光谱辐射能 E_1、E_2 不相等时，光电器件就产生一个频率与光调制器相同、幅值与 ΔE 成比例的交流信号 $\Delta\tilde{u}$（$\tilde{I}$），光电流 $\tilde{I}$ 送至前置放大器 13 和主放大器 14 依次放大。主放大器由倒相器、差动相敏放大器和功率放大器组成，功放输出的直流电流 I 流过标准灯（反馈灯），标准灯的亮度取决于 I 值。当 I 的数值使标准灯的亮度与被测物体的亮度相等时，光电流 $\tilde{I}=0$（$\Delta E=E_1-E_2=0$）。

电子电位差计 16 用来自动指示和记录 I 的数值，刻度为温度值，经光谱发射率修正后即可获得物体的真实温度。由于采用了光电负反馈，仪表的稳定性能主要取决于反馈灯的“电流—光谱辐射力”特性关系的稳定程度。

（二）全辐射高温计

全辐射高温计是基于被测物体的辐射热效应设计制造的。其优点是接受辐射能力强，灵敏度高，坚固耐用，可测较低温度并能自动显示或记录。缺点是其示值对CO_2、水蒸气很敏感，受环境中存在的介质影响很大。

全辐射高温计是按黑体分度的，用它测量发射率为ε的实际物体温度时，其示值并非真实温度，而是被测物体的“辐射温度”。

辐射温度的定义为：若物体在温度为T时的辐射能量E和黑体在温度为T_p时的辐射能量E_b相等，则把黑体温度T_p称为被测物体的辐射温度。即有

$$\varepsilon\sigma T^4 = \sigma T_p^4 \text{ 或 } T = T_P \sqrt[4]{1/\varepsilon} \tag{2—15}$$

发射率ε总是小于1，测到的辐射温度T_p总是低于实际物体的真实温度T。使用时应按上式，用ε对读数进行校正。

全辐射温度计的结构示意图如图2—25所示，被测物体的辐射能量由物镜1聚焦，经光栏2投射到热接收器3上，热接收器多为热电堆。热电堆是由4～8支微型热电偶串联而成的，以得到较大的热电势。热电偶的测量端贴在铂箔上，铂箔涂成黑色以增加热吸收系数。热电堆的输出热电势接到显示仪表或记录仪表上。热电偶的参考端贴夹在热接收器周围的云母片中。在瞄准物体的过程中可以通过目镜5进行观察，目镜前有灰色玻璃4用来削弱光强，保护观察者的眼睛。整个高温计及壳内涂成黑色以便减少杂光的干扰。

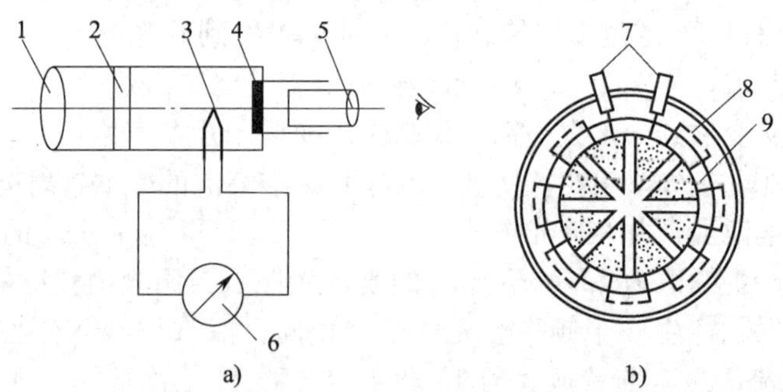

图2—25　全辐射高温计结构示意图

1—物镜　2—补偿光栏　3—热电堆　4—灰色滤光片　5—目镜
6—二次仪表　7—云母片　8—铂箔　9—热电堆接线片

五、温度测量仪表的使用与安装

（一）工业过程测温仪表的选用

1. 分析被测对象

a. 被测对象的温度变化范围及变化的快慢；

b. 被测对象是静止的还是运动的（移动或转动）；

c. 被测对象是液态还是固态，温度计的检测部分能否与它相接触，能否靠近，如果远离以后辐射的能量是否足以检测；

d. 被测区域的温度分布是否相对稳定，要检测的是局部（点的）温度，还是某一区域（面的）平均温度或温度分布；

e. 被测对象及其周围是否有腐蚀性气氛，是否存在水蒸气、一氧化碳、二氧化碳、臭氧及烟雾等介质，是否存在外来能源对辐射的干扰，如其他高温辐射源、日光、灯光、炉壁反射光及局部风冷、水冷等；

f. 检测的场所有无冲击、振动及电磁场。

（二）合理选用仪表

a. 仪表的可能测温范围及常用测温范围；

b. 仪表的精度、稳定性、变差及灵敏度等；

c. 仪表的防腐性、防爆性及连续使用的期限；

d. 仪表输出信号能否自动记录和远传；

e. 测温元件的体积大小及互换性；

f. 仪表的响应时间；

g. 仪表的防振、防冲击、抗干扰性能是否良好；

h. 电源电压、频率变化及环境温度变化对仪表示值的影响程度；

i. 仪表使用是否方便、安装维护是否容易。

（三）测温元件的安装

接触式温度计测得的温度都是由测温元件决定的。在正确选择了测温元件和显示仪表之后，若不注意测温元件的正确安装，测量精度将得不到保证。一般按下列要求进行安装：

a. 在检测管道中介质的温度时，应保证测温元件与流体充分接触，以减少检测误差。因此要求安装时测温元件应迎着被测介质流向插入（斜插），至少须与被测介质流向正交，切勿与被测介质形成顺流，如图 2—26 所示。

b. 测温元件的感温点应处于管道中流速最大处。一般来说，热电偶、铂电阻、

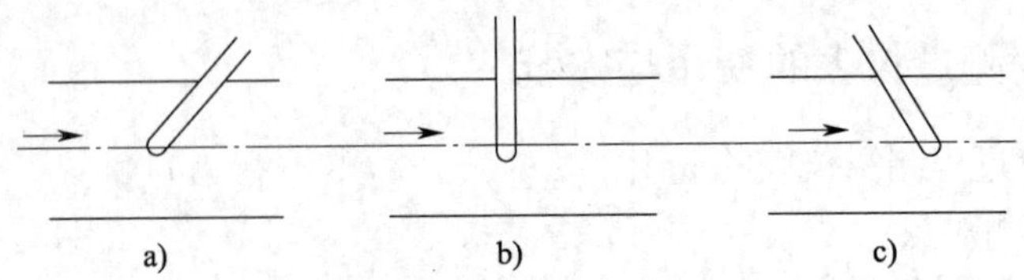

图 2—26　测温元件安装示意图之一

a）逆流　b）正交　c顺流

铜电阻保护套管的末端应分别越过流束中心线 5～10 mm、50～70 mm、25～30 mm。

c. 应尽量避免测温元件外露部分的热损失而引起的检测误差。为此，一是保证有足够的插入深度（斜插或在弯头处安装），见图 2—27a 所示；二是在测温元件外露部分进行保温。

d. 若工艺管道过小，安装测温元件处可接装扩大管，见图 2—27b 所示。

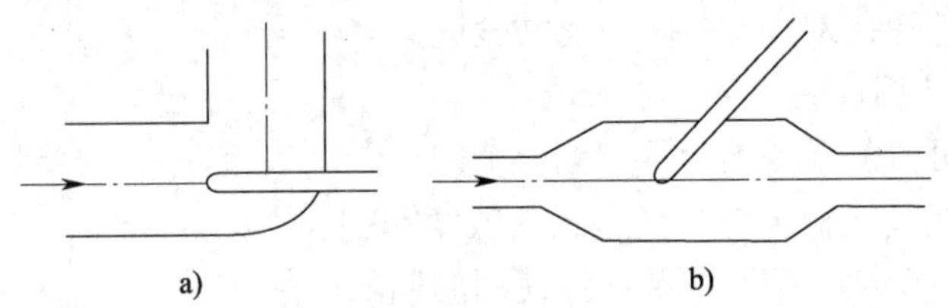

图 2—27　测温元件安装示意图之二

a）插入弯头处　b）加扩大管

e. 用热电偶检测炉温时，应避免测温元件与火焰直接接触，也不宜距离太近或装在炉门旁边。接线盒不应碰到炉壁，以免热电偶冷端温度过高。

f. 使用热电阻测温时，应防止干扰信号的引入。同时应使接线盒的出线孔向下方，以防止水汽、灰尘等进入而影响检测。

g. 测温元件安装在负压管道或设备中时，必须保证安装孔的密封，以免冷空气被吸入后而降低检测指示值。

h. 凡安装承受压力的测温元件时，都必须保证密封。当工作介质压力超过 1×10^5 Pa 时，还必须另外加装保护套管。此时，为减少测温的滞后，可在套管之间加装传热良好的填充物。如温度低于 150℃时可充入变压器油，当温度高于 150℃时可充填铜屑或石英砂，以保证传热良好。

i. 在高温下工作的热电偶，其安装位置应尽可能垂直，以防止保护管在高温下产生变形。若必须水平安装时，则插入深度不宜过长，且应装有用耐火黏土或耐热合金制成的支架，如图 2—28 所示。

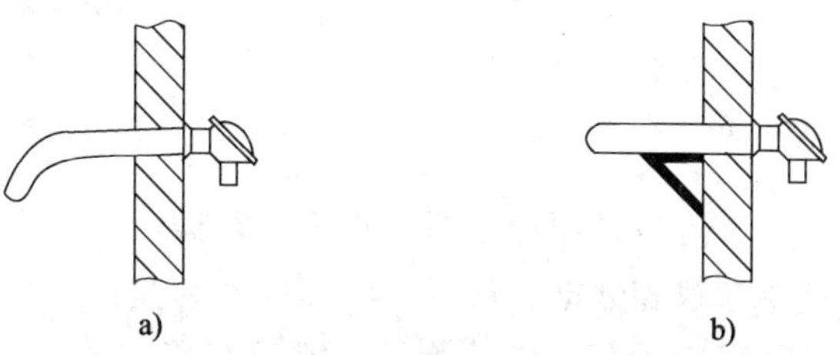

图 2—28　热电偶水平安装示意图

a）弯曲情况　b）用支架安装

j. 在有压设备上安装测温元件，均必须保证其密封性，可采用螺纹连接或法兰连接，在选择测温元件插入深度 l 时，还应考虑连接头 H 的长度，如图 2—29 所示。当介质工作压力超过 10 MPa 时，还必须另外加装保护外套。薄壁管道上安装测温元件时，需在连接头处加装加强板。

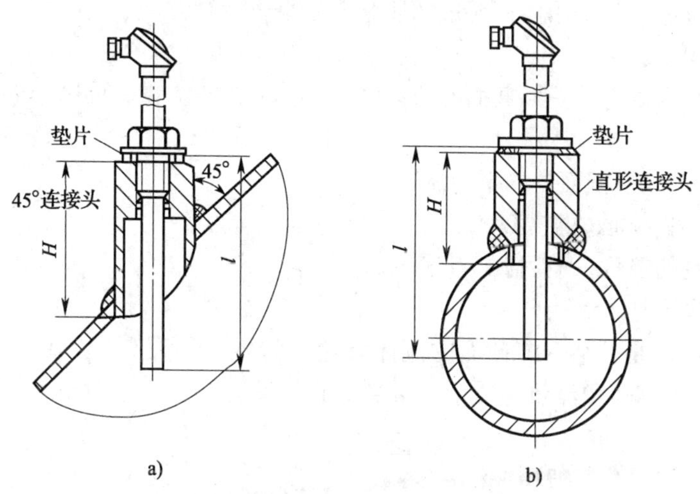

图 2—29　测温元件螺纹连接安装示意图

a）斜 45°安装　b）垂直安装

第三节　流量、流速检测与监控

一、概述

在工业生产过程中，流量、流速是指导正常工艺操作，监视设备安全运行情况和进行计量的一个重要参数和数据。流量、流速检测与监控非常复杂、多样，用一种流量检测方法不可能完成所有流量的测量。流速与单位截面积的乘积即为流量，下面以流量来介绍检测与监控的原理和方法。

（一）流量的定义和单位

流量是指单位时间通过管道（或设备）某一横截面的流体的量。按照工艺要求不同，流量可分为瞬时流量和累积流量。

1. 瞬时流量

很短单位时间内通过某一横截面的流体的量，也就是从流量计上即刻读出的流量称为瞬时流量。分别用体积流量和质量流量来表示。

（1）体积流量

单位时间内通过某一横截面的流体体积，称为体积流量。可用 q_v 表示为

$$q_v = uA \tag{2—16}$$

式中　u——某一横截面处的平均流速；

A——流体通过的横截面积。

体积流量的单位一般用 m^3/h 表示。

（2）质量流量

单位时间内通过某一横截面的流体质量，称为质量流量。常用 q_m 表示。若流体的密度是 ρ，则体积流量与质量流量之间的关系是

$$q_m = \rho q_v = \rho uA \tag{2—17}$$

质量流量的单位一般用 kg/h 表示。

2. 累积流量（总量）

在某段时间内通过某一横截面的流体的量，称为累积流量。可以用体积总量 Q_v 和质量总量 Q_m 来表示，即

$$Q_v = \int_0^t q_v dt \quad Q_m = \int_0^t q_m dt \tag{2—18}$$

式中　t——时间。

相应采用的单位分别为 m^3、kg 或吨（T）。

用来测量流体流量的仪表称为流量计。测量累积流量的仪表称为计量表。但两者并不是截然分开的，在流量计上配以累积机构，也可以得到累积流量。

（二）流量、流速检测仪表的分类

流量检测按检测原理及仪表结构形式的不同，分类如下：

1. 速度式流量计

以检测流体在管道内的流速作为检测依据来计算流量的仪表。如：差压式流量计、转子流量计、电磁流量计、涡轮流量计、靶式流量计等。

2. 容积式流量计

以单位时间内所排出的流体的固定容积的数量作为检测依据来计算流量的仪表。如：椭圆齿轮流量计、活塞式流量计、刮板流量计等。

3. 质量式流量计

利用检测流过的质量为依据的流量计，如：热式质量流量计、补偿式质量流量计、振动式质量流量计等。

二、节流式流量计

节流式（也称差压式）流量计是基于流体流动的节流原理，利用流体流经节流装置时产生的压力差而实现流量检测的。它是目前生产中检测流量最成熟、最常用的方法之一。

通常节流式流量计由 3 部分组成：节流装置、差压变送器和流量显示仪，也可由节流装置配以差压计组成。

（一）节流现象与流量基本方程式

1. 节流现象

流体在有节流装置的管道中流动时，在节流装置前后的管壁处，流体的静压力产生差异的现象称为节流现象。

节流装置就是在管道中放置的一个局部收缩元件，应用最广泛的是孔板，其次是喷嘴、文丘里管。下面以孔板为例说明节流装置的节流现象。

流体具有一定能量而在管道中形成流动状态。流动流体的能量有两种形式，即静压能和动能。流体由于压力而具有静压能，由于流动速度而具有动能。这两种形式的能量在一定条件下可以互相转化。但是，根据能量守恒定律，流体所具有的静压能和动能，再加上克服流动阻力的能量损失，在没有外加能量的情况下，其总和是不变的。图 2—30 表示在孔板前后流体的流速与压力的分布情况。流体在管道截面Ⅰ前，以一定的流速 u_1 流动。此时静压力为 P_1。在接近节流装置时，由于遇到节流装置的阻挡，使靠近管壁处的流体受到节流装置的阻挡作用最大，使一部分动能转化为静压能，出现了节流装置入口端面靠近管壁处的流体静压力升高，并且比管道中心处的压力要大，即在节流装置入口端面处产生一径向压差。

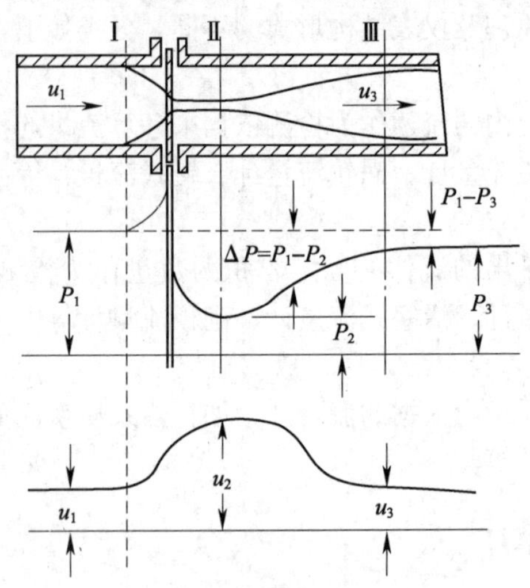

图 2—30　孔板装置及压力、流速分布图

这一径向压差使流体产生径向附加速度，从而使靠近管壁处的流体质点的流向与管道中心轴线相倾斜，形成了流束的收缩运动。由于惯性作用，流束的最小截面并不在孔板的孔处，而是经过孔板后仍继续收缩，到截面Ⅱ处达到最小，这时流速最大，达到 u_2，随后流速又逐渐扩大，至截面Ⅲ后完全复原，流速便降低到原来的数值，即 $u_3=u_1$。

由于节流装置造成流束的局部收缩，使流体的流速发生变化，即动能发生变化。与此同时，表征流体静压能的静压力也要变化。在Ⅰ截面，流体具有静压力 P_1。到达截面Ⅱ，流速增加到最大值，静压力就降低到最小值 P_2，而后又随着流速的恢复而逐渐恢复。由于在孔板端面处，流通截面突然缩小与扩大，使流体形成局部涡流，要消耗一部分能量，同时流体流经孔板时，要克服摩擦力，所以流体的静压力不能恢复到原来的数值 P_1，而产生了压力损失 $\delta P=P_1-P_3$。

节流装置前流体压力较高，称为正压，常以“+”标志；节流装置后流体压力较低，称为负压，常以“−”标志。节流装置前后压差的大小与流量有关。管道中流动的流体流量越大，在节流装置前后产生的压差也越大，只要测出孔板前后侧压差的大小，即可表示流量的大小，这就是节流装置检测流量的基本原理。

产生最低静压力 P_2 的截面Ⅱ的位置是随着流速的不同而改变的，事先无法确定，因此要准确地检测出截面Ⅰ与截面Ⅱ处的压力 P_1，P_2 是有困难的。实际上是在孔板前后的管壁上选择两个固定的取压点，来检测流体在节流装置前后的压力变化的。因而所测得的压差与流量之间的关系，与测压点及测压方式的选择是紧密相关的。

2. 流量基本方程式

流量基本方程式是阐明流量与压差之间的定量关系的基本公式。它是根据流体力学中的伯努利方程式和连续性方程式推导而得的，即

$$Q_v = \alpha\varepsilon A_0 \sqrt{2\Delta P/\rho_1} \tag{2—19}$$

$$Q_m = \alpha\varepsilon A_0 \sqrt{2\Delta P\rho_1} \tag{2—20}$$

式中　α——流量系数，与节流装置的结构形式、取压方式、孔口截面积与管道截面积之比、雷诺数 Re、孔口边缘锐度、管壁粗糙度等因素有关；

ε——膨胀校正系数，与孔板前后压力的相对变化量、介质的等熵指数、孔口截面积与管道截面积之比等因素有关。运用时可查阅有关手册而得。但对不可压缩的液体来说，常取 $\varepsilon=1$，可压缩流体 $\varepsilon<1$；

A_0——节流装置的开孔截面积；即 $A_0=\frac{\pi}{4}d^2$（d 为节流元件孔径）；

ΔP——节流装置前后实际测得的压力差；

ρ_1——节流装置前的流体密度。

由流量基本方程式可以看出，要知道流量与压差的确切关系，关键在于 α 的取值。α 是一个受许多因素影响的综合性系数，对于标准节流装置，其值可从有关手册中查出；对于非标准节流装置，其值要由实验方法确定。

由流量基本方程式还可以看出，流量与压力差 ΔP 的平方根成正比。用这种流量计检测流量时，如果不加开方器，流量标尺刻度是不均匀的。起始部分的刻度很密，后来逐渐变疏。因此，在用差压法检测流量时，被测流量值不应接近于仪表的下限值，否则误差将会很大。

（二）标准节流装置

国内外已把最常用的节流装置：孔板、喷嘴、文丘里管等标准化，并称为“标准节流装置”。

1. 标准节流件

目前国际上规定的标准节流件有以下几种：

a. 标准孔板　如图 2—31 所示，孔板是一块与管道轴线同轴，直角入口非常锐利的薄板。孔板在管道内的部分是圆的，并与节流孔同心。在设计及安装孔板时，要保证在工作条件下，受差压或其他任何应力引起孔板的塑性扭曲和弹性变形所造成的影响时，如连接孔板表面上任意两点的直线，与垂直于轴线的平面之间的斜度不得超过 1%。在进行测量时，孔板必须是清洁的。

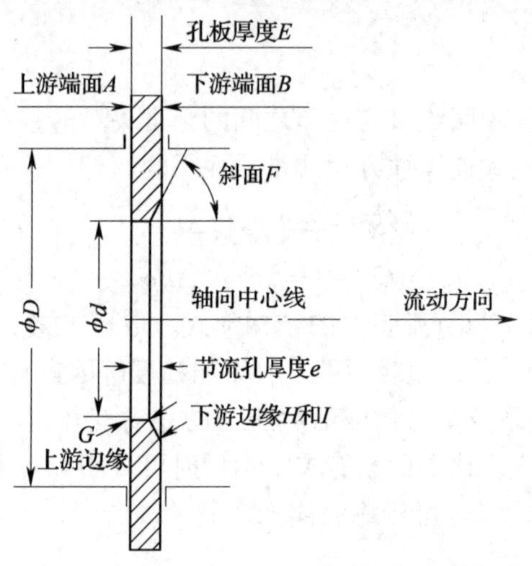

图 2—31　标准孔板的形状

孔板上下游端面都应该是平的，并且相互平行。对于上游端面 A，如连接孔板表面上任意两点的直线，则此直线与垂直于轴线的平面之间的斜度<0.5%时，可认为端面是平的。

孔板的表面粗糙度对孔板的流量系数有直接影响，表面粗糙时会造成流动的表面阻力增大，压降增加，致使流量系数变小，并且管道直径越小其影响越大。因此规定中要求上游端面的粗糙度平均值，并且所测各直径之间彼此有近似相等的角度。

b. 喷嘴　其形式有 ISA 1932 喷嘴和长径喷嘴两种。它们的取压方式不同，ISA 1932 喷嘴采用角接取压法；而长径喷嘴的上游取压口在距喷嘴入口端面的 $0.50D$ 处。

c. 文丘里管　文丘里管列入标准的有经典文丘里管和文丘里喷嘴两种。经典文丘里管由入口圆筒段 A、圆锥收缩段 B、圆筒形喉部 C 及圆锥扩散段 E 组成，如图 2—32 所示。文丘里管的内表面是一个对称于旋转轴线的旋转表面，该轴线与管道轴线同轴。

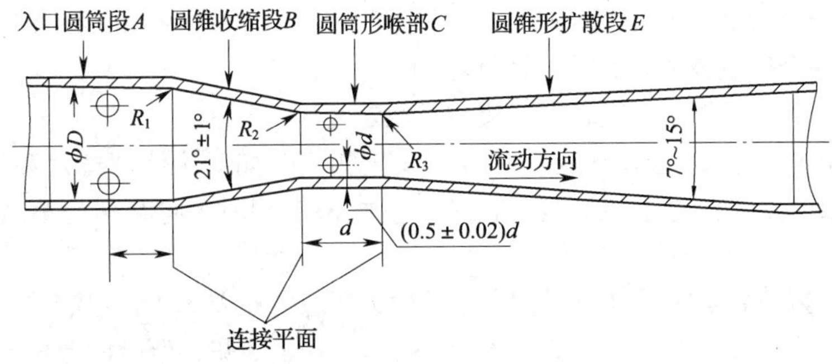

图 2—32　经典文丘里管

2. 节流装置的选用

选用标准节流装置，应根据被测介质流量检测的条件和要求，结合各种标准节流装置的特点，从检测精度要求、允许的压力损失大小、可能给出的直管段长度、被测介质的物理化学性质（如腐蚀、脏污等）、结构的复杂程度和价格的高低、安装是否方便等几方面综合考虑。一般来说，可归纳为如下几点：

a. 在加工制造和安装方面，以孔板为最简单，喷嘴次之，文丘里管最复杂。造价高低也与此相应。实际上，在一般场合下，以采用孔板为最多。

b. 当要求压力损失较小时，可采用喷嘴、文丘里管等。

c. 在检测某些易使节流装置腐蚀、沾污、磨损、变形的介质流量时，采用喷嘴较采用孔板为好。

d. 在流量值与压差值都相同的条件下，使用喷嘴有较高的检测精度，而且所需的直管长度也较短。

e. 如被测介质是高温、高压的，则可选用孔板和喷嘴。文丘里管只适用于低压的流体介质。

3. 节流装置的安装

在安装和使用节流装置时，应注意如下事项：

a. 必须保证节流装置的开孔和管道的轴线同心，并使节流装置端面与管道的轴线垂直。

b. 在节流装置前后长度为两倍于管径（2D）的一段管道内壁上，不应有凸出物和明显的粗糙或不平现象。

c. 任何局部阻力（如弯管、三通管、闸阀等）均会引起流速在截面上重新分布，引起流量系数变化。所以在节流装置的上、下游必须配置一定长度的直管。

d. 标准节流装置（孔板、喷嘴），一般都用于直径 $D \geqslant 50$ mm 的管道中。

e. 被测介质应充满全部管道连续流动。

f. 管道内的流束（流动状态）应该是稳定的。

g. 被测介质在通过节流装置时应不发生相变。如：液体不蒸发和析出气体，气体不冷凝等。当流过节流装置的流体出现气液混相时，将会使检测造成很大误差。

节流装置将管道中流体流量的大小转换为相应的压差大小，但这个压差信号还必须由导压管引出，并用相应的差压计来检测。用在流量检测上的差压计有很多形式，如：双波纹管差压计、膜盒式差压计、浮标式差压计、差压变送器等。

三、电动差压变送器

电动差压变送器是用来连续检测差压、液位、分界面等工艺参数的；与节流装置配合，可连续检测与监控液体、蒸汽和气体的流量。

电动差压变送器是以电为能源，将被测差压 ΔP 的变化转换成直流的统一标准信号，送往调节器或显示仪表进行调节、指示和记录（DDZ—Ⅰ型电动单元组合仪表采用 4～20 mA 直流电流作为统一标准信号，DDZ—Ⅱ型电动单元组合仪表采用 0～10 mA 直流电流作为统一标准信号）。

（一）仪表结构及其作用

仪表的工作原理示意图如图 2—33 所示。其主要结构由四部分组成：

1）检测部分　包括高低压检测室、检测膜盒 1、轴封膜片 3 及引出杠杆等，其作用是将输入的差压信号，转换成作用于主杠杆 2 上的力。其结构基本上与气动差压变送器的检测部分相同。

2）机械力转换部分　包括主杠杆 2、副杠杆 9、两杠杆的连接簧片 11、十字簧片支座 O_2 等。其作用是将检测元件对主杠杆的力转换成固定在副杠杆上的检测片的位移，同时也起输入力矩与反馈力矩的平衡作用。

3）位移检测器和电子放大器　其作用是通过位移检测片（铝片）的微小位移，影响检测线圈的电感量，使输入放大器的信号变化。接着又通过高频振荡放大器放大，转换为相应的 0～10 mA 的直流信号输出。

4）电磁反馈机构　将变送器输出的电流转换为相应的负反馈力矩，作用于副杠杆，和检测部分的输入力矩相平衡。

（二）工作过程

当被测差压 ΔP 引入正、负压室后，通过弹性组件膜盒（或膜片）转换成作用在主杠杆上的力 F_1。在 F_1 的作用下，主杠杆绕密封膜片支点 O_1 产生偏转，并通过连接簧片 11 使副杠杆以十字簧片 O_2 为支点产生偏转，从而使固定在副杠杆上的位移检测片位移 h 距离，位移检测线圈 8 能够将此微小位移 h 转换成相应的电量，再通过电子放大器 10 变为 0～10 mA 的直流电流 i_0 输出。输出电流 i_0 通过处于永久磁钢 7 内的反馈线圈 5。由于通电线圈在磁场中要受到电磁力的作用，因此当 i_0 通过反馈线圈 5 时，产生一个与检测力 F_1 相平衡的反馈力 F_2，作用于副杠杆 9，使杠杆系统回到平衡状态。此时的电流即为变送器的输出电流。

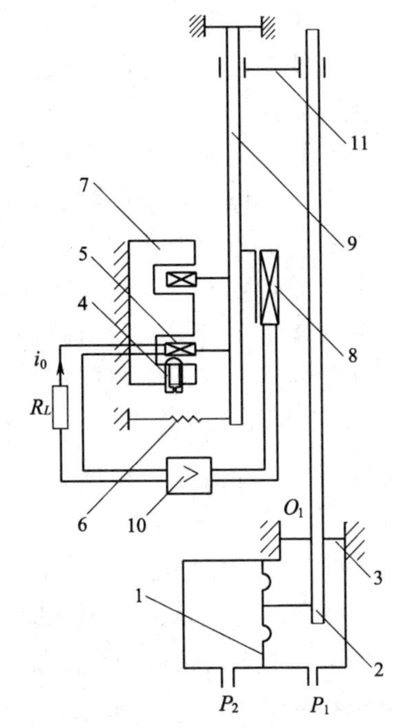

图 2—33　电动差压变送器工作原理示意图

1—检测膜盒　2—主杠杆　3—轴封膜片　4—检测范围细调螺钉　5—反馈线圈　6—调零装置　7—永久磁钢　8—位移检测线圈　9—副杠杆　10—放大器　11—主、副杠杆连接簧片

电动差压变送器与气动差压变送器都是根据力矩平衡原理工作的，只是使用的部件有些不同。前者采用位移检测片—平面检测线圈和电子高频振荡放大器，而后者采用喷嘴—挡板机构和气动放大器。

四、电远传式转子流量计

（一）基本工作原理

转子流量计是以压降不变，利用节流面积的变化来检测流量的大小，即转子流量计采用的是恒压降、变节流面积的流量检测法。

图 2—34 是指示式转子流量计的原理图，它基本上由两个部分组成，一个是由下往上逐渐扩大的锥形管（通常用玻璃制成，锥度为 $40'$～3°）；另一个是放在锥形管内可自由运动的转子。

工作时，被测流体（气体或液体）由锥形管下部进入，沿着锥形管向上运动，流过转子与锥形管之间的环隙，再从锥形管上部流出。当流体流过锥形管时，位于锥形管中的转子受到一个向上的力，使转子浮起。当这个力正好等于浸没在流体里的转子重力（即等于转子质量减去流体对转子的浮力）时，则作用在转子上的上下两个力达到平衡，此时转子就停浮在一定的高度上。被测流体的流量突然由小变大时，作用在转子上的力就加大。因为流体中的转子的重力（即作用在转子上的向下力）是不变的，所以转子就上升。由于转子在锥形管中位置的升高，造成转子与锥形管间环隙增大，即流通面积增大。随着环隙的增大，流过此环隙的流体流速变慢，流体作用在转子上的力也就变小。当流体作用在转子上的力再次等于流体中的转子的重力时，转子便稳定在一个新的高度上。这样，转子在锥形管中的平衡位置的高低与被测介质的流量大小相对应。如果在锥形管外沿其高度刻上对应的流量值，那么根据转子平衡位置的高低就可以直接读出流量的大小。这就是转子流量计检测流量的基本原理。

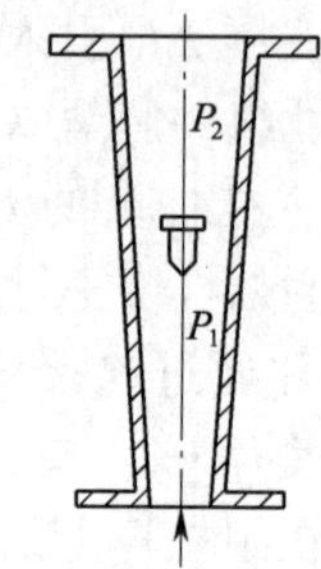

图 2—34　转子流量计的工作原理图

转子流量计中转子的平衡条件是：转子在流体中的重力等于流体因流动对转子所产生的作用力。流体因流动对转子所产生的作用力，实际上就是流体在转子前后的静压降与转子横截面积的乘积。转子在流体中的平衡条件是

$$V(\rho_t-\rho_f)g=(P_1-P_2)A \tag{2—21}$$

式中　V——转子的体积；

ρ_t——转子材料的密度；

ρ_f——被测流体的密度；

P_1、P_2——分别为转子前后流体作用在转子上的力；

A——转子的最大横截面积；

g——重力加速度。

在检测过程中 V、ρ_t、ρ_f、A、g 均为常数，由式（2—21）可知，（P_1-P_2）也应为常数。这就是说，在转子流量计中，流体的压降是固定不变的。所以，转子流量计是以定压降变节流面积法检测流量的。这正好与差压法检测流量的情况相反，差压法检测流量时，压差是变化的，而节流面积却是不变的。

由式（2—21）可得

$$\Delta P = P_1 - P_2 = \frac{V(\rho_t - \rho_f)g}{A} \tag{2—22}$$

在 ΔP 一定的情况下，流过转子流量计的流量与转子和锥形管间环隙面积 F_0 有关。由于锥形管由下往上逐渐扩大，所以 F_0 是与转子浮起的高度有关的。这样，根据转子的高度就可以判断被测介质的流量大小，可用下式表示：

$$Q_v = \phi h \sqrt{\frac{2}{\rho_f} \Delta P} \tag{2—23}$$

或

$$Q_m = \phi h \sqrt{2\rho_f \Delta P} \tag{2—24}$$

将式（2—22）代入上两式，分别得到：

$$Q_v = \phi h \sqrt{\frac{2gV(\rho_t - \rho_f)}{\rho_f A}} \tag{2—25}$$

$$Q_m = \phi h \sqrt{\frac{2gV(\rho_t - \rho_f)\rho_f}{A}} \tag{2—26}$$

式中　ϕ——仪表常数；

h——转子的高度。

其他符号的意义同前述。

（二）电远传式转子流量计

电远传式转子流量计可将反映流量大小的转子高度 h 转换为电信号，适合于远传，进行显示或记录。电远传式转子流量计主要由流量变送及电动显示两部分组成。

1. 流量变送部分

LZD 系列电远传式转子流量计是用差动变压器进行流量变送的。

差动变压器的结构与原理如图 2—35 所示。它由铁芯、线圈以及骨架组成。线圈骨架分成长度相等的两段，初级线圈均匀地密绕在两段骨架的内层，并使两个线圈同相串联相接；次级线圈分别均匀地密绕在两段骨架的外层，并将两个线圈反相串联相接。

当铁芯处在差动变压器两段线圈的中间位置时，初级激磁线圈激励的磁力线穿过上、下两个次级线圈的数目相同，因而两个匝数相等的次级线圈中产生的感应电势 e_1、e_2 相等。由于两个次级线圈系反相串联，所以 e_1、e_2 相互抵消，从而输出端 4、6 之间的总电势为零。即

$$u = e_1 - e_2 = 0 \tag{2—27}$$

当铁芯向上移动时，由于铁芯改变了两段线圈中初、次级的耦合情况，使磁力

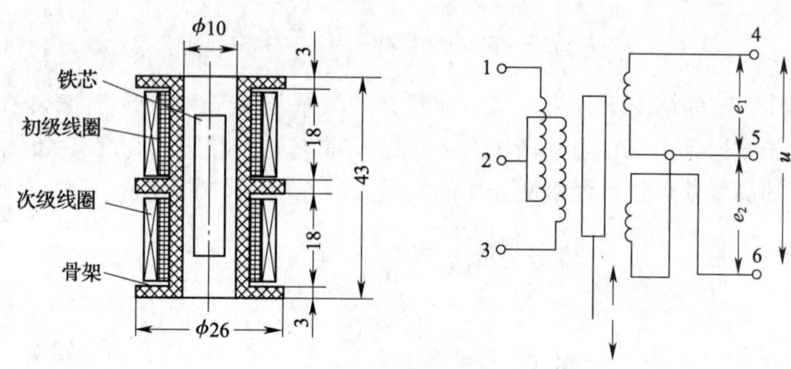

图 2—35 差动变压器结构

线通过上段线圈的数目增多，通过下段线圈的磁力线数目减少，因而上段次级线圈产生的感应电势比下段次级线圈产生的感应电势大，即 $e_1>e_2$，于是 4、6 两端输出的总电势 $u=e_1-e_2>0$。

当铁芯向下移动时，情况与上移正好相反，即输出的总电势 $u=e_1-e_2<0$。无论哪种情况，输出的总电势被称为不平衡电势，它的大小和相位由铁芯相对于线圈中心移动的距离和方向来决定。

把转子流量计的转子与差动变压器的铁芯连接起来，使转子随流量变化的运动带动铁芯一起运动，那么流量的大小将被转换成输出感应电势的大小，这就是电远传转子流量计的转换原理。

2. 电动显示部分

图 2—36 是 LZD 系列电远传转子流量计的原理图。当被测介质流量变化时，引起转子停浮的高度发生变化，转子通过连杆带动发送的差动变压器 T_1 中的铁芯上下移动。当流量增加时，铁芯向上移动，变压器 T_1 的次级绕组输出一不平衡电势，进入电子放大器。放大后的信号一方面通过可逆电机带动显示机构动作，另一方面通过凸轮带动接收的差动变压器 T_2 中的铁芯向上移动。使 T_2 的次级绕组也产生一个不平衡电势。由于 T_1、T_2 的次级线组是反向串联的，因此由 T_2 产生的不平衡电势去抵消 T_1 产生的不平衡电势，一直到进入放大器的电压为零后，T_2 中的铁芯便停留在相应的位置上，这时显示机构的指示值便可以表示被测流量的大小了。

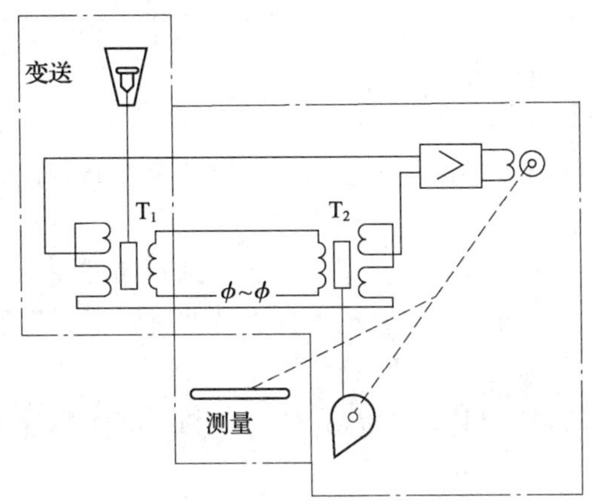

图 2—36　LZD 系列电远传式转子流量计

第四节　物位检测与监控

一、概述

物位是指存放在容器或工业设备中物质的高度或位置。如液体介质液面的高低称为液位；液体—液体或液体—固体的分界面称为界位；固体粉末或颗粒状物质的堆积高度称为料位。液位、界位及料位的测量统称为物位测量。检测液位的仪表叫液位计；检测料位的仪表叫料位计；而检测界位的仪表叫界面计。

按工作原理的不同，物位检测仪表主要有以下几种类型：

a. 直读式物位仪表

主要有玻璃管液位计、玻璃板液位计等。

b. 差压式物位仪表

分为压力式物位仪表和差压式物位仪表，利用液柱或物料堆积对某定点产生的压力的原理而工作。

c. 浮力式物位仪表

利用漂浮于液面上的浮子升降位移反映液位的变化；或利用浮子浮力随液位浸没高度而变化。分为浮子带钢丝绳或钢带的、浮球带杠杆的和浮筒式的等几种。

d. 电磁式物位仪表

使物位的变化转换为一些电量的变化，通过测出这些电量的变化来测知物位。

可分为电阻式（即电极式）物位仪表、电容式物位仪表和电感式物位仪表等；还有利用压磁效应工作的物位仪表。

e. 核辐射式物位仪表

利用核辐射线透过物料时，其强度随物质层的厚度而变化的原理而工作的。

f. 声波式物位仪表

由于物位的变化引起声阻抗的变化、声波的遮断和声波反射距离的不同，测出这些变化就可测知物位。根据工作原理可分为声波遮断式、反射式和声阻尼式。

g. 光学式物位仪表

利用物位对光波的遮断和反射原理工作，可利用的光源有普通白炽灯光或激光等。

二、浮力式液位检测装置

浮力式液位计是应用最早的一种液位检测仪表。它结构简单，造价低廉，维护也比较简单。应用浮力原理检测液位，可分为两种情况：一种是维持浮力不变，浮标永远漂浮在液面上，浮标的位置随着液面高低而变化，检测出浮标的位移量，便可以知道液位的高低。如浮标式液位计、自动跟踪式液位计和浮球式液位计等。另一种浮力是变化的，浮标浸没在液体里，由于浮标被浸没的程度不同，浮标所受的浮力也不同，检测出浮标所受的浮力的变化，便可知道液位的高低，如浮筒式液位计。

（一）自动跟踪式液位检测装置

自动跟踪式液位检测装置，采用可逆电机带动浮标对液位自动进行跟踪。其工作原理如图 2—37 所示。

1. 液位计组成

自动跟踪式液位计由发讯器、一次仪表、二次仪表三部分组成。

发讯器：发讯器 1 由浮子 4、导线轮 5、杠杆 6、铁芯 7、线圈 8、调节弹簧 9 组成。

一次仪表：一次仪表 2 由晶体管放大器 10、可逆电机 11、变速机构 12、自整角机发送机 13、排线轮 14 组成。

二次仪表：二次仪表 3 由自整角机接收机 15 和数字显示部分 16 等组成。

2. 工作原理

如图 2—37 所示，将浮标和铁芯悬挂在杠杆的同一侧。在铁芯下端安装弹簧，弹簧力与浮标系统所受的重力和浮力之差实现力矩平衡，保持浮标停留在液面上。

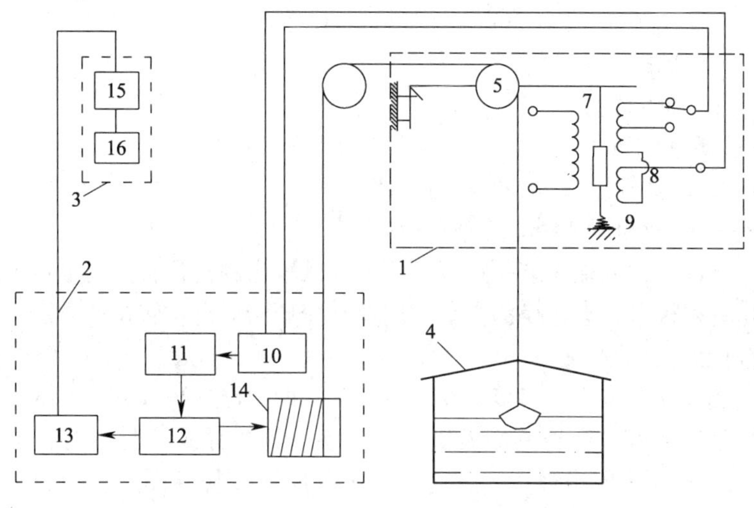

图 2—37　自动跟踪式液位检测装置示意图

此时铁芯位于差动变压器线圈的中间位置，差动变压器没有电压输出。当液位上升时，浮标所受的浮力增加，浮标对杠杆的拉力减少，因而杠杆带动铁芯向上移动，使铁芯偏离线圈的中间位置，差动变压器便输出一电压信号经放大器放大后，驱动可逆电机转动，带动浮标向上移动，直到恢复原来的力矩平衡关系，铁芯仍处于线圈的中间位置，差动变压器的输出电压为零，电机停止转动，浮标仍停留在液面上。反之亦然。从而实现了浮标对液面的自动跟踪。

在可逆电机带动浮子对液位跟踪的同时，可逆电机还带动数字轮和自整角机转动。数字轮可以就地指示出液位的数值，自整角机则将液位信号转换成电信号送到二次仪表进行指示。

（二）浮球式液位计

对于温度、黏度较高，而压力不太高的密闭容器内的液体介质的液位检测，一般采用浮球式液位计。其工作原理如图 2—38 所示。浮球 1 由铜或不锈钢制成。它通过连杆 2 与转动轴 3 相连，转动轴 3 的另一端与容器外侧的杠杆 5 相连，并在杠杆 5 上加以平衡重锤 4，组成以转动轴 3 为支点的杠杆系统，而把液位显示出来。一般要求浮球的一半浸入液体时，实现系统的力矩平衡。当液位升高时，浮球被液体浸没的深度增加，浮球所受的浮力增加，破坏了原有的力矩平衡状态，平衡重物拉动杠杆 5 做顺时针方向转动，浮球上升，直到浮球的一半浸没在液体中时，恢复了杠杆系统的力矩平衡，浮球停留在新的位置上。杠杆平衡式：

$$(W-F)OA = G \cdot OB \tag{2—28}$$

式中 W——浮球的重力；

F——介质的浮力；

G——重锤的重力；

OA——转轴到浮球中心的垂直距离；

OB——转轴到重锤中心的垂直距离。

如果在转动轴的外端安装一指针，便可以从输出的角位移知道液位的高低。也可以用喷嘴—挡板等气动转换的方法或用差动变压器等电动转换的方法将信号进行远传，或进行液位控制。

浮球式液位计可将浮球直接装在容器内部（即内浮式），如图 2—38a 所示。当容器直径很小时，可在容器外侧另做一浮球室（即外浮式）与容器相连通，如图 2—38b 所示。外浮式便于维修，但它不适用于黏稠或易结晶、易凝固的液体，内浮式的特点则与此相反。

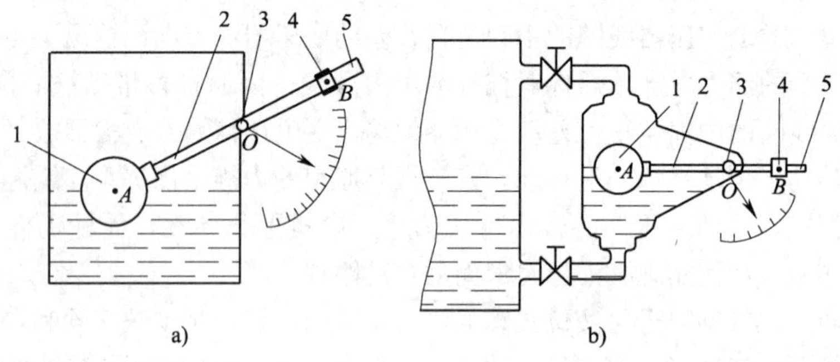

图 2—38　浮球式液位计示意图

a）内浮式　b）外浮式

1—浮球　2—连杆　3—转动轴　4—平衡重锤　5—杠杆

浮球式液位计必须用轴、轴套、盘根等结构才能既保持密封，又能将浮球的位移传送出来，因此球摩擦、润滑及介质对浮球的腐蚀等问题均需很好考虑，否则，可能造成很大的检测误差。它的量程范围也受到一定限制而不能太大。

三、差压式液位计

（一）工作原理

差压式液位计是利用当容器内的液位改变时，由液柱产生的静压也相应变化的原理而工作的，如图 2—39 所示。根据流体力学的原理：

$$P_B = P_A + H\rho g$$

即
$$\Delta P = P_B - P_A = H\rho g \qquad (2—29)$$

式中　ΔP——A、B 两点的差压；

H——A、B 两点液位高度差；

ρ——介质密度；

g——重力加速度。

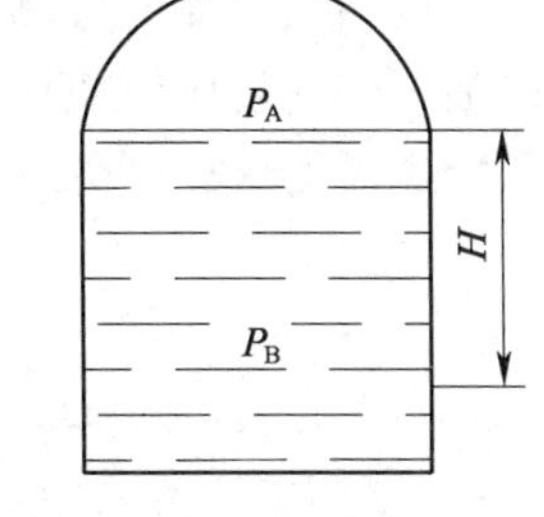

图 2—39　静压式液位计原理

通常被测介质的密度是已知的，由式（2—39）可知，A、B 两点之间的压差与液位高度差成正比。因此，各种压力计、差压计和差压变送器都可以用来检测液位高度。

图 2—40 是利用差压变送器来检测液位的示意图。

检测敞口容器的液位如图 2—40a 所示，由于气相压力为大气压力，所以差压变送器的负压室通大气即可，这时作用在正压室的压力就是液位高度所产生的静压力 $H\rho g$。但必须注意：在使用前应调整好变送器的零点和量程。

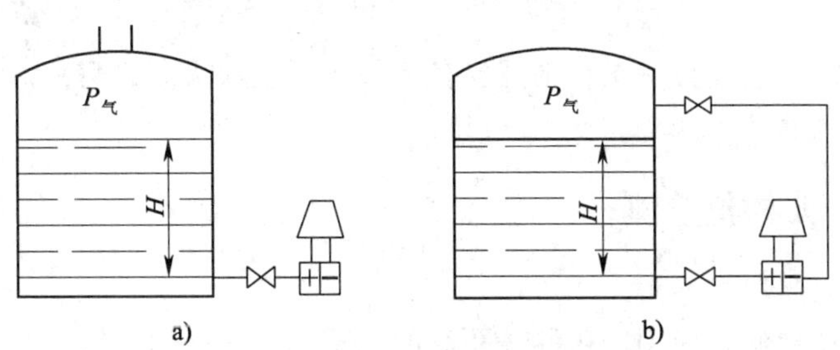

图 2—40　用压差计检测液位时的连接图

a）敞口容器　b）密闭容器

检测受压容器的液位如图 2—40b 所示，需要将差压变送器的负压室与容器的气相空间相连，以平衡气相压力的静压作用。这时作用于正压室和负压室的压力差为

$$\Delta P = P_气 + H\rho g - P_气 = H\rho g \qquad (2—30)$$

式（2—30）说明：差压的大小同样代表了液位高度的大小。

（二）用法兰式差压变送器检测液位

当检测具有腐蚀性或含有结晶颗粒以及黏度大、易凝固等液体液位时，为解决引压管线被腐蚀或堵塞的问题，可以采用法兰式差压变送器，如图 2—41 所示。变送器的法兰直接与容器上的法兰相连接，作为敏感元件的检测头 1（金属膜盒），经毛细管 2 与变送器的检测室相通。在膜盒、毛细管和检测室所组成的封闭系统内充有硅油，作为传压介质，并使被测介质不进入毛细管与变送器，以免堵塞。法兰式差压变送器的检测部分及气动转换部分的动作原理与差压变送器相同。

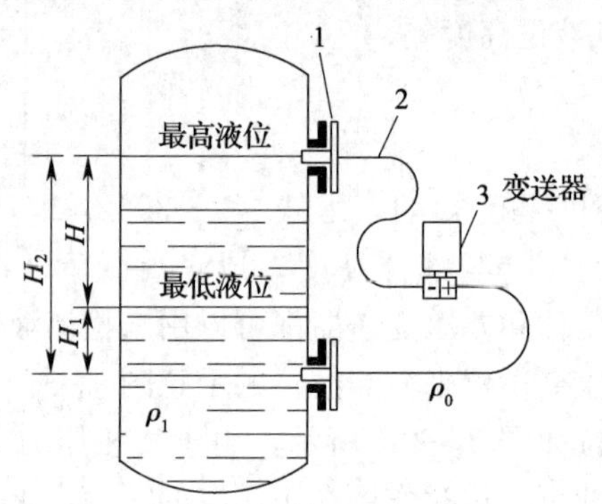

图 2—41　法兰式差压变送器检测液位示意图

1—法兰式检测头　2—毛细管　3—变送器

法兰式差压变送器按其结构形式又分为单法兰及双法兰式两种，法兰的构造又有平法兰和插入式法兰两种。

四、超声波物位检测

（一）工作原理

超声波物位检测是应用回声测量距离的原理进行工作的，如图 2—42 所示。

当超声波探头从底部向液面发射短促的超声波脉冲时，经过时间 t 后，探头接到从液面反射回来的回声脉冲。因此，探头到液面的距离 H 可按下式求出：

$$H = \frac{1}{2}Ct \qquad (2—31)$$

式中　C 是超声波在被测介质中的传播速度（简称声速）。

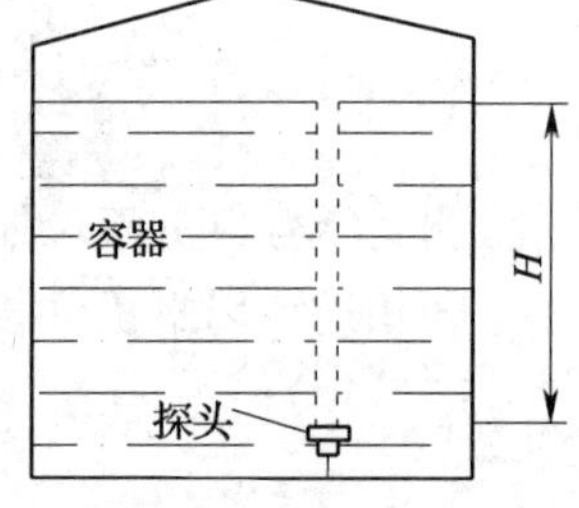

图 2—42　回声测距原理

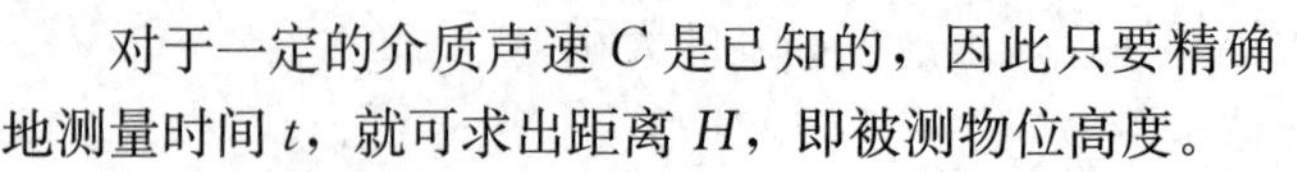

对于一定的介质声速 C 是已知的，因此只要精确地测量时间 t，就可求出距离 H，即被测物位高度。

（二）测量方法

根据声波传播介质不同，可分为固介式、液介式和气介式。根据探头的工作方式，有自发自收的单探头方式和收、发分开的双探头方式。它们相互组合就可得到不同的测量方法。图 2—43 是超声波测量液位的几种基本方法。

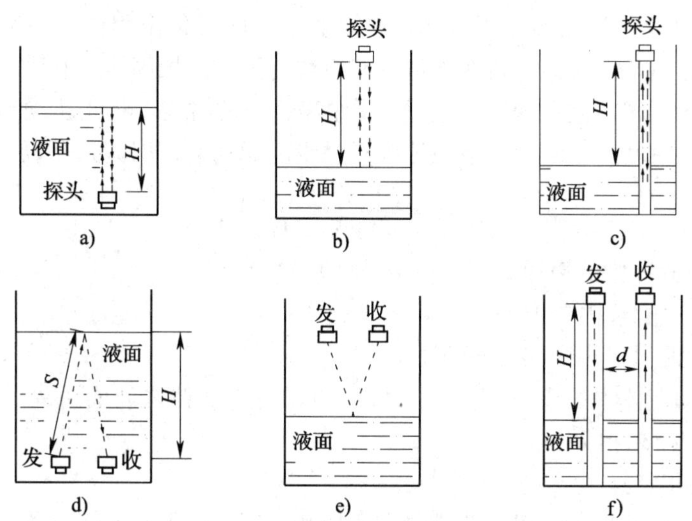

图 2—43　脉冲回波式超声波液位计的基本测量方法

图 2—43a 是液介式测量方法，探头固定安装在液体中最低液位处，探头发出的超声脉冲在液体中由探头传至液面，反射后再从液面返回被同一探头接收。液位高度与从发到收所用时间之间的关系仍可用式（2—31）来表示。

图 2—43b 是气介式测量方法，探头安装在最高液位之上的气体中，式（2—31）仍然完全适用，只是 C 代表气体中的声速。

图 2—43c 是固介式测量方法，将一根传声的固体棒或管插入液体中，上端要高出最高液位，探头安装在传声固体的上端，式（2—31）仍然适用，但 C 代表固体中的声速。

图 2—43d、e、f 是一发一收双探头方式。图 2—43d 是双探头液介式方式，由图可见，若两探头中心间距为 $2a$，声波从探头到液位的斜向路径为 S，探头至液位的垂直高度为 H，则

$$S=\frac{1}{2}Ct \tag{2—32}$$

$$H=\sqrt{S^2-a^2} \tag{2—33}$$

$$H=\frac{1}{2}v\left(t-\frac{d}{v_{\mathrm{H}}}\right) \tag{2—34}$$

图 2—43e 是双探头气介式方式，只要将 C 理解为气体中的声速，则上面关于双探头液介式的讨论完全可以适用。

图 2—43f 是双探头固介式方式，它需要采用两根传声固体，超声波从发射探头经第一根固体传至液面，再在液体中将声波传至第二根固体，然后沿第二根固体传至接收探头。超声波在固体中经过 $2H$ 距离所需的时间，将比从发到收的时间略短，所缩短的时间就是超声波在液体中经过距离 d 所需的时间，所以

$$H=\frac{1}{2}C\left(t-\frac{d}{C_{\mathrm{H}}}\right) \tag{2—35}$$

式中 C——固体中的声速；

C_{H}——液体中的声速；

d——两根传声固体之间的距离。

当固体和液体中的声速 C、C_{H}已知，两根传声固体之间的距离 d 固定时，则可根据测得的 t 求得 H。

（三）使用特点

优点：超声波探头可以不与被测介质接触，即可以做到非接触测量；可测范围广，只要分界面的声阻抗不同，液体、粉末、块状的物位均可测量；安装维护方便，而且不需安全防护；不仅能够定点连续测量物位，而且能够方便地提供遥感或测控所需要的信号。

缺点：探头本身不能承受高温，声速受介质温度、压力影响，有些介质对声波吸收能力很强，使用受到一定限制。

本章小结

1. 压力检测与监控可以有效地预防生产过程因过压而引起破坏或爆炸。过程参数是生产企业保证安全生产，预防事故发生的最基本、最重要的参数之一。按敏感元件和转换原理的特性不同，压力检测可分为 4 类：液柱压力检测、弹性压力检测、电气压力检测以及负荷压力检测等。压力仪表的选用必须满足工艺生产的要求，根据工艺要求正确选用仪表类型是保证仪表正常工作及安全生产的重要前提。

2. 温度是表征物体冷热程度的物理量，是工业生产各种工艺过程中最普遍、最重要的热工参数之一。根据测温方式的不同，温度测量可以分为接触式测温与非接触式测温两大类。温度测量的基本原理主要有：热膨胀原理、压力随温度变化的

原理、热电效应、热阻效应以及热辐射原理。热电偶温度检测与热电阻温度检测结构简单、使用方便、测温准确可靠、便于远传、自动记录和集中控制，因此，普遍应用在工业安全生产监控和科学研究领域中。

3. 流量是指单位时间内通过管道（或设备）某一横截面的流体的量。按照工艺要求不同，流量可分为瞬时流量和累积流量。流量检测按检测原理及仪表结构形式的不同，可分为：速度式流量计、容积式流量计以及质量式流量计。电动差压变送器及电远传式转子流量计可连续检测与监控液体、蒸气和气体的流量，适合于远传，进行显示或记录。

4. 物位是指存放在容器或工业设备中物质的高度或位置。按工作原理的不同，物位检测仪表可分为：直读式物位仪表、差压式物位仪表、浮力式物位仪表、电磁式物位仪表、核辐射式物位仪表、声波式物位仪表以及光学式物位仪表。自动跟踪式液位检测装置，采用可逆电机带动浮标对液位自动进行跟踪。超声波物位检测是应用回声测量距离原理工作的，能够定点连续测量物位，较方便地提供遥感或监控所需要的信号。

复习思考题

1. 接触式测温和非接触式测温各有什么特点？常用的测温方法有哪些？

2. 热电偶的测温原理是什么？热电偶有哪些基本定律？

3. 将一支灵敏度为 0.08 mV/℃的热电偶与毫伏表相连，已知接线端温度为50℃，毫伏表读数是 60 mV，问热电偶热端温度是多少？

4. 热电偶种类有哪些？各有何特点？如何进行热电偶的选择、使用和安装？

5. 常用热电阻有哪些？各有何特点？

6. 接触式测温仪表的选用与安装应注意哪些问题？

7. 亮度温度计有哪几种？简述光电高温计的测温原理。

8. 什么叫压力？表压、负压力（真空度）和绝对压力之间有何关系？

9. 常用的压力计有哪些？其原理和特点各是什么？

10. 某台空压机的缓冲器，其工作压力范围为 1.1～1.6 MPa，工艺要求就地观察罐内压力，并要求测量误差不大于罐内压力的±5%，试选择一只合适的压力表。

11. 简述电容压力变送器工作原理。

12. 什么是节流现象？什么是标准节流装置？

13. 简述节流式差压流量计的测量原理。
14. 简述电动差压变送器工作原理及其组成。
15. 物位检测仪表按工作原理分为哪几种类型?
16. 简述超声波物位计的工作原理及其应用。
17. 简述自动跟踪式液位计工作原理及其组成。

第三章　气体检测与监控

本章学习目标

1. 掌握气体检测常用的实验室型检测仪器，如气相色谱仪、高压液相色谱仪、分光光度计、原子吸收光谱仪的基本原理及基本的定量测定方法；熟悉吸附管和气泡吸收管等富集采样方法，清楚固定点采样和个体采样的作用与区别；了解常用的气体定量方法及标准溶液制备方法；掌握吸附管解吸的原理。

2. 掌握常用气体传感器的响应原理、特点，能够根据被检测气体的具体情况和传感器的特点选用检测器。

3. 熟悉便携式气体检测仪器的特点，了解其在受限作业空间检测、泄漏追踪检测及事故应急监控中的应用情况。

4. 熟悉固定式气体检测报警系统的基本组成，了解其传感器设置点的确定原则。

5. 掌握检测仪及检测系统标定的原理、作用与方法。

气体检测是指检测作业场所空气中气态的危险物质的浓度，是安全检测中重要的组成部分。对通常的气体安全检测来说，被检测的危险气体是指出现在作业场所的有毒气体、氧气、可燃气体和可燃液体蒸气。对生产过程的安全监控来说，被检测与监控的气体是存在于设备内物料中的某些气体，如在空气氧化甲醇生产甲醛的氧化设备中，被检测的是氧气，被控制的是通入空气的流量。对以保证人员免受危害为目的的职业卫生检测中，主要是对有毒气体和受限作业空间氧气的检测。本章主要介绍用于气体检测的仪器原理、检测方法、方法应用。

第一节　实验室检测与现场监控

实验室检测是指用采样器在作业现场采集气体样品，将被采集的气体样品带到实验室，用实验室型检测仪器对样品进行检测的方法，实验室型检测仪器是指只能在实验室使用的检测仪器。现场监控包含两个含义，其一是对作业场所空气中有害气态物质进行的监督性检测，如职业卫生监督部门的定期检测；其二是用便携式检测仪或固定式检测仪对特定场所进行的监视性检测。实验室检测的主要检测对象是作业场所空气中对人体有毒有害的气态物质，包括气体和蒸气，属于职业卫生检测的一部分；便携式检测仪或固定式检测仪的检测对象通常包括有毒有害和可燃可爆气态物质。便携式检测仪和固定式检测仪的内容在本章其他部分介绍，本节主要介绍实验室检测的有关内容。

一、常用的实验室型检测仪器

在气态物质的安全检测中，尤其是有毒有害物质检测中，目前使用最多的检测仪器是气相色谱仪，其次是高效液相色谱仪，分光光度计、原子吸收光谱仪、等离子体发射光谱仪等，其他检测仪器的使用相对少些。

1. 气相色谱仪

气相色谱分析法（Gas chromatography GC）是一种分离测定多组分混合物极其有效的分析方法。它由分离和检测两部分构成，理化性质（如沸点、极性、相对分子质量等）只有微小差异的各组分得到有效地分离后，依次送入检测器测定，达到分离、定量分析各组分的目的。

色谱法是一大类分析方法，分离过程是在固定相（Stationary phase）和流动相（Mobile phase）两相之间进行的。用气体作为流动相时，称为气相色谱法；用液体作为流动相时，称为液相色谱法。只有在分离柱工作温度下能处于气态的物质才能用气相色谱法测定。

（1）气相色谱仪的基本构成

气相色谱法是通过气相色谱仪来实现对多组分混合物分离和分析的，其基本流程见图 3—1。流动相气体（又称载气）由高压钢瓶或气体发生器供给，经减压、干燥、净化并测量流量后进入汽化室，载气携带由汽化室进样口注入并迅速汽化为蒸气的试样进入色谱柱（内装固定相），经分离后的各组分依次进入检测器，将浓度或质量信号转换成电信号，经放大后送入数据处理与记录装置，电信号随时间的变化曲线称为流出曲线，每一个山峰状信号曲线都称为色谱峰。

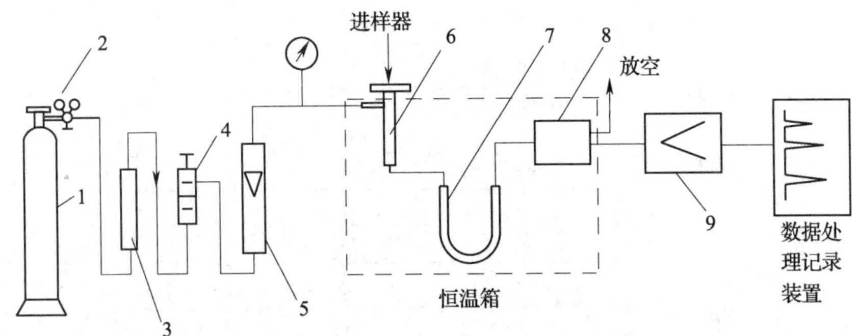

图 3—1 气相色谱仪流程示意图

1—载气钢瓶 2—减压阀 3—干燥净化管 4—稳压阀 5—流量计 6—汽化室 7—色谱柱 8—检测器 9—阻抗转换及放大器

因使用的固定相不同，分离机理也各不相同。因共存组分性质各异，其与固定相的亲和力也有差异，随载气移动的速度也各不同，流出色谱柱的时间也有先后顺序，各组分的色谱峰被彼此分开。

(2) 色谱分离机理与色谱流出曲线

色谱柱是色谱仪的核心，色谱柱中充填着颗粒细小的固定相，固定相是涂敷着固定液的颗粒状载体，或者是颗粒状吸附剂，气态的待分离混合组分进入色谱柱后，组分与固定相之间产生分子间力，分子间力的作用是把气态组分滞留在固定相表面。流过色谱柱的流动相与气态组分也产生作用力，包括分子间力和流动的携带作用，在此作用力的作用下，气态组分将随着流动相沿着色谱柱向前移动。固定相和流动相的作用力方向相反，结果是各组分“缓慢”地向前移动，移动速度由相反两个方向作用力的差值决定，其中最主要的是由组分与固定相间的作用力大小决定。气态中的各种组分由于极性、结构、分子相对质量等多种物理化学性质的差异，各自与固定相的作用力大小也不同，移动的速度也有差异，即使差异较小，经过较长距离的移动后，不同组分在色谱柱中的前后位置也会有明显的区别，各自流出色谱柱及进入检测器的时刻也不同，先进入检测器的组分先产生响应信号，移动最慢的组分进入检测器并产生信号的时间也最晚，不同组分的分离也就完成了。分离过程如图 3—2 所示。

各组分由载气携带着依次通过检测器时，则检测器依次对各组分产生响应，检测器响应信号随时间的变化曲线称为色谱流出曲线，通常称为色谱图，如图 3—3

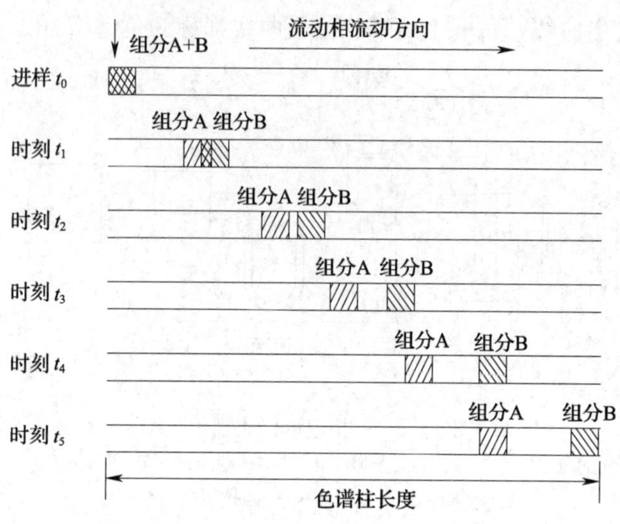

图 3—2　色谱分离过程示意图

所示。当分离完全时，每个色谱峰代表一种组分。各组分在柱内移动过程中由于浓度梯度的作用，会沿着色谱柱的方向向前后两个方向扩散，组分所在位置的中央浓度最大，两边的浓度逐渐减小，浓度越大则在检测器中产生的信号越大。每一种组分从进样开始到出峰至最高点所用时间称为保留时间（t_R）。当分离条件固定时，各组分的保留时间基本不变。根据色谱峰保留时间可进行定性分析，即确认是哪种组分的峰；根据色谱峰面积或峰高可进行定量分析。

（3）色谱分离条件的选择

色谱柱分离条件的选择包括色谱柱内径及柱长、固定相、气化温度及柱温、载气种类及其流速、进样时间和进样量等条件的选择。

色谱柱分为填充柱（Packed column）和毛细管柱（Capillary column）。前者由内径 2～4 mm、长 1～3 m 的不锈钢或玻璃管和颗粒状固定相组成；后者由内径 0.1～0.5 mm、长几十米（最长 300 m）的不锈钢、玻璃或石英毛细管和其内壁涂敷的固定相组成。

固定相可分为气固色谱固定相和气液色谱固定相。前者为活性吸附剂，如高分子微球、硅胶、分子筛、活性炭等，主要用于分离 CH_4、CO_2、CO、SO_2、H_2S、N_2、O_2、H_2及四个碳以下的气态烃。气液固定相是在比表面积大、惰性的担体（或称载体）的表面均匀涂布一层极薄的高沸点固定液制成。担体是一种化学稳定性和热稳定性很高的多孔固体颗粒，常用的有硅藻土担体（如 6201、101 担体）、

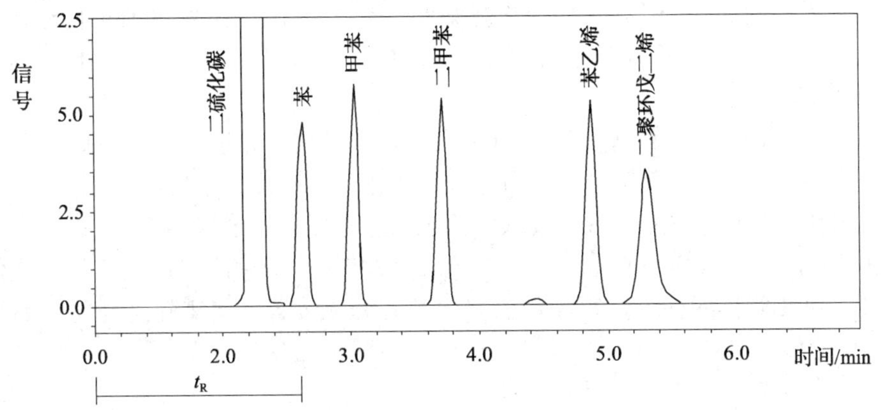

图 3—3　色谱流出曲线

非硅藻土担体（如玻璃微球）及高分子微球三大类。一般依据被测组分的性质，按照相似相溶规律选择与被测组分化学结构及极性相似的固定液。非极性组分一般选用非极性固定液，二者之间的作用力主要是色散力，各组分按照沸点由低到高的顺序流出，如极性与非极性组分共存，则具有相同沸点的极性组分先流出；强极性组分则常选用强极性固定液，两种分子间以定向力为主，各组分按极性由小到大顺序流出；能形成氢键的物质选用氢键型固定液，各组分按照与固定液分子形成氢键能力大小顺序流出，形成氢键力小的组分先流出。对于复杂混合物，可选用混合型固定液。担体的粒度要均匀，一般为 60～80 目或 80～100 目，使担体的粒度小且均匀是提高色谱柱分离效率的主要途径。

毛细管色谱柱内涂的固定液选择与上述相同。毛细管柱内没有载体，固定液经溶剂稀释后在柱内流过，柱内壁黏附的薄薄的一层即为固定相，毛细管柱的分离效率比较高。填充柱一般自己制备，而毛细管柱制备复杂，一般选用商品柱。

提高色谱柱温度，可使气相和液相间的传质速率加快，同时也使组分在柱的纵向扩散系数加大，前者有利于提高分离效率，缩短分离时间，后者又降低分离效率，温度过高将会降低固定液的选择性，增加其挥发流失，一般选择近似等于试样中各组分的平均沸点或稍低温度。

样品在汽化温度下，应能迅速汽化而无热分解，汽化室温度一般高于色谱柱温度 30～70℃。

选择载气不仅要考虑柱效能，还必须考虑检测器的需要，如使用热导检测器，应选氢气或氩气；如使用氢火焰离子化检测器，就不能选择氢气，一般选氮气。色谱柱分离效率随载气流速增大的变化规律是：先增大后减小，中间有最佳流速，但在最佳流速后的一小段范围内受载气流速影响小，故一般选择稍大于最佳流速，以便缩短分离时间。

色谱进样最好是“柱塞式”，在 1 s 内完成，否则，先进入汽化室的部分已经汽化随载气流入色谱柱，后推进部分还没有汽化，这样就人为造成色谱峰扩张，甚至改变峰形。进样量应控制在峰高或峰面积与进样量成正比的范围内。液体试样一般为 0.5～5 μL；气样一般为 0.1～10 mL。进样量大则可能超过柱容量，降低分离效果。毛细管柱的柱容量很小，仪器中都有分流装置，使实际进柱的样品量很小。

（4）检测器

色谱柱分离后的各组分直接进入检测器，检测器把反映物质量的信号转变成电信号。气相色谱分析常用的检测器有：热导池检测器、氢火焰离子化检测器、电子捕获检测器和光离子化检测器，另外还有检测含硫、磷组分专用的火焰光度检测器。

①热导池检测器

热导池检测器（TCD Thermal conductivity detector）是一种应用广泛、非选择性的检测器，对无机、有机气体都有响应。热导池检测器是依据惠斯顿平衡电桥的原理设计的，其中四个桥臂为热敏电阻，其电阻值随着温度的增加而增加，并具有较高的温度系数。工作时先通入载气，再通过电流时电阻生热而升温，同时通过载气传导给壳体散热，当生热速率等于散热速率时，温度达到平衡，电阻的阻值也不再变化。当与载气导热系数不同的组分进入检测器时，混合气体的导热系数不同于纯载气，生热—散热平衡被打破，继而改变电阻值，电桥偏离平衡而输出电流，输出电流与进入检测器组分的浓度呈正比。热导池是在不锈钢块上钻四个对称的孔，各孔中均装入一根长短和阻值相等的热敏丝（与池体绝缘）。让一对通孔流过纯载气，即载气在进柱之前先流过此通孔，之后进入色谱柱，另一对通孔流过从色谱柱流出的携带试样蒸气的载气。将四根阻丝接成桥路，通纯载气的一对称参比臂，另一对称测量臂，如图 3—4 所示。电桥置于恒温室中并通过恒定电流。当四臂都通入纯载气并保持桥路电流、池体温度、载气流速等操作条件恒定时，则电流流经四臂阻丝所产生的热量恒定，由热传导方式从热丝上带走的热量也恒定，四臂中热丝温度和电阻相等，电桥处于平衡状态（$R_1 \cdot R_4 = R_2 \cdot R_3$），无信号输出。当进样后，试样组分进入测量臂，由于组分和载气组成的二元气体的热导系数和纯载气的热导系数不同，引起通过测量臂气体导热能力改变，致使热丝温度发生变化。

从而引起 R_1 和 R_4 变化，电桥失去平衡（$R_1 \cdot R_4 \neq R_2 \cdot R_3$），有信号输出，其大小与组分浓度成正比。

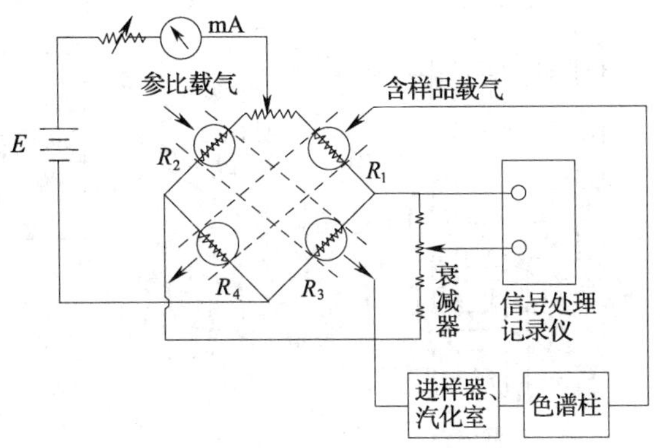

图 3—4　热导池检测器测量原理

氢气的导热系数远远高于其他气体，用热导池检测器时常常采用氢气作为载气，组分气体进入检测器时明显改变导热系数，所以检测灵敏度高。由于 TCD 检测器输出的电信号比较强，所以信号不经放大就能直接显示。

由于采用惠斯顿电桥原理设计的检测器或者传感器使用的较多，所以掌握其响应原理对相似检测仪响应原理的学习有很大帮助。

②氢火焰离子化检测器

在火焰离子化检测器（FID Flame ionization detector）中，被测组分在氢—氧火焰中不完全燃烧而部分离子化，离解成正、负离子，在收集极和极化极间的电场作用下，被分别收集汇成离子流（电流），通过对离子流的测量进行定量分析。其结构及测量原理示如图 3—5 所示。该检测器由氢氧火焰和置于火焰上、下方的圆筒状收集极及圆环发射极、测量电路等组成。两电极间加 200～300 V 电压。未进样时，氢氧焰中生成 H、O、OH、O_2H 等电中性的自由基或碎片及一些被激发的变体，但它们在电场中不被收集，故不产生电信号。当试样组分随载气进入火焰时，就被离子化形成正离子和电子，在直流电场的作用下，各自向极性相反的电极移动形成电流，该电流强度为 10^{-8}～10^{-13} A，需经高组（R）产生电压降，再经微电流放大器放大后送入数据处理系统处理并记录。FID 主要用于有机物的检测。

③电子捕获检测器

电子捕获检测器（ECD Electron capture detector）适于分析痕量电负性有机化合物，对卤素、硫、氧、硝基、羰基、氰基、共轭双键体系、有机金属化合物等有

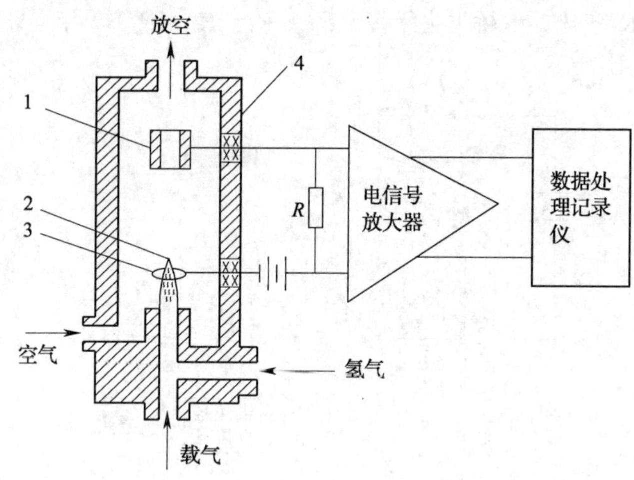

图 3—5　氢火焰离子化检测器及测量原理

1—收集极　2—火焰　3—发射极　4—离子室

较高的响应值，对烷烃、烯烃、炔烃等的响应值很小，主要用于有机卤素化合物和有机硫化合物的检测。检测器的结构及测量原理如图 3—6 所示。检测器内一端为β放射源（^{3}H 或 ^{63}Ni）作为阴极，另一端的不锈钢棒作为阳极，在两极间施加直流或脉冲电压。当载气（高纯的氩或氮）进入内腔时，受放射源发射的 β 粒子轰击被电离

$$Ar+\beta\rightarrow Ar^{+}+e^{-}$$

在电场作用下，正离子和电子分别向阴极和阳极移动形成基流（背景电流）。当电负性物质（AB）进入检测器时，立即捕获自由电子使基流下降，输出电信号减小，组分流出检测器后，背景电流恢复到原值，在记录仪器上得到倒峰。在一定浓度范围内，峰面积或峰高与电负性物质浓度成比例。

（5）定量分析方法

进入检测器的某一物质的质量 W 与其峰面积 A 成正比，即 $W=kA$，k 是系数，受多种因素影响，在仪器稳定工作时是常数，这是所有定量方法的基础。

①标准曲线法

标准曲线法又称为外标法，用被测组分纯物质（标准物）配制一系列不同浓度的标准溶液或标准气体，用微量注射器（气体样品用六通阀）分别定量进样，记录不同浓度时的峰面积，用峰面积对相应的浓度作图，得到一条直线标准曲线。有时也可用峰高代替峰面积，作峰高—浓度标准曲线。在同样条件下，进同样量的被测

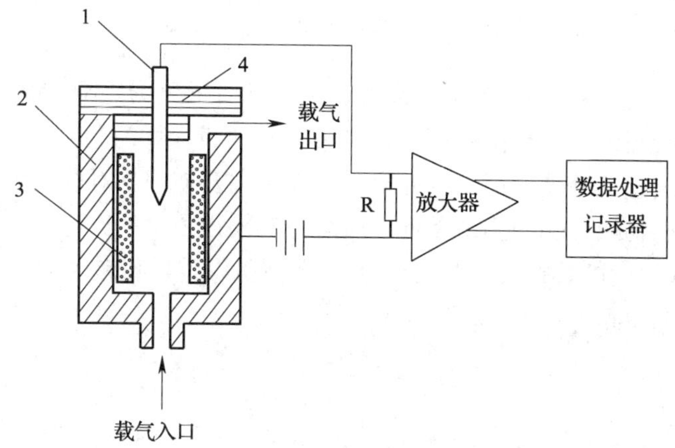

图 3—6　电子捕获检测器及测量原理

1—阳极　2—阴极　3—筒状放射源　4—聚四氟乙烯

试样，测出峰面积或峰高，从标准曲线上查知试样中待测组分的含量。外标法操作简单、计算方便，不需校正因子，所有影响响应信号的因素都能得到校正，但要求进样量准确。现在的配置色谱工作站的气相色谱仪能够按照指令自动完成计算工作。

②内标法

选择一种在试样中不存在，其色谱峰位于被测组分色谱峰附近的纯物质作为内标物。将接近被测组分含量的内标物分别加入到标准溶液和试样溶液中，内标物在标准溶液和试样溶液中浓度都相等，分别进样，测量色谱峰面积，以被测组分峰面积与内标物峰面积的比值对相应浓度作图，得到标准曲线。根据试样中被测与内标两种物质峰面积的比值，从标准曲线上查知被测组分浓度。因该方法以两物质峰面积的比值来作图，所以可抵消因实验条件和进样量变化带来的误差。该法也可引入校正因子直接计算出结果。

③归一化法

如果试样中各组分都能出峰，则使用归一化法比较简单，其一次进样可测定出所有组分的含量。设试样中各组分的质量分别为 W_1、W_2、…、W_n，则各组分的百分含量（P_i）按照下式计算：

$$P_i(\%)=\frac{W_i}{W_1+W_2+\cdots+W_n}\times 100 \tag{3—1}$$

各组分的质量（W_i）可由质量校正因子（f_w）和峰面积（A_i）求得，即

$$P_i(\%)=\frac{A_i f_{w(i)}}{A_1 f_{w(1)}+A_2 f_{w(2)}+\cdots+A_n f_{w(n)}}\times 100 \tag{3—2}$$

f_w可由文献查知，也可通过实验测定。校正因子分为绝对校正因子和相对校正因子。绝对校正因子是单位峰面积代表某组分的量，即 $W_i=f'_i A_i$。但其受测定条件影响，无法直接准确应用，因此实际工作中主要使用相对校正因子，它是被测组分与某种标准物质在相同测量条件下所得绝对校正因子的比值。常用的标准物质是苯（用于 TCD）和正庚烷（用于 FID）。当物质以重量作单位时，称为相对重量校正因子（f_w），即

$$f_w=\frac{f'_{w(i)}}{f'_{w(s)}}=\frac{A_s W_i}{A_i W_s} \tag{3—3}$$

式中 $f'_{w(i)}$、$f'_{w(s)}$——分别为被测物质和标准物质的绝对校正因子；

W_s、A_s——分别为标准物质的重量和峰面积；

W_i、A_i——分别为组分的重量和峰面积。

自测校正因子时，也可用峰高代替峰面积计算，但计算含量时也应用峰高。从色谱手册中查到的校正因子都是相对校正因子，注意：不同类检测器的校正因子不能互用。

2. 高效液相色谱仪

以液体作流动相的色谱法称为液相色谱法，按分离机理也可分为多种类型色谱。自 20 世纪 60 年代以来，在色谱理论，尤其是速率理论的指导下，填料制备技术、柱填充技术、高压输液泵制造以及化学键合型固定相制备等方面得到高速发展，使液相色谱分离实现了高速度。现在，这种分离效率高、分析速度快的液相色谱就被称做高效液相色谱（High performance liquid chromatography，HPLC）。按分离机理归类，离子对色谱和离子抑制色谱属于分配色谱，因它们的分析对象都是离子型化合物，所以又常常将它们与离子交换色谱、离子排斥色谱一起统称离子色谱。在安全检测中，使用化学键合型固定相的分配色谱应用最多，其次是离子色谱。

（1）分配色谱的方法原理

将固定相液体包覆于惰性载体（基质）上，基于样品分子在固定相液体和流动相液体之间的分配平衡的色谱方法，称为分配色谱（Partion chromatography）。由于固定相的液体往往容易溶解到流动相中去，所以重现性很差，已很少被人们所采用。现在 HPLC 的固定相是把固定液通过化学键合的方法结合到惰性载体上，制成化学键合型固定相，不仅解决了流失问题，而且分离效率显著提高。ODS（Octa decyltrichloro silane，十八烷基三氯硅烷）柱就是最典型的代表，它是将十八烷基三氯硅烷通过化学反应与硅胶表面的硅羟基结合，在硅胶表面形成化学键合态的十八碳烷基，其极性很小，而常用的流动相，如甲醇、乙腈以及它们与水的混合溶液，极性比固定相大，被称做反相 HPLC。目前应用最广泛的就是这种反相键合相色谱（Reverse bonded phase chromatography）。

（2）仪器结构与原理

高效液相色谱仪现在多做成一个个单元组件，然后根据分析要求将所需单元组合起来，最基本的组件是输液泵、进样器、色谱柱、检测器和工作站（数据系统）。此外，根据需要配置自动进样系统、流动相在线脱气装置和自动控制系统等。图 3—7 是普通的高效液相色谱仪的示意图。输液泵将流动相以稳定的流速（或压力）输送至分离体系，在色谱柱之前通过进样器将样品导入，流动相将样品带入色谱柱，在色谱柱中各组分被分离，并依次随流动相流至检测器，检测器输出的信号送至工作站记录、处理和保存。

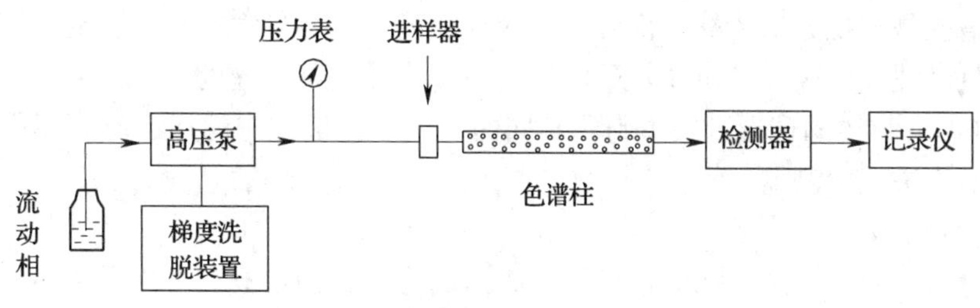

图 3—7　高效液相色谱仪的构造示意图

①高压（输液）泵

高压泵的作用是将流动相以稳定的流速（或压力）输送到色谱系统。其稳定性直接影响到分析结果的重现性、精度和准确性，因此其流量变化通常要求小于 0.5%。流动相流过色谱柱时会产生很大的压力，高压泵通常要求能耐 40～60 MPa 的高压。

②进样器

现在的液相色谱仪几乎都采用耐高压、重复性好、操作方便的阀进样器。六通阀是最常用的，进样体积由定量管确定，通常使用的是 10 μL，20 μL 和 50 μL 体积的定量管。六通阀进样器的结构如图 3—8 所示。操作时先将阀柄置于采样位置（Load），这时进样口只与定量管接通，处于常压状态，用微量注射器（其容积应大于定量管容积）注入样品溶液，样品停留在定量管中。将进样器阀柄转动 60°至

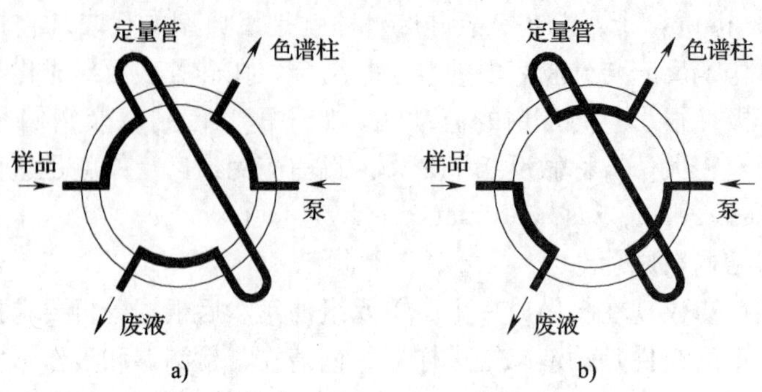

图 3—8 六通阀进样器工作原理
a）采样位置 b）进样位置

进样位置（Inject）时，流动相与定量管接通，样品被流动相带到色谱柱中。

③色谱柱

色谱柱是实现分离的核心部件，要求柱效高、柱容量大和性能稳定。最常用的分析型色谱柱是内径 4.6 mm，长 100～300 mm 的内部抛光的不锈钢管柱，内部填充 5～10 μm 粒径的球形颗粒填料。不同的物质在色谱柱中的保留时间不同，依次流出色谱柱进入检测器。

④检测器

检测器是用来连续检测经色谱柱分离后的流出物的组成和含量变化的装置。它利用被测物的某一物理或化学性质与流动相有差异的原理，当被测物从色谱柱流出时，会导致流动相背景值发生变化，从而在色谱图上以色谱峰的形式表现出来。

紫外（UV）检测器　UV 检测器既有较高的灵敏度和选择性，也有很宽广的应用范围。由于 UV 检测器输出信号对环境温度、流速、流动相组成等的变化不是很敏感，所以这种检测器还能用于梯度洗脱。UV 检测器的工作原理相当于分光光度计。为了得到高的灵敏度，常选择被测物质能产生最大吸收的波长作检测波长，但为了有好的选择性或其他目的，也可选择吸收稍弱的波长，但这时检测灵敏度会降低。在使用这种检测器的场合，应尽可能选择在检测波长下没有背景吸收的流动相。使用二极管阵列 UV 检测器，可以瞬间实现紫外—可见光区的全波长扫描，得到时间 t—波长 λ—吸收强度 A 三维色谱图。一般的液相色谱仪都配置有 UV 检测器。

电化学检测器　电化学检测法利用物质的电活性，通过电极上的氧化或还原反应进行检测。电化学检测有很多种，如电导、安培、库仑、极谱、电位等，应用较多的是安培检测。电化学检测器对流动相的限制较严。电极污染常造成重现性差等缺点，所以，这种检测器一般只用于检测那些既没有紫外吸收，又不产生荧光，但有电活性的物质。

⑤色谱工作站

现在的液相色谱仪一般都配置色谱工作站。这种工作站可在线模拟显示分析过程、自动采集、处理和存储数据，并对整个分析过程实现自动控制。如果设置好有关分析条件和参数，可以自动给出最终分析结果。

（3）实验技术

①流动相溶剂的处理技术

溶剂的纯化　分析纯和优级纯溶剂在很多情况下可以满足色谱分析的要求，但不同的色谱柱和检测方法对溶剂的要求不同，如用紫外检测时，溶剂中就不能含有在检测波长下有吸收的杂质，此外为改善分离而加入的其他有机溶剂也不能在选定的测量波长下有吸收。目前专供色谱分析用的“色谱纯”溶剂除最常用的甲醇外，其余多为分析纯，有时要进行除去紫外杂质、脱水、重蒸等纯化操作。

乙腈也是常用的溶剂。分析纯乙腈中还含有少量的丙酮、丙烯腈、丙烯醇和恶唑化合物，产生较大的背景吸收。可以采用活性炭或酸性氧化铝吸附纯化，也可采用高锰酸钾/氢氧化钠氧化裂解与甲醇共沸方法纯化。

四氢呋喃中的抗氧化剂 BHT（3，5—二特丁基—4—羟基甲苯）可以通过蒸馏除去。四氢呋喃应在使用前蒸馏，长时间放置会氧化，而且在使用前应检查有无过氧化物。检查方法是取 10 mL 四氢呋喃和 1 mL 新配制的 10%碘化钾溶液，混合 1 min 后，不出现黄色即可使用。

溶剂的纯化方法，要根据色谱柱和检测器的要求来加以选择。

流动相脱气　流动相溶液往往因溶解有空气而形成气泡。气泡进入检测器后会引起检测信号的突然变化，在色谱图上出现尖锐的噪声峰。小气泡慢慢聚集后会变成大气泡，大气泡进入流路或色谱柱中会使流动相的流速变慢或出现流速不稳定，致使基线起伏。气泡一旦进入色谱柱，排出这些气泡很费时间。溶解氧常和一些溶剂结合生成有紫外吸收的化合物。在荧光检测中，溶解氧还会使荧光猝灭。溶解气体还可能引起某些样品的氧化降解或使溶液 pH 值变化。

目前，液相色谱流动相脱气使用得较多的是超声波振荡脱气、惰性气体鼓泡吹扫脱气和在线（真空）脱气装置 3 种。纯溶剂中的溶解气体比较容易脱去，而水溶液中的溶解气体就比较难脱去。超声波振荡脱气比较简便，基本上能满足日常分析的要求，是目前用得很多的脱气方法。惰性气体（通常用 He）鼓泡吹扫脱气的效果好，可能是 He 气将其他气体顶替出去，而它本身在溶剂中的溶解度又很小，微量 He 气所形成的小气泡对检测无影响。在线（真空）脱气装置的原理是将流动相通过一段由多孔性合成树脂膜制造的输液管，该输液管外有真空容器，真空泵工作时，膜外侧被减压，相对分子质量小的氧气、氮气、二氧化碳就会从膜内侧进入膜外侧，而被脱除。

过滤　过滤是为了防止不溶物堵塞流路和色谱柱入口处的微孔垫片。严格地讲，流动相都应用 0.45 μm 以下微孔滤膜过滤。滤膜分有机溶剂专用和水溶液专用两种。

②反相色谱流动相的选择

在气相色谱中，流动相气体种类少，常通过改变固定相来改善分离。在液相色谱中，因色谱柱制备难度大、要求高，价格昂贵，而改变流动相组成很方便，因此一般是通过改变流动相达到分离的目的。

反相分配色谱的流动相为极性溶剂，如水和与水互溶的有机溶剂。一般要求溶剂沸点适中，黏度小，性质稳定，紫外吸收背景小，样品溶解范围宽。

在反相分配色谱中，多以水和极性有机溶剂的混合物作流动相。溶剂的强度通常是指其洗脱能力，其强弱与被洗脱组分的极性大小有关。在反相色谱中，固定相为非极性，如果组分为非极性，则极性最强的溶剂——水的洗脱能力差，为弱强度溶剂；反之，对极性组分，水可能是高强度溶剂。根据“相似相溶”的原理可初步判断溶剂的强度。

通常的分离要求流动相的溶剂强度大于水而小于纯溶剂。将有机溶剂和水按适当比例配制成混合溶剂就可以适应不同类型的样品分析。有时为了获得最佳分离，还可以采用三元甚至四元混合溶剂作流动相。考虑到流动相的背景紫外吸收和黏度等多种因素，在反相色谱中最具代表性的流动相是甲醇/水、乙腈/水、四氢呋喃/水。有时为了控制组分的形态，常加入 pH 缓冲剂控制流动相的 pH 值，磷酸—磷酸盐体系和醋酸—醋酸盐体系化学性质稳定，使用最多。

3. 离子色谱法

通常所说的离子色谱法（IC）是利用离子交换原理，连续对共存多种阴离子或阳离子进行分离、定性和定量的方法，其分析系统由输液泵、进样阀、分离柱、抑制柱和电导检测装置等组成（见图 3—9）。分析阳离子时，分离柱为低容量的阳离子交换树脂，用盐酸溶液作淋洗液。注入样品溶液后，被测离子随淋洗液进入分离柱，基于各种阳离子对低容量阳离子交换树脂的亲和力不同而彼此分开，在不同时间内随盐酸淋洗液进入抑制柱，在此盐酸被强碱性树脂中和，变成低电导的去离子水，使待测阳离子得以依次进入电导池被测定；分析阴离子时，分离柱用低容量的阴离子交换树脂，抑制柱用强酸性阳离子交换树脂，淋洗液用氢氧化钠溶液或碳酸钠与碳酸氢钠的混合溶液。淋洗液载带试液在分离柱中将待测阴离子分离后，进入抑制柱被中和或抑制变成低电导的去离子水或碳酸，使待测阴离子得以依次进入电导池被测定。

用离子色谱法测定水样中 F^-、Cl^-、$NO_2{}^-$、$PO_4{}^{3-}$、Br^-、$NO_3{}^-$、$SO_4{}^{2-}$ 的色谱图示见图 3—10。在此，分离柱选用 $R—N^+HCO_3{}^-$ 型阴离子交换树脂；抑制柱选用 RSO_3H 型阳离子交换树脂；以 0.002 4 $mol \cdot L^{-1}$ 碳酸钠与 0.003 1 $mol \cdot L^{-1}$ 碳酸氢钠混合溶液为淋洗液。分离柱和抑制柱上的交换反应如下：

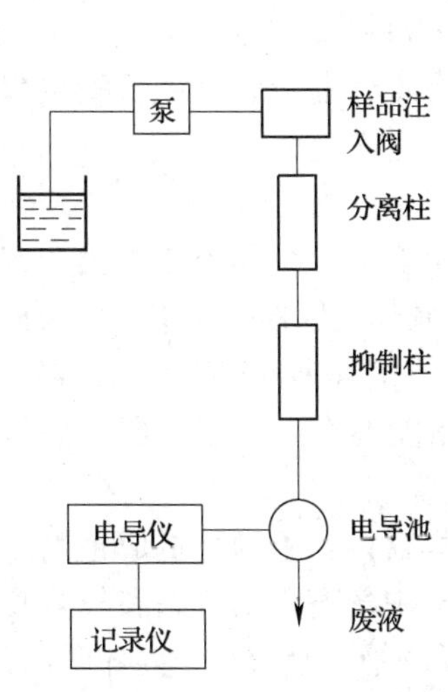

图 3—9　离子色谱分析流程图

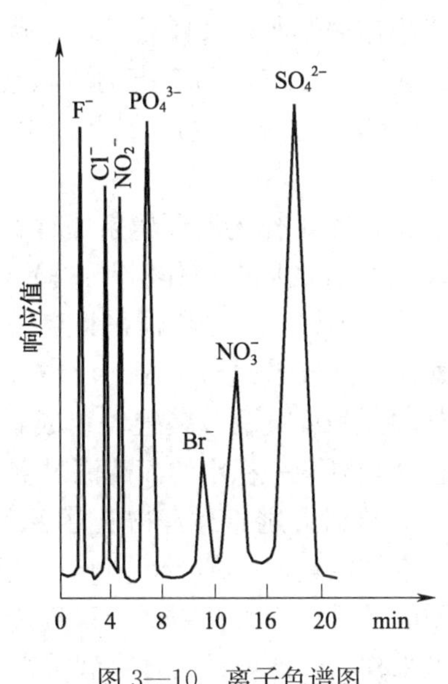

图 3—10　离子色谱图

分离柱：$R—N^+HCO_3{}^- + Na^+X^- \rightleftharpoons R—N^+X^- + NaHCO_3$

（$X^- = F^-$、Cl^-、$NO_2{}^-$、$PO_4{}^{3-}$、Br^-、$NO_3{}^-$、$SO_4{}^{2-}$）

抑制柱：$RSO_3{}^-H^+ + NaHCO_3 \rightleftharpoons RSO_3{}^-Na^+ + H_2CO_3$

$2RSO_3{}^-H^+ + Na_2CO_3 \rightleftharpoons 2RSO_3{}^-Na^+ + H_2CO_3$

$Na^+ + X^- + RSO_3{}^-H^+ \rightleftharpoons RSO_3{}^-Na^+ + H^+X^-$

由柱上的反应可见，淋洗液（背景溶液）转变成低电导的碳酸，而在抑制柱中待测离子从盐的形式转变为等当量的酸，分别进入电导池中测定。根据测得的各离子的峰高或峰面积与混合标准溶液的相应峰高或峰面积比较，即可求得水样中各种离子的浓度。

二、气体样品采集

在使用实验室型分析仪器进行有毒有害气体检测的过程中，第一步就是采集工作场所空气样品（Air sample），简称为采样（Sampling）。采样直接关系到检测结果的可靠性，如果采集方法不正确，即使分析方法的灵敏度和准确度很高，分析工作者的操作娴熟、工作很细心、分析结果再准确，检测也是毫无意义的，有时甚至会带来非常严重的后果。

1. 采集空气样品的基本要求

采集作业场所空气样品时，应满足如下基本要求：

a. 应满足工作场所有害物质职业接触限值对采样的要求。

b. 应满足职业卫生评价对采样的要求。进行有毒作业分级时的检测也属于此范畴。

c. 应满足工作场所环境条件对采样的要求。

d. 在采样的同时应作对照试验（有时称为空白实验），即将空气收集器带至采样点，除不连接空气采样器采集空气样品外，其余操作如同样品采集，作为样品的空白对照。空气采样器（Air sampler）指以一定的流量采集空气样品的仪器，通常由抽气动力和流量调节装置等组成。抽气动力是指能够在空气收集器后面形成负压，空气能以某一稳定的流速流过空气收集器的装置。

e. 采样时应避免有害物质直接飞溅入空气收集器内，否则将造成检测结果的偏差。空气收集器（Air collector）指用于采集空气中气态、蒸气态和气溶胶态有害物质的器具，如大注射器、采气袋、各类气体吸收管及吸收液、固体吸附剂管、无泵型采样器、滤料及采样夹和采样头等。空气收集器的进气口应避免被衣物等阻隔。用无泵型采样器采样时应避免风扇等直吹。无泵型采样器（Passive sampler）是指利用有毒物质分子扩散、渗透作用的原理设计制作的、不需要抽气动力的空气采样器。

f. 在易燃、易爆工作场所采样时，应采用防爆型空气采样器。采样器中的动力装置一般是微型电机，其偶然产生的电火花就是引火源，所以必须采用具有良好防爆功能的采样器，例如隔爆型，避免引发火灾和爆炸。

g. 采样过程中应保持采样流量稳定。流量是计算采样体积的基本参数，流量不稳则采样体积计算偏差大。长时间采样时应记录采样前后的流量，计算时用流量均值。

h. 温度、压力与标准值偏差大时，应对温度和压力进行校正，将采样体积校正到标准状态下的体积。

i. 在样品的采集、运输和保存的过程中，应注意防止样品的污染。样品之外的所有气体组分，包括与样品相同的组分，进入样品中都属于对样品的污染。防止样品污染就是要保持样品组成不发生任何变化。样品组分被容器器壁吸附也会导致样品组成的变化，实际工作中也必须特别注意。

j. 采样时，采样人员应注意个体防护，防止中毒。

k. 采样时，应在专用的采样记录表上，边采样边记录。事后补充记录的做法往往会导致错误记录。

2. 气态样品的采集方法

样品采集方法的正确选择和使用是保证检测结果准确的前提。在技术性能方面，对空气收集器有如下基本要求：

a. 空气收集器的采样效率应大于90%。

b. 空气收集器的机械构造和形状要合理，质量要轻，体积要小，携带和操作要简便安全。

c. 制作空气收集器的材料应不吸附或吸收待测物质，不产生对采样和检测有影响的物质。

d. 空气收集器能在温度－10～45℃、相对湿度小于95%的作业环境中正常工作。

采样方法主要分为两类，即直接采样法和浓缩采样法。对现场采集的气体样品不进行任何处理，用注射器、采样袋等直接取回的方法为直接采样法（Direct sampling method），适用于被测物质浓度高的情况。浓缩采样法（Concentrated sampling method）是指对被测物质进行浓缩或富集的方法，是目前采用最多的方法。

采用浓缩采样法可采集大量空气样品，同时对被测组分进行截留，起到富集浓缩作用，使被测组分达到分析方法能正常测定的浓度范围，或得到一段时间的浓度平均值。根据采样的原理分类，富集浓缩采样法又分为溶液吸收法、吸附剂填充管（柱）法；根据采样地点又可分为固定点采样法和个体计量采样法。无论哪种采样法，采样口都应尽量处于呼吸带高度，通常为距站立地面1.5 m处。

①溶液吸收法

溶液吸收法（Solution absorption method）是采集气态、蒸气态及某些气溶胶物质的常用方法，它是利用空气中被测物质能迅速溶解于吸收液中或能与吸收液迅速发生化学反应生成稳定化合物的特性而设计的，因被测物质性质各异，不同测定对象所选用的吸收液也不一定相同。采样时，用抽气装置使空气样品通过装在气体采样管内的吸收液，气泡中被测物分子迅速扩散到气液界面上而被吸收液吸收，使被测物质与空气分离。根据对溶液的测定结果及采样体积，计算空气中有毒有害物质的含量。除气体和吸收液的性质外，吸收效率（即采样效率）取决于气液接触面积和抽气速率，尽量使气体分散成小气泡，则有利于增大接触面积，气液接触时间延长也能提高吸收效率。吸收液要根据被测物的性质决定，如酸性吸收液可用于吸收碱性污染物；碱性吸收液可用于吸收酸性污染物；HCI、HF、甲醇等易溶于水；SO_2能与四氯汞钾溶液生成稳定络合物，5%甲醇吸收有机磷农药，10%乙醇吸收硝基苯等。最理想的吸收液不仅可以吸收有毒有害物质，而且还可以作为显色液。例如用对氨基苯磺酸—盐酸萘乙二胺的乙酸水溶液不仅可以吸收空气中的二氧化氮，而且还可立即显色；用含溴化钾的甲基橙硫酸溶液采集空气中的氯气，氯与溴化钾反应生成溴，溴可以使甲基橙氧化而褪色等，这类吸收液可使分析过程简化和快捷。可按照以下原则选择吸收液：①吸收液应对被采集的空气中有毒有害物质有较大溶解度或与其发生快速化学反应，吸收速度快，采样效率高。②采集的有毒有害物质在吸收液中应有足够长的稳定时间，保证在分析测定之前不发生浓度变化。③所用吸收液组分对分析测定应无干扰。尽管有些吸收液对被测物质有较高的采集效率，但吸收液组分本身对测定有干扰也不宜选用。如甲醇对空气中有机磷农药有很高的采集效率，但用酶化学法测定有机磷时，高浓度的甲醇对酶活性有抑制作用，而降低了测定方法的灵敏度，因此为减少其影响，可降低甲醇浓度至5%，这样既可有较高的采集效率，又可使甲醇对酶活性的影响降至最小。④选用的吸收剂应价廉、易得，且应尽量对人无毒无害。下面介绍几种常用的吸收瓶（管）(GB/T 17061—1997)。

气泡吸收管　气泡吸收管（Bubbling absorption tube）分大型气泡吸收管和小型气泡吸收管两种，制造用的材料是硬质玻璃。其形状如图 3—11。气泡吸收管内管和外管的接口应是标准磨口，内管出气口的内径为（1.0±0.1）mm，管尖与外管底的距离为（4.5±0.5）mm，固定小突应牢固。

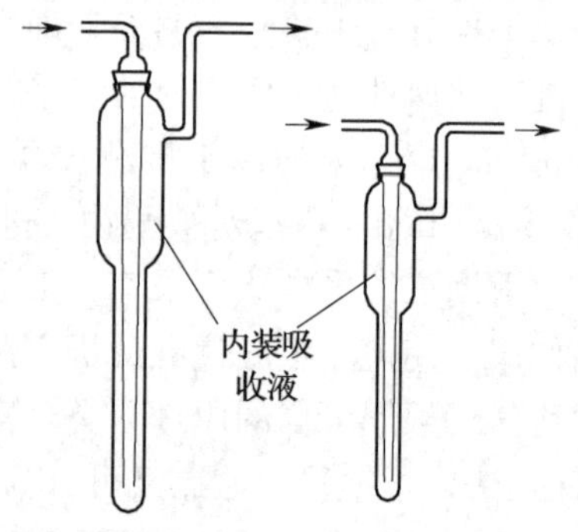

图 3—11　气泡吸收管

气泡吸收管在使用前应作气密性检查，检查方法是：分别在大型气泡吸收管和小型气泡吸收管中装入 5 mL 和 2 mL 水，将内管进气口封闭，外管出气口与空气采样器连接，当以 1 L/min 流量抽气时，吸收管内不应冒气泡，空气采样器的流量计不应有流量指示。

大型气泡吸收管可盛 5～10 mL 吸收液，采样速度一般为 0.5 L/min；小型气泡吸收管可盛 1～3 mL 吸收液，采样速度一般为 0.3 L/min。采样前，加入吸收液，外管管口与抽气装置相连，空气从内管上端进入吸收管。气泡吸收管内管管尖内径约为 1 mm。外管下部缩小，可使吸收液液柱增高，延长空气与吸收液的接触时间，利于吸收待测物；外管上部膨大，可以避免吸收液随气泡溢出吸收管。

空气中气体和蒸气状态待测物的扩散速度与空气相近，随气流进入吸收液后，在气泡中迅速扩散到气液界面，与吸收液作用而被吸收；气溶胶状态的待测物颗粒与空气不同，扩散慢，不能迅速与吸收液的接触，部分待测物还未到达气液界面就被气流带离吸收液，因此吸收率低。气泡吸收管适用于采集气体和蒸气状态物质。

多孔玻板吸收管　多孔玻板吸收管（Fritted glass bubbler）的形状有直形和 U 形两种，见图 3—12。用硬质玻璃制造，进气管应与缓冲球熔接。多孔玻板上有许多微孔，其作用是分散气泡，减小气体移向气液界面的扩散距离，因此要求多孔玻板的孔径和厚度应均匀。当管内装 5 mL 水，以 0.5 L/min 的流量抽气时，产生的气泡应均匀，不应有特大的气泡；气泡上升高度为 40～50 mm，阻力为 4～5 kPa。

多孔玻板吸收管可装 5～10 mL 吸收液，采样速度 0.5 L/min。采样时，空气流过玻板上的微孔进入吸收液，由于形成的气泡细小，气体与吸收液的接触面积大大增加，吸收液对待测物的吸收效率较气泡吸收管明显提高。

同气泡采样管一样，采样速度越慢，气体与吸收液接触时间越长，采样效率越高，但采样时间随之延长。由于多孔玻板吸收管的采样效率比气泡吸收管高，通常使用单管采样，只有空气中待测物质浓度较高时，才用两管串联采样。除用于采集气体和蒸气状态物质外，多孔玻板吸收管也可以采集雾状和颗粒较小的烟状物质。

冲击式吸收管　冲击式吸收管（Impinger）形状见图 3—13，用硬质玻璃制造，内管和外管的接口是标准磨口，内管应垂直于外管管底，出气口的内径为（1.0±0.1）mm，管尖距外管底（5.0±0.1）mm；固定小突应牢固。使用前，同气泡吸收管一样作气密性检查。

冲击式吸收管的内管管尖内径很小，吸收管可装 5～10 mL 吸收液，采样速度为 3 L/min。空气中烟、尘状态的待测物随气流以很快的速度冲出内管管口，因惯性作用冲击到吸收管的底部被分散，从而被吸收液吸收。冲击式吸收管适用于采集气溶胶和烟状物质，一般不适用于气体或蒸气状物质。采样效率与管尖内径及其距

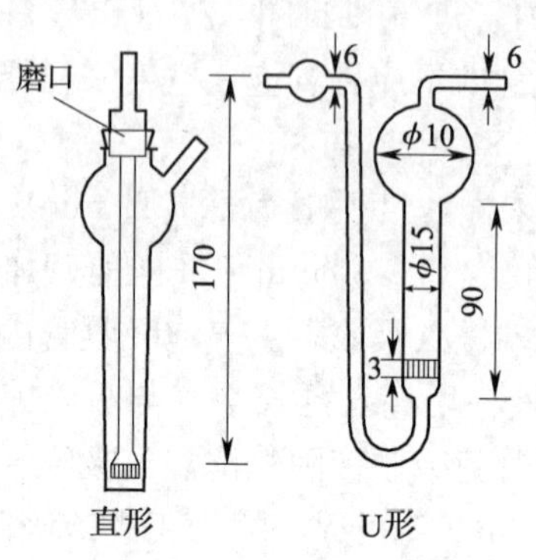

图 3—12　多孔玻板吸收管

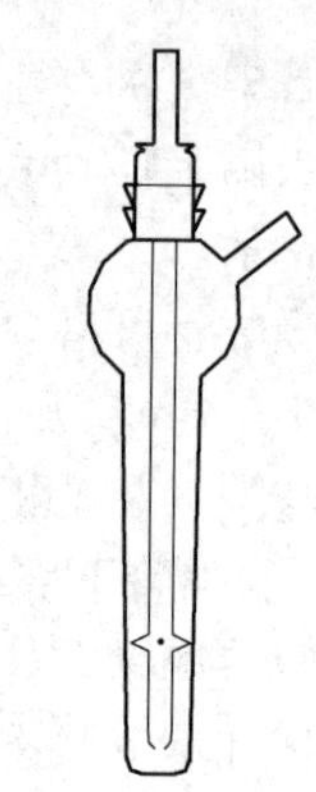

图 3—13　冲击式吸收管

管底的距离有关。

②填充柱采样法

填充柱采样法（Packed column sampling method）的主要装置是填充柱采样管，在一根长度（8～12 cm）、内径（3～5 mm）的玻璃管（见图 3—14）内填充适当颗粒状或纤维状的固体吸附剂（Solid adsorbent），多采用活性炭或硅胶。气体以 0.1～0.5 L·min^{-1}的速度流过填充柱，待测组分因吸附被截留在填充柱内，达到浓缩采样的目的。采样后，通过加热或溶剂溶解方式解吸，把组分从填充柱上释放出来进行测定。选择适当的填充剂，填充柱采样管可用于采集气体、蒸气和气溶胶共存的有毒有害物质。

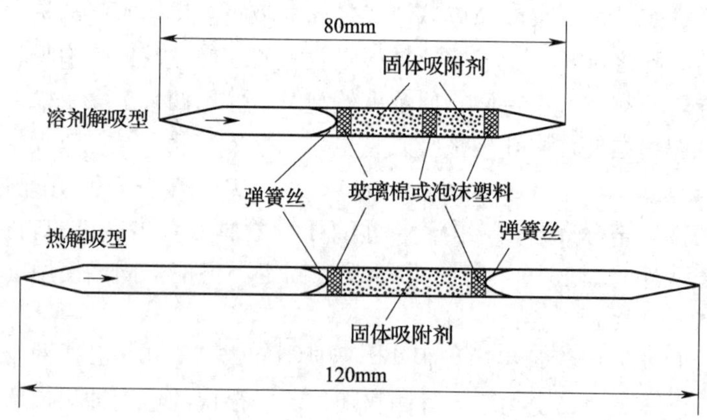

图 3—14　标准活性炭吸附管和硅胶吸附管

颗粒状吸附剂都是多孔物质，比表面积大，对于很多有毒有害气体或蒸气有较强的吸附能力。吸附剂有两种吸附作用：一种是由于分子间吸引力产生的物理吸附，吸附力较弱，容易用物理的方法使被吸附的物质解吸下来，如素陶瓷的吸附就属这类吸附；另一种是因分子间亲和力的作用而产生的化学吸附，吸附力较强，不易用物理的方法解吸下来，如硅胶对某些有机蒸气的吸附就属化学吸附。吸附作用遵循“相似相吸”的规律，即对与吸附剂极性相似的物质吸附力大，如硅胶是极性吸附剂，对极性气体有较强的吸附能力；活性炭是非极性吸附剂，对非极性气体有较强的吸附能力。一般说来，吸附能力越强，采样效率越高，但解吸也越困难。因此，在选择吸附剂时，不仅要考虑吸附效率，还要考虑是否易于解吸。颗粒状吸附剂对气体和蒸气的采样主要是吸附作用，而对气溶胶的采样则是由于惯性碰撞引起的阻留作用。常见的颗粒状吸附剂有硅胶、活性炭、素陶瓷、氧化铝和高分子多孔微球等。

活性炭管　活性炭管（Activated carbon column）用硬质玻璃制造，内外径应均匀，内装优质活性炭，两端应熔封，并附有塑料套帽。

活性炭经高温处理，除去孔隙中的树胶类物质，增加了比表面积后而成为活化活性炭。由于加工工艺不同，活性炭的极性也有所不同，商品活性炭介于非极性和极性之间，并主要呈非极性，可用于非极性和弱极性有机蒸气的吸附。其吸附容量大、吸附力强。根据制备原料，活性炭可分为椰子壳活性炭、杏核活性炭、动物骨活性炭和炭纤维等，其中椰子壳活性炭使用较多。因吸附水易被非极性或弱极性物质所取代，少量的吸附水对其吸附性能影响不大。活性炭适宜于采集有机蒸气，在常温下，活性炭可有效地吸附沸点高于 0℃的有机物；而在降低采集温度的条件下，可有效采集低沸点有机污染物蒸气。吸附在活性炭上的气体或蒸气态有毒有害物质可通过加热解吸，也可用适宜的有机溶剂，如苯、氯仿、二硫化碳等洗脱下来。温度越高，则吸附剂的吸附能力越低，甚至失去吸附能力，这是热解吸的原理。

根据解吸方法的区别，活性炭管分为溶剂解吸型活性炭管和热解吸型活性炭管两种（GB/T 17061—1997）。

溶剂解吸型活性炭管管长 80 mm，内径 3.5～4.0 mm，外径 5.5～6.0 mm，前段装 100 mg 活性炭，后段装 50 mg 活性炭。

热解吸型活性炭管管长 120 mm，内径 3.5～4.0 mm，外径（6.0±0.1）mm；内装 100 mg 活性炭。

根据检测需要可以制作其他规格的活性炭管，但其性能必须符合下面的要求。

a. 使用的活性炭应有足够的吸附容量，能满足检测的需要。在气温 35℃、相对湿度 90%以下的环境条件下，穿透容量不低于 1 mg 被测物。

b. 活性炭的两端和前后两段之间用玻璃棉或聚氨酯泡沫塑料等固定材料加以固定和分隔，在进气口端的固定材料前和热解吸型的固定材料后各用一个弹簧钢丝固定。装好的活性炭不应有松动；所用的玻璃棉等固定材料不应发生影响采样或检测的作用。

c. 在 200 mL/min 流量下，活性炭管的通气阻力应为 2～4 kPa。

d. 活性炭管的空白值应低于标准检测方法的检出限。

e. 塑料套帽应能封住管的两端，保持良好的气密性，且不易脱落，不存在或产生影响测定的物质。

硅胶管　硅胶管（Silica gel column）用硬质玻璃制造（GB/T 17061—1997），内外径应均匀；两端应熔封，并附有塑料套帽。硅胶是硅凝胶在 115～130℃之间干燥脱水制得的多孔性产物，其表面分布着硅羟基（Si—OH）基团，所以是一种极性吸附剂，对极性物质有强烈的吸附作用。由于对空气中的极性水分子有较强的吸附作用，使硅胶易吸水，其吸附能力随吸水量增加而减弱。通常，硅胶在使用时需在 100～200℃烘干，以除去物理吸附水，恢复其吸附活性，此过程称为“活化”。硅胶的吸附力较弱，吸附容量小，把被吸附的物质从硅胶上解吸下来也比较容易。解吸方法有 3 种：①加热至 350℃的同时通以清洁空气洗脱，或用氮气洗脱；②用水、乙醇等极性溶剂洗脱；③用饱和水蒸气在常压下蒸馏提取。通过选用不同极性的溶剂可实现不同组分分别洗脱，从而达到分离的目的；反过来，通过控制吸附条件，也可以选择性地吸附特定组分。

溶剂解吸型硅胶管：管长 80 mm。内径 3.5～4.0 mm，外径 5.5～6.0 mm；前段装 200 mg 硅胶，后段装 100 mg 硅胶。

热解吸型硅胶管：管长 120 mm，内径 3.5～4.0 mm，外径（6.0±0.1）mm。内装 200 mg 硅胶。

同活性炭管一样，如果检测工作有特殊需要，也可以制作其他规格的硅胶管，其性能必须符合如下的要求：

a. 使用的硅胶应有足够的吸附容量，能满足检测的需要。在气温 35℃、相对湿度 80%以下的环境条件下，穿透容量不低于 0.5 mg 被测物。

b. 硅胶的两端和前后两段之间用玻璃棉或聚氨酯泡沫塑料等固定材料加以固定和分隔，在进气口端的固定材料前和热解吸型的固定材料后各用一个弹簧钢丝固定。装好的硅胶不应有松动；所用的玻璃棉等固定材料不应发生影响采样或检测的作用。

c. 在 200 mL/min 流量下，硅胶管的通气阻力应为 2～4 kPa。

d. 硅胶管的空白值应低于标准检测方法的检出限。

e. 塑料套帽应能封住管的两端，保持良好的气密性，且不易脱落，不存在或产生影响测定的物质。

高分子多孔微球管 高分子多孔微球管（Gigh polymer porosity micro-sphere column）中充填的是人工合成的高分子多孔微球。高分子多孔微球作为气相色谱法的固定相或担体已被广泛使用。现在可以根据需要，制备不同特性（极性、孔径、比表面积及粒径）的高分子多孔微球，因此选用比较灵活。在有毒有害物质检测中，主要用于采集有机蒸气，特别是一些分子较大、沸点较高，又有一定挥发性的有机化合物，如有机磷、有机氯农药以及多环芳烃等。在采集低浓度的有机蒸气时，为采用较大流速，一般选用颗粒较大、阻力较小的高分子多孔微球（如 20～50 目）。高分子多孔微球使用之前，必须经过纯化处理，方法是：①先用乙醚浸泡，振摇 15 min，滤去乙醚，除去高分子多孔微球吸附的有机物，再用甲醇清洗，以除去残留的乙醚；然后用水洗净甲醇，放于白色瓷盘内，于 102℃干燥 15 min。②用石油醚于索氏提取器内提取 24 h，然后在清洁空气中挥发石油醚，再在 60℃活化 24 h。纯化处理的高分子多孔微球保存于密封瓶内。

3. 采样器的解吸

用固体吸附管采集气体的目的是测定气体在空气中的浓度，所以被采集吸附的气体在测定时还应能被定量解吸下来，无论是无泵采样器还是有泵采样器都是如此。目前解吸的方式有溶剂解吸和热解吸两种方式。

溶剂解吸是让一定量的溶剂流过采气后的采气管（或浸泡徽章式采气片），气体溶解于溶剂中流出，定容解吸液后取样定量测定。对于活性炭吸附管，解吸溶剂多用二硫化碳，可将大部分非极性和弱极性有机化合物从活性炭上解吸下来，解吸效率也较高，对于极性稍大的化合物解吸效率不高。大部分有机物用气相色谱法测定，以氢火焰离子化检测器为主，二硫化碳在氢火焰离子化检测器上响应信号极小，所以对测定不干扰。

固体吸附剂的吸附性与温度有关，温度低时吸附容量大，随着温度的升高，吸附容量将逐渐降低，当温度特别高时则能瞬间全部解吸，这就是热解吸的原理。对于活性炭吸附管常温下是气体或低沸点有机物的解吸，热解吸是比较适用的。热解吸操作是在热解吸炉中完成的，热解吸温度多较高，如活性炭管吸附苯、甲苯、二甲苯、丙酮、丁酮、二氯甲烷、二氯乙烷、三氯甲烷、异丙醇等气体后，热解吸在

300℃的氮气气流中完成。热解吸—气相色谱分析时，也可采用热解吸直接进样法。直接进样是将活性炭管直接接入气相色谱仪载气气路，加热后载气将被测物带入色谱柱。

4. 个体采样（GB/T 17061—1997）

个体采样法是指将小型的采样装置佩戴在有代表性地点的工作人员的工装上，随着人员的移动而移动，能真实反映工作人员所处工作环境的实际情况。相应地，将采样装置固定在作业地点的采样装置为固定点采样器，反映一个确定地点的情况。

有泵型个体气体采样器是用于个体采样的采样装置，实际就是一种小型的气体采样器，属于主动式个体采样器（Active personal sampler），其体积小于 120 mm×80 mm×150 mm，质量不大于 0.5 kg，有佩戴装置，并且使用方便安全，不影响工作。采气动力一般采用薄膜泵或电磁泵，流量范围 0～0.5 L/min、0～1 L/min 或 0～2 L/min，连续可调，可不带流量计，气体被抽动流过管式吸附采样器，有害气体被吸附截流。运行时的噪声小于 60 dB（A），采样器连续运行 8 h 以上，温升小于 10℃。个体气体采样器与活性炭管或硅胶管配合实现个体采样。

QC—1B 型单气路个体气体采样器是使用较多的常规个体气体采样器之一，它由抽气泵、流量计、时控电路、欠压指示电路和交直两用电源组成，抽气泵为隔膜泵，流量在 50～500 mL/min 范围内可调，自动定时有 5 min、10 min、20 min、30 min、40 min、60 min 六挡，使用电池作电源时，连续工作时间大于 6 h。

无泵型个体采样器是靠气体分子的扩散完成对空气中有机蒸气的采集。气体分子在采样器内所形成的浓度梯度（浓度差）是分子扩散的“动力”。GJ—1 型采样器有铝合金壳体、挡风屏、扩散腔和吸附炭片构成，见图 3—15。挡风屏由滤纸和金属网组成，用以减少有机蒸气分子在扩散腔内的机械混合；扩散腔是一个塑料框架，用以支持挡风屏并形成扩散通路；吸附炭片为吸附介质，用以吸附有机蒸气。

根据 Fick 第一扩散定律推导出公式（3—4）。

$$m=\frac{DA}{L}ct \tag{3—4}$$

式中 m——炭片上有机蒸气的吸附量，mg；

D——空气中有机蒸气的扩散系数，cm^2/s；

A/L——采样器前面开口面积（cm^2）/扩散带厚度（cm）；

c——空气中有机蒸气浓度，mg/m^3；

t——接触有机蒸气的时间，即采样时间，min。

式中 DA/L 为定值，则炭片上吸附有机蒸气的量与空气中有机蒸气浓度及接

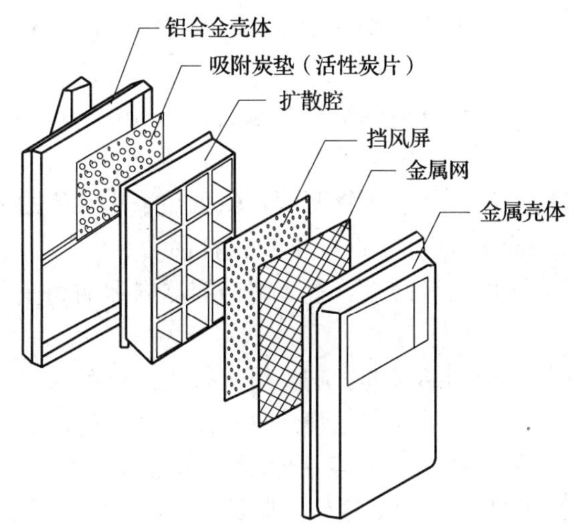

图 3—15 GJ—1 型无泵型个体采样器结构分解图

触时间的乘积成正比（即 $m \propto ct$），因此，可以从炭片上有机蒸气的吸附量及接触时间计算出空气中有机蒸气浓度（即时间加权平均浓度 TWA），以 mg/m^{3}表示。

分子与吸附剂之间的吸附作用力与分子类型有关，无泵型采样器采样流量受很多因素影响，其数值在出厂时已经给出。如 GJ—1 型无泵型个体采样器对 8 种有机蒸气的采样流量（mL/min）分别为：苯 73.86、甲苯 64.94、二甲苯 58.61、二氯乙烷 71.83、三氯乙烯 69.30、四氯乙烯 63.12、氯苯 59.16、乙酸乙酯 68.19。

三、气体检测方法

要检测一种气态物质在空气中的浓度，有几种方法，如 CO 可用气相色谱法、紫外光谱法、红外气体吸收法、定电位电解法、原子吸收光谱间接检测法等方法检测。在实际的安全检测工作中，要使检测结果具有可比性、权威性，应尽量采用国家发布的标准检测方法。下面只对工作场所空气中少数有毒物质定量检测的标准方法进行简介。

1. 芳烃类化合物的测定——气相色谱法

活性炭管吸附—二硫化碳解吸法 空气中的苯、甲苯、二甲苯、乙苯和苯乙烯用溶剂解析型活性炭管（见图 3—14，内装 100 mg/50 mg 活性炭）采集，二硫化碳解吸后进样，经色谱柱分离后，氢火焰离子化检测器检测，以保留时间定性，以峰面积或峰高定量。

短时间采样：在采样点打开活性炭管两端，以 100 mL/min 流量采集 15 min 空气样品。

长时间采样：在采样点打开活性炭管两端，以 50 mL/min 流量采集 2～8 h 空气样品。

个体采样：在采样点打开活性炭管两端，佩戴在采集对象的胸前上部，尽量接近呼吸带，以 50 mL/min 流量采集 2～8 h 空气样品。

采样后，立即封闭活性炭管两端，置于清洁容器内运输和保存，样品置于冰箱内至少可保存 14 天。

为消除少量空白值对检测结果的影响，可进行空白样品采集，方法如下：在采样点打开活性炭管，除不连接采样器采集空气样品外，其他操作同样品采集。

样品解吸处理：将采过样的前后段活性炭分别放入溶解解吸瓶（5 mL 规格）内，各加入 1.0 mL 二硫化碳，塞紧瓶塞，振摇 1 min，解吸 30 min。解吸液供测定，若浓度超过测定范围，可用适量二硫化碳稀释。

色谱条件：气相色谱仪的检测器为氢火焰离子化检测器，色谱柱的固定相担体涂敷极性固定液，如聚乙二醇（PEG6000）、邻苯二甲酸二壬酯（DNP）等，柱温 80℃，检测室与汽化室温度均为 150℃，载气采用氮气，流速 40 mL/min。

标准溶液配制：测定采用标准曲线法（外标法），加约 5 mL 二硫化碳于 10 mL 容量瓶中，用微量注射器准确加入 10 μL 苯、甲苯、二甲苯、乙苯或苯乙烯（色谱纯；在 20℃，1 μL 苯、甲苯、邻二甲苯、间二甲苯、对二甲苯、乙苯或苯乙烯分别为 0.878 7 mg、0.866 9 mg、0.886 2 mg、0.864 2 mg、0.861 1 mg、0.867 0 mg、0.906 0 mg)，用二硫化碳稀释至刻度，即为标准溶液。或者用国家认可的标准溶液。

分析步骤—样品处理：将采过样的前后段活性炭分别放入溶剂解吸瓶中，各加入 1.0 mL 二硫化碳，塞紧管塞，振摇 1 min，解吸 30 min。解吸液供测定。如果浓度超过测定的线性范围，可用二硫化碳适当稀释。

分析步骤—标准曲线绘制：用二硫化碳在容量瓶中将标准溶液稀释成标准规定的浓度系列，如苯的 5 个浓度（μg/mL）系列为：0.0、13.7、54.9、219.7、878.7。参照仪器的操作条件，将气相色谱仪调整到最佳状态，分别进样 1.0 mL，测定各标准系列。每个浓度重复测定 3 次。以测得的峰面积或峰高均值分别对苯、甲苯、二甲苯、乙苯或苯乙烯浓度（μg/mL）绘制标准曲线。

分析步骤—样品测定：用测定标准系列的操作条件测定样品和样品空白的解吸液；测得峰面积或峰高值后，由标准曲线得苯、甲苯、二甲苯、乙苯或苯乙烯的浓度（μg/mL）。

计算：在气体或粉尘的安全检测中，检测结果的单位都是 mg/m^3，体积是指被采集气体样品的体积。由于气体体积受环境温度及压力的影响较大，使检测结果可比性变差，尤其是在与标准条件差别较大的条件下，影响更明显。所以，在计算时要把采集的气体体积换算成标准条件（20℃，101.3 kPa）下的体积，换算公式见式（3—5）。

$$V_0 = V \times \frac{293}{273+t} \times \frac{p}{101.3} \tag{3—5}$$

式中　V_0——标准采样体积数值，L；

V——采样体积数值，L；

t——采样点在采样时的温度数值，℃；

p——采样点大气压力数值，kPa。

空气中苯、甲苯、二甲苯、乙苯或苯乙烯浓度按照式（3—6）计算。

$$c = \frac{(c_1 + c_2)V}{V_0 D} \tag{3—6}$$

式中　c——空气中苯、甲苯、二甲苯、乙苯或苯乙烯浓度数值，mg/m^3；

c_1、c_2——测得前后段解吸液中苯、甲苯、二甲苯、乙苯或苯乙烯浓度（减去样品空白）数值，μg/mL；

V——解吸液体积数值，mL；

V_0——标准采样体积数值，L；

D——解吸效率，%。

活性炭管吸附—热解吸法　苯、甲苯、二甲苯、乙苯和苯乙烯用活性炭管（热解吸管，见图 3—14）采集，热解吸后进样，经色谱柱分离，氢火焰离子化检测器检测，以保留时间定性，峰面积或峰高定量。

所采用的色谱条件同溶剂解吸法类似。吸附管的解吸需要在热解吸管中完成，是基于高温下吸附剂的吸附容量急剧下降的原理。

标准气配制：用微量注射器抽取 1.0 mL 苯、甲苯、邻二甲苯、间二甲苯、对二甲苯、乙苯或苯乙烯，注入 100 mL 注射器中，用清洁空气稀释至 100 mL，配成标准气。或用国家认可的标准气体。这种配气法属于静态配气法中的注射器配气法。

短时间、长时间、个体采样及样品空白制备与溶剂解吸法相同。

分析步骤—样品处理：将采过样的活性炭管放入溶剂解吸器中，进口一端与 100 mL 注射器相连，另一端与载气相连。用氮气以 50 mL/min 的流量于 350℃下解吸至100 mL。解吸气供测定。如果浓度超过测定的线性范围，可用清洁空气适当稀释后测定。

分析步骤—标准曲线绘制：分别取0 mL、1.0 mL、2.5 mL、5.0 mL、10.0 mL标准气，注入100 mL注射器中，用清洁空气稀释成标准系列。如苯可稀释成5个浓度（μg/mL）：0.0、0.088、0.22、0.44、0.88。参照仪器的操作条件，将气相色谱仪调整到最佳状态，分别进样1.0 mL，测定各标准系列。每个浓度重复测定3次，以测得的峰面积或峰高均值分别对苯、甲苯、二甲苯、乙苯或苯乙烯浓度（μg/mL）绘制标准曲线。

分析步骤—样品测定：用测定标准系列的操作条件测定样品和样品空白的解吸气；测得峰面积或峰高值后，由标准曲线得苯、甲苯、二甲苯、乙苯或苯乙烯的浓度（μg/mL）。

将采样空气体积换算成标准体积后，空气中苯、甲苯、二甲苯、乙苯或苯乙烯浓度按照式（3—7）计算。

$$c=\frac{100C}{V_0D} \tag{3—7}$$

式中 c——空气中苯、甲苯、二甲苯、乙苯或苯乙烯浓度，mg/m^3；

C——测得解吸气中苯、甲苯、二甲苯、乙苯或苯乙烯的浓度（减去样品空白），μg/mL；

100——解吸气的体积，mL；

V_0——标准采样体积，L；

D——解吸效率，%。

苯、甲苯、二甲苯的无泵型采样—气相色谱法（WS/T 151—1999） 苯、甲苯、二甲苯用无泵型采样器采集，二硫化碳解吸后进样，经色谱柱分离，氢火焰离子化检测器检测，以保留时间定性，峰面积或峰高定量。与前两种方法的区别是采样过程不是采用抽气泵强制气体流过采样管，而是靠被采集分子扩散到达吸附剂表面，即被动采样方式。

色谱条件及标准溶液制备与二硫化碳溶解法相同。

长时间采样：在采样点，将装好活性炭片（吸附剂）的无泵型采样器，悬挂在采样对象的呼吸带高度的支架上，采集8 h空气样品。

个体采样：在采样点，将装好活性炭片的无泵型采样器佩戴在采样对象的前胸上部，采集2～8 h空气。

采样器密封后置于清洁的容器内运输、保存，室温下可达15 d。

分析步骤一样品处理：将采集过样品的活性炭片放入溶剂解吸瓶中，加入 5.0 mL 二硫化碳，封闭后，不时振摇，解吸 30 min。摇匀，解吸液供测定。

标准溶液配制、标准曲线绘制、样品的测定与溶剂法相同，标准浓度参照国家标准。

计算：无泵型采样器的采样体积由采样流量（k 值）与采样时间的乘积计算。采样体积也需要折算成标准状态下的体积。苯、甲苯、二甲苯的浓度由式（3—8）求得。

$$c=\frac{CV}{V_0} \tag{3—8}$$

式中　c——空气中苯、甲苯、二甲苯的浓度，mg/m^3；

C——测得解吸液中苯、甲苯、二甲苯的浓度（减去样品空白），$\mu g/mL$；

V——解吸液体积，mL；

V_0——标准采样体积，L；

2. 二氯丙醇的测定——变色酸分光光度法（GBZ/T 160.49—2004）

甲醇、异丙醇、丁醇、异戊醇、异辛醇、糠醇、二丙酮醇、丙烯醇、乙二醇和氯乙醇等醇类化合物的蒸气都可以用硅胶吸附管吸附采集，适当的解吸剂溶解解吸，之后用气相色谱法测定。二氯丙醇可以用分光光度法测定。

(1) 分光光度法的原理及仪器

分光光度法是利用被测物质的溶液或气态物质对某一定波长的紫外或可见光的选择性吸收建立起来的一种物质分析方法（即测定方法）。

吸收定律即朗伯　比尔定律，它描述了吸光度与溶液浓度、吸收层厚度之间的关系。设想在某一特定条件下，当一束平行单色光束照射到一均匀的溶液时，液层的厚度为 L，浓度为 c，入射光强度为 I_0，透射光强度为 I_t，假设将液层分成无限小的液层，厚度为 dL，穿过该层后光强减弱 $-dI$，如图 3—16 所示，则 $-dI$ 和照射在该层的光强 I、浓度 c 及液层厚度 dL 成正比，即

$$-dI=kIc\,dL \tag{3—9}$$

式中 k 为比例系数。上式变化后

$$-\frac{dI}{I}=kc\,dL \tag{3—10}$$

将上式积分

$$\int_{I_0}^{I_t}-\frac{dI}{I}=\int_0^L kc\,dL \tag{3—11}$$

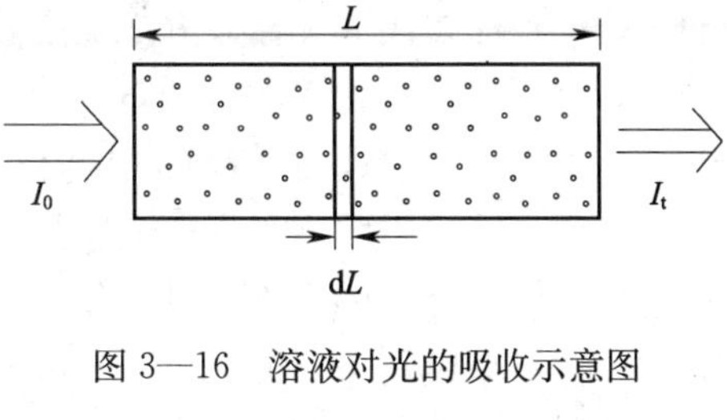

图 3—16　溶液对光的吸收示意图

$$-\ln\frac{I_t}{I_0}=kcL \tag{3—12}$$

把自然对数换成常用对数，则

$$\log\frac{I_0}{I_t}=\frac{k}{2.303}Lc=KLc \tag{3—13}$$

定义 $I_t/I_0=T$，称为透光率，定义 $A=-\lg T$ 为吸光度，则

$$A=\log\frac{I_0}{I_t}=KLc \tag{3—14}$$

浓度 c 用 mol/L 单位表示，液层厚度 L 以 cm 表示时，则吸收系数 K 改用 ε 表示，称为摩尔吸收系数。ε 的物理意义是吸光物质浓度为 1 mol/L，液层厚度为 1 cm 时，溶液在一定波长下的吸光度，上式改为

$$A=\varepsilon Lc \tag{3—15}$$

此式即为分光光度法的定量关系式。由此可见，吸光度 A 与溶液浓度成正比，透光度的负对数与溶液浓度成正比。分光光度计可显示吸光度和百分透光率（$T\%$）。在实际工作中，如果采用其他浓度单位，仍可用 ε 表示吸收系数，采用标准工作曲线法定量时，可以抵消单位不一致带来的误差。

分光光度法所采用的光在近紫外区至可见光区，所以方法也称为紫外—可见分光光度法。紫外—可见分光光度计主要由光源、单色器系统、吸收池（比色皿）、检测器等几个主要部分组成。单光束分光光度计的结构原理图如图 3—17 所示。

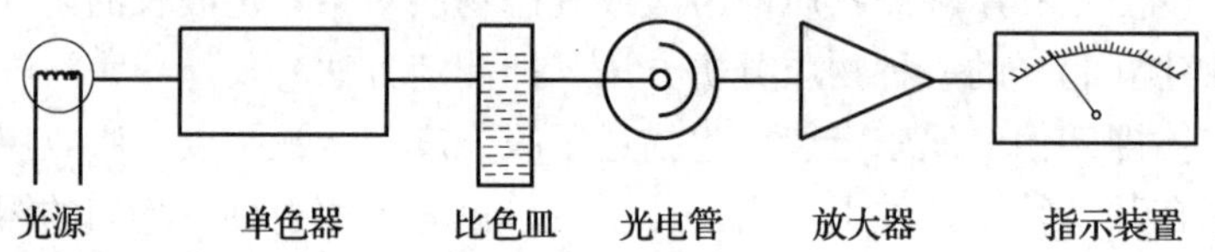

图 3—17　单光束分光光度计的结构原理图

光源　在分光光度计中使用的光源应能提供足够强度且波长连续的光辐射，便于后续检测器能检出和测量，并能够在整个光学光谱区使用，另外光源发光强度必须稳定。常用的光源为钨丝灯和氢（或氘）灯。前者适用于可见光谱区，波长范围 320～2 500 nm。氢灯和氘灯可提供连续的紫外光源（180～375 nm），在相同工作条件下，氘灯的辐射强度大于普通氢灯。由于普通光学玻璃对紫外线有吸收，所以应用紫外光的仪器中的光学元件必须是石英材料。

单色器　单色器包括分光仪、狭缝及透镜系列。其作用是将辐射按波长分解并输出波长很窄的单色光束。因光束的单色性直接关系到光度分析中物质对光的选择

性吸收、所用方法的灵敏度以及测定结果的精确度，所以反映单色器分光能力的参数——色散率是表征仪器性能的重要参数。

光栅和棱镜是广泛应用的色散元件。棱镜分光元件有玻璃和石英两种：玻璃棱镜常用于可见区域，性能好，使用方便；石英棱镜可应用于更宽的波长范围，从紫外到近红外。在紫外区域石英棱镜的色散率甚至比光栅要好，但其色散率会随波长改变而改变；光栅是目前应用最广泛的色散元件，它适用于从紫外—可见—近红外光的整个区域，而且其在整个区域的色散率是近似均匀一致的。光栅是基于单缝衍射和多缝干涉的原理进行色散的。分析仪器中所用的光栅都属于反射式闪耀光栅。闪耀的含义是出射光强度最大的位置已从 0 级光谱位置改变到 1 级或 2 级光谱的位置，而且单一波长光的 90%的强度集中到了最强的光谱级。

为了获得理想宽度的光谱通带和准平行的单色光束，单色器中还包含了入射和出射狭缝，透镜和准直镜等光学元件。狭缝宽度直接决定光谱通带的宽度，透镜和抛物面反射镜的作用是将光束聚焦。而准光镜则是使光束变成平行光束照射在吸收池截面上。

吸收池　也称比色皿，它是用无色透明耐腐蚀的光学玻璃或石英玻璃制成，玻璃吸收池只能用于可见光区，而石英池既可适用于可见光区，也可用于紫外光区。吸收池内距要求准确，多数吸收池为长方形，其透光面不能直接接触，使用时要用手拿磨砂的一面，测定时溶液装入三分之二就可以了，外壁上有液滴时，要用滤纸轻轻吸干，然后用擦镜头纸轻轻擦干，用后可用稀盐酸冲洗一下，最后用蒸馏水冲净晾干。注意不能用强氧化剂如 $K_2Cr_2O_7$ 洗液或 NaOH 碱液洗涤或浸泡，以免腐蚀、脱胶或着色。比色皿有 0.5 cm、1.0 cm、2.0 cm、5.0 cm 等规格。

检测器　检测器是一个光电转换元件，常用的有光电管和光电倍增管，其将透过吸收池的光辐射信号变成可测量的电信号。与检测器相连接的是放大、记录、数据直读或信息处理装置，可将测量结果直接反映出来。

（2）变色酸分光光度法测定二氯丙醇

原理：空气中的二氯丙醇用硅胶管采集，碳酸钠溶液解吸，经高碘酸氧化生成甲醛，甲醛与变色酸反应生成紫色的化合物，在 570 nm 波长下测量吸光度，进行定量测定。

标准溶液配制：在 25 mL 容量瓶中，加入约 10 mL 碳酸钠溶液，准确称量，滴入两滴二氯丙醇，再准确称量，加碳酸钠溶液至刻度；由两次称量之差计算溶液的浓度，为标准储备液。临用时用碳酸钠溶液稀释成 50 μg/mL 标准溶液。

样品采集：采用硅胶管采集。

短时间采样　在采样点打开硅胶管两端，以 200 mL/min 流量采集 15 min 空气样品。

长时间采样　在采样点打开硅胶管两端，以 50 mL/min 流量采集 1～4 h 空气样品。

个体采样　在采样点打开硅胶管两端，将其佩戴在采集对象的胸前上部，进气口尽量接近呼吸带，以 50 mL/min 流量采集 1～4 h 空气样品。

采样后，立即封闭硅胶管两端，置于清洁容器内运输和保存，样品置于冰箱内至少可保存 5 d。

为消除少量空白值对检测结果的影响，可进行空白样品采集，方法如下：在采样点打开硅胶管，除不连接采样器采集空气样品外，其他操作同样品采集。

分析步骤—样品处理：将采集过样品的硅胶前后段分别倒入具塞刻度试管中，加入 10.0 mL 碳酸钠溶液，盖上塞子，但不要盖紧。放入沸水浴中加热 90 min，溶解解吸二氯丙醇，取出，放冷。取出 2.0 mL 上清液于另一具塞刻度试管中，供测定。若浓度超过测定范围，用碳酸钠溶液适当稀释。

分析步骤—标准曲线绘制：在具塞试管中，二氯丙醇在碳酸钠溶液中被高碘酸氧化成甲醛，高碘酸被还原生成的碘被滴加的亚硫酸钠溶液还原褪色。之后用硫酸调节至酸性，加入变色酸溶液，在沸腾水中加热 20 min，甲醛与变色酸的紫色化合物生成，其颜色深浅与紫色浓度高低成正比。一系列的二氯丙醇标准溶液分别经上述操作后，就已经将无色的二氯丙醇变成有色的化合物，这就是标准溶液的制备过程，无色物质变成有色物质的操作称为“显色”，有色物质在 570 nm 波长下的吸光度与二氯丙醇的浓度成正比。甲醛与变色酸的显色反应为

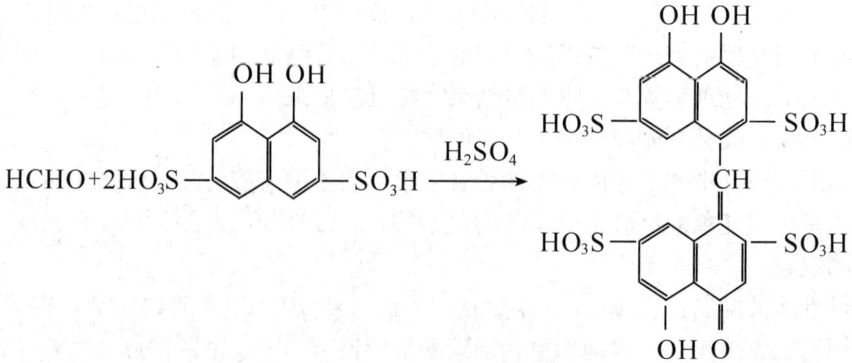

$$HCHO + 2HO_3S-\text{[OH OH 萘环]}-SO_3H \xrightarrow{H_2SO_4} \text{[}HO_3S, SO_3H, OH\ OH\text{ 萘环]}=CH-\text{[}HO_3S, SO_3H, OH, O\text{ 醌式萘环]}$$

根据不同浓度溶液测得的吸光度可绘制标准曲线。

分析步骤—样品测定：在测定标准系列的操作条件下，测定样品和空白溶液的

吸光度，由标准曲线得二氯丙醇的浓度。

苯酚、间苯二酚等许多物质都可用分光光度法测定。

3. β—萘酚和三硝基苯酚的高效液相色谱法测定（GB/T 17078—1997）

空气中的β—萘酚和三硝基苯酚用微孔滤膜采集，洗脱后进样，经色谱柱分离后，由紫外检测器检测，以保留时间定性，峰面积或峰高定量。

微孔滤膜（Micro-pore filtration membrane）由硝酸纤维素及少量乙酸纤维素基质交联成筛孔状滤膜，其厚度约为 0.15 mm，孔径细小且均匀，耐热性较好，最高可在 125℃下使用。常见孔径规格在 0.1～1.2 μm，可根据需要选择不同孔径的滤膜，如采集β—萘酚和三硝基苯酚一般选用 0.8 μm 孔径的微孔滤膜。微孔滤膜采样效率高，灰分低，特别适宜于采集和分析气溶胶中的金属元素。微孔滤膜能溶于丙酮、乙酸乙酯、甲基异丁酮等有机溶剂。由于微孔滤膜表面光滑，气溶胶粒子主要吸附在膜的表面或浅表层内，由于微孔滤膜几乎不溶于稀酸，这样就可方便地用酸把样品从滤膜上浸出后测定。微孔滤膜的缺点是通气阻力较大。其采集气溶胶的机制主要是惯性冲击作用和扩散作用。

标准溶液制备：准确称取 0.050 0 g β—萘酚或三硝基苯酚，溶于洗脱液中，定量转移入 100 mL 容量瓶中，加洗脱液至刻度，此溶液为 0.50 mg/mL β—萘酚或三硝基苯酚标准溶液。洗脱液配制方法为：甲醇（用于β—萘酚），70%（v/v）甲醇溶液（用于三硝基苯酚）。

样品采集：将直径 40 mm 的微孔滤膜装入采样夹，或者将直径 25 mm 的微孔滤膜装入小型塑料采样夹，作为采样器。微孔滤膜是采集气溶胶的采样器，β—萘酚或三硝基苯酚主要以细小粉尘的形式危害人体，所以可以用微孔滤膜采样。

短时间采样　在采样点，将装有微孔滤膜的采样夹以 5 L/min 流量采集 15 min 空气样品。

长时间采样　在采样点，将装有微孔滤膜的小型塑料采样夹，以 1 L/min 流量采集 2～8 h 空气样品。

个体采样　在采样点，将装有微孔滤膜的小型塑料采样夹佩戴在采集对象的前胸上部，进气口尽量接近呼吸带，以 1 L/min 流量采集 2～8 h 空气样品。

采样后，将滤膜的接尘面朝里对折两次，置于清洁容器内运输和保存，室温下可保存 7 d。

为消除少量空白值对检测结果的影响，可进行空白样品采集，方法如下：将装有微孔滤膜的小型塑料采样夹带至采样点，除不连接采样器采集空气样品外，其他操作同样品采集。

分析步骤—样品处理：将采过样的滤膜放入具塞刻度试管中，加入 5.0 mL 洗脱液，洗脱 30 min。洗脱液供测定。浓度过高时可用洗脱液适当稀释。

分析步骤—标准曲线绘制：用洗脱液分别将标准溶液稀释 0.0 μg/mL、1.0 μg/mL、3.0 μg/mL、5.0 μg/mL、7.0 μg/mL、10.0 μg/mL 的 β—萘酚标准系列；及 0.0 μg/mL、2.0 μg/mL、4.0 μg/mL、8.0 μg/mL、20.0 μg/mL 的三硝基苯酚标准系列，在仪器最佳条件下进样 20.0 μL，分别用峰高或峰面积对 β—萘酚或三硝基苯酚绘制标准曲线。色谱柱采用 ODS 柱，检测器采用紫外检测器。

分析步骤—样品测定：用测定标准系列的条件测定样品和样品空白的洗脱液。

计算：将采样体积进行温度、压力换算后，根据洗脱液的体积、浓度和标准采样体积数值进行浓度计算。

4. 铟及其化合物的原子吸收光谱法测定（GBZ/T 160.83）

（1）原子吸收光谱仪

原子吸收光谱法（AAS atomic absorption spectroscopy）也称原子吸收分光光度法，简称原子吸收法。该方法具有测定快速、干扰少、应用范围广、可在同一试样中分别测定多种金属元素等特点。在安全检测中，主要用于粉尘中铅、汞、铬、镉、锰等金属元素的测量，测定时需要将粉尘或烟尘样品溶解转化成液态样品。

图 3—18 为火焰原子吸收光谱法的测定过程。粉尘样品不能直接测定，需要用酸或碱溶解为溶液。测定时将含待测元素的溶液通过原子化系统喷成细雾，随载气进入火焰，并在火焰中解离成气态基态原子。气态的原子能对该原子的特征辐射产生选择性吸收，原子中外层的电子吸收光能后由基态跃迁到激发态。空心阴极灯辐射出待测元素的特征波长的光辐射通过火焰时，被火焰中待测元素的基态原子吸收而减弱。在一定实验条件下，当光强在被吸收前后的变化与火焰中待测元素基态原子的浓度有定量关系，只要入射光是波长范围极窄（一般$<$0.001 nm），吸收过程就遵从朗伯—比尔定律。根据波尔兹曼公式计算得知，在原子化温度下，原子处于激发态的比例可以忽略不计，从而吸光度 A 与火焰中该种原子总浓度符合吸收定律，在条件稳定时，吸光度 A 与试样中待测元素的浓度（c）有定量关系，即

$$A = Kc \tag{3—16}$$

式中：K 为常数，其数值大小与吸收光程、溶液提升速率、溶液雾化效率、原子化效率、火焰状态等影响测定灵敏度的各种因素有关，仪器在稳定工作时其值是比较稳定的；A 为待测元素的吸光度，吸光度的定义参阅分光光度法原理部分。

测定吸光度就可以求出待测元素的浓度，这是原子吸收分析的定量依据。

用做原子吸收分析的仪器称为原子吸收分光光度计或称原子吸收光谱仪。它主

要由光源、原子化系统、分光系统及检测系统四个主要部分组成（见图 3—18）。

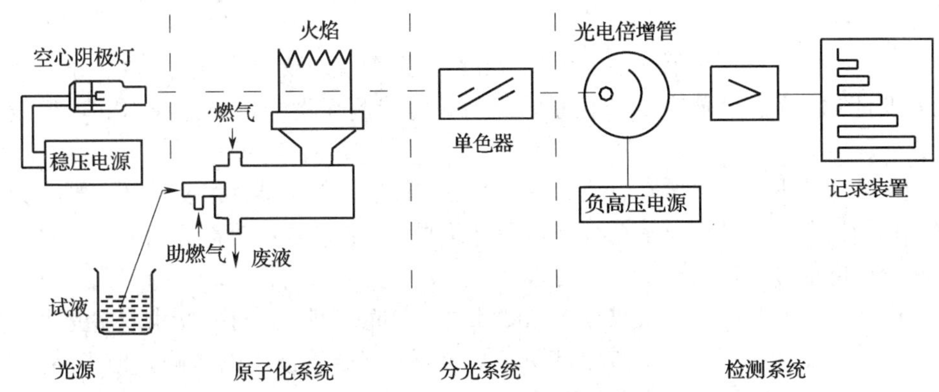

图 3—18 火焰原子吸收分光光度计原理示意图

空心阴极灯是一种低压辉光放电管，包括一个空心圆筒形阴极和一个阳极，阴极由待测元素材料或其合金制成，灯内只充入压力极低的惰性气体（氩气或氖气）。当两极间加上一定电压时，阴极发射的电子被电场加速后，撞击惰性气体并使其电离，阳离子被加速后撞击阴极表面，因阴极表面溅射出来的待测元素金属原子被带电粒子碰撞激发，便发射出特征辐射光。这种特征辐射的谱线宽度窄，邻近的谱线干扰少，故称空心阴极灯为锐线光源。空心阴极灯发出的特征谱线只能被吸收区内同种原子吸收，共存其他元素一般不吸收，因此原子吸收光谱法很少有共吸收干扰。

用原子吸收法测定时，被测元素必须处于气态自由原子状态。原子化系统是将待测元素转变成原子蒸气的装置，分为火焰原子化系统和无火焰原子化系统（石墨炉）。火焰原子化系统包括喷雾器、雾化室、燃烧器和火焰及气体供给部分。喷雾器的作用是把待测的溶液转变成细雾，最常用的是气动式喷雾器，靠压缩空气在特殊结构的喷嘴处喷出形成的负压，把溶液通过毛细管提升上来，并吹散成细小雾滴，雾滴在雾化室与空气、乙炔充分混合，直径稍大的雾滴在雾化室内壁凝结放掉，细小雾滴被送入火焰。火焰使各试样雾滴蒸发、干燥并经过热解离或还原作用产生大量基态原子。常用的火焰是空气—乙炔火焰。对用空气—乙炔火焰难以解离的元素，如 Al、Be、V、Ti 等，可用氧化亚氮—乙炔火焰（最高温度可达 3 300 K）。燃气与氧化性气体（如空气中的氧气）充分反应后两者都无剩余时的火焰称为化学计量焰（属于中性火焰），氧化性气体（助燃气体）过剩的火焰称为贫燃焰（氧化性火焰），燃气过剩的火焰称为富燃焰（还原性火焰）。常用的无火焰原子化系统是电热高温石墨管原子化器（简称为石墨炉），适合于低浓度（如 μg/mL 浓度级）金属的测定。

分光系统又称单色器，主要由色散元件、凹面镜、狭缝等组成。在原子吸收分光光度计中，单色器放在原子化系统之后，将待测元素的特征谱线与邻近谱线分开。

检测系统由光电倍增管、放大器、对数转换器、指示器（表头、数显器、记录仪、打印机、数据处理显示系统等）和自动调节、自动校准等部分组成，是将光信号转变成电信号并进行测量的装置。

图 3—18 所示的原子吸收分光光度计属于单光束型，还有双光束或多光束原子吸收分光光度计，双光束仪器能自动克服光源发光强度波动的影响，但光路复杂，光能损失多，灵敏度稍逊于单光束仪器。

同分光光度法一样，先配制与样品溶液基体相同的含有不同浓度待测元素的系列标准溶液，分别测其吸光度，以扣除空白值之后的吸光度为纵坐标，对应的标准溶液浓度为横坐标绘制标准曲线。在同样操作条件下测定试样溶液的吸光度，从标准曲线查得试样溶液的浓度。使用该方法时应注意：配制的标准溶液浓度应在吸光度与浓度呈线性的范围内；整个分析过程中操作条件应保持不变。定量方法中，除标准曲线法外，还有标准加入法，除样品基体特别复杂的情况外，一般很少采用。

（2）原子吸收光谱法测定铟及其化合物

空气中气溶胶状态的铟及其化合物用微孔滤膜采集、消解后，样品溶液用空气—乙炔火焰原子化器原子化，在 325.6 nm 波长下测定铟的吸光度，用标准曲线法定量。所用采样装置与高效液相色谱法测苯酚采用的装置相同。

标准溶液配制：称取 0.100 0 g 光谱纯金属铟，加 5 mL 硝酸溶解，煮沸并赶尽氮氧化物后，用水稀释至 100 mL。此溶液为 1.0 mg/mL 的标准储备液，临用前，用硝酸溶液稀释成 μg/mL 浓度级铟标准溶液。

样品采集：将直径 40 mm 的微孔滤膜装入采样夹，或者将直径 25 mm 的微孔滤膜装入小型塑料采样夹，作为采样器。

短时间采样　在采样点，用装有微孔滤膜的采样夹以 5 L/min 流量采集 15 min 空气样品。

长时间采样　在采样点，将装有微孔滤膜的小型塑料采样夹，以 1 L/min 流量采集 2～8 h 空气样品。

个体采样　在采样点，将装有微孔滤膜的小型塑料采样夹佩戴在采集对象的前胸上部，进气口尽量接近呼吸带，以 1 L/min 流量采集 2～8 h 空气样品。

采样后，将滤膜的接尘面朝里对折，放入清洁的塑料或纸袋中运输和保存，室温下可长期保存。同时作样品空白样。

分析步骤—样品处理：将采过样的滤膜放入高型烧杯或锥形瓶中，加入 5 mL 硝酸，盖上表面皿，在电热板上加热（140～160℃）消解；待微孔滤膜分解、硝酸基本蒸发干时，从电热板上取下，用硝酸溶液溶解残渣，并定量转移至刻度试管中，稀释至 10.0 mL 刻度。

分析步骤—标准曲线绘制：用标准储备液、6 支刻度试管及稀硝酸分别配制浓度（μg/mL）为 0.0、2.0、4.0、8.0、12.0、20.0 的标准系列，调节原子吸收光谱仪至最佳条件，在 325.6 nm 波长下，用乙炔—空气火焰（贫燃焰）测定每份溶液 3 次，吸光度均值对铟浓度绘制标准曲线图。

分析步骤—样品测定：用标准曲线法进行定量测定。

计算：按照相同的方法对采样体积进行校正，之后计算浓度。

以上介绍的测定方法只是一些有代表性的方法，其他更多物质的测定方法还需要参照国家工作场所空气中有毒物质标准检测方法。

第二节　常用气体传感器响应原理

在有毒有害气体、易燃易爆气体存在场所，需要安装固定式气体检测报警装置或者使用手持式气体检测报警仪，在各种类型的检测仪器中，将被测气体的浓度信号转化成电信号的组成部分称为传感器，气体检测仪器中的传感器是整个检测系统的核心部分。由于被检测气体种类不同，检测目的不同，传感器有许多种类。

从检测对象角度分类，可以分为可燃气体检测器和有毒气体检测器两类。可根据检测的目的来大致确定所选用检测器的类型。

从检测器的响应原理来分类，可以大体分为：接触燃烧式检测器、气敏半导体式检测器、电化学型检测器、红外吸收式检测器、光致离子化检测器、高分子气体检测器等类型。

从检测器采样的方式分类，可以分为吸气式和扩散式两类。前者利用泵吸作用将被测气体吸入，流经产生信号的部位，通常灵敏度较高，响应时间较短；后者利用浓度差的推动力，被测组分通过扩散进入到产生信号的部位处，响应速度受扩散速度的制约，一般响应时间稍微长些。固定式检测报警系统多数采用扩散方式，仪器简单且能满足要求。

本节主要介绍目前常用气体传感器的响应原理及特性。

一、光离子化检测仪

光离子化检测仪（Photo ionization detector PID）检测的原理如图 3—19 所示。待测分子（RH）被检测仪的内置微型气泵吸入检测仪内时，待测分子在紫外光源发出的紫外光照射下，吸收紫外光光子（一个光子的能量为 $h\upsilon$），由基态分子变成激发态分子（RH^*），如果紫外光子的能量大于待测分子的电离电位（IP），则分子的一个电子获得较高能量，脱离分子的束缚，从而使分子被电离，变成离子态化的正离子（RH^+）和电子（e^-），反应式如下：

$$RH + h\upsilon \rightarrow RH^* \rightarrow RH^+ + e^-$$

样品气体

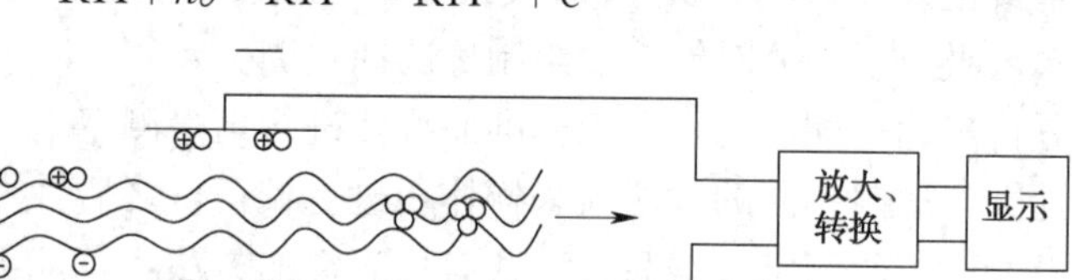

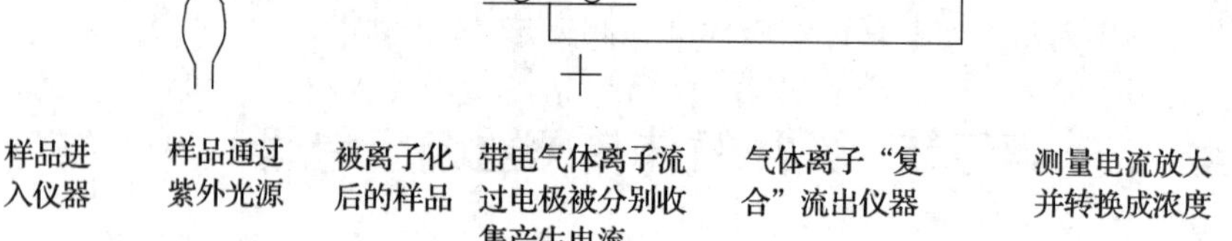

图 3—19　光离子化检测仪检测原理示意图

此种紫外光光致离子化过程称为光离子化。离子化的位置是离子室，离子室内有一对电极，分别为正极和负极，其中正极为收集极，在电场的作用下，光离子化产生的正离子和电子被加速移向电极，离子流被收集形成的微电流就是被采集的电信号，其与离子浓度成正比，微电流经转化放大后，在屏幕上显示出浓度。

真空紫外放电灯和无极放电灯是常用的紫外光源，根据其使用的工作气体的不同，发出的光子能量可分别为 9.8 eV、10.6 eV 和 11.7 eV，一般检测仪中装有这三种灯，以满足检测不同电离电位分子的需要。

根据检测原理可知，只有光子的能量大于分子的电离电位时，气体才能够被电离，否则就不能被电离，更不能产生信号。检测时，通过改变所使用紫外光源发出光子的能量，可以增大或缩小能够检测的气体的种类范围，使用 9.8 eV 的光源时，只能测定电离电位低于 9.8 eV 的气体，而使用 11.7 eV 的光源时，就能够检测电离电位低于 11.7 eV 的气体，能够检测的气体数量远多于前者。有时利用此特点可以实现混合组分的分别检测。能够用光离子化检测仪检测的有机气体或蒸气包括：

脂肪族（甲烷除外）、芳香族、多环芳烃、醛类、酮类、醇类、酯类、胺类、有机磷化合物、有机硫化合物、杂环化合物及某些金属有机物等。此外，能够检测的无机气体有：NH_3、H_2S、CS_2、AsH_3、PH_3、SeH_3、Br_2、I_2。实际上只有千分之几的分子被离子化，尽管如此，其灵敏度仍可达 10^{-9} 级，检测范围在 0～0.2%，分辨率在 10^{-7} 级。图 3—20 反映了选用不同能量紫外光源时能够检测的物质类型，箭头向左表示能量再高的紫外线能够电离之，即可检测之。

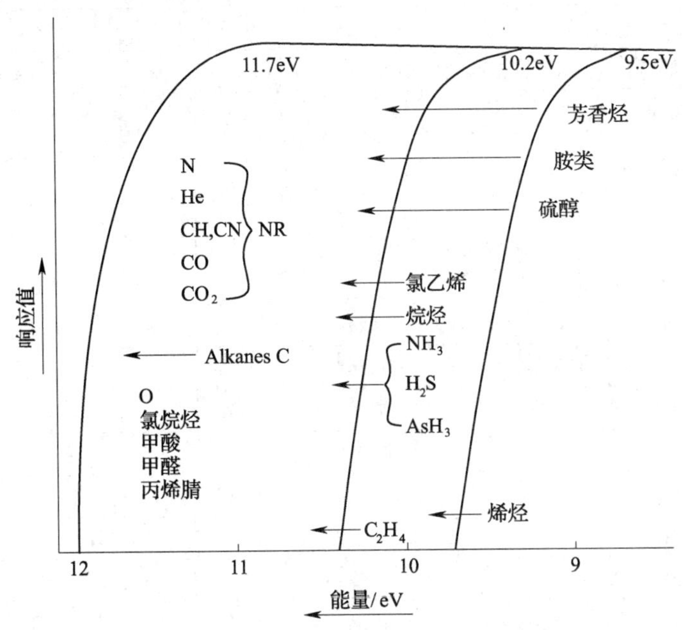

图 3—20　使用不同能量紫外灯时 PID 检测仪的响应范围

部分物质的电离电位（IP）见表 3—1。

表中数据可以说明，空气中的主要气体和常见污染气体，如 N_2、O_2、CO_2、SO_2、H_2O，以及甲烷、HCN、CO 等物质的电离电位高于 11.7 eV，不能被光离子化检测仪测定，作为背景气体也基本不干扰测定。同时也说明，光离子化检测仪比较适合于多种挥发性有机化合物（volatile organic compound，VOC）的现场测定。

根据不同的需要，仪器有通用型、专用型和固定式 3 种，分别用于不同的目的，固定式用于固定地点的检测。

在使用 PID 时要注意以下几个方面的问题：

表 3—1　　部分常见物质的电离电位

序号	化合物	IP/eV	序号	化合物	IP/eV	序号	化合物	IP/eV
1	苯	9.25	22	环戊烯	9.01	43	氯甲烷	11.28
2	甲苯	8.82	23	环己烯	8.95	44	二氯甲烷	11.35
3	邻、间二甲苯	8.56	24	乙炔	11.41	45	三氯甲烷	11.42
4	对二甲苯	8.45	25	氯乙烯	9.84	46	四氯化碳	11.47
5	乙苯	8.76	26	三氯乙烯	9.45	47	氯乙烷	10.98
6	甲胺	8.97	27	甲烷	12.98	48	1，2=二氯乙烷	11.12
7	乙胺	8.86	28	乙烷	11.65	49	溴甲烷	10.53
8	正丙胺	8.78	29	丙烷	11.07	50	溴乙烷	10.29
9	二甲胺	8.24	30	正丁烷	10.63	51	NH3	10.15
10	二乙胺	8.01	31	正戊烷	10.35	52	HCN	13.91
11	二正丙胺	7.84	32	己烷	10.18	53	H_2S	10.46
12	三甲胺	7.82	33	环戊烷	10.53	54	H_2O	12.59
13	三乙胺	7.50	34	环己烷	9.88	55	CS_2	10.08
14	三正丙胺	7.23	35	吡啶	9.32	56	CO_2	13.79
15	甲硫醇	9.44	36	四氢呋喃	9.54	57	CO	14.01
16	乙硫醇	9.29	37	甲酸乙酯	10.61	58	O_2	12.08
17	甲硫醚	8.69	38	乙酸乙酯	10.11	59	N_2	15.58
18	乙硫醚	8.43	39	甲醛	10.87	60	H_2	15.43
19	乙烯	10.52	40	丙酮	9.69	61	NO_2	9.78
20	丙烯	9.73	41	甲基异丁基酮	9.30	62	NO	9.24
21	1—丁烯	9.58	42	环己酮	9.14	63	SO_2	12.34

①根据化合物的电离电位，判断其是否小于 PID 的灯能量，来选择合适的 PID 检测器。单一的 PID 一般配置 9.8 eV、10.6 eV 和 11.7 eV 3 种光源，复合式气体检测仪就只能选择一种能量的光源。虽然仪器配置 11.7 eV 紫外灯时，其能够测定的气体数目最多，但配置 9.8 eV 和 10.6 eV 灯的寿命更长、更专用、更精确、价格更低。由于 11.7 eV 灯的窗口材料是由特殊的氟化锂做成的，氟化锂很难同玻璃密封，很容易从气体样品中吸收水分，受潮膨胀后其透光率降低。

②使用或选用 PID 时，还要特别注意校正系数（CF）。同气相色谱仪中的火焰离子化检测器一样，不同化合物在光离子化检测器上的响应灵敏度不同，即浓度相

同时其响应值却不同，所以需要校正。因为检测的气体种类很多，如果用户配备多种标准气体是不可能的。一般用一种灵敏度适中的标准气体，如异丁烯作为基准气体，其响应的电信号值直接与检测仪的指示值相对应。之后经过精确的实验和计算，给出其他气体各自的校正系数，所有灵敏度低于标准气体的气体，校正系数都大于1；相反，所有灵敏度高于标准气体的气体，校正系数都小于1，标准气体的校正系数等于1。检测仪中的电信号与校正系数相乘后再显示出来，这样检测仪就可以只用标准气体校正即可，通过输入被测气体的校正系数，就可以直接显示被测气体的浓度。仪器可储存多种组分的校正系数，只要输入（或选定）测定气体的名称，在仪器中就能自动对不同组分的响应值进行校正，显示屏幕上直接显示出浓度值。RAE公司的产品储存102种气体的校正系数，同时为用户提供各种检测物质的CF值，其检测范围在0.001～10 mg/m^3之间。通常情况下，PID可以很好地测定CF为10以下的气体。仪器读数的校正分两部分，吸入清洁空气时，仪器指示值为零（氧气为正常值20.9），吸入标准气体应指示其标准值，否则要调整到正确值。总之，仪器用标准气体校正时是对整体准确度的校正，如对放大倍数、离子化度等影响电信号大小的因素的校准；而用校正系数的校正是解决不同组分灵敏度差异造成的误差，使仪器在经一种标准气体校正后就能实现多种气体的准确测定。

③PID不具有明显的选择性，区分不同类型化合物的能力较差。PID能够在10^{-6}级的水平上告诉使用者有无可被光离子化的气体或蒸气，浓度是多少，究竟是什么物质则需要检测者根据实际情况判断。为了判断被测物质的种类而可资利用的信息包括：生产原料、产物、中间产物、储存物料、标签、货物清单等，向生产技术人员询问是最直接的确定物质种类的方法。

④用PID测定一种单独存在的气体是很容易的，基本步骤是：确认气体或蒸气的种类、查出该气体的校正系数、根据暴露极限阈值确定报警浓度，最后实施测定即可。对于一些生产过程、储罐和仓库等场所可能只有一种气体，但是在突发事故中，往往空气中不是一种，而是几种气体同时存在，这时要根据实际情况判断哪一种物质可能最先达到浓度极限阈值，可燃无毒的气体主要根据25%爆炸极限下限（25%LEL）或50%LEL确定；有毒气体根据最高允许浓度或时间加权平均允许浓度确定；既可燃又有毒的气体根据最高允许浓度确定。如果“具有决定意义”的最危险气体不能使用PID测定，或不知道CF值，就应该选用其他类型的检测仪。实际上，在突发事故中，总有一种有毒的气体最先达到极限阈值或者是可燃气体最先达到25%LEL，这些气体就是“具有决定意义”的气体，即“具有决定意义”的一种气体决定了整个混合气体的报警浓度。

二、接触燃烧式检测器

接触燃烧式检测器分为直接接触燃烧式检测器和催化接触燃烧式检测器两种，其实现浓度信号和电信号转换的过程都是在惠斯顿平衡电桥上完成的，因其响应过程都与热敏电阻温度变化有关，所以又称为热学式检测仪器。直接接触燃烧式检测器原理如图 3—21 所示。

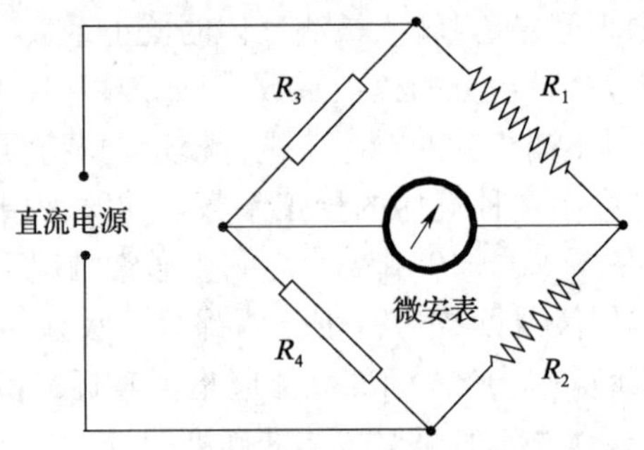

图 3—21　接触燃烧式检测器原理示意图

检测器由 R_1、R_2、R_3、R_4 四个桥臂电阻构成，其中 R_1 和 R_2 为热敏电阻，其电阻值随温度的变化而变化，温度越高电阻越大，R_1 为测量桥臂，R_2 为参比桥臂。在通电的条件下，电流流过电阻，当产热和散热速率达到平衡时，电阻温度稳定，阻值不变，电桥处于平衡状态，即 $R_1:R_2=R_3:R_4$，电桥没有输出。

通电时电流加热测量电阻，可燃气体达到燃点就燃烧，释放出的热量加热测量电阻，使其温度升高，阻值增大，电桥偏离平衡状态，电桥输出电信号，电信号的大小与可燃气体的浓度成正比。

直接接触燃烧式检测仪响应灵敏度稍低，对低浓度可燃气体的检测受到限制，所以在实际使用的检测器中多采用催化接触燃烧式检测器，热敏电阻由直径 0.03～0.05 mm 的铂（Pt）丝制成，在测量臂的热敏 Pt 丝电阻上涂敷经活性催化剂 Rh（铑）、Pd（钯）等稀有金属处理的氧化铝，对燃烧反应具有很强的催化作用，在低于燃气燃点的温度下，浓度也低于 LEL 时，可燃气体被催化燃烧（即与氧气的氧化反应），燃烧释放的热量又加热了测量电阻，其电阻的增大导致电桥失去平衡输出电信号。铂丝线圈既是催化剂的加热器，又是检测表面的热敏传感器。如催化燃烧式一氧化碳检测器可用触媒试剂“霍加拉脱”（活性 CuO、MnO_2、Ag_2O、Co_2O_3混合试剂）作为催化剂，使空气中微量 CO 与 O_2结合产生 CO_2及热。测量臂铂丝电阻的变化，或者说是电桥输出电信号大小的变化，直接反映了可燃气体浓度的变化。

环境温度变化时，测量电阻和参比电阻的阻值都改变，$R_1:R_2$的比值不变化，从而消除了环境温度的影响，所以R_2起到温度补偿作用。

催化燃烧检测器的原理结构见图 3—22。气体分子通过烧结圆片渗透扩散与铂丝线圈接触。

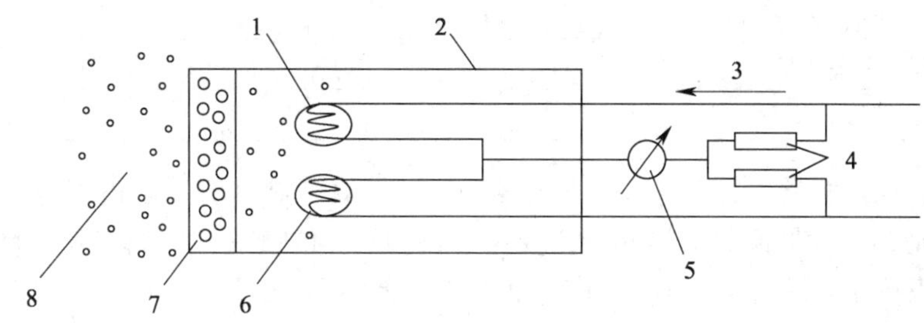

图 3—22 催化燃烧检测器的原理结构

1—涂敷催化剂的铂丝线圈 2—外壳 3—加热电流方向 4—电阻 5—mA 表
6—未涂敷催化剂的铂丝线圈 7—烧结圆片 8—气体分子

催化燃烧检测器只能对可燃气体产生信号响应，对不燃的气体不敏感，在环境温度下稳定性好，并能对爆炸下限浓度以下的绝大多数可燃性气体进行检测，普遍应用于石油化工厂、造船厂、矿井隧道、浴室、厨房等处的可燃性气体的检测和报警。

此类检测器既适用于固定式连续稳态检测仪器，也适用于便携式检测仪器，是目前使用最多的可燃气体检测器。同其他的催化剂一样，铂丝上的催化剂也会“中毒”失去催化作用，导致检测器无响应，硅的化合物、硫的化合物和氯等是比较常见的“毒性”物质。

催化燃烧检测器最初是为检测矿井中的甲烷气体设计的，对其他的可燃气体的响应灵敏度可能稍低些，对不同的气体灵敏度也不相同。有两个因素直接影响到信号的大小：一是气体燃烧时释放的热量多少；二是蒸气分子扩散到催化热铂丝的快慢。气体扩散进入传感器必须穿过防火屏蔽金属网，汽油、煤油、溶剂等“较重”气体穿过这个金属网要比甲烷、乙烷、丙烷等“较轻”气体慢得多，因此选用时要注意生产商提供的使用说明，并定期使用标准气体进行标定，避免出现系统误差。部分有机物的 LEL 检测灵敏度见表 3—2。

表 3—2　　部分有机物的 LEL 检测灵敏度

名称	LEL/%（体积）	灵敏度/%
甲烷	5.0	100
丙烷	2.0	53
丙酮	2.2	45
苯	1.2	40
甲苯	1.2	40
甲基乙荃酮	1.8	38
柴油	0.8	30

催化燃烧检测器又称为 LEL 检测器，其测量值（显示值）是占爆炸下限浓度值的百分比，也就是说此类检测器主要用于检测气体的爆炸性，而不是毒性。汽油的爆炸下限是 1.4%，因而 100%LEL 的蒸气浓度为 14 000 mL/m^3。汽油的 TWA 值是 300 mL/m^3，STEL 值（短时间接触容许浓度）是 500 mL/m^3，而汽油在 LEL 检测器上可以检测到的最小蒸气量为 140 mL/m^3，如果再考虑 LEL 检测器具有较差的分辨率，都说明 LEL 检测器不适合于检测人员频繁出现场所的汽油泄漏。

在可燃气体存在的场所安装的检测器必须为防爆型，防爆等级宜为 $IICT_6$ 水平。

三、半导体气敏检测器

半导体气敏检测器的气敏元件主要由金属氧化物或高分子半导体材料制成，气敏元件接触待测气体时，其电阻或导电性发生改变，其变化值与气体浓度相关。

自从 1962 年半导体金属氧化物气体传感器问世以来，由于具有灵敏度高、响应快等优点，得到了广泛的应用。半导体检测器种类繁多，分类也很复杂。按照基体材料来分，可分为：金属氧化物系、有机高分子半导体系和固体电解质系；按照制作方法和结构形式可分为：烧结型、薄膜型、厚膜型等；按照产生信号的机理分为：电阻型、电容型、二极管特性型、晶体管特性型、频率型、浓差电池型等。有些资料中简称的 MOS 传感器是指金属氧化物半导体检测器（Metal oxide sensors）。目前使用比较广泛的是电阻型半导体气敏检测器，下面主要介绍其响应原理。

测定时，半导体气敏元件被加热到某一稳定状态，气体接触气敏元件表面被物理吸附，失去其运动动能，其中一部分分子蒸发，剩下的分子被吸附在固定处，同时发生电子转移。如果气敏元件的功函数小于吸附分子的电子亲和力时，被吸附的分子将从气敏元件夺取电子，分子带有负电荷，此种吸附称为负离子吸附，O_2和NO_x是具有负离子吸附倾向的气体，称为氧化性气体或电子接收性气体；相反，如果气敏元件的功函数大于吸附分子的电子亲和力时，气敏元件将从被吸附的分子夺取电子，分子带有正电荷，此种吸附称为正离子吸附，H_2、CO、碳氢化合物、醇类等是具有正离子吸附倾向的气体，称为还原性气体或电子给予性气体。半导体材料吸附气体后形成的双电层见图 3—23。

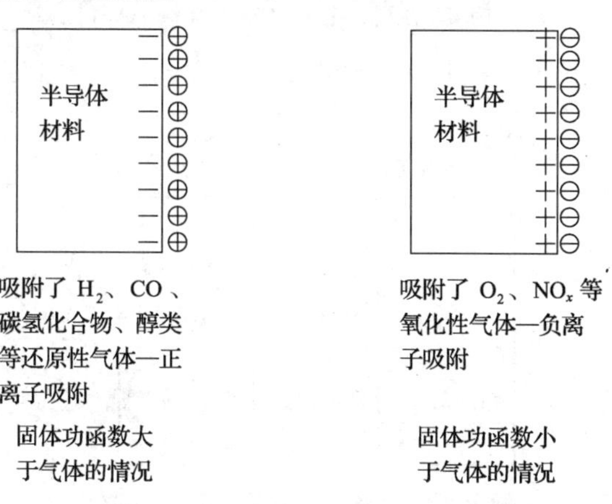

图 3—23　半导体材料吸附气体后形成的双电层示意图

半导体都具有 P-N 结，SnO_2、ZnO、TiO_2、W_2O_3等属于 N 型材料，MoO_2、CrO_3等属于 P 型材料。当氧化性气体吸附到 N 型半导体上，或者是还原性气体吸附到 P 型半导体上时，N 型半导体材料载流子—自由电子减少，P 型半导体材料载流子—空穴减少，从而使电阻增大；相反，当还原性气体吸附到 N 型半导体上，或者是氧化性气体吸附到 P 型半导体上时，N 型半导体材料载流子—自由电子增多，P 型半导体材料载流子—空穴增多，从而使电阻下降，半导体材料中载流子密度变化情况见图 3—24 和图 3—25。图 3—26 为气体接触到 N 型半导体时气敏元件阻值的变化，可见其阻值发生变化所需时间，即响应时间小于 1 min。

大气中氧气浓度较高，氧气的影响已趋于稳定，其他气体是在此基础上产生响应的。半导体气敏检测器所检测的气体大致分为以下几类：

可燃气体类：液化石油气（其主要成分是丙烷）、天然气（主要是甲烷）、煤气（包括焦化煤气和半水煤气，主要成分是 CO 和 H_2）、丙烷、H_2、CO、CH_4、丁

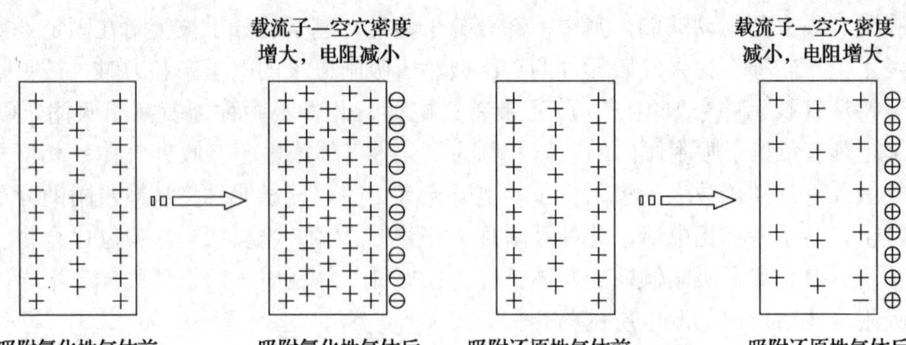

图 3—24 P 型半导体吸附气体后载流子密度变化

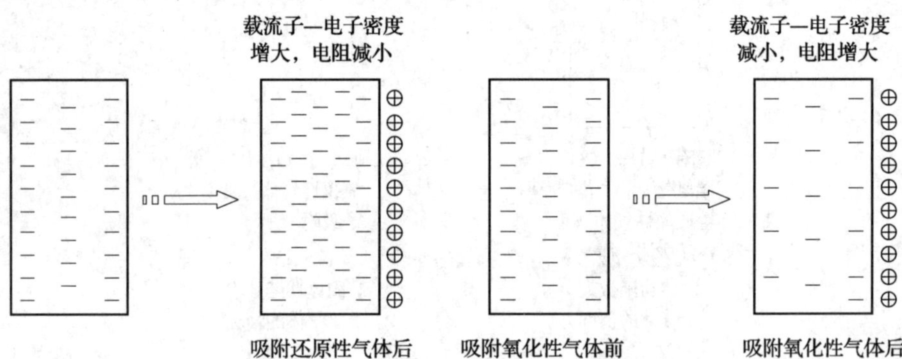

图 3—25 N 型半导体吸附气体后载流子密度变化

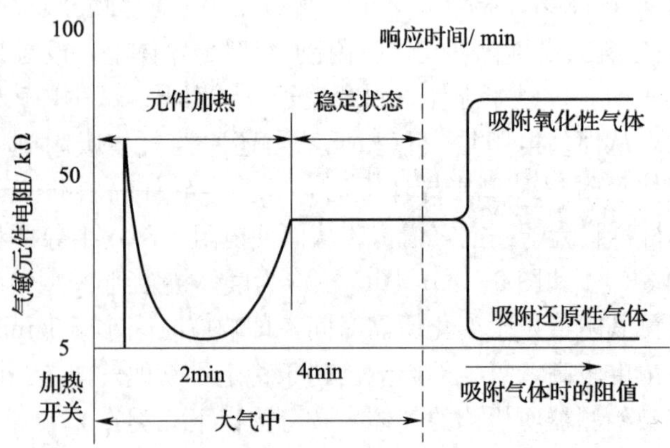

图 3—26 N 型半导体接触气体时气敏元件阻值的变化

烷、乙醇、丙酮、乙烯、甲苯、二甲苯、汽油等。

有毒气体类：H_2S、CO、Cl_2、HCl、AsH_3（砷化氢或砷烷）、PH_3（磷化氢或磷烷）等。

大气污染气体类：形成酸雨的 NO_x、SO_x、HCl；引起温室效应的 CO_2、CH_4、NO_2、O_3；破坏臭氧层的碳氟化合物、卤化碳。

在有机高分子半导体电阻式气敏检测器中，所采用的气体敏感材料有酞菁、卟啉、卟吩和它们的衍生物、络合物等。这类化合物具有环状共轭结构，也具有半导体性质。同样，这些有机半导体与其吸附的气体分子之间也产生电子的授受关系，电阻值也随着吸附气体的量的变化而变化。与金属氧化物半导体材料相比，有机高分子半导体材料具有便于修饰的特点，经化学反应接枝引入特定基团，并可以按照功能的需要进行分子设计和合成。有机高分子气体检测器对特定的分子有高灵敏度、高选择性、结构简单等特点，可以在常温条件下使用。现在已有测定 NH_3、NO_2、H_2S、O_2、Cl_2、H_2等气体的高分子半导体检测器。

四、定电位电解式检测器

定电位电解检测器属于电化学检测器类别，在有毒气体检测中应用最广泛，其工作原理见图 3—27。其核心部件是电解池，电解池中充装有电解质溶液，如稀硫酸，含有有毒气体的被测气体通过多孔隔膜渗透进入电解池，多孔隔膜为透气憎水膜。电解池中安装了三个电极，即工作电极（Working electrode）、对电极（Counter electrode）和参比电极（Reference electrode），工作电极表面涂有一层重金属催化剂薄膜，测定时在工作电极和对电极之间加上足够的电压，被测气体在工作电极上发生氧化反应。定电位是指工作电极的电位可以设定，参比电极的电位在测定中恒定不变，工作电极与参比电极之间的电位差受到监控，电位差信号的波动和改变，决定施加到工作电极的电压高低，继而保持工作电极的电位也就恒定。工作电极的电位值由被测物质的电化学性质决定，使其能够被氧化或还原。参与电极反应的是工作电极和对电极，参比电极不参与反应。电极上氧化还原反应产生的电流，即电解电流反映了气体浓度的大小。电解电流经放大后输出，用于指示仪表的推动力输入信号，或者经控制器启动报警装置。

以检测 CO 为例介绍其测定过程的原理。含有 CO 的气体进入气室后，CO 气体透过隔膜（如多孔聚四氟乙烯膜等），在工作电极上发生如下氧化反应：

$$CO + H_2O \longrightarrow CO_2 + 2H^+ + 2e$$

在对电极上溶解氧被还原，

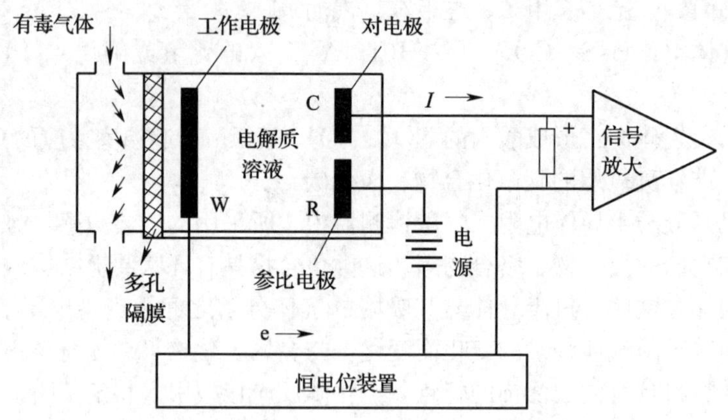

图 3—27　定电位电解式检测器工作原理

$$1/2O_2 + 2H^+ + 2e \longrightarrow H_2O$$

总的反应是 CO 被氧气氧化成为 CO_2，

$$CO + 1/2O_2 \longrightarrow CO_2$$

电解所需要的电量与被电解的 CO 的量成正比，电解电流与 CO 的浓度成正比，电解电流与 CO 浓度符合式（3—17）的关系：

$$I = nFADc/\delta \tag{3—17}$$

式中　I——电解电流，A；

n——一个分子气体电解转移的电子数；

F——法拉第常数，96 500 C/mol，C 为电量单位［库（仑）］符号；

A——气体扩散面积，cm^2；

D——扩散系数，cm^2/s；

c——电解质溶液中被电解气体的浓度，mol/L；

δ——扩散层的厚度，cm。

检测器中工作电极的电位高低由被测气体的性质决定，如测定 SO_2、CO、H_2S、NO 等气体时发生氧化反应，而测定 NO_2、Cl_2 等气体时发生还原反应。

定电位电解式检测器检出限低、灵敏度高，适合于检测 10^{-6} 级的威胁人员安全的有毒有害无机气体，不适合于检测可燃气体，用其检测的主要气体有 CO、H_2S、NO、NO_2、H_2、Cl_2、NH_3、HCN 等。其可检测的气体种类和检测浓度范围见表 3—3。

表 3—3　　可检测的气体种类和检测浓度范围

气体种类	检测浓度范围/（mL/m^3）
AsH_3、乙硼烷、锗烷、SeH_4、PH_3	0～1
溴气、ClO_2、氟气、O_3、光气	0～2
氯气	0～11
HCl、HF、HCN、NO_2、SO_2、硅烷	0～20
H_2S	0～50
NH_3、CO、NO	0～100

注：mL/m^3有时也用 10^{-6}表示，指体积的百万分之一。

五、红外吸收式检测器

由两种或两种以上原子组成的分子具有永久性偶极矩，具有永久性偶极矩的分子能够吸收特定波长的红外光线。红外光由红外光源发出，通过滤光器件滤除能产生共吸收干扰的红外线后，剩下只能被待测气体吸收的红外线，其穿过被测气体时部分被吸收，透过的红外线由接受器转化成电信号。透过光强度与入射光强度的关系符合朗伯—比尔定律：

$$I = I_0 e^{-\mu lc} \tag{3—18}$$

式中　I——透过光强度；

I_0——入射光强度；

μ——吸收系数；

c——吸收红外光气体组分的浓度；

l——光线穿过被测气体的光程长度。

式（3—18）变化整理得：

$$c = \frac{1}{\mu l}\ln\frac{I_0}{I} = \frac{2.303}{\mu l}\log\frac{I_0}{I} = \frac{2.303}{\mu l}A \tag{3—19}$$

式中 A 就是吸光度，也是仪器的测量值。入射光波长不变时吸收系数 μ 不变，测量光程 l 在一定条件下是常数，因此通过测定吸光度就能够测定气体浓度。

红外吸收式检测器分为点式和开路式两种。点式即一体式，光源和检测器都设在一台仪器中；开路式检测器的红外线光源与红外线接受器分开设置，二者间距可达 50 m，用于广阔的开放区域或无法安装点式检测器的场所。图 3—28 是一种典型的点式红外气体检测器气室结构示意图。

图中 LED 是发光二极管，探测器采用钽酸锂（$LiTaO_3$）热释探测器，反光镜

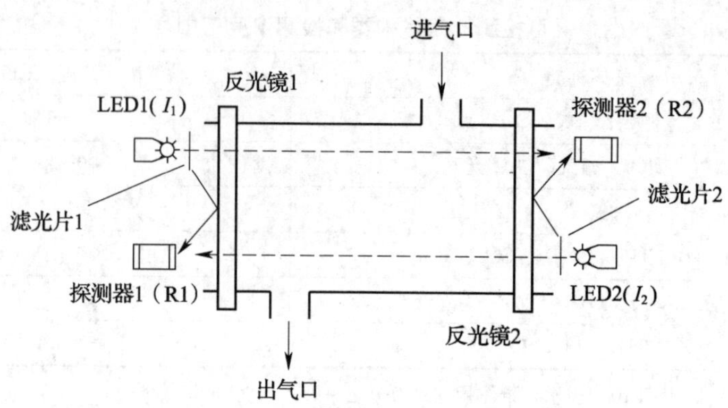

图 3—28　双光源双探测器气室结构

1 和反光镜 2 分别反射 LED1 和 LED2 的部分光至探测器 1 和探测器 2，滤光片 1 和滤光片 2 都是待测气体滤光片，其只能透过所需波长的光，气体采样泵带动气体进出气室。I_1 和 I_2 分别表示 LED1 和 LED2 的发光强度，两个探测器的灵敏度（探测器响应电压 V 与光强度 I 线性关系的比例系数）分别由 S_1 和 S_2 表示。红外光线穿过气室和气体的透光率为 τ。两个发光二极管交替发光。

当 LED1 发出光脉冲时，探测器 1 接收到的是 LED1 直接发出的光，探测器 2 接收到的是 LED1 发出的光经气室吸收后透过的光。探测器 1 和探测器 2 产生的电压信号分别为：

$$V_{11} = I_1 S_1 \tag{3—20}$$

$$V_{12} = I_1 S_2 \tau \tag{3—21}$$

当 LED2 发出光脉冲时，探测器 2 接收到的是 LED2 直接发出的光，探测器 1 接收到的是 LED2 发出的光经气室吸收后透过的光。探测器 1 和探测器 2 产生的电压信号分别为：

$$V_{21} = I_2 S_1 \tau \tag{3—22}$$

$$V_{22} = I_2 S_2 \tag{3—23}$$

整个气室系统透射比 T 由式（3—24）表示：

$$T = \frac{V_{12} V_{21}}{V_{11} V_{22}} \tag{3—24}$$

T 值与 LED 发光强度及探测器灵敏度无关，只与气体浓度有关。

红外吸收检测器主要用于 CO_2 和高浓度烃类气体的检测，不如催化燃烧检测器应用广泛。

六、迦伐尼电池式检测器

手持式氧气检测仪多采用迦伐尼电池原理的传感器，下面就以迦伐尼电池式氧气检测仪为例，介绍其工作原理。图 3—29 为隔膜迦伐尼电池式氧气检测仪结构原理示意图，电池就像小的塑料容器，在塑料容器的下面或侧面装有对氧气透过性良好的聚四氟乙烯透气膜（厚度 10～30 μm），膜的内侧紧贴着由铂、金、银等贵金属制成的阴电极，另一侧或其他空余部分构成阳极，由铅、镉等金属构成，电池内充装的电解质溶液是氢氧化钾、氢氧化钠等强碱性物质的溶液。

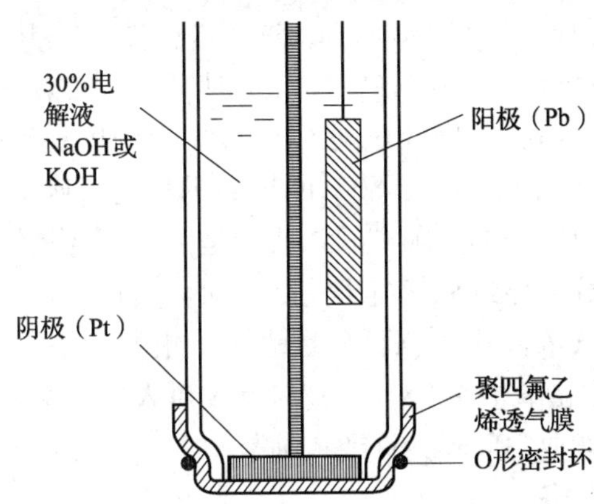

图 3—29　隔膜迦伐尼电池式氧气检测仪原理示意图

氧气通过隔膜后溶解在隔膜与阴极之间的电解质溶液薄层中。在阳极和阴极之间通过负载电阻形成回路时，氧气在阴极上产生还原反应，反应式如下：

$$O_2+2H_2O+4e \longrightarrow 4OH^-$$

铅（或镉）金属阳极自身被氧化成离子，离子又形成氢氧化物，反应式如下：

$$2Pb \longrightarrow 2Pb^{2+}+4e$$

$$2Pb^{2+}+4OH^- \longrightarrow 2Pb(OH)_2$$

两个电极的总反应就相当于氧气把铅氧化，生成了氢氧化铅，阳极被消耗，总反应式如下：

$$O_2+2Pb+2H_2O \longrightarrow 2Pb(OH)_2$$

氧化还原过程中电子转移所形成电流的大小受氧气浓度大小的制约，即电流与氧气浓度成正比关系，氧气浓度越大，单位时间内透过透气膜的氧气量越大。电流在标准负载电阻的两端形成的电压越大。电压正比于电流，电压被放大后就是输出电信号。除氧化性的腐蚀气体以外，其他气体不产生干扰，可以对氧气进行准确而快速的测定。金属阳极在测定过程中有所消耗，所以要定期更换。

这种传感器不仅用于测定气体中的氧气，也广泛用于溶解氧的测量，和酶组合也可作为生物传感器的转换元件。如果改变电极材料和电解液的组合，并优化改进气体透过膜，便可被广泛用于测定 Cl_2、HCN、HCl、H_2S、F_2、HF、SO_2、NH_3、NO_2、PH_3等气体。

正常人体只需要一定浓度的氧气，氧的浓度过高或过低都对人体有害。氧气的分压过低会导致缺氧症，这一点人们熟知，但氧气的分压过高也会引起氧中毒。在《缺氧危险作业安全规程》(GB 8986—2006) 中规定：空气中氧气浓度低于 19.5% 为缺氧状态。氧气浓度低于 6%，将导致人立即死亡，犹如电击一样。常压下氧气浓度超过 40%就会发生氧气中毒。人吸入气体中氧浓度在 40%～60%时所导致的肺水肿属于肺中毒，吸入浓度高于 80%所导致的昏迷、呼吸衰竭甚至死亡属于神经型中毒。密闭或相对密闭的受限空间，或者是由于消耗氧气过多导致氧气浓度过低，或者是通入其他气体导致氧气流出受限空间，是缺氧窒息的多发场所。

通常检测仪中氧气浓度用体积百分数表示，报警的下限缺氧值是 19.5%（原先规定为 18%），上限富氧值是 23%。富氧不仅对人体有害，富氧的作业环境还容易发生火灾，在受限作业空间不允许通入纯氧。

七、隔膜电极式检测器

隔膜电极式检测器是由离子选择性电极与疏水透气性的隔膜复合而成的检测器。气体透过隔膜溶解于电解质溶液中，形成离子化的气态离子，气态离子在电极上产生电位。典型的隔膜电极式检测器的原理如图 3—30 所示。

测定氨气的隔膜电极式检测器中的工作电极是 pH 玻璃电极，参比电极是银－氯化银电极，内充 NH_4Cl 溶液作为电解质溶液，其发生如下离解反应：

$$NH_4Cl \longrightarrow NH_4^+ + Cl^- \text{ 和 } NH_4^+ \rightleftharpoons NH_3 + H^+,$$

水分子也发生如下离解反应：

$$H_2O \longrightarrow H^+ + OH^-$$

因此 NH_4^+、NH_3及 H^+ 离子保持如下平衡：

$$NH_4^+ \rightleftharpoons NH_3 + H^+$$

气体中的氨气进入电解质溶液后，打破平衡，降低 H^+ 的浓度，pH 值升高。

工作电极的电极电位符合能斯特公式，其在 25℃时电位 E 的简化表达式为：

$$E = K + 0.059\lg[H] = K - 0.059\text{pH} \tag{3—25}$$

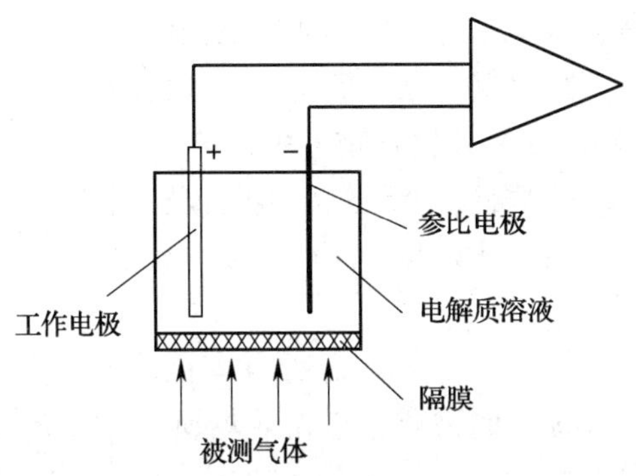

图 3—30　隔膜电极式检测器的原理示意图

工作电极与参比电极的电极电位之差即为两电极组成的原电池的电动势，其随着 pH 玻璃电极电位的变化而变化，所以就随着与电解质溶液中 NH_3 平衡的被测气体中氨气浓度的变化而变化。

隔膜电极法比较适合于测定 NH_3 和 CO_2。

第三节　传感器的选用

本节中的传感器就是第二节中的检测器，即浓度信号转化为电信号的部分。此处主要叙述检测器的适用性及根据具体情况选择合适的检测器问题。

一、危险气体的分类

危险气体分为两类：一类是易燃易爆气体；另一类是有毒有害气体。这些气体既包括有机气体，也包括无机气体。有些气体在常温下就处于气态，有些气体是常温下处于液态的液体的蒸气。

易燃气体与空气混合并达到一定浓度后就形成爆炸性混合气体。易燃易爆类气体种类最多、最常见，其中包括液化石油气、天然气、汽油气、烷烃类、烯烃类、醇类、酮类、酯类、苯系物、氢气、氨气、一氧化碳等。

有毒有害气体的浓度超过某一阈值（或称为限值）就会对人造成中毒伤害，对人体有毒是这类气体的共性，比较常见的有毒有害气体中包括氯气、硫化氢、氰化氢、一氧化碳、丙烯腈、氨气、二氧化氮等。《石油化工可燃气体和有毒气体检测报警设计规范》中所指的有毒气体是指《高毒物品目录》中确定的 31 种气体或蒸气，如：N－甲基苯胺、苯、苯胺、丙烯腈、二甲基苯胺、二硫化碳、二氯代乙炔、二氧化氮、硫化氢、氰化氢、氨、氯气、一氧化碳、氯乙烯、光气、甲苯－2，4－二异氰酸酯、氟化氢、氟及其化合物、汞、甲肼、甲醛、肼、磷化氢、硫酸二甲酯、氯甲基甲醚、偏二甲基肼、砷化氢、羰基镍、硝基苯等。

有些气体既具有燃爆性，又具有毒性，比如一氧化碳、氨气、氯乙烯等，可称为两性气体。

除典型的高毒化学品外，《作业场所有害因素接触限值—化学危害因素》（GBZ2.1—2007）中列出的其他物质，在作业场所空气中的浓度也不能超过其限值，检测时应予以考虑。

另外，一种气体是否属于有毒气体，一般要用其毒理学参数—半数致死浓度（LC_{50}）来判定，根据《化学品安全标签编写规定》（GB15258—1999），$LC_{50} \leqslant 0.5$ 的为剧毒品，$0.5 < LC_{50} \leqslant 2$ 的为有毒品，$2 < LC_{50} \leqslant 10$ 的为有害品。

二、不同类型气体对检测器的要求

对于单纯易燃易爆的气体，设置检测报警器的目的是防止达到爆炸极限浓度，所用检测器的测定范围是从 0 到爆炸下限（LEL，Lower Explosive Limit）浓度，一般用 0～100％LEL 表示。因此，常常把可燃气体检测器称为 LEL 检测器。不同种类可燃气体的 LEL 值不同，也可能差别较大，常见可燃气体的爆炸极限见表 3—4。

表 3—4　　常见可燃气体在空气中的爆炸极限/v%

物质名称	爆炸极限	物质名称	爆炸极限	物质名称	爆炸极限
甲烷	5.0～15.0	环氧乙烷	3.6～100	氯乙烷	3.8～15.4
乙烷	3.0～15.5	环氧丙烷	2.8～37	溴乙烷	6.7～11.3
丙烷	2.1～9.5	甲基醚	3.4～27.0	氯丙烷	2.6～11.1
丁烷	1.9～8.5	乙醚	1.9～36	氯丁烷	1.8～10.1
戊烷	1.4～7.8	乙基甲基醚	2.0～10.1	溴丁烷	2.6～6.6
己烷	1.1～7.5	二甲醚	3.4～2.7	氯乙烯	3.6～33
庚烷	1.1～6.7	二丁醚	1.5～7.6	烯丙基氯	2.9～11.1
辛烷	1.0～6.5	甲醇	6.7～36	氯苯	1.3～7.1
壬烷	0.7～5.6	乙醇	33～19	1，2－二氯乙烷	6.2～16
环丙烷	2.4～10.4	丙醇	2.1～13.5	1，1－二氯乙烯	7.3～16

续表

物质名称	爆炸极限	物质名称	爆炸极限	物质名称	爆炸极限
环戊烷	1.4～—	丁醇	1.4～11.2	硫化氢	4.3～45.5
异丁烷	1.8～8.4	戊醇	1.2～10	二硫化碳	1.3～5.0
环己烷	1.3～8.0	异丙醇	2.0～12	乙硫醇	2.8～10.0
异戊烷	1.4～7.6	异丁醇	1.7～19.0	乙腈	4.4～16.0
异辛烷	1.0～6.0	甲醛	7.0～73	丙烯腈	3.0～17.0
乙基环丁烷	1.2～7.7	乙醛	4.0～60	硝基甲烷	7.3～63
乙基环戊烷	1.1～6.7	丙醛	2.9～17	硝基乙烷	3.4～5.0
乙基环己烷	0.9～6.6	丙烯醛	2.8～31	亚硝酸乙酯	3.0～50
甲基环己烷	1.2～6.7	丙酮	2.6～12.8	氰化氢	5.6～40
乙烯	2.7～36.0	丁醛	2.5～12.5	甲胺	4.9～20.1
丙烯	2.0～11.1	甲乙酮	1.8～10	二甲胺	2.8～14.4
1—丁烯	1.6～10.0	环己酮	1.1～8.1	吡啶	1.7～12
2—丁烯（顺）	1.7～9.0	乙酸	5.4～16	氢	4.0～75
2—丁烯（反）	1.8～9.7	甲酸甲酯	5.0～23	天然气	3.8～13
丁二烯	2.0～12	甲酸乙酯	2.8～16	城市煤气	4.0～—
异丁烯	1.8～9.6	乙酸甲酯	3.1～16	液化石油气	1.0～1.5
乙炔	2.5～100	乙酸乙酯	2.2～11.0	轻石脑油	1.2～—
丙炔	1.7～—	乙酸丙酯	2.0～3.0	重石脑油	0.6～—
苯	1.3～7.1	乙酸丁酯	1.7～7.3	汽油	1.1～5.9
甲苯	1.2～7.1	乙酸丁烯酯	2.6～—	喷气燃料	0.6～—
乙苯	1.0～6.7	丙烯酸甲酯	2.8～25	煤油	0.6～—
邻—二甲苯	1.0～6.0	呋喃	2.3～14.3	一氧化碳*	12.5～74.2
间—二甲苯	1.1～7.0	四氢呋喃	2.0～11.8	氨；氨气*	15.7～27.4
对—二甲苯	1.1～7.0	氯代甲烷	10.7～17.4		

注：表中数据除带*者取自《常用化学危险品安全手册》（中国医药科技出版社，1992），其他数据取自《石油化工可燃气体和有毒气体检测报警设计规范》GB50493—2009。

可燃气体检测报警器的报警浓度并不是设定在LEL值，而是远低于LEL值。一般设有一级报警和二级报警，一级报警设定值小于或等于25%LEL；二级报警设定值小于或等于50%LEL。一级报警属于预报警，要确定泄漏点，采取控制措施，制止泄漏，或通风换气；二级报警属于危险报警。一级报警值和二级报警值有时也称为低报线和高报线。

从表3—4看出，甲烷的LEL是5.0％，乙炔的LEL是2.5％，甲烷的报警值应设定在5.0％×25％＝1.25％和5.0％×50％＝2.5％，而乙炔的报警值应设定在2.5％×25％＝0.625％和2.5％×50％＝1.25％，所以不同气体的报警值是不同的，要根据实际检测气体的爆炸下限值来设定。由于不同气体的LEL差别较大，检测器对不同物质的灵敏度也有较大区别，所以在选择检测器时要注意其是否适合所要检测的气体。

有毒气体的危害主要在于对作业场所的人员造成中毒伤害，所以检测有毒气体的检测器，其检测浓度要满足职业危害因素接触限值的要求，保证人员不受职业伤害。

作业环境空气中，对各种职业性有害物质常规定一个接触限量，简称为职业接触限值（Occupational exposure limit）。不同国家、机构或团体使用的职业接触限值名称不尽相同。我国对作业环境空气中有害物质的接触限值分为3种：最高容许浓度；时间加权平均容许浓度；短时间接触容许浓度。最高容许浓度，是指任何有代表性的采样测定均不得超过的浓度；时间加权平均容许浓度，是按8 h工作日的时间加权平均浓度规定的容许浓度；短时间接触容许浓度，是指每次接触时间不得超过15 min的时间加权平均容许浓度，每天接触不超过4次，且前后两次接触至少要间隔60 min，同时当日的时间加权平均容许浓度也不得超过。在《石油化工可燃气体和有毒气体检测报警设计规范》中，对于有毒气体的检测，采用100％MAC、100％STEL或10％IDLH作为报警值的最高基准。美国政府工业卫生学会会议（ACGIH）制定的国家标准中，采用TLV作为报警值基准，其含义是阈限值（Threshold Limit Values）。IDLH（Immediately Dangerous to Life and Health）的含义是立即致害浓度。随着气体种类的不同，其TWA、STEL、MAC、IDLH等值会有一定差异，几种常见气体的阈限值见表3—5。

STEL是与TWA配合使用的限值，TWA满足要求时，期间可能短时间浓度较高，因此需要用STEL加以限制。表示有毒气体浓度还有一个单位，即10^{-6}。

有毒气体的报警设置值宜小于或等于1MAC或1STEL。当试验用标准气调制困难时，报警值可为2MAC或2STEL。当现有检测器的测量范围不能满足测量要求时，有毒气体的测量范围可为0～30％IDLH，有毒气体的二级报警设定值不得超过10％IDLH值。《工作场所有毒气体检测报警装置设置规范》（GBZ/T 223—2009）推荐的有毒气体检测报警值设定分为预报、警报和高报三级。预报值为

表 3—5 部分有毒气体的阈限值/（mg/m^3）

物质名称	TWA	STEL	MAC	IDLH
一氧化碳	20	30	—	1 700
氯乙烯	10	25	—	—
硫化氢	—	—	10	430
氯	—	—	1	88
氰化氢	—	—	1	56
丙烯腈	1	2	—	1 100
二氧化氮	5	10	—	96
苯	6	10	—	9 800
氨	20	30	—	360
碳酰氯	—	—	0.5	8

MAC 的 1/2 或 PC—SIEL 的 1/2，无 PC—STEL 的物质，为超限值的 1/2。警报值为预报值的 2 倍。

可燃气体和有毒气体的检测报警值有很大区别，前者远高于后者，这一点对于既可燃又有毒的气体十分重要。例如 CO 的爆炸下限是 12.5%，按照可燃气体检测，其一级报警值应设定在 12.5%×25%≈3.13%；CO 的 STEL 为 50 mL/m^3，约为 0.005%，按照有毒气体设置报警值应为低于 0.005%。在可燃性有毒气体存在的场所，必须按照有毒气体的要求设置检测器报警值。

用于毒性气体检测的检测器，其能够正常检测的最低检测浓度应该很低，一般使用毒性气体检测器，而不能使用 LEL 检测器。

三、检测器的选用

要保证可燃气体和有毒气体检测报警系统工作的可靠性。除系统内各元器件质量外，这系统工作的可靠性还与另外三大要素密切相关：一是正确地选择检测器的种类；二是检测报警系统的正确配置；三是检测报警仪表的正确安装。

选择检测器种类的步骤如下：

①确定要检测气体的种类；

②明确检测的目的；

③了解各类检测器的性能特点；

④了解检测器所处环境情况；

⑤确定所用检测器的种类；

⑥确定检测器的生产厂家。

1. 确定要检测气体的种类和检测目的

固定式气体检测报警系统的检测器（或者说传感器）部分是安装在可能发生泄漏的设备处的，所以被检测的气体种类不难确定。

对于储气柜和液体储罐来说，其中的物料就是检测对象，比如：甲醇储罐旁的检测气体就是甲醇蒸气，其易燃有毒；苯、甲苯、二甲苯等储罐的检测对象也是其蒸气，同样是易燃有毒；液化气储罐处检测的是低碳烷烃气体，易燃无毒；煤气气柜中气体主要是CO、甲烷和H_2，易燃有毒；液氯储罐处检测对象是剧毒的氯气。仓库中可能的气体也决定于储存物质的种类。

生产装置或设备处要检测气体的种类除要考虑原料和产品外，还要考虑工艺流程中的中间产物，只要是设备内存在的气体和挥发性液体物质都是检测的对象。

检测目的是根据可能泄漏的气体的性质确定的。如果气体只是可燃但无毒，检测的目的就是防止其在空气中的浓度接近爆炸极限的下限，告诉人们是否达到报警值；如果泄漏的是有毒的气体，不管是否可燃，检测的目的都应是防止达到或超过允许的极限浓度，保证工作人员的人身安全，使职业危害降低到国家标准能接受的程度。比如使用煤气的车间，CO既是可燃气体，也是剧毒气体，检测的目的必须是保证人员不受伤害，而不是防止爆炸。

2. 了解各类检测器的性能特点

在明确了需要检测器要完成的任务后，接下来就要考虑什么检测器能够完成这个任务。检测器的种类较多，各自的检测原理不同，性能各异，适用的范围也不同。正确地选择检测器的前提是熟悉各类检测器的性能特点。

接触燃烧式检测器、气敏半导体式检测器和红外吸收式检测器主要应用于可燃气体的检测，其主要性能见表3—6。

定电位电解式检测器对低浓度有毒气体能产生比较稳定的响应，可检测浓度范围包括允许极限浓度范围。隔膜电极式检测器和半导体式检测器对某些有毒气体有较高的灵敏度，检出极限也较低。

3. 了解检测器所处环境情况

接触燃烧式检测器，尤其是催化燃烧式检测器，受环境气体中的硫化物、氟氯溴碘等卤化物以及硅烷和含硅类化合物影响而中毒，环境气体中这些气体浓度过高会使检测器性能降低，缩短使用寿命。根据有关资料报道，当空气中H_2S含量达到0.03 μL/L时，催化元件在80 h内其灵敏度降低26%；SO_2达0.1 μL/L时，在

表 3—6　常用气体检测器的性能比较

项目	催化燃烧型检测器	热传导型检测器	红外气体检测器	半导体型检测器	电化学型检测器	光致离子化型检测器
被测气的含氧量要求	需要 O_2>10%	无	无	无	无	无
可燃气测量范围	≤爆炸下限	爆炸下限～100%	0～100%	≤爆炸下限	≤爆炸下限	≤爆炸下限
不适用的被测气体	大分子有机物	—	H_2	—	烷烃	H_2，CO，$CH_4$①
相对响应时间	与被测介质有关	中等	较短	与被测介质有关	中等	较短
检测干扰气体	无	CO_2，氟利昂	有	SO_2，NO_x，H_2O	SO_2，NO_x	②
使检测元件中毒的介质	Si，Pb，卤素，H_2S	无	无	Si，SO_2，卤素	CO_2	无
辅助气体要求	无	无	无	无	无	无

注：①为离子化能级高于所用紫外灯的能级的被测物；②为离子化能级低于所用紫外灯的能级的被测物。

70 h 内灵敏度降低 17%；硅氧烷在 0.06 μL/L 时，1.5 h 就使灵敏度丧失 70%；灭火剂 $CBrF_3$达到 0.33 μL/L 时，也能使灵敏度在 33 h 内由 100%下降至 80%。为了使检测器能够在恶劣环境下使用，近些年国内也生产出了抗毒性气体的催化燃烧式检测器，一般是利用碱性化合物吸收酸性的 SO_2、H_2S 和 Cl_2，用活性炭吸附硅氧基化合物。根据使用环境的具体情况，决定选用普通型或抗中毒型催化燃烧式检测器。

气敏半导体检测器的敏感元件是半导体，半导体中掺入不同的杂质后，对特定气体的灵敏度和选择性可明显提高，但也局限了其适用范围。对 SnO_2半导体：掺杂 ThO_2（二氧化钍）则提高对 CO 的灵敏度，对丙烷则几乎无响应；掺杂 RbCl（氯化铷）、Pt、CuO 也改善对 CO 的响应；掺杂 Ag 可实现对 H_2的选择性响应；在 SnO_2烧结元件表面涂敷 Pt—Al_2O_2可以实现对醇类无响应。对于 ZnO 半导体：掺杂 Pt 对烷烃类气体的敏感度提高，对 CO 和 H_2敏感度下降；掺杂 Pd 对 CO 和 H_2的敏感度提高，对烃类气体的敏感度下降；在烧结体表面加 V_2O_5—MoO_3—Al_2O_3 催化层后，可实现对氟利昂（CCl_2F_2，$CHClF_2$）的选择性检测；表面涂

Pt—Al_2O_2则对液化石油气选择性响应，而对醇类和氢气无响应。通过掺杂或烧结表面涂层，可以实现对 H_2S、CO、H_2、NO、NO_2、C_6H_6、C_2H_4O（环氧乙烷）、氰化氢等气体的选择性检测，部分有毒气体可以用半导体检测器检测的原因也在于此。

从定电位电解检测器原理可知，凡是在选定电位下能够被氧化或还原的气体都能够产生相应信号，所共存气体有可能发生交叉响应的影响。所以不能在有交叉影响的气体共存的场所使用。在这种场所中使用定电位电解检测器，其测得的气体浓度值是虚假的。比如氰化氢气体和硫化氢气体、二氧化硫和一氧化氮气体都有可能互相干扰。

综上所述，选择检测器要充分考虑环境共存气体的干扰问题。

4. 确定所用检测器的种类

接触燃烧式检测器、气敏半导体式检测器和红外吸收式检测器主要应用于检测可燃气体，定电位电解检测器、隔膜电极式检测器主要用于检测有毒气体，这是比较笼统的结论，有时具体情况并不一定如此。从表 3—7 看出，催化燃烧式检测器最适合于可燃气体检测，但有硫化物、卤化物、含硅类化合物存在的场所，选择气敏半导体式检测器可能更合适，因为其不受上述气体干扰。

选择性好、检出限低的检测器适合于有毒气体的检测。几种有毒气体检测器的适用范围见表 3—7。

表 3—7　　几种有毒气体检测器的适用范围

气体种类	定电位电解式	隔膜电极式	红外吸收式	催化燃烧式	半导体式
NO_2，NO	A		O		O
CO	A		C	C	O
CO_2			A		
SO_2	A		O		
H_2	A			C	A
Cl_2	A	A			O
H_2S	A		O		A
NH_3	A	A	O	C	O
HCN	A	O			
C_2H_4O，C_3H_3N			O	C	A
C_6H_6			O	C	A

注：A—优先选用的检测器；O—可选的检测器；C—作为可燃气体检测时可选的检测器。

定电位电解式检测器几乎适用于所有无机有毒气体，而催化燃烧式检测器则基本不适合于作为既有毒又可燃气体的检测。现将检测器选用规则总结如下。

一般情况下，选用可燃气体的检测器应遵守下列规定：

①可选用催化燃烧型检测器或红外气体检测器；

②当使用场所空气中含有少量能使催化燃烧型检测元件中毒的硫、磷、硅、铅、卤素化合物等介质时，应选用抗毒性催化燃烧型检测器或半导体型检测器；

③在缺氧或高腐蚀性等场所，适宜选用红外气体检测器；

④氢气的检测宜选用催化燃烧型、电化学型、热传导型或半导体型检测器；

⑤检测组分单一的可燃气体，适宜选用热传导型检测器。

要根据被测有毒气体的特性来选用有毒气体检测器的类型，一般的规定是：

①硫化氢、一氧化碳气体可选用定电位电解型或半导体型检测器；

②氯气可选用隔膜电极型、定电位电解型或半导体型检测器；

③氨气适宜选用隔膜电极式电化学检测器，丙烯腈气体可选用半导体型或定电位电解型检测器；

④氰化氢气体可选用凝胶化电解（电池式）型、隔膜电极型或定电位电解型检测器；

⑤氯乙烯气体、苯气体可选用半导体型或光致电离型检测器；

⑥碳酰氯（光气）可选用电化学型或红外气体检测器。

由于检测器制造技术不断的发展，新型检测器不断出现，原有检测器也不断完善，其性能也因制造厂家不同而有差异，所以在选择检测器时要特别了解其产品的技术参数。

光离子化检测器具有检出限低、灵敏度高、检测浓度范围宽、适用的气体种类多等优点，既可作为可燃气体检测器，也可作为有毒气体检测器。

5. 检测器的防爆类型

检测器安装在可能泄漏可燃气体的场所，所以检测器必须采取相应的防爆措施，具备可靠的防爆性能，避免成为引火源。根据使用场所爆炸危险区域的划分来选择检测器的防爆类型，检测器的防爆等级、组别要与被检测可燃气体的类别、级别、组别相对应或更高。催化燃烧检测器宜选择隔爆型，电化学型检测器和半导体型检测器宜选用隔爆型或本质安全防爆型，电动吸入式采样器应该选择隔爆型结构。为使检测仪在所有爆炸危险场所都能使用，防爆型号应为 $IICT_6$。

6. 检测器的采样方式

根据被检测气体到达检测响应元件的方式不同，采样方式分为扩散式被动采样和吸气式主动采样两类。扩散式采样是利用泄漏气体的浓度差，扩散迁移进入检测器，即检测器是被动地接受气体，气体扩散速度对响应时间影响较大，但检测器结构简单。根据吸气动力的不同，吸气式主动采样可分为电动吸入式和气动吸入式两类，被测气体在动力作用下流经响应元件，即检测器是主动地接受气体，此类采气方式能缩短检测器的响应时间，但相对于扩散式结构复杂。根据吸气式采样器吸气头的多少，又分为单点吸入式检测器和多点吸入式检测器。

一般情况下宜采用扩散式检测器，但在一些特殊情况下应该选用吸入式检测器，这些特殊情况包括：

①只有少量泄漏就有可能引起严重后果的场所；

②由于受安装条件和环境条件的限制，难于使用扩散式检测器的场所；

③属于极度危害有毒气体（Ⅰ级）的释放源；

④有毒气体释放源较集中的场所。

采用吸入式有毒气体检测器检测可燃性有毒气体时，宜选用气动式采样系统，避免其可能的火花成为引火源。

第四节　便携式气体检测仪

便携式气体检测仪主要是指手持式的或袖珍型小型检测仪器，既可以手持携带使用，也可以放入工装的上衣口袋或挂在腰带上。操作简便，所以也可以由非专业人员经简单培训后使用。便携式检测仪以电池作为电源，防爆水平可达到 $IICT_6$，多数为隔爆型或本质安全型仪表。

一、便携式检测仪

便携式检测仪属于快速检测仪器，都能在现场实施测定，并实时显示检测结果。便携式检测仪所采用传感器的响应原理与上述介绍的检测器原理相同，如氯气检测仪所使用的传感器为定电位电解式检测器，测定可燃气体的检测器为催化燃烧式检测器等。检测仪的采气方式分为吸气式和扩散式两类，被测空间空气中被测气体浓度的变化能很快地在吸气式检测仪的传感器上得到响应，显示数据跟踪浓度的变化很快，即响应时间短。采气方式为扩散式的检测仪，被测气体浓度的变化需经扩散膜扩散才能达到响应元件，所以响应时间稍长。手持式检测仪的典型外观形状如图 3—31 所示。

便携式检测仪能完成四个方面的任务：一是现场直接指示可燃有毒气体的浓

度，判别作业场所是否存在爆炸、急性中毒的可能性，保证工人的安全和健康；二是对能造成慢性中毒而不易觉察的有害物质，如汞蒸气等，进行连续或快速测定，检测作业场所是否超过最高容许浓度；三是对严重危害生命的有毒有害气体，如一氧化碳、硫化氢、氢氰酸，进行连续监控和自动报警；四是确认有无泄漏，并追踪泄漏源。

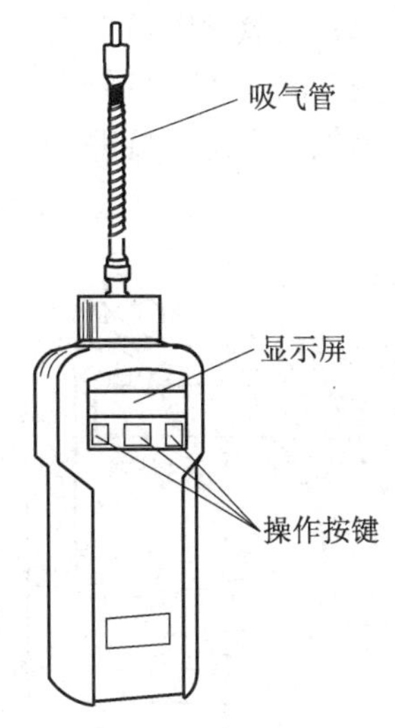

图 3—31　手持式光离子化检测仪示意图

按照检测对象分类，气体检测仪可大致分为四类：

①主要用于检测可燃气体或蒸气，检测的浓度范围是 0～100%LEL，指示值直接反映出与爆炸极限下限的接近程度，有时将此类检测仪称为测爆仪。

②主要用于检测有毒气体，检测的浓度相对较低，主要用于职业危害水平检测。

③适用范围广泛，既能检测可燃气体，也能检测有毒气体。这种类型的检测仪属于复合式检测仪，比如能同时测定 CH_4、CO、H_2S、非甲烷烃类的检测仪。

④氧气浓度检测仪，在受限作业空间场所检验中十分重要。

在便携式检测仪中，目前使用最多的是 LEL 检测仪、PID 检测仪和复合式检测仪。在敞开车间等开放场所，也可以用这些检测仪作为安全报警器，设有内置气泵的扩散式检测仪便于随身佩戴，可连续、实时、准确地显示现场可燃有毒气体浓度，安装计算机芯片后能记录峰值、STEL（15 min 短期暴露水平）和 TWA（8 h 统计权重平均值），这些数据真实反映作业场所安全与健康的环境状况。

二、受限作业空间气体检测

反应罐、储料罐、容器、下水道或其他地下管道、地下设施、密闭粮仓、罐车、船运货舱、隧道等密闭或相对密闭的空间为受限作业空间，也称为有限作业空间。人员进入之前必须对受限作业空间进行检测，检测时间不能早于 30 min，检测工作尽量在受限作业空间之外进行。手持式检测仪必须内置气泵，通过采样头和导气管把气体吸进检测仪，采样头的位置就是测定位置，使用具有吸气功能的检测仪是实现非接触、分部检测的必要条件。由于气体分布的不均匀性，必须对空间内上、中、下三个不同高度分别检测。一些可燃气体的密度比较小，主要分布于空间的上部；一氧化碳与空气的密度相差不多，多分布于空间的中部；像硫化氢等密度大于空气的气体，多分布于空间的下部。不同密度气体分布与人员检测见图 3—32。氧气浓度是人员进入受限空间之前必须检测的项目之一。

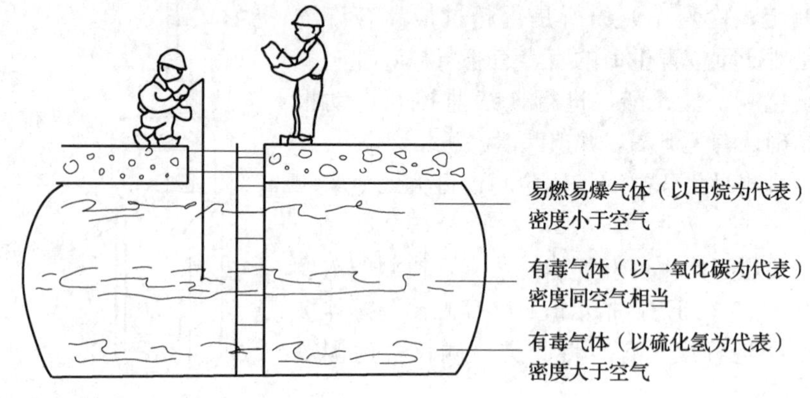

图 3—32　不同密度气体分布与人员检测示意图

人员进入受限空间后，还要对空间的气体成分进行连续不断地检测，以避免管道阀门泄漏、人员搅动气体、温度增加等因素导致挥发性有机物气体或有毒气体浓度增加。

三、复合式检测仪

无论如何，一种传感器的适用范围总是有限的。为了扩展检测仪的适用范围、提高使用效率，把几种传感器集中在一个检测仪中就是复合式检测仪。复合式检测仪的体积往往很小，经常是做成便携式或袖珍式检测仪，携带极为方便。复合式检测仪的采样方式既有扩散式，也有抽气式。现举例如下：

1. PGM—7800 型手持式五合一气体检测仪　内置吸气泵，检测器采用催化检测器或热导检测器（用于测定 LEL）、电化学传感器（用于测定 O_2 和有毒气体）；测量范围（10^{-6}，mL/m^3 相等）分别为：0～500（CO）、0～100（H_2S）、0～20（SO_2）、0～250（NO）、0～30（NO_2）、0～10（Cl_2）、0～100（HCN）、0～50（NH_3）、0～5（PH_3）、0～100%（LEL）、0～30%（O_2）；分辨率（10^{-6}）分别为：1（CO）、1（H_2S）、0.1（SO_2）、1（NO）、0.1（NO_2）、0.1（Cl_2）、1（HCN）、1（NH_3）、0.1（PH_3）、1%（LEL）、0.1（O_2）；响应时间（s）分别为：40（CO）、30（H_2S）、35（SO_2）、30（NO）、25（NO_2）、60（Cl_2）、200

(HCN)、150（NH_3）、60（PH_3）、15～20（LEL）、15（O_2）。检测仪质量568 g。

2. GAS Alert Max型四种气体检测仪　内置气泵，采用电化学传感器（H_2S/CO组和电极）、O_2电极和催化珠燃烧探头；测量范围（10^{-6}）分别为：0～100（H_2S)、0～300（CO)、0～30%（O_2)、0～100%（LEL)。低报警水平（10^{-6}）分别为：10（H_2S)、35（CO)、19.5%（O_2)、10%（LEL)；TWA报警水平（10^{-6}）分别为：10（H_2S)、35（CO)；高报警水平（10^{-6}）分别为：15（H_2S)、200（CO)、23.5%（O_2)、20%（LEL)；检测仪质量不足400g。

3. PGM—50超小型复合式气体检测仪　内置气泵，采用电化学传感器（用于测定有毒气体和O_2)、触媒小球传感器（用于测定LEL)、PID传感器（用于测定VOC_s，挥发性有机化合物)；测量范围（10^{-6}）分别为：0～500（CO)、0～100（H_2S)、0～20（SO_2)、0～250（NO)、0～20（NO_2)、0～10（Cl_2)、0～100（HCN)、0～50（NH_3)、0～5（PH_3)、0～20（环氧乙烷)、0～30%（O_2)、0～100%（LEL)、0～2 000（VOC_s)。

4. Mini Warn II智能型多种气体检测仪　可同时对5种气体进行检测和报警，5个检测通道可配备1个催化燃烧传感器（用于测定可燃气体/蒸气，可以测量%LEL和%体积)、一个红外传感器（用于测定可燃气体/蒸气或CO_2）和1～3个电化学传感器（用于测定有毒气体，共有23种)，显示器可同时显示5个测量值，具有50 h的数据储存器。

根据检测气体的种类和目的，可以灵活地选择扩散式/泵吸式、单气体/多气体、无机气体/有机气体等多种多样的组合，选定最适合于预定检测任务的检测仪。

第五节　固定式气体检测报警系统

固定式检测报警系统由检测和报警两部分构成，如果是固定式检测报警控制系统，则还包括控制系统，以检测数据作为依据，信号处理电路指令被控制设备是否工作。

从检测器采样的方式分类，可以分为吸气式和扩散式两类，前者利用泵吸作用将被测气体吸入，流经产生信号的部位，通常灵敏度较高，响应时间较短；后者利用浓度差的推动力，被测组分通过扩散进入到产生信号的部位处，响应速度受扩散速度的制约，一般响应时间稍微长些。固定式检测报警系统多数采用扩散方式，仪器简单且能满足要求；相反，手持式检测仪多数具有内置微型吸气泵。

一、气体检测报警系统的构成与技术性能

气体检测报警系统主要由传感器、信号处理、控制器、数字显示、声光报警等构成，如果具有监控功能，还应有与外控开关连接的信号输出部分，如图 3—33 所示。传感器主要采用前面讲到的催化燃烧检测器、气敏半导体检测器、红外气体吸收检测器、电化学检测器等。

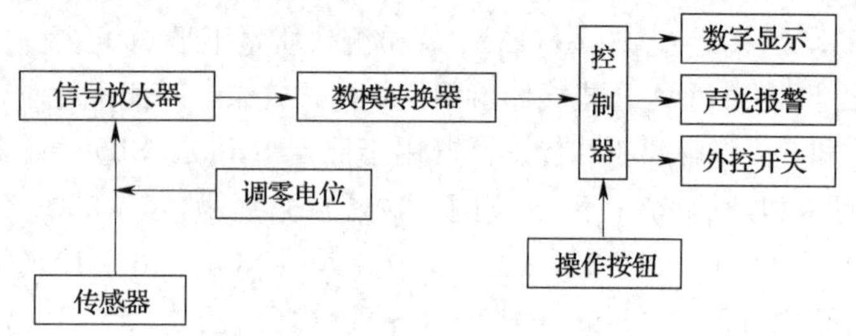

图 3—33　气体检测报警系统的作用原理

传感器（探测器）设置在被检测现场，其他部分设置在控制室，探测控制网络如图 3—34 所示。

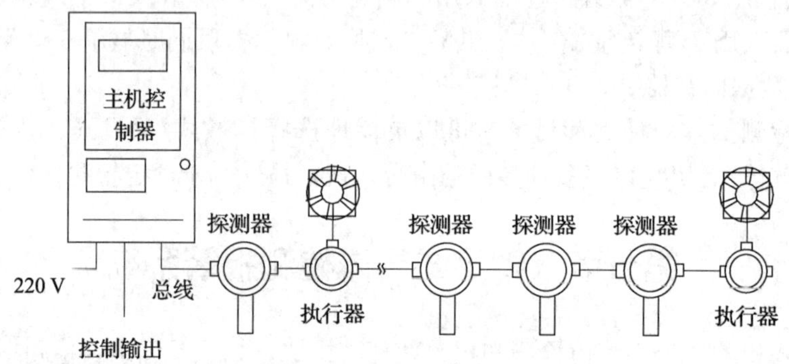

图 3—34　检测报警控制系统组网示意图

对于检测报警系统，根据功能的多少，系统分成两类：

①系统由检测器和报警器组成，当气体浓度达到报警浓度时，发出报警信号，但不能指示浓度的具体数值。这种系统比较简单，不能告诉人们是否接近报警阈值。

②系统由检测器和指示报警器组成，不仅能发出报警信号，还能随时指示出气

体的浓度值。系统也可以是由专用的数据采集系统与检测系统组成的检测报警系统。

图 3—34 所示气体检测报警控制系统与气体检测报警系统相比，还包括控制模块构成的执行器及被控制的外部设备，比如通风设备、物料流量控制设备等。

系统应该能够满足如下的技术性能要求：

①系统选用数字信号、触电信号、mV 信号或 4～20 mA 信号输出的检测器时，指示报警器宜为专用的报警控制器；系统也可以选用信号设定器加闪光报警单元构成的报警器；至联锁保护系统及报警记录设备的信号，最好从报警控制器或信号设定器输出。

②选用触电输出的检测器时，报警信号宜直接接至闪光报警系统或联锁保护系统，至报警记录设备的闪光信号可从闪光报警系统或联锁保护系统输出。

③可燃气体和（或）有毒气体检测报警的数据采集系统，宜采用专用的数据采集单元或设备，不宜将可燃气体和（或）有毒气体检测器接入其他信号采集单元或设备内，避免混用。

④报警系统应具有记录历史事件的功能。

工艺有特殊需要或在正常运行时人员不得进入的危险场所，应对可燃气体和（或）有毒气体释放源进行连续检测、指示、报警，并对报警进行记录或打印。报警记录设备可以是 DCS 或其他数据采集系统，也可以是专用的工业微机或系统。

二、指示报警器或报警器的功能

①能为可燃气体或有毒气体检测器及所连接的其他部件供电。

②能直接地或间接地接受可燃气体和（或）有毒气体检测器及其他报警触发部件的报警信号，发出声光报警信号，并予以保持。声报警信号应能手动消除，再次有报警信号输入时仍能发出报警。

③检测可燃气体的测量范围：0～100％LEL；有毒气体的测量范围宜为 0～300％MAC 或 0～300％STEL。在此测量范围内，指示报警器应能分别给予明确的指示；采用无测量值指示功能的报警器时，应将模拟信号引入多点信号巡检仪、DCS 或其他仪器设备进行指示。

④指示报警器（报警控制器）应具有为消防设备或联锁保护用的开关量输出功能。

⑤多点指示报警器或报警器应具有相对独立、互不影响的报警功能，并能区分和识别报警场所位置号。

⑥指示报警器或报警器发出报警后，即使环境内气体浓度发生变化，仍应继续报警，只有经确认并采取措施后，才停止报警。

⑦在下列情况下，指示报警器应能发出与可燃气体或有毒气体浓度报警信号有明显区别的声、光故障报警信号：

a. 指示报警器与检测器之间连线断路；

b. 检测器内部元件失效；

c. 指示报警器电源欠压。

⑧报警记录设备应具有以下功能：

a. 能记录可燃气体与有毒气体报警时间，计时装置的日计时误差不超过 30 s；

b. 能显示当前报警部位总数；

c. 能区分最先报警部位；

d. 能追索显示以前至少一周内的报警部位并区分最先报警部位。

三、报警值设定

可燃气体和有毒气体检测报警应设有一级报警和二级报警，常规的检测报警应为一级报警。当工艺需要采取联锁保护系统时，应采用一级报警和二级报警，在二级报警的同时，输出接点信号供联锁保护系统使用。

可燃气体的一级报警（低限）设定值小于或等于 25％LEL，二级报警（高限）设定值小于或等于 50％LEL。有毒气体的报警设定值宜小于或等于 100％MAC 或 100％STEL，当试验用标准气体调制困难时，报警设定值可为 200％MAC 或 200％STEL 以下。

四、指示值与报警值的误差

①可燃气体的指示误差：指示范围为 0～100％LEL 时，±5％LEL；

②有毒气体的指示误差：指示范围为 0～3TLV 时，±10％指示值；指示范围高于 3TLV 时，±10％量程值；

③可燃气体的报警误差：±25％设定值以内；

④有毒气体的报警误差：±25％设定值以内；

⑤电源电压的变化小于或等于 10％时，指示和报警精度不得降低。

五、智能型检测报警系统

将气体传感器阵列与计算机技术相结合，组成智能气体探测系统，能够做到迅速准确识别气体种类，从而测出气体的毒性。智能气体传感系统由气敏阵列、信号处理系统和输出系统组成。采用多个具有不同敏感特性的气敏元件组成阵列，利用神经网络模式识别技术对混合气体进行气体识别和浓度监控。同时，将常见有毒、有害、易燃气体的种类、性质、毒性输入计算机，并根据气体的性质编制事故处置预案输入计算机。当泄漏事故发生后，智能气体探测系统将按下面程序工作：

进入现场→吸附气体样品→气敏元件产生信号→计算机识别信号→计算机输出气体种类、性质、毒性及处置方案。

由于气体传感器的灵敏度较高，在气体浓度很低的时候就可以进行检测，而不必深入事故现场，以避免不了解情况而造成不必要的伤害。使用计算机处理，以上过程可以迅速完成。这样，可以迅速准确地采取有效的防护措施，实施正确的处置方案，将事故损失降低到最低程度。另外，由于系统中存储常见气体的性质及处置预案等信息，如果知道泄漏事故中气体的种类，可直接在这套系统中查询气体性质和处置方案。

第六节　传感器设置与维护

由于气态物质与空气的密度差别、大气的流动等原因，检测系统应能够尽量处于被检测泄漏气体浓度最高的空间位置，合适的传感器设置位置利于检测系统及时发现（检测到）泄漏的气体或蒸气。检测系统输出检测结果数据的准确度不仅仅与系统性能有关，也与检测点设置、使用过程的校正等因素有关。

一、检测点的确定

固定式检测器一经安装就位就只能被动接受扩散到检测器处的被测气体浓度，不能主动寻找高浓度区域，其能否及时检测到泄漏气体，与气体扩散过程及安装位置有关，所以选定安装场所位置的问题十分重要。确定检测点的基本原则是尽快尽早地检测到泄漏的气体，所以检测点要靠近可能的泄漏源，并处于气体扩散的主要方向。对于要监控一个三维空间且规模较大的工业生产装置，往往不是少数几个监控点就能确保其效果的。因此，布点的疏密程度、上下高度以及与可能泄漏点的距离的确定等，都是比较复杂的问题。既要考虑投资的合理性和可接受程度，更要考虑投资的切实效果，以确保安全生产。

容易发生泄漏的释放源是气体压缩机和液体泵的密封处，液体和气体采样口，液体排液（或排水）口和放空口，设备和管道的法兰和阀门组等。这些部位都是应布置检测点处。这些部位的共同点是具有压力且为连接部位。

根据《石油化工可燃气体和有毒气体检测报警设计规范》的规定，当检测点位于释放源的全年最小频率风向的上风侧时，可燃气体检测点与释放源的距离不宜大于15 m，有毒气体检测点与释放源的距离不宜大于2 m；当检测点位于释放源的全年最小频率风向的下风侧时，可燃气体检测点与释放源的距离不宜大于5 m，有毒气体检测点与释放源的距离不宜大于1 m；当可燃气体释放源处于封闭或局部通风不良的半敞开厂房内时，每隔15 m设置一个检测器，且检测器距离其所覆盖范围内的任何一个释放源都不宜大于7.5 m，有毒气体检测器距离其释放源不宜大于1 m。

在某一位置泄漏的气体中，如果既有可燃气体又有有毒气体时，是安装可燃气体检测器还是安装有毒气体检测器，应遵循以下原则：可燃气体以25%LEL为限值，有毒气体以最高允许浓度为限值，哪一种气体可能先达到限值就安装哪一种检测器；如果两种气体达到限值的顺序无显著差别，则两种检测器都要安装。

对于气体或蒸气的二级释放源，正常情况下应是不泄漏的，所以检测器的安装主要是针对二级释放源讨论的。

1. 工艺装置处

在有泄漏源的位置应该设置检测点，比如：甲类气体或有毒气体的压缩机、液化烃泵、甲$_B$类或成组布置的乙$_A$类液体泵和能挥发出有毒气体的液体泵的动密封处；在不正常运行时可能泄漏甲类气体、有毒气体、液化烃或甲$_B$类液体和能挥发出有毒气体的液体采样口；不正常操作时可能携带液化烃、甲$_B$类液体和能挥发出有毒气体的液体排（水）液口；在不正常运行时可能泄漏甲类气体、有毒气体、液化烃的设备或管法兰、阀门组。所以预测泄漏源时要考虑操作失误及发生故障时可能的泄漏情况。

如果可燃气体释放源处于露天或半露天布置的设备内，当检测点位于释放源的最小频率风向的上风侧时，可燃气体检测点与释放源的距离不宜大于15 m，有毒气体检测点与释放源的距离不宜大于2 m；当检测点位于释放源的最小频率风向的下风侧时，可燃气体检测点与释放源的距离不宜大于5 m，有毒气体检测点与释放源的距离不宜大于1 m。

如果可燃气体释放源处于密闭或半密闭厂房内时，可每隔15 m设一个检测器，但检测器距离任何一个释放源都不宜大于7.5 m，有毒气体检测器距离释放源不宜大于1 m。当密闭或半密闭的厂房内布置不同火灾危险类别的设备时，检测器应设置在释放源的7.5 m范围之内。

根据液化石油气扩散速度试验，在室内释放流量为 10 L/min 时，液化石油气扩散速度为 0.15 m/s，泄漏发生 1～1.5 min 内即可检测到，扣除仪表本身响应时间 30 s 后，扩散时间为 30～60 s，扩散距离为 4.5～9 m。由此可推论，一个在室内安装的检测器的有效覆盖半径为 4.5～9 m。

比空气轻的可燃气体释放源处于密闭或半密闭厂房内时，检测器应设置在释放源的上方，同时还应该在厂房内最高点易于积聚可燃气体处设置检测器。

2. 储运设施处

在液化烃罐组防火堤内，每隔 30 m 宜设一个检测器，而且检测器距离罐的排水口或罐底接管法兰、阀门应不大于 15 m。在甲$_B$类液体储罐的防火堤内，设置的检测器与储罐的排水口、采样口或底（侧）部位的接管法兰、阀门等的距离不应大于 15 m。

小鹤管铁路装卸栈台，在地面上每隔一个车位宜设一个检测器，检测器与装卸车口的水平距离应不大于 15 m；大鹤管铁路装卸栈台宜设一个检测器；汽车装卸站的装卸车鹤位与检测器的水平距离应不大于 15 m，如果设置缓冲罐，则应该按照露天布置的可燃气体装置的要求设置检测器。

装卸设施所用的泵或压缩机处的检测器设置也应符合工艺装置设置检测器的要求。

在液化烃罐装站设置的检测器应符合下列要求：在封闭或半封闭的灌瓶间，罐装口与检测器的距离宜为 5～7.5 m；在封闭或半封闭式储瓶库，可每隔 15 m 设一个检测器，但检测器距离任何一个释放源都不宜大于 7.5 m；半露天储瓶库四周每 15～30 m 设置一个检测器，如果四周长度小于 15 m，则设置一个即可；缓冲罐排水口或阀组与检测器的距离宜在 5～7.5 m 之间。

封闭或半封闭的氢气灌瓶间，应在灌装口上方的室内最高点易于滞留气体处设置检测器。

液化烃、甲$_B$、乙$_A$类液体装卸码头，距输油臂水平平面 15 m 范围内，应设一个检测器，如果无法安装固定式检测器，也要配置便携式检测报警仪。

有毒气体储运设施的有毒气体检测器，如果是露天布置，当检测点位于释放源的最小频率风向的上风侧时，其与释放源的距离不应大于 2 m；当检测点位于释放源的最小频率风向的下风侧时，有毒气体检测点与释放源的距离不宜大于 1 m。如果处于密闭或半密闭厂房内时，有毒气体检测器距离释放源不宜大于 1 m。

3. 可燃气体、有毒气体的扩散与积聚场所

明火加热炉与甲类气体、液化烃设备以及在不正常运行时可能泄漏的释放源之

间，约距加热炉 5 m 或在防火墙外侧，宜设检测器。

控制室、配电室与甲类气体、有毒气体、液化烃、甲$_B$类液体的工艺设备组、储运设施相距 30 m 以内，且具备下列两个条件之一的宜设检测器：①门窗朝向工艺设备组或者储运设施；②地上敷设的仪表电力线缆槽盒配管进入控制室或配电室。

在爆炸危险区为 2 区范围内的在线分析仪表间应设检测器，如果所测气体比空气轻，应于在线分析仪表间内最高点易于积聚可燃气体处设置检测器。

在有些特殊的场所，往往不在正常设置的检测器有效覆盖范围之内，也应加设检测器，例如：使用或产生液化烃和（或）有毒气体的工艺装置、储运设施等可能积聚可燃气体、有毒气体的地坑及排水沟最低处的地面上；易于积聚甲类气体、有毒气体的死角。

二、检测器的安装

固定式检测器多采用自然扩散方式采样，安装扩散式检测器时要遵循以下原则：

①轻气或重气的检测器高度

在标准状态下，气体密度大于 0.97 kg/m^{3}就认为比空气重，小于 0.97 kg/m^{3}即认为比空气轻。轻气体易于在上方积聚，重气体易于在靠近地面的空间积聚。测量轻气体的检测器应安装在可能泄漏源的上方 0.5～2 m，或安装于上部易于积聚气体处，安装高度距屋顶 0.5～1.0 m 为宜。测定重气体的检测器应安装在靠近地面或楼板 0.3～0.6 m 处，过低易受雨水溅湿而受损，过高则超出了比空气重的气体易于积聚的高度。

②密度中性气体的检测器高度

检测比空气稍重或稍轻且极易与空气混合的气体，比如 HCN、CO 时，检测器应安装在距离释放源上下 1 m 的高度范围内。

③综合考虑检测器安装高度

要查清所要检测的装置或车间有哪些可能的泄漏点，并推算它们的泄漏压力、单位时间的可能泄漏量及泄漏方向等，需画出棋格形分布图，并根据推测的严重程度分成 A、B、C 三种等级。根据所在场所的主导风向、空气可能的环流现象及空气流动的上升趋势，以及车间的空气自然流动的习惯通道等，综合推测当发生大量泄漏时，可燃气在平面上的自然扩散趋势方向图。根据泄漏气体的密度（大于空气或小于空气）并结合空气流动的上升趋势，最后综合成泄漏流的立体流动趋势图。

根据监控范围内气体泄漏的立体流动概念，可在其流动的下游位置作出初始设点方案。最后再研究泄漏点的点泄漏状态可能是微漏还是喷射状的泄漏。如果是微泄漏，则设点的位置就要靠近泄漏点。如果是喷射状泄漏，则稍远离泄漏点。综合这些状况，拟订出最终设点方案。

④氢气检测器的安装

对于使用氢气的密闭式厂房或其他房间，不仅要在泄漏源的上方安装检测器，而且还要在房顶易于积聚气体的死角处另安装检测器。

⑤敞开式气体压缩机房检测器安装

敞开式气体压缩机厂房的二层平台上一般不设可燃气体检测器，但在地面层设检测器。如果是有毒气体的压缩机，应针对释放源安装检测器。

⑥正常情况下散发蒸气的场所

喷漆涂敷作业场所、大型的印刷机附近，以及相关作业场所，都属于开放式可燃气体扩散逸出环境。如果缺乏良好的通风条件，也十分容易使某个部位的空气中可燃气的含量接近或达到爆炸下限的浓度值。这些场所都是不可忽视的安全监控点。

⑦检测器的环境要求

检测器的安装位置应无冲击、无振动、无强电磁场干扰；有电磁干扰时，宜使用铠装电缆或电缆加金属护管；在检测器的四周宜留有不小于 0.3 m 的净空，使气体有扩散的空间，并便于维护和标定。

⑧接线

检测器的安装与接线应按照制造厂规定的要求进行，且符合防爆仪表安装接线的有关规定。

⑨检测器采气口的朝向

检测器头朝下安装，尽量减少雨水淋溅和灰尘的污染与堵塞，检测器的典型外观形状如图 3—35 所示。

三、检测器的维护

1. 定期标定

所有检测器都是相对的测定仪器，即其响应信号随着时间有一定的变化，信号大小与浓度之间没有固定的定量关系，同样的浓度，在一段时间的前后，其信号大小不一定相同。因此，每半年应进行一次标定，而且要随时进行校零，这样可以保证测定的准确性。标定就是指校准操作，让检测器检测已知浓度标准气体的浓度，

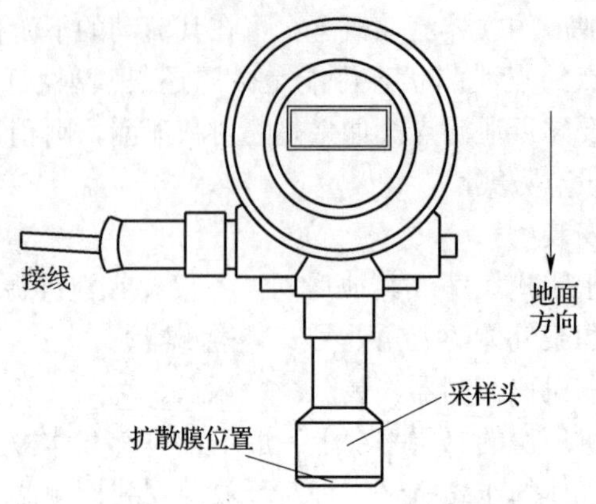

图 3—35　检测器采样头的朝向

显示出的浓度数值与真实浓度不一致时，将显示值调整至真实浓度。所以凡是使用气体检测报警仪器的企业，都应配备必要的标定设备和标准气体。标定装置如图 3—36 所示。

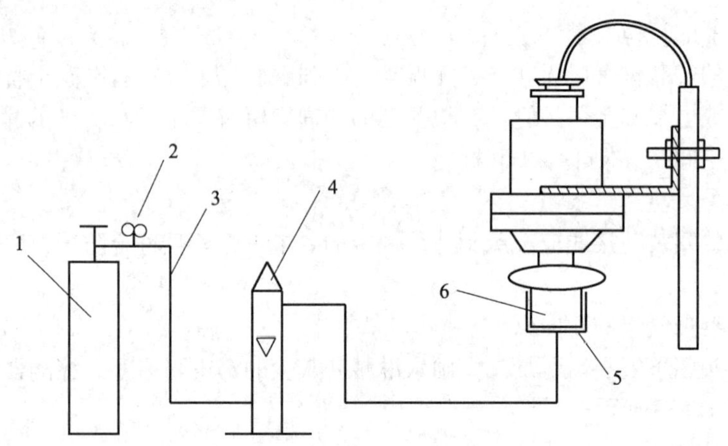

图 3—36　检测器标定装置示意图

1—标准气体　2—减压表　3—气体导管　4—流量计

5—校验气罩　6—检测器扩散膜

2. 注意使用寿命

不同生产厂家的产品使用寿命不一定相同。一般来说 LEL 检测器的使用寿命较长，大约 3 年；电化学特定气体检测器的使用寿命较短，一般 1～2 年，长短主要取决于电解液是否干涸，所以密封好、温度低利于延长使用寿命。

3. 注意浓度测量范围

各类检测器都有一定的检测范围，只有在这个范围内使用才能保证测定的准确度，如果长时间地超出这个浓度范围，则可能对检测器造成永久性破坏。比如催化燃烧检测器，在超过 100%LEL 的环境中使用就可能烧毁响应元件。

4. 满足检测器对环境的要求

粉尘、烟雾、温度、湿度等环境条件参数，不要超出使用说明书中规定的范围。检测对象气体以外的气体浓度过高，特别是也能产生响应的气体，会使检测器的性能恶化，无被检测气体时会发出报警信号，而被检测气体超标时却不发出警报信号。

第七节　泄漏追踪检测与事故应急监控

当设备内部的具正压气体发生微量泄漏时，泄漏气流噪声声音分贝值很低，如果气体没有人敏感的气味，现场人员很难发现泄漏的确切位置，这时需要用便携式气体检测仪器，根据气体浓度梯度变化的规律，寻找泄漏源。

在含有可燃气体、易燃液体、有毒气体、有毒挥发性液体的生产设备或储存装置发生事故泄漏时，检测气态物质扩散的范围及扩散速度，划定安全区域，为应急救援行动提供信息的检测属于事故应急监控。

一、泄漏追踪检测

长距离输送管道的泄漏检测不是此处讨论的内容，此处只讨论较小范围内发现了泄漏气体，由手持式检测仪寻找泄漏源的检测。

气体泄漏时，从泄漏点开始向四周扩散，如果空气不流动，且无其他障碍，则向四周各方向扩散的速度近乎相等，如果有风则在顺风方向扩散的快。共同点是从泄漏源向四周存在浓度梯度，泄漏点处空气中泄漏物的浓度最高。

检测人员手持检测仪，检测仪随时显示当时的被测物浓度。当发现危险气体时，如果能初步确定气体的种类，则泄漏源应该是处于存在该种气体的设备或管道处，检测人员手持检测仪，观察显示数据，顺着浓度增大的方向就能找到泄漏点。如果不能大致确定发生泄漏的设备，就应手持检测仪在四周转一圈，寻找浓度高的方向，很可能是逆风方向，然后顺着浓度增大的方向寻找即可。

由于检测仪对被测气体有响应时间，所以应慢慢地走，让气体通过扩散膜向检测仪内扩散。如果使用内置吸气泵的检测仪，其响应速度不受扩散速度的制约，可以稍微走得快一些。

泄漏源也可能是仓库内没有盖好盖子的容器，或者是碎裂的瓶子等。

如果是检漏，则最好使用有内吸气泵的手持式检测仪，采样头可在可能泄漏的接头处、法兰连接处等可能发生泄漏的部位采气即可快速检测。

二、事故应急监控

事故应急监控的地点是发生危险气态物质泄漏场所及其周围区域，不一定全是在事故企业的区域内，不可能事先设置检测系统，只能使用手持式（或袖珍式）检测仪。事故应急监控要求近乎实时显示被测地点危险气态物质的浓度及其变化情况，有时是为应急救援行动提供信息支持，所以要求检测速度要快。

对于可能发生大量危险气体泄漏的单位，在制定应急救援预案时，要考虑可能泄漏的设备及其部位，同时要根据已有的数学模型，估算泄漏速度、泄漏量及不同气象条件下扩散覆盖的范围与浓度分布。但是，预测的数据与实际情况可能有较大的差别，不同时刻的危险区域也不好界定，这是需要实际的检测来界定危险区域，在应急行动结束后，也需要实际的检测数据来决定某区域是否恢复到人员安全的程度。

总之，事故应急监控的方法与其他快速检测的方法相同，只是检测的地点、目的及对速度的要求不同。

在事故应急监控中，也可采用气体检测管检测法。

气体检测管法所用的装置很简单，主要由气体检测管和气体采样器组成。检测管是一种填充有显色指示粉的细玻璃管，显色指示粉就是用某种化学试剂溶液浸泡过的粉状颗粒载体。气体采样器是使被测气体进入并通过气体检测管的装置。当被测空气以一定的流速流过气体检测管时，被测物质与颗粒载体上的试剂发生显色或变色反应，根据指示粉变色部分的长短，可以确定有毒有害气体的浓度。如果反应为特征反应，还可以定性。定性的依据是变成的颜色类型；定量的依据是变色长度，所以定量气体检测管又称为比长度气体检测管。气体检测管的基本结构见图3—37。

检测时，用手动抽气筒（也称为手动采样器，见图3—38）或电动抽气泵把空气抽过气体检测管。手动抽气筒就像一个注射器的针管，气体检测管与抽气筒配合时就像一个针头，拉动手柄时可以根据挡位刻度的声响定量采气，推进手柄时，气体可以从旁孔泄出，实现一个检测管多次采气的目的。

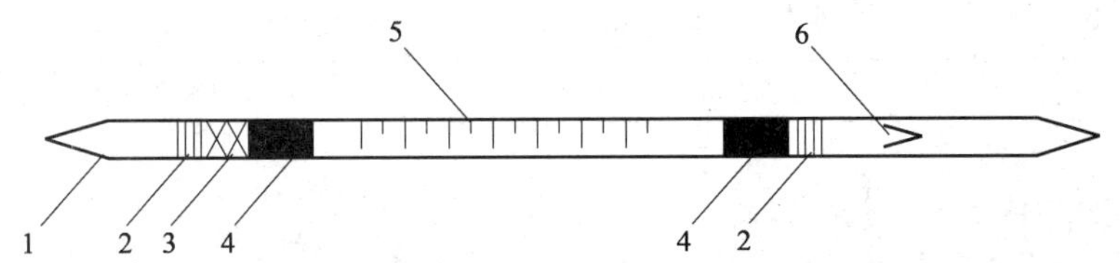

图 3—37 气体检测管的基本结构示意图

1—玻璃管 2—堵塞物 3—预处理层 4—保护剂 5—指示粉及刻度 6—进气方向

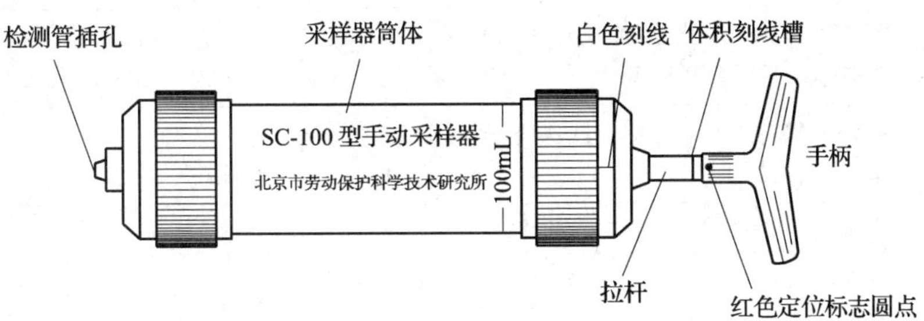

图 3—38 手动抽气筒（采样器）基本结构

到目前为止，绝大部分较常见的气体都可以用检测管检测，其中包括：NH_3、AsH_3、PH_3、CO、Cl_2、HCl、HCN、HF、H_2S、SO_2、NO_x、NO_2、O_3、$COCl_2$、CS_2、CCl_4、$CHCl_3$、甲醇、乙醇、丙酮、氯苯、环己烷、正己烷、苯、甲苯、二甲苯、环氧乙烷、乙苯、苯乙烯、苯胺、二乙醚、硫醇、硫醚、汽油、煤油、柴油、辛烷、三氯乙烷、氯乙烯等。

显色剂与被测气体快速反应，反应产物颜色变化明显，是对显色剂的基本要求，如果显色剂的变色反应具有较高的选择性更适用。单位重量载体上负载显色剂的量对显色长度和颜色深浅影响很大，一般显色剂的量增加，变色长度缩短或颜色加深；反之则增长或变浅。载体粒度的影响同色谱柱，粒度大，抽气阻力小，变色长度增大，但界限不明显；粒度小，抽气阻力大，变色长度短，界限清晰，这是因为粒度小时，气体通路变细，组分扩散至显色剂的距离小。常见气体的检测管变色原理见表 3—8。

保护剂的作用是防止水蒸气进入气体检测管或阻止干扰物质对显色剂的干扰作用。经活化处理的硅胶吸水性极强，可作为保护剂。制作好的气体检测管常常热熔封口或加橡胶帽的方法保护。用时在两端断开或取下橡胶帽。

载体的作用是在其表面均匀负载指示剂，增大反应面积，利于气体与指示剂迅

表 3—8　　几种常见气体检测管的显色原理与检测范围

气体	显色原理	检测浓度范围/（mg/m^3）
CO	CO 气体通过检测管时，在发烟硫酸作用下，五氧化二碘将 CO 氧化，自身被还原成碘，指示粉由白色变成褐色，由色环长度定量。$CO+I_2O_5+H_2SO_4$（发烟）$\rightarrow I_2$	5～100、10～200、30～500、100～2 000、200～4 000、0.1%～2%
H_2S	硫化氢气体与乙酸铅反应，生成硫化铅沉淀，指示粉由白色变成棕色。$H_2S+Pb^{2+}\rightarrow PbS_2$	0.2～5、2.5～50、5～100、10～200、50～1 000、200～5 000
H_2S	硫化氢与硫酸铜氧化还原反应，生成铜，指示粉由蓝色变为黑色。$H_2S+Cu^{2+}\rightarrow Cu$	0.1%～2%、0.2%～4%、1%～20%、2%～40%
NH_3	氨气与磷酸发生中和反应，使酸碱指示剂由酸型色变为碱型色。	1～30、5～100、10～300、50～1 000、0.1%～2%、1%～15%
Cl_2	氯气与邻联甲苯胺反应生成黄色产物。	1～30、5～100
HCN	氢氰酸气体与氯化汞反应生成氯化氢，氯化氢使酸碱指示剂变色。	5～100
苯	苯蒸气通过检测管时，碘酸钾在浓硫酸作用下与苯发生反应生成碘，白色指示粉变成褐色。$C_6H_6+KIO_3+H_2SO_4\rightarrow I_2$	2～40、10～100、20～400
NO_x	三氧化铬将一氧化氮氧化成二氧化氮，二氧化氮与邻联甲苯胺反应生成黄色产物	5～100、10～300

速接触反应；提供均匀的气体通道，使空气均匀穿过显色粉。气体检测管中的载体应具备如下条件：①化学惰性，不与显色试剂及被测物质发生化学反应；②质地牢固，能被粉碎成一定粒度的颗粒，一般筛分成 20～40、40～60、60～80、80～100 目的颗粒；③本身呈白色，利于观察颜色变化；④多孔或表面粗糙，与溶解显色剂的溶剂能很好浸润，利于分散和吸附显色剂。常用的载体有硅胶和素陶瓷，粗孔和中孔硅胶表面积大，素陶瓷的表面积小。细孔硅胶的吸附性太强，不适合于作载体。石英砂的表面太光滑，不能均匀吸附显色剂。

市售硅胶中常含有无机或有机杂质，先将其磨碎筛分后，用 1+1 的硫酸和硝酸溶液在回流装置中回流 8～16 h，之后用水浸泡除去余酸，再用蒸馏水浸泡抽滤至浸泡过夜的水 pH 值>5，并无硫酸根为止。在 110℃烘箱中干燥后，于 320～400℃高温炉中活化 24 h，装入干燥玻璃瓶中密封保存。

气体检测管具有如下特点：

a. 操作步骤简单、容易掌握。

b. 测定迅速　气体检测管可以在几分钟之内测出工作环境中有害物质的浓度。

c. 灵敏度高　最高灵敏度可达 0.01 mg/m^3。

d. 采气量小　一般采样体积在几十毫升。

e. 应用范围广　可用于评价作业场所空气的急性中毒可能性，也可以用于空气污染研究，能够测定无机和有机的物质。

本章小结

1. 介绍了气相色谱仪和高效液相色谱仪的组成、原理和特点，这两种分析仪器在安全检测中使用最多，在实际的职业安全检测中，还会用到其他的实验室型检测仪器，受篇幅和学时限制在本教材中没有介绍。由于使用气相色谱仪检测的项目最多，所以要求必须掌握。

2. 气体样品采集是获得准确检测结果的关键的第一个步骤，在现行的国家标准检测方法中，活性炭管和硅胶管等利用固体吸附剂吸附富集的采样方法使用最多，对其采集的原理和解吸，包括加热解吸和溶剂解吸的原理都进行了介绍，气泡吸收管、多孔玻板吸收管等溶液吸收法同样也是重要的富集采样法。

3. 个体采样法包括了主动采样法和被动采样法两类。在气体检测方法内容中，长时间采样和个体采样的目的是为了检测作业场所空气中有害物质浓度是否超过时间加权平均允许浓度标准值的要求；而短时间采样主要是为检测是否符合最高允许浓度和短时间接触允许浓度的要求。书中介绍的几种物质检测方法，都有方法类别的代表性，比如酚类及金属铟的检测中，采样方法与采集粉尘相似，目的是让读者知道样品采集方法要根据被测物质的存在形态和特性决定。

4. 为介绍便携式气体检测仪和固定式气体检测仪的原理，第二节介绍了光离子化检测器、催化燃烧式检测器、气敏半导体式检测器、定电位电解式检测器、红外吸收式检测器、迦伐尼电池式检测器及隔膜电极式检测器等常用检测器的响应原理。在第三节中，介绍了根据检测对象、检测目的和检测器的特性进行检测器选用的方法。

5. 便携式气体检测仪可以随意选择检测地点，而固定式气体检测仪或系统的检测位置由传感器的设置安装位置决定，书中介绍了检测点确定的方法和注意事项。需要明确的是检测点位置选择设置的主要目的是：在发生泄漏时，能够尽快地发现泄漏，因此要把检测器设置在可能泄漏物的高浓度区域点。

6. 泄漏追踪检测与事故应急监控是便携式检测仪表的应用领域，其能够满足实时显示浓度数据、携带方便、使用地点基本不受限制的基本要求。

复习思考题

1. 简单介绍气相色谱分析的基本流程，说明各组成部分的作用是什么？

2. 说明热导池检测器、氢火焰离子化检测器、电子捕获检测器的工作原理及各自对哪些物质能产生响应信号？

3. 色谱柱是如何实现对不同性质组分的分离的？

4. 高效液相色谱仪由哪些部分组成？各部分的作用是什么？

5. 为什么改善分离效果时，GC 经常通过改变色谱柱的固定相实现，而 HPLC 一般是通过改变流动相完成？

6. 离子色谱仪中抑制柱的作用是什么？如果没有抑制柱能否检测？

7. 在溶液吸收采集空气样品的方法中，被测物质是如何被富集的？从气泡吸收管、多孔玻板吸收管的结构中分析，对提高采集效率的因素是什么？

8. 填充柱采样法中常用的吸附剂是哪几种？吸附剂有什么共同特点？非极性组分一般宜采用什么吸附剂？

9. 吸附柱的吸附容量和穿透容量的含义是什么？温度对吸附容量的影响规律是什么？

10. 无泵型个体采样器采样的动力是什么？被吸附物质在空气中的浓度及采样时间与样品采集量是什么关系？

11. 短时间采样、长时间采样及个体采样各适用于什么目的的检测？

12. 气体检测中，配制标准溶液或标准气体的作用是什么？

13. 分光光度法定量测定所依据的朗伯—比尔定律适用的条件是什么？

14. 分光光度计的基本组成有哪几部分？各自的主要作用是什么？

15. “显色”的含义是指什么？

16. 用原子吸收分光光度法测定金属元素的原理是什么？用方框图示意说明仪器的基本组成。

17. 什么是 LEL 检测器？其一级报警和二级报警的含义是什么？报警浓度值分别为多少？

18. 有毒气体检测报警值是如何设定的？

19. 光离子化检测器中所采用紫外光的光子能量大小与可检测物质种类的多少

是什么关系？简述光离子化检测仪的工作原理及与FID工作原理的异同点。

20. 简述接触催化燃烧式检测器的检测原理。

21. 简述电阻式半导体气敏检测器的响应原理。

22. 定电位电解式检测器中“定电位”的含义是什么？为什么要定电位？

23. 定电位电解式检测器和隔膜电极式检测器中透气膜的作用是什么？

24. 选择检测器时应遵循哪些原则？

25. 在哪些场所使用时能够显示便携式检测仪表携带灵活方便的优点？

26. 固定式检测报警系统主要由哪几部分组成？

27. 检测器的安装高度主要由什么因素决定？

28. 对检测装置进行定期标定有什么作用？

第四章　作业场所空气中粉尘的检测

本章学习目标

1. 掌握生产性粉尘的来源与危害，熟悉粉尘的理化特性参数。
2. 掌握作业场所粉尘浓度的测定方法。
3. 掌握实验室粉尘分散度的测定方法。
4. 了解粉尘中化学成分及粉尘可燃性和爆炸危险性测定方法。
5. 了解个体呼吸性粉尘监控方法。

与环境监控中对空气中颗粒物（particulate matter）的检测有所不同，职业卫生安全检测所测定的颗粒物主要是指作业场所的生产性粉尘。在生产过程中产生，并且能够较长时间悬浮于空气中的固体微粒称为生产性粉尘。长期暴露于生产粉尘场所的劳动者，肺部将积累呼吸性粉尘而导致尘肺病。在我国尘肺病是最常见、危害最严重的一类职业病。粉尘检测主要包括空气中粉尘采集、分散度检测、浓度检测等。车间或其他生产场所往往产生高浓度、可燃性的粉尘，其最严重的后果是粉尘爆炸，所以粉尘的可燃性和爆炸危险性等理化特性参数测试也应该是安全检测应该关注的方面。

第一节　生产性粉尘的来源与危害

生产性粉尘是在工厂和矿山的生产过程中产生的粉尘。含有游离二氧化硅的粉尘称为硅尘，它是对劳动者健康危害最严重的一种粉尘。根据化学成分的不同，粉尘可分为：金属尘、石棉尘、滑石尘、煤尘、炭黑尘、石墨尘、水泥尘、各种有机尘等几十种。另外，可燃性的有机和无机粉尘在生产车间空气中的积聚，也是造成粉尘爆炸的重大事故隐患。

一、生产性粉尘来源与分类

1. 粉尘的来源

在工业生产的物料加工与使用过程中都可能产生生产性粉尘，下面列举几个工艺过程来说明粉尘的来源。

a. 固体物质的机械破碎，如钙镁磷肥熟料的粉碎，水泥粉的粉碎等；

b. 物质的不完全燃烧或爆破，如矿石开采、隧道掘进的爆破，煤粉燃烧不完全时产生的煤烟尘等；

c. 物质的研磨、钻孔、碾碎、切削、锯断等过程的粉尘；

d. 金属熔化，如生产蓄电池电极时熔化铅的工序产生的铅烟尘；

e. 成品本身呈粉状，如炭黑、滑石粉、有机染料、粉状树脂等。

在工业过程中接触粉尘的工作很多。例如，矿山的开采、爆破、运输；冶金工业中的矿石粉碎、筛分、配料；机械铸造工业中原料破碎、清砂；钢铁磨件的砂轮研磨；石墨、珍珠岩、蛭石、云母、萤石、活性炭、二氧化钛等的粉碎加工；水泥包装；橡胶加工中的炭黑、滑石粉的使用等过程中，若防尘措施不完善，均有大量生产性粉尘外逸。

2. 粉尘的分类

根据粉尘的性质及来源，粉尘可以分为三类：

（1）无机粉尘

a. 矿物性粉尘，如石英、石棉和煤等粉尘。

b. 金属性粉尘，如铜、铍、铅和锌等金属及其化合物粉尘。

c. 人工无机粉尘，如水泥、金刚砂和玻璃纤维粉尘。

（2）有机粉尘

a. 植物性粉尘，如棉、麻、甘蔗、花粉和烟草等粉尘。

b. 动物性粉尘，如动物皮毛、角质、羽绒等粉尘。

c. 人工有机粉尘，如合成纤维、有机染料、炸药、表面活性剂和有机农药等粉尘。

（3）混合性粉尘，上述各类粉尘中两种或两种以上粉尘的混合物称为混合性粉尘。生产过程中常见的是混合性粉尘。

还原性的有机和无机粉尘，如硫黄、煤、棉、麻、面粉等粉尘，在生产车间等相对密闭场所的空气中达到一定浓度范围时，可发生粉尘爆炸。煤矿的煤粉爆炸，棉麻加工厂的棉麻粉尘爆炸等都是非常严重的生产安全事故。

二、粉尘的危害

生产性粉尘的种类和性质不同，对人体的危害也不同。由粉尘引起的疾病和危害主要有以下几种：

(1) 尘肺　尘肺是长期吸入高浓度粉尘所引起的最常见的职业病。引起尘肺的粉尘种类不同，尘肺的名称也不同，含二氧化硅粉尘——矽肺；炭黑粉尘——炭黑肺；滑石粉粉尘——滑石肺；铸造型砂粉尘——铸工尘肺；电焊焊药粉尘——电焊工尘肺；煤粉——煤肺等。

(2) 中毒　粉尘中含有铅、镉、砷、锰等毒性元素，在呼吸道溶解被吸收进入血液循环引起中毒。有毒性粉尘在体内的溶解度越大，毒性作用越大。

(3) 上呼吸道慢性炎症　毛尘、棉尘、麻尘等轻质粉尘，在被吸入呼吸道时，易附着于鼻腔、气管、支气管的黏膜上，长期局部刺激作用和继发感染引起慢性炎症。

(4) 眼疾病　金属粉尘、烟草粉尘等，可引起角膜损伤。

(5) 皮肤疾患　细小粉尘堵塞汗腺、皮脂腺而引起皮肤干燥、继发感染，发生粉刺、毛囊炎、脓皮病等，沥青粉尘可引起光感性皮炎。

(6) 致癌作用　放射性粉尘的射线易引发肺癌，石棉尘可引起胸膜间皮瘤，铬酸盐、雄黄矿尘等也引发肺癌。

第二节　粉尘的特性分析

粉尘的理化特性表征着粉尘构成职业安全与健康危害的基本信息，而且粉尘颗粒物粒径不同，对人体健康的危害也不同。因此了解粉尘的理化性质和粒径分布，对研究粉尘对职业安全和健康的影响及选择有效的测定方法有重要意义。

一、粉尘的理化特性

了解粉尘对职业健康的危害，应该考虑粉尘以下的理化性质：

1. 化学成分及其浓度　化学成分不同的粉尘对人体的作用性质和危害程度不同，例如，石棉尘可引起石棉肺和间皮瘤；棉尘则引起棉尘病；含有游离二氧化硅的粉尘可致矽肺。同一种粉尘，在空气中的浓度越高，其危害也越大；粉尘中主要有害成分含量越高，对人体危害也越严重，如含游离二氧化硅 10%以上的粉尘比含量在10%以下的粉尘对肺组织的病变发展影响更大。游离二氧化硅是指结晶型的二氧化硅，不包括硅酸盐形态的硅。

2. 粉尘的分散度　粉尘分散度是指物质被粉碎的程度，以大小不同的粉尘粒子的百分组成表示。空气中粉尘颗粒中细小微粒所占比例越高，则称为分散度越大。粉尘分散度越高，形成的气溶胶体系越稳定，在空气中悬浮的时间越长，被人体吸入的几率越大；粉尘分散度越高，比表面积也越大，越容易参与理化反应，对人体危害也越大。

3. 粉尘的溶解度　若组成粉尘的物质对人体有毒，粉尘的溶解度越大，有毒物质越易被人体吸收，其毒性越大。无毒物质的粉尘，溶解度越大，则易被人体吸收、排出；石英、石棉等难溶性粉尘在体内不能溶解，持续产生毒害作用，对人危害极其严重。总之，粉尘的溶解度与其对人体的危害程度，因组成粉尘的化学物质性质不同而异。

4. 粉尘的荷电性　在粉尘形成和流动过程中，由于互相摩擦、碰撞或吸附空气中的离子而带电，空气中90%～95%的粒子带有电荷，同一种尘粒可能带正电、负电或呈电中性，与尘粒化学性质无关。荷电量取决于尘粒的大小、比重、温度和湿度。温度升高，湿度降低，尘粒荷电量增加；同电性尘粒相互排斥，粉尘稳定性增加；反之，粉尘颗粒相互吸引，形成大的尘粒加速沉降。一般认为，荷电尘粒易于阻留在人体内。

5. 粉尘的形状与硬度　在一定程度上，粉尘粒子的形状也影响它的稳定性（即在空气中飘浮的持续时间）。质量相同的尘粒，其形状越接近球形，则越容易降落。锐利、粗糙、硬的尘粒对皮肤和黏膜的刺激性比软，球形尘粒更强烈，尤其是对上呼吸道黏膜的机械损伤或刺激更大。

6. 粉尘的爆炸性　一定浓度条件下，高度分散的可氧化粉尘，一旦遇到明火、电火花或放电，则可能发生爆炸。一些粉尘爆炸的浓度条件是：煤尘 30～40 g/m^3；淀粉、铝及硫黄粉尘 7 g/m^3；糖尘 10.3g/m^3。在采集这些粉尘样品时，必须注意防爆。由此可见，爆炸性粉尘不仅对职业安全有危害，而且对生产安全也是重大的危险源。

二、粉尘粒径表示方法和粒度分布

一般情况下，粉尘颗粒物并非球形，其形状多种多样。大小不同的颗粒物，光学、电学或气体动力学的性质也不相同。用直径表示其大小时，人们可选用颗粒的空气动力学当量直径、显微粒径、筛分粒径或沉淀粒径等多种表示方法。目前，国际上最常用颗粒空气动力学当量直径表示空气中悬浮颗粒物的粒径。

颗粒空气动力学直径（Particle Aerodynamic Diameter，PAD）是指在通常温度、压力和相对湿度的空气中，在重力作用下与实际颗粒物具有相同末速度、密度为 1 g/cm^3 球体的直径。也就是说，被测颗粒物的直径相当于在平静的气流中与其具有相同末速度、密度为 1 g/cm^3 的球形标准颗粒物的直径。

颗粒扩散直径（Particle Diffusion Diameter，PDD）是指在通常的温度、压力和相对湿度情况下，与实际颗粒物具有相同扩散系数的球形颗粒直径。当颗粒物的 PAD$<$0.5 μm 时，它在空气中的扩散作用较重力沉降作用强，这种颗粒物处于布朗扩散运动状态，此时应当用 PDD 来表达颗粒的大小。

PAD、PDD 这两种粒径表示方法并不涉及颗粒物的密度和形状，使颗粒物进入人体呼吸系统时的撞击、沉降和扩散作用情形与采样时颗粒物的动力学特征一致，有利于研究和评价颗粒物的卫生和健康效应。

能在空气中悬浮的粉尘颗粒物也不是一种粒径，而是具有多种粒径。表达某种分散体系中颗粒物粒度分布状态的方法，通常是用各个不同粒径范围颗粒物的累积质量占总体质量的百分数与粒径的对数的关系曲线来表达。将颗粒物粒径标在对数坐标（纵坐标）上，同一体系中不同粒径颗粒物累积质量百分率标在概率刻度的横坐标上，在对数概率纸上得到的粒度分布曲线是一条直线（图 4—1）。

目前，方便地表示分散体系中颗粒物的大小的参数是采用质量中值直径（Mass Medium Diameter，MMD）。MMD 代表悬浮颗粒物体系的几何平均粒径，通常用 D_{50} 表示。MMD 是指在颗粒物粒度分布曲线中，颗粒物的累积质量占颗粒物总质量一半（50%）时所对应的空气动力学颗粒粒径。例如图 4—1 中两条粒度分布曲线的 MMD 分别为 0.5 μm 和 20 μm。

三、粉尘颗粒物的分类

粉尘颗粒粒径不同，则其理化性质也不同，能够进入人体呼吸系统（鼻咽区、气管和支气管区、肺泡区）的部位也不同，因此对人体危害程度也不一样。按粒径大小可将粉尘颗粒物分为以下几类。

1. 降尘（Dustfall）

降尘是指在空气自然环境条件下，能靠自身重力很快自然沉降的颗粒物。降尘粒径大于 30 μm。降尘颗粒的理化性质接近于固体物质，表面自由能低，很少聚积或凝聚。由于其难以进入呼吸道，对人体健康的危害也较小。

2. 总悬浮颗粒物（Total Suspended Particulates，TSP）

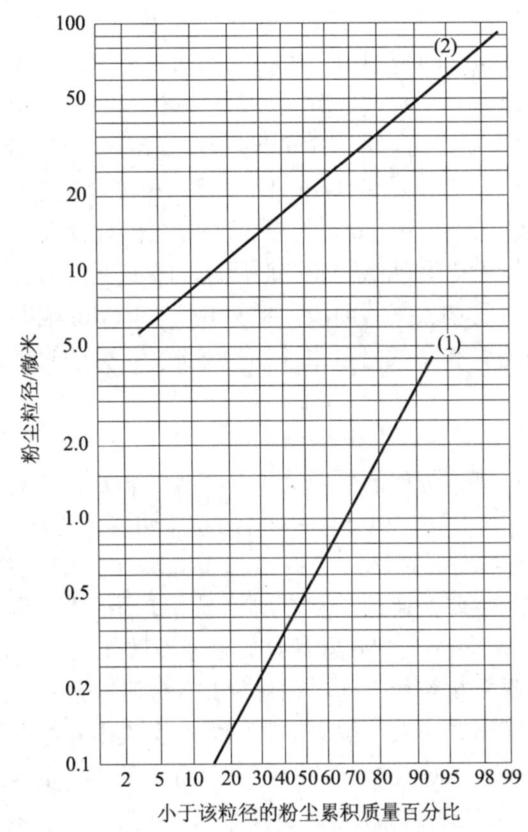

图 4—1　大气颗粒物样品粒度分布曲线

顾名思义，总悬浮颗粒物是指一定体积空气中所含有的、能较长时间悬浮的粉尘颗粒物的总质量，其单位是 mg/m^3。粉尘颗粒能否悬浮于空气中，不仅与其颗粒直径有关，也与其密度有关，密度较小的物质产生的粉尘较易悬浮，可悬浮的颗粒粒径范围也较宽；反之较窄，所以 TSP 中的颗粒物粒径也没有一个明确的粒径上限。

3. 可吸入颗粒物（Inhalable Particulates，IP）

经口腔和鼻孔被吸入，并能达到鼻咽区的悬浮颗粒物被称为可吸入颗粒物。显然，IP 的粒径范围与劳动场所的风速、风向及劳动者的呼吸急促程度有关。人们对定义 IP 的粒径小于 10 μm 产生疑问是有道理的。

4. 胸部颗粒物（Thoracic Particulates，TP）

在可吸入颗粒物中，能穿过咽喉的颗粒物被称为胸部颗粒物，其粒径小于30 μm。在粒径小于30 μm的范围内，质量累积达该范围颗粒物总质量的50%时的粒径（D_{50}）通常在10 μm左右，故称为PM10（Particulate Matter，PM），所以TP和PM10含义相同，它表示$D_{50}=10$ μm，且粒径小于30 μm的可吸入颗粒物。注意，不能把PM10理解为粒径≤10 μm的可吸入颗粒物。

在TP中，粒径较大（>10 μm）的颗粒物质量相对较大，被人体吸入后具有较大的惯性，在鼻腔陡弯处和咽喉部位与呼吸道内壁碰撞，致使大部分颗粒沉积在上呼吸道，少量进入气管和支气管前段；粒径在5～10 μm范围内的颗粒物，由于重力作用，大部分在气管和支气管区发生沉降；5 μm左右的颗粒物进入肺泡，沉积率达到50%左右。

5. 呼吸性颗粒物（Respriable Particulates，RP）

可吸入颗粒物中能进入肺泡的颗粒物称为呼吸性颗粒物。对健康人群来说，这类颗粒物的粒径<12 μm，$D_{50}=4$ μm；对于儿童、年老体弱和有心肺疾病等高危人群来说，RP的粒径<7 μm，$D_{50}=2.5$ μm。PM2.5的概念就据此而来。

粒径较大的颗粒物主要是通过惯性作用、重力作用沉积在鼻咽腔、气管和支气管内；粒径很小（≤0.1 μm）的颗粒物主要通过扩散作用——布朗运动沉积在肺泡中。可见，大气中颗粒物粒径不同，颗粒物在人体呼吸系统中沉积部位不同，沉积率也不同。沉积率越高，对人体健康危害越大；空气中悬浮颗粒污染物中小的颗粒污染物对人体健康的影响比大的颗粒污染物更明显。因此，研究PM10和PM2.5对保障劳动者职业安全健康具有重要意义。

第三节　作业场所粉尘的采集

一、测尘点和采样位置的确定（GB 5748—1985）

测定粉尘的目的是确定劳动者受粉尘危害的程度，所以测尘点的选择要遵循一定的原则，否则不能反映出真实的情况。测尘点应设在有代表性的工人接尘地点，测尘位置应选择在接尘人员经常活动的范围内，且粉尘分布较均匀处的呼吸带。存在风流动影响时，一般应选择在作业地点的下风侧或回风侧。移动式产尘点的采样位置，应位于生产活动中有代表性的地点，或将采样器架设于移动设备上。

1. 工厂测尘点和采样位置的确定

一个厂房内有多台同类设备生产时，3台以下者选1个测尘点；4台至10台者选两个测尘点；10台以上者，至少选3个测尘点。同类设备处理不同物料时，按物料种类分别设测尘点；单台产尘设备设一个测尘点。移动式产尘设备按经常移动范围的长度设测尘点，20 m以下者设一个；20 m以上者在装卸处各设一个。在集中控制室内，至少设一个测尘点，但操作岗位也不得少于一个测尘点。

固体散料常用皮带输送，也是常见的产尘点，皮带长度在10 m以下者设一个测尘点；10 m以上者在皮带头、尾部各设一个测尘点。高式皮带运输转运站的机头、机尾各设一个测尘点，低式转运站设一个测尘点。

采样位置选择在接近操作岗位或产尘点的呼吸带（一般为1.5 m左右）。

2. 车站、码头、仓库产尘货物搬运存放时测尘点和采样位置的确定

在车站、码头、仓库、车船等装卸货物作业处，应分别设一个测尘点；皮带输送货物时，装卸处分别设一个测尘点；车站、码头、仓库存放货物处，分别设一个测尘点；如果是人工搬运货物，来往行程超过30 m以上时，除装卸处设测尘点外，中途也应设一个测尘点。

晾晒粮食的场所粉尘量也很大，所以也要设一个测尘点。物品存放在仓库时，假如在包装、存放过程中产生粉尘，则应在包装、发放处各设一个测尘点。

采样位置一般设在距工人2 m左右呼吸带高度的下风侧；粮食囤边采样，应距囤10 m左右。

3. 露天矿山测尘点和采样位置的确定

（1）测尘点确定　每台钻机（潜孔钻、牙轮钻、冲击钻等）的司机室内设一个测尘点，钻机处设一个测尘点。台架式风钻（包括轻型、重型凿岩机）凿岩，按工作面设测尘点。每台电铲、柴油铲的司机室内设一个测尘点，司机室外设一个测尘点。每台铲运机司机室内设一个测尘点，司机室外设一个测尘点。每个人工挖掘工作面设一个测尘点。

车辆（汽车、电机车、内燃机车、推土机和压路机等）的司机室内设一个测尘点。采用索道、皮带、斜坡道、板车、人工等其他运输方式时，在转运点或落料处设测尘点。一条工作台阶路面设一个测尘点。永久路面（采矿场到卸矿仓或废石场之间）设2～4个测尘点。

二次爆破凿岩区及废石场、卸矿仓、转运站的作业处各设一个测尘点。独立风源、溜矿井的倒矿和放矿处分别设测尘点。计量房、移动式空压机站、保养场、材料库、卷扬机房、水泵房和休息室等处，均应分别设一个测尘点。

（2）采样位置　电铲、钻机、铲运机、车辆等司机室内的采样位置，设在司机呼吸带高度。钻机外的采样位置，设在距钻机3～5 m的下风侧。铲运机外的采样

位置，设在距铲岩处 1.5～3 m 的下风侧。台架式风钻凿岩的采样位置，设在距工人操作处 1.5～3 m 的下风侧。

电铲外的采样位置，设在电铲铲斗装载和卸载中点的下风侧。铲斗容积为 1 m^3 者，测点距中点 15 m 左右；3～5 m^3 者，20～30 m；大于 8 m^3 者，为 30～40 m。装岩机及人工挖掘工作面的采样位置，设在距挖掘处 1.5～3 m 的下风侧。

机动车辆以外的其他运输作业的采样位置，设在距转运点或落料处 1.5～3 m 的下风侧。工作台阶路面，永久路面的采样位置，设在扬尘最大地段的下风侧，距路面中心线 5～7 m 处。废石场、卸矿仓、转运站的采样位置，均设在卸载处的下风侧。其距离为：人力卸料，3～5 m；30 t 以下机车拖运，5～10 m；30 t 以上机车拖运，15～20 m。

二次爆破凿岩区的采样位置，设在距凿岩处 3～5 m 的下风侧。独立风源的采样位置，设在采场的实际上风侧，而且不应受采场内任何含尘气流的影响。溜矿井倒矿、放矿作业的采样位置，设在距井口 5～10 m 的下风侧。计量房、移动式空压机站、保养场、水泵房等场所的采样位置，设在工人操作呼吸带高度。

4. 地下矿山隧道工程测尘点和采样位置的确定

(1) 测尘点　掘进长度在 10 m 以上的工作面、刷帮拉底、挑顶和掘进硐室连续作业五个班以上的工作面，按工作面各设一个测尘点。一班多循环的工作面，只按一个凿岩测尘点计算。硐室型采场按作业类别设测尘点。巷道型采场按作业的巷道数设测尘点；切割工程量在 50 m^3 以上的采准工作面设一个测尘点；开凿漏斗时以一个矿块作为一个测尘点。漏斗放矿按采场设测尘点；但在同一风流中相邻的几个采场同时放矿时，只设一个测尘点；巷道型采矿法出矿按巷道数设测尘点。使用皮带转载机运输时，每一皮带转载机、装车站、翻车笼等各设一个测尘点。溜井的倒矿和放矿分别设一个测尘点。主要运输巷道按中段数设测尘点。破碎硐室设一个测尘点。打锚杆、搅拌混凝土、喷浆当月在五个班以上时，分别设测尘点。更衣室按房间数设测尘点。

(2) 采样位置　凿岩作业的采样位置，设在距工作面 3～6 m 回风侧的工人呼吸带。机械装岩作业、打眼与装岩同时作业和掘进机与装岩机同时作业的采样位置，设在距装岩机 4～6 m 的回风侧；人工装岩在距装岩工约 1.5 m 的下风流中。普通法掘进天井的采样位置，设在安全棚下的回风流中；吊罐或爬罐法掘进天井的采样位置，设在天井下的回风流中。硐室型、巷道型采场作业的采样位置，设在距产尘点 3～6 m 的回风流中；多台凿岩机同时作业的采样位置，设在通风条件较差的一台处。电耙作业的采样位置，设在距工人操作地点约 1.5 m 处。溜井和漏斗的倒矿和放矿作业的采样位置，设在下风侧约 3 m 处。皮带转载机、装车站、翻罐笼等产尘点的采样位置，均设在产尘点下风侧 1.5～2 m 处。主要运输巷道的采样位置，设在污染严重的地点。喷浆、打锚杆作业的采样位置，设在距工人操作地点下风侧 5～10 m 处。

二、粉尘采样器的类型、规格和性能要求（GB 5748—1985）

粉尘采样器的基本功能是提供采集含尘气体的动力，调节和控制流速。粉尘收集器是整套粉尘采样装置的一部分，不包括在粉尘采样器中，但有些采样器和收集器是合并在一起的。

1. 粉尘采样器　在测定空气中粉尘浓度、分散度、粉尘中游离二氧化硅、金属元素等化学有害物质时，都可使用携带式粉尘采样器采集粉尘。粉尘采样器的体积应小于 300 mm×170 mm×200 mm，重量小于 5 kg。气体流量 5～30 L/min 或 0～15 L/min 连续可调，运行时的噪声小于 70 dB（A）。连续运行 8 h 以上时，温升小于 30℃。

粉尘采样器配有滤料采样夹，与滤纸或滤膜配合使用。粉尘采样器又分为固定式和携带式两种。携带式粉尘采样器（图 4—2）在现场用三脚支架支撑，其高度 1.0～1.5 m。它的两个采样夹可以进行平行采样。该仪器重量轻，易于携带，常用于采集作业场所粉尘。

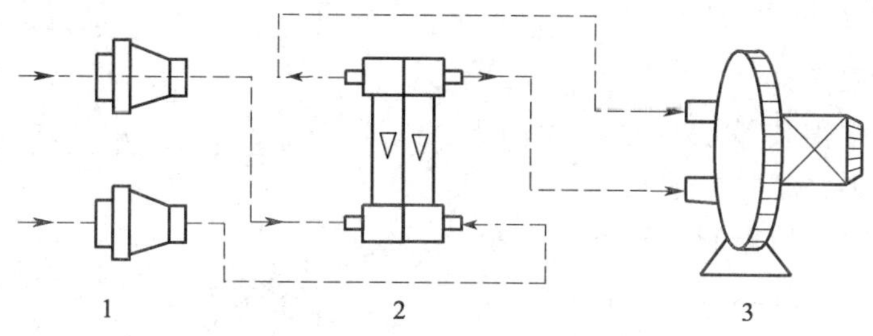

图 4—2　携带式粉尘采样器结构示意图

1—采样夹　2—流量计　3—风箱和电动机

2. 个体粉尘采样器　个体粉尘采样器的体积应小于 150 mm×80 mm×150 mm，重量小于 1 kg。抽气流量在 0～5 L/min 或 0～10 L/min 连续可调，可不带流量计。运行时的噪声小于 60 dB（A）。采样器连续运行 8 h 以上时，温升小于 10℃。应有佩戴装置，并且使用方便安全，不影响工作。个体采样器主要由采样头（粉尘收集器）、采样泵、滤膜等构成。采样头是个体采样器收集粉尘的装置，由入口、粉尘切割器、过滤器三部分组成。测定呼吸性粉尘时才使用粉尘切割器，否则测定的是悬浮性粉尘。采样头入口将呼吸带内满足总粉尘卫生标准的粒子有代表性地采集下来，切割器将采集的粉尘颗粒中非呼吸性粉尘阻留，呼吸性粉尘由过滤器全部捕集下来。旋风切割器、向心式切割器和撞击式切割器是个体粉尘采样器中比较常用的切割器。

3. 呼吸性粉尘采样器　呼吸性粉尘的粒径分布标准应符合英国医学研究协会所规定的标准；呼吸性粉尘采样器的体积应小于 300 mm×170 mm×200 mm，重量小于 5 kg。抽气流量范围应与收集器所需流量匹配，运行时的噪声小于 70 dB (A)。采样器连续运行 8 h 以上时，温升小于 30℃。呼吸性粉尘采样器应有配套的固定装置，使用方便安全。

4. 个体呼吸性粉尘采样器

同气体采样一样，个体采样器都是为了反映劳动者个人受粉尘危害的情况，其他定点采样器则主要反映一个区域受粉尘危害的情况。呼吸性粉尘的粒径分布标准应符合英国医学研究协会所规定的标准；个体呼吸性粉尘采样器体积应小于 150 mm×80 mm×150 mm，重量小于 1 kg。流量范围应与收集器所需流量匹配，可不带流量计。运行时的噪声小于 60 dB (A)。采样器连续运行 8 h 以上，温升小于 10℃。应有佩戴装置，并且使用方便安全，不影响工作。

三、粉尘收集器

1. 滤料采样夹

粉尘采样需要滤膜（又称为滤料）作为阻留材料，滤膜质地柔软，需要滤料采样夹支撑。根据制作材料、大小及用途，大体可分为三类。铝合金采样夹用硬质铝合金制造，密封圈的内直径为 35 mm，使用的滤膜直径为 40 mm；小型塑料采样夹用优质塑料制造，使用的滤料和滤料垫的直径为 25 mm；粉尘采样夹用优质塑料制造，使用的滤料和滤料垫的直径为 40 mm。采样夹的基本结构见图 4—3。采样夹由前盖、中层和底座三部分组成，可以安装一张或两张滤料。安装一张滤料时，只需连接前盖和底

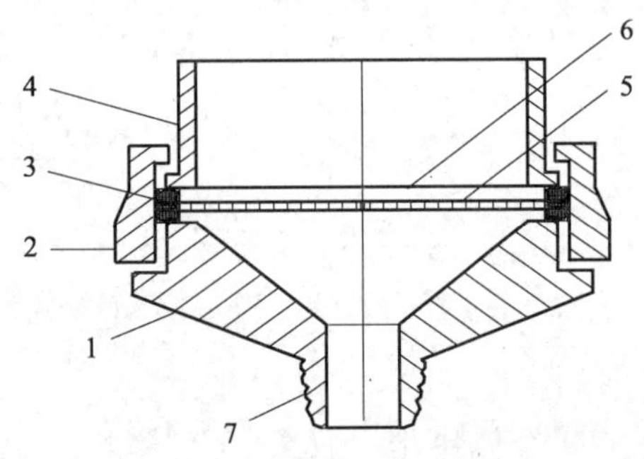

图 4—3　滤料采样夹结构示意图

1—底座　2—紧固夹　3—密封圈　4—接座圈　5—支撑网　6—滤膜　7—抽气接口

座；串联两张滤料时，则连接三部分，每两部分之间夹一张滤料，用抽气装置抽气，则空气中的颗粒物被阻留在滤料上。

为保证气体流量计量的准确性和采样效率，对采样夹密封性的要求是：采样夹内装上不透气的塑料薄膜，放于盛水的烧杯中，向采样夹内送气加压，当压差达到 1 kPa 时，水中应无气泡产生。

四、纤维状滤料

纤维状滤料（Fiber filter）由天然纤维素或合成纤维制成的各种滤纸和滤膜合称为纤维状滤料，常用的有聚氯乙烯滤膜、玻璃纤维滤膜、定量滤纸等，石英玻璃纤维滤膜是一种高级玻璃纤维滤膜。滤料采集空气中气溶胶颗粒主要是基于直接阻截、惯性碰撞、扩散沉降、静电引力和重力沉降。

扩散沉降是细小颗粒在滤料表面处和孔隙内，因扩散作用而沉降在纤维上，颗粒越小，气流速度越小，浓度梯度越大，则扩散沉降的颗粒越多。静电吸引是带有电荷的滤料和气溶胶颗粒，产生相互的静电吸引，将颗粒吸附在滤料上。不同的滤料带有不同程度的电荷，通常合成纤维滤料大多带很强的静电。一般直径在 0.1～1 μm 的微粒的阻留，以静电作用为主；大于 1 μm 的微粒的阻留，以惯性冲击作用和阻截作用为主；小于 0.1 μm 的阻留，以扩散作用为主。

滤料的采集效率除与自身性质有关外，还与采样速率有关。低速采样以扩散沉降为主，对细小颗粒的采集效率高；高速采样，以惯性碰撞为主，对较大颗粒采集效率高。采样速度一定时，就可能使一部分粒径小的颗粒采样效率低。在采样过程中还可能发生颗粒物从滤料弹回或吹走的现象，特别是在采样速率大的情况下，颗粒大，质量重的颗粒易发生弹回现象；颗粒小的粒子易穿过滤料被吹走，这些情况都是造成采集效率偏低的原因。

定量滤纸（Quantitative filter paper）是由纯净的植物纤维素浆制成。它是由粗细不等的天然纤维素互相重叠在一起，形成大小和形状都不规则的孔隙，其厚度小于 0.25 mm。由于滤纸纤维较粗，孔隙较小，因此，通气阻力大，适用于金属尘粒子采集。滤纸的吸湿性大，吸湿后机械强度下降，且不利于重量法测尘。定量滤纸采集气溶胶的机制主要是拦截、扩散和惯性冲击作用。

玻璃纤维滤膜（Glass fiber filtration membrane）由纯净的超细玻璃纤维制成，厚度小于 1 mm，具有较小的不规则的孔隙。其优点是：耐高温、耐腐蚀、吸湿性小、通气阻力小、采集效率高，适于大流量采集低浓度的有害物质；并可用水、苯和稀硝酸等提取采集到它上面的组分进行分析。其缺点是：灰分高、金属空白值高、力学强度较差。玻璃纤维滤膜的采集机制主要是直接拦截、惯性碰撞和扩散沉降作用。

聚氯乙烯滤膜（Polychlorovinyl filtration membrane）在粉尘测定中使用最多，所以又称为测尘滤膜。它是由聚氯乙烯纤维互相交叉重叠而构成的，具有许多大小不等、形状各异的孔隙。其优点是静电性强、吸湿性小、通气阻力小、耐酸碱、孔径小、力学强度好、重量轻及金属空白值较低等。采样后的聚氯乙烯滤膜可用有机溶剂（如乙酸乙酯、乙酸丁酯等）等制成溶液，进行颗粒物分散度及颗粒物中有毒有害物质分析。其缺点是不耐热，最高使用温度为 65℃。聚氯乙烯滤膜采集气溶胶的机制是阻截、扩散、静电吸附和惯性冲击作用，其中静电吸附作用最强。

筛孔状滤料

筛孔状滤料（Sieve mesh filter）与纤维滤料的采样机制相似，但其筛孔孔径较均匀。常用的筛孔状滤料有微孔滤膜、核孔滤膜、银薄膜和聚氨酯泡沫塑料等。

微孔滤膜（Micro-pore filtration membrane）由硝酸纤维素及少量乙酸纤维素基质交连成筛孔状滤膜，其厚度约为 0.15 mm，孔径细小且均匀，耐热性较好，最高可在 125℃下使用。常见孔径规格在 0.1～1.2 μm，可根据需要选择不同孔径的滤膜，如采集气溶胶一般选用 0.8 μm 孔径的微孔滤膜。微孔滤膜采样效率高，灰分低，特别适宜于采集和分析气溶胶中的金属元素。微孔滤膜能溶于丙酮、乙酸乙酯、甲基异丁酮等有机溶剂。由于微孔滤膜表面光滑，气溶胶粒子主要吸附在膜的表面或浅表层内，由于微孔滤膜几乎不溶于稀酸，这样就可方便地用酸把样品从滤膜上浸出后测定。微孔滤膜的缺点是通气阻力较大。其采集气溶胶的机制主要是惯性冲击作用和扩散作用。

聚氨酯泡沫塑料（Polyrethane foam plastic）由无数的泡沫塑料细泡互相连通而成的多孔滤料，比表面积大，通气阻力小，适宜于较大流量采样。有些分子量较大的有机化合物，如有机磷、有机氮、有机氯等农药以及多氯联苯和多环芳烃等，常以气溶胶和蒸气两相共存于空气中，使用聚氨酯泡沫塑料同时采集也可获得较高的采样效率。市售聚氨酯泡沫塑料在使用前需预处理，处理方法依采集不同物质而异，目的是除去干扰杂质，具体处理方法可参考有关文献。

核孔滤膜（Nucleo-pore filtration membrane）是由聚碳酸酯薄膜覆盖铀箔后，放在核反应堆中，经中子流轰击，造成铀核分裂，产生的分裂碎片穿过薄膜形成核孔，再经化学腐蚀处理制成，通过控制腐蚀条件，包括溶液温度、浓度和腐蚀时间，可得到所需孔径。核孔滤膜薄而光滑、孔径均匀、力学强度高、不亲水、耐热性较好，最高使用温度可达 140℃。又因为灰分低、质轻，特别适于重量分析。核孔滤膜厚度约为 0.01 mm，孔径 0.2～12 μm 范围内。因微孔呈圆柱状，核孔滤膜的采样效率比微孔滤膜低。其主要通过直接拦截作用和惯性冲击作用采集气溶胶。

银薄膜（Silver membrane）由细微的银粒烧结而成，具有微孔滤膜相似的膜结构。膜厚 0.05～0.1 mm，孔径较均匀。银薄膜耐高温（400℃），抗腐蚀，适于采集酸碱性气溶胶及有机污染物样品，如煤焦油沥青等挥发物。采样分析后，经过适当处理后，银薄膜可以重复使用。

五、可吸入粉尘切割器

粉尘中粒径不同的颗粒对人体的危害程度也不同，所以有时需要分粒径范围分别测定，可吸入粉尘的切割器就是能把粉尘分级别采集的粉尘采样装置。

1. 串联旋风切割器

旋风切割器的工作原理与旋风分离器基本相同，如图 4—4 所示。空气以高速度沿 180°渐开线进入切割器的圆桶内，形成旋转气流，在离心力的作用下，将粗颗粒物摔到桶壁上并继续向下运动，粗颗粒在不断与桶壁撞击中失去前进的能量而落入大颗粒物收集器内，细颗粒随气流沿气体排出管上升，被过滤器的滤膜捕集，从而将粗、细颗粒物分开。切割器必须用标准颗粒发生器制备的标准颗粒进行校准后方可使用。

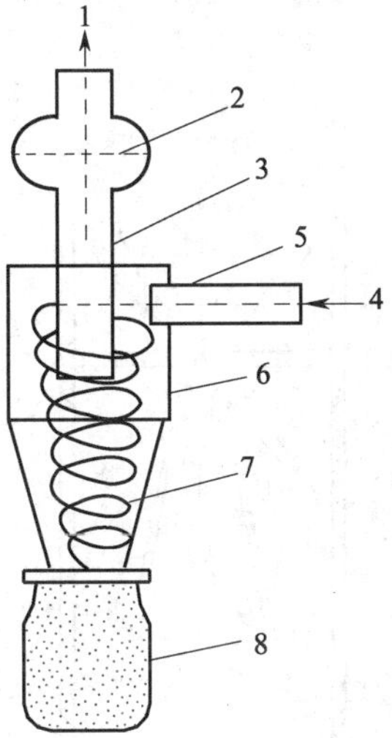

缩小旋风切割器的尺寸可以明显提高除尘效率，减小切割器的分割粒径 D_{50}。将具有不同分割粒径的旋风除尘器依序串联，就可以实现粉尘的分级切割，图 4—5 为五级串联旋风切割器。旋风切割器的分割粒径与自身尺寸和气流量大小有关。

图 4—4 旋风式切割器原理示意图

1—空气出口 2—滤膜 3—气体排出管 4—空气入口 5—气体导管 6—圆筒体 7—旋转气流轨线 8—大颗粒收集器

2. 向心式切割器

向心式切割器原理如图 4—6 所示。当气流从小孔高速喷出时，因所携带的颗粒物大小不同，惯性也不同，颗粒质量越大，惯性越大。不同粒径的颗粒物各有一定运动轨线，其中质量较大的颗粒运动轨线距中心轴线较近，最后进入锥形收集器被底部的滤膜收集；小颗粒物惯性小，离中心轴线较远，偏离锥形收集器入口，随

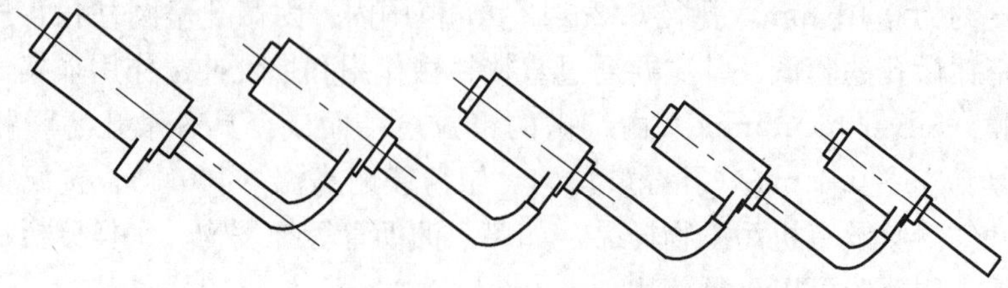

图 4—5　五级串联旋风切割器示意图

气流进入下一级；第二级的喷嘴直径和锥形收集器的入口孔径变小，二者之间距离缩短，使小一些的颗粒物被收集；第三级的喷嘴直径和锥形收集器的入口孔径又比第二级小，其间距离更短，所收集的颗粒更细。如此经过多级分离，剩下的极细颗粒到达最底部，被夹持的滤膜收集。图 4—7 为三级向心式切割器的示意图。

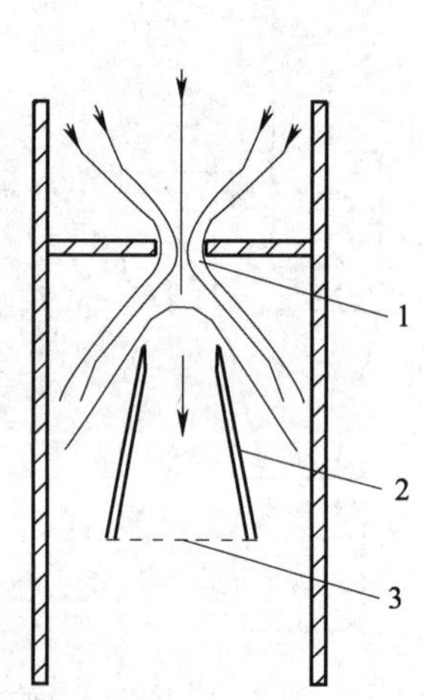

图 4—6　向心式切割器原理示意图

1—空气喷嘴　2—收集器　3—滤膜

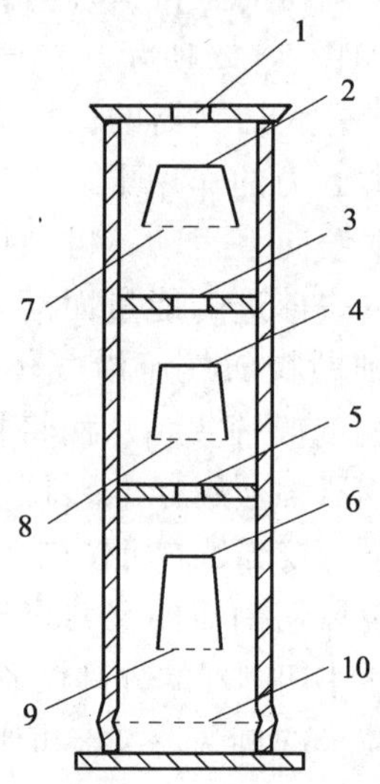

图 4—7　三级向心式切割器原理示意图

1、3、5—气流喷孔　2、4、6—锥形收集器　7、8、9、10—滤膜

3. 撞击式切割器

撞击式采样器的工作原理如图 4—8 所示。当含颗粒物气体以一定速度由喷嘴喷出后，颗粒获得一定的动能并且有一定的惯性。在同一喷射速度下，粒径越大，惯性越大，因此，气流从第一级喷嘴喷出后，惯性大的大颗粒难于改变运动方向，

与第一块捕集板碰撞被沉积下来，而惯性较小的颗粒则随气流绕过第一块捕集板进入第二级喷嘴。因第二级喷嘴较第一级小，故喷出颗粒动能增加，速度增大，其中惯性较大的颗粒与第二块捕集板碰撞而被沉积，而惯性较小的颗粒继续向下级运动。如此逐级地进行下去，则气流中的颗粒由大到小地被分开，沉积在不同的捕集板上。最末级捕集板用玻璃纤维滤膜代替，捕集更小的颗粒。这种采样器可以设计为 3～6 级，也有 8 级的，称为多级撞击式采样器。单喷嘴多级撞击式采样器采样面积有限，不宜长时间连续采样，否则会因捕集板上堆积颗粒过多而造成损失。多级多喷嘴撞击式采样器捕集面积大，应用较普遍的一种称为安德森采样器，由 8 级组成，每级 200～400 个喷嘴，最后一级也是用纤维滤膜代替捕集板捕集小颗粒物。安德森采样器捕集颗粒物粒径范围为 0.34～11 μm。

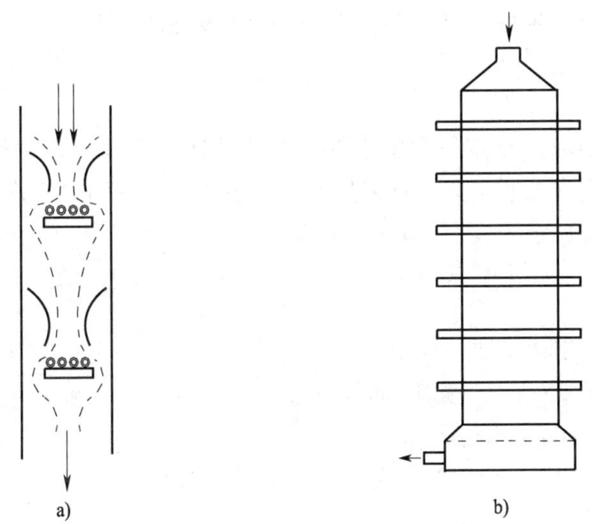

图 4—8　撞击式切割器原理示意图

1—撞击捕集原理　2—六级撞击式采样器

第四节　作业场所粉尘浓度的测定

粉尘浓度是指单位体积空气中所含粉尘的质量（mg/m^3）或数量（粒/cm^3）。我国的标准测定方法《工作场所空气中粉尘测定　第 1 部分：总粉尘浓度》（GBZ/T 192.1—2007）采用的是质量浓度。

粉尘浓度测定的标准方法是重量法。重量法测定结果能更好地反映现场粉尘浓度的真实情况，所需仪器装置比较简单，但操作复杂、速度慢。在作业现场使用的操作简便、灵活、快速的方法是仪器测定法，主要仪器有：压电晶体差频法测尘仪、β射线吸收法测尘仪和光散射测定仪。

一、滤膜重量测定法

测定作业场所空气中粉尘时，测尘点应设在工人在生产过程中经常或定时停留、并受粉尘污染的作业场所，要有代表性地反映工人接尘的实际情况。测尘位置应选择在粉尘分布较均匀处的呼吸带，一般选择接近操作岗位距地面高度在 1.5 m 左右。在有风流动影响时，应选择在作业地点的下风侧或回风侧。如果产尘点处于移动状态，采样或测尘点应位于生产活动中有代表性的地点，或将采样测尘仪器直接架设在移动设备上。

1. 原理

用抽气动力抽取一定体积含尘空气，并让其通过已知质量的聚氯乙烯纤维滤膜，则粉尘被阻留在滤膜上，根据采样前后滤膜的质量差和采气体积，计算出单位体积空气中粉尘的质量浓度 C（$mg \cdot m^{-3}$）。

$$C=\frac{W_2-W_1}{V_0}\times 1\ 000=\frac{W_2-W_1}{Qt}\times 1\ 000 \tag{4—1}$$

式中 W_1——采样前滤膜质量，mg；

W_2——采样后粉尘与滤膜质量，mg；

Q——采样流量，L/min；

t——采样时间，min；$Qt=V$ 为采样体积，L。

2. 采样

测尘滤膜采用聚氯乙烯纤维滤膜。将滤膜置于滤料采样夹上，在呼吸带高度（一般受粉尘危害人员站立处的 1.5 m 高处），用滤膜以 15～30 L/min 的流速采集空气中粉尘。在需要防爆的作业场所采样时，用防爆型粉尘采样器。当粉尘浓度低于 50 mg/m^3时，用直径为 40 mm 的滤膜；高于 50 mg/m^3时，用直径为 75 mm 的滤膜。当聚氯乙烯纤维滤膜不适用时，改用玻璃纤维滤膜。

气体流量计常采用 15～40 L/min 的转子流量计；需要加大流量时，可提高到采用 80 L/min 的转子流量计。流量计至少每半年用皂膜流量计或精度为±1%的转子流量计校正一次。为保证流量计正常工作，应尽量避免被污染，若流量计有明显污染时，应及时清洗校正。在整个采样过程中，流量应稳定。

3. 测定程序

用洁净的镊子（不能直接用手）取下滤膜两面的夹衬纸，置于分析天平上称量，记录初始质量，然后将滤膜装入滤膜夹，确认滤膜无褶皱或裂隙后，放入带编号的样品盒里备用。架设采样器时，取出准备好的滤膜夹，装入采样头中拧紧。采样时，滤膜的受尘面应迎向含尘气流。当迎向含尘气流无法避免飞溅的泥浆、沙粒对样品的污染时，受尘面可以侧向。

采样结束后，用镊子将滤膜从滤膜夹上取下，一般情况下，不需干燥处理，可直接放在天平上称量，记录质量。如果采样时现场的相对湿度在90%以上或有水雾存在时，应将滤膜放在干燥器内干燥 2 h 后称量，并记录测定结果。称量后再放入干燥器中干燥 30 min，再次称量，当相邻两次的质量差不超过 0.1 mg 时，取其最小值。

4. 采样时间

在连续性产尘作业点测定时，应在正常作业开始 30 min 后开始采样。对于阵发性产尘作业点，应在工人工作时采样。

确定采样的持续时间就要先估计粉尘浓度，根据测尘点的粉尘浓度估计值及滤膜上所需采集粉尘量的最低值确定采样的持续时间，但一般不得小于 10 min，当粉尘浓度高于 10 mg/m^3时，采气量不得小于 0.2 m^3；浓度低于 2 mg/m^3时，采气量为 0.5～1 m^3。采样持续时间一般按 4—2 式估算。

$$t \geqslant \Delta m \times 1\,000/(C'Q) \qquad (4—2)$$

式中　t——采样持续时间，min；

Δm——要求的粉尘采集量，其质量应大于或等于 1 mg；

C'——作业场所的估计粉尘浓度，mg/m^3；

Q——采样时空气的流量，L/min。

粉尘的采集量过小可能在称量时产生偏差，过大时滤膜孔被堵塞过多，阻力增大，尘粒容易脱落，采样误差大，滤膜的力学强度也难以承受。直径为 40 mm 滤膜上的粉尘的采集量，应不少于 1 mg，但不得多于 10 mg；而直径为 75 mm 的滤膜，应做成锥形漏斗进行采样，其粉尘采集量不受此限制。

5. 注意事项

滤膜重量法测定粉尘浓度有四个关键性操作步骤：

a. 采样前必须用同样的未称重滤膜模拟采样，调节好采样流量，检查仪器密封性能。具体方法是：在抽气条件下，用手掌堵住滤膜进气口，若流量计转子立即回到零刻度，表示采样系统不漏气。单独检查采样头的气密性，可将滤膜夹上装有塑料薄膜的采样头放于盛水的烧杯中，向采样头内送气加压，当压差达到 1 000 Pa 时，水中应无气泡产生。

b. 采样量超出 20 mg 时，应重新采样。

c. 若现场空气中含有油雾，必须先用石油醚或航空汽油浸洗采样具尘后的滤膜，除油、晾干后再称重。

d. 滤膜的受尘面必须向外；聚氯乙烯纤维滤膜不耐高温，使用现场气温不能高于 55℃。

二、压电晶体差频法

石英晶体差频粉尘测定仪以石英谐振器为测尘传感器，其工作原理示意图见图 4—9。含尘空气经粒子切割器剔除粒径大的颗粒物，欲测粒径范围小的颗粒物进入测量气室。测量气室内有高压放电针、石英谐振器及电极构成的静电采样器，气样中的粉尘因高压电晕放电作用而带上负电荷，继之在带正电荷的石英谐振器表面放电并沉积，除尘后的气样流经参比室内的石英谐振器排出。因参比石英谐振器没有集尘作用，当没有气样进入仪器时，两振荡器固有震荡频率相同（$f_1=f_2$）$\Delta f=f_1-f_2=0$，无信号输出到电子处理系统，数显屏幕上显示零。当有气样进入仪器时，则测量石英振荡器因集尘而质量增加，使其振荡频率（f_1）降低，两振荡器频率之差（Δf）经信号处理系统转换成粉尘浓度并在数显屏幕上显示。测量石英谐振器集尘越多，振荡频率（f_1）降低也越大，二者具有线性关系，即

$$\Delta f = K \cdot \Delta M \tag{4—3}$$

式中　K——由石英晶体特性和温度等因素决定的常数；

ΔM——测量石英晶体质量增值，即采集的粉尘质量（mg）。

如空气中粉尘浓度为 c（mg/m^3），采样流量为 Q（m^3/min），采样时间为 t（min），则：

$$\Delta M = c \cdot Q \cdot t \tag{4—4}$$

代入 4—3 式得：

$$c = (1/K) \cdot (\Delta f/Q \cdot t) \tag{4—5}$$

因实际测量时 Q、t 值均已固定，故可改写为：

$$c = A \cdot \Delta f \tag{4—6}$$

可见，通过测量采样后两石英谐振器频率之差（Δf），即可得知粉尘浓度。当用标准粉尘浓度气样校正仪器后，即可在显示屏幕上直接显示被测气样的粉尘浓度。为保证测量准确度，应定期清洗石英谐振器。

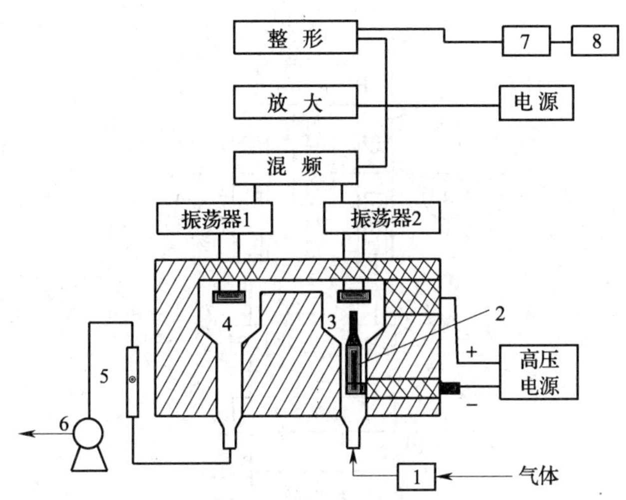

图 4—9 石英晶体粉尘测定仪工作原理

1—粉尘粒子切割器 2—放电针 3—测量石英谐振器 4—参比石英谐振器
5—流量计 6—抽气泵 7—浓度计算器 8—显示器

三、β射线吸收法

该测量方法的基本原理是：让β射线通过特定物质后，其强度将衰减，衰减程度与所穿过的物质厚度有关，而与物质的物理、化学性质无关。β射线测尘仪的工作原理如图 4—10 所示。它是通过测定清洁滤带（未采尘）和采尘滤带（已采尘）对β射线吸收程度的差异来测定采尘量的。因采集含尘空气的体积是已知的，故可得知空气中含尘浓度。

设两束相同强度的β射线分别穿过清洁滤带和采尘滤带后的强度为 N_0（计数）和 N（计数），则二者关系为：

$$N = N_0^{-K \cdot \Delta M} \text{ 或 } \ln \frac{N_0}{N} = K \cdot \Delta M \tag{4—7}$$

式中 K——质量吸收系数（cm^2/mg）；

ΔM——滤带单位面积上粉尘的质量（mg/cm^2）。

4—7 式经变换可写成如下形式：

$$\Delta M = \frac{1}{K} \ln \frac{N_0}{N} \tag{4—8}$$

设滤带采尘部分的面积为 S，采气体积为 V，则空气中含尘浓度（c）为：

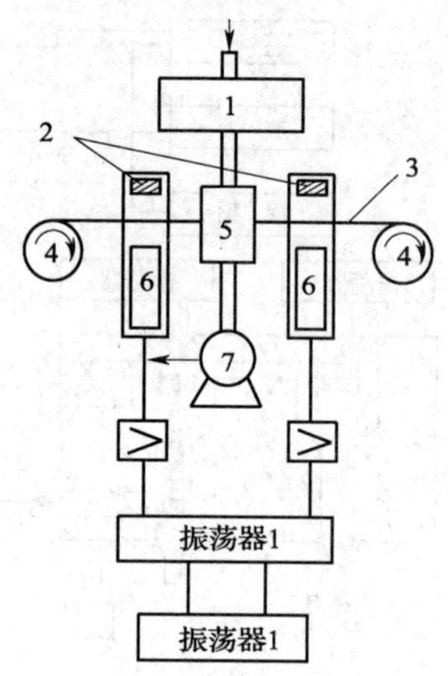

图 4—10　β射线粉尘测定仪工作原理

1—大颗粒切割器　2—射线源　3—玻璃纤维滤带　4—滚筒

5—集尘器　6—检测器（计数管）　7—抽气泵

$$c=\frac{\Delta M \cdot S}{V}=\frac{S}{VK}\ln\frac{N_0}{N} \tag{4—9}$$

上式说明当仪器工作条件选定后，气样含尘浓度只决定于β射线穿过清洁滤带和采尘滤带后的两次计数的比值。从公式可以看出，其工作原理与双光束分光光度计有相似之处。

β射线源可用^{14}C、^{60}Co等；检测器采样计数管，对放射性脉冲进行计数，反映β射线的强度。

为研究粉尘的物理化学性质、形成机理和粉尘粒径对人体健康的危害关系，需要测定粉尘的粒径分布。粒径分布有两种表示方法：一种是不同粒径的数目分布；另一种是不同粒径的重量浓度分布。前者用光散射粒子计数器测定，后者用根据撞击捕尘原理制成的采样器分级捕集不同粒径范围的颗粒物，再用重量法测定。这种方法设备较简单，应用比较广泛，通常采用多级喷射撞击式采样器或安德森采样器。

四、光散射法

光散射法测尘仪是基于粉尘颗粒对光的散射原理设计而成的，如图 4—11 所示。在抽气动力作用下，将空气样品连续吸入暗室，平行光束穿过暗室，照射到空气样品中的细小粉尘颗粒时，发生光散射现象，产生散射光。颗粒物的形状、颜色、粒度及其分布等性质一定时，散射光强度与颗粒物的质量浓度成正比。散射光经光电传感器转换成微电流，微电流被放大后再转换成电脉冲数，利用电脉冲数与粉尘浓度呈正比的关系便能测定空气中粉尘的浓度。

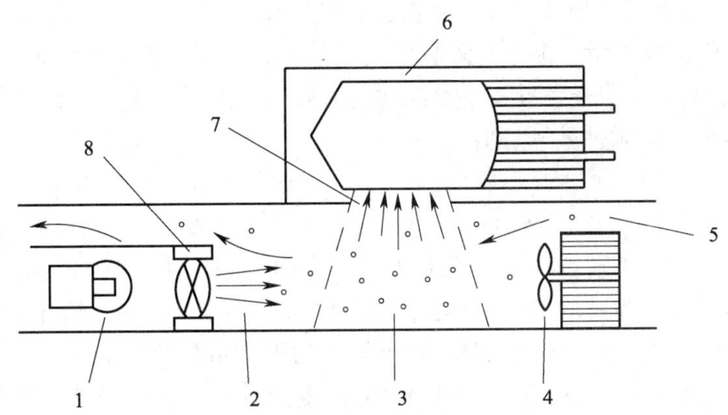

图 4—11　光散射法测尘仪检测原理示意图

1—光源　2—出射光束　3—散射光发生区　4—风扇　5—被测空气
6—光电倍增管 7—散射光　8—暗箱

$$c = K(R - B) \tag{4—10}$$

式中　c——空气中 PM10 质量浓度，mg/m^3，采样头装有颗粒切割器；

R——仪器测定颗粒物的测定值—电脉冲数；R=累计读数/t，即 R 是仪器平均每分钟产生的电脉冲数，t 为设定的采样时间，min；

B——仪器基底值（仪器检查记录值），又称暗计数，即无粉尘的空气通过时仪器的测定值，相当于由暗电流产生的电脉冲数；

K——颗粒物质量浓度与电脉冲数之间的转换系数。

当被测颗粒物质量浓度相同，而粒径、颜色不同时，颗粒物对光的散射程度也不相同，仪器测定的结果也就不同。因此，在某一特定的采样环境中采样时，必须先用重量法与光散射法所用的仪器相结合，测定计算出 K 值。这相当于用重量法对仪器进行校正。光散射法仪器出厂时给出的 K 值是仪器出厂前厂方用标准粒子校正后的 K 值，该值只表明同一型号的仪器 K 值相同，仪器的灵敏度一致，不是实际测定样品时可用的 K 值。

实际工作中 K 值的测定方法是：在采样点将重量法、光散射法测定所用相同采样器的采样口放在采样点的相同高度和同一方向，同时采样 10 min 以上，根据式（4—10），用两种仪器所得结果或读数如下计算 K 值：

$$K=\frac{C}{R-B} \tag{4—11}$$

式中 C——重量法测定 PM10 的质量浓度值 mg/m^3；

R——光散射法所用仪器的测量值，电脉冲数。

例如，用滤膜重量法测得某现场颗粒物质量浓度 $C=1.5\ mg/m^3$，用 P—5 型光散射法仪器同时采样测定，仪器读数为 1260（电脉冲数），已知采样时间为 10 min，$B=3$（电脉冲数），则：

$$R=1260/10=126(\text{电脉冲数})$$

$$K=1.5/(126-3)=0.012$$

有时，可能由于颗粒物诸多性质不同，在同一环境中反复测定的转换系数 K 值也有差异，这主要是由于粉尘颗粒的性质随机发生变化，及仪器显示值本身的随机误差造成的。因此，应该取多次测定 K 值的平均值作为该特定环境中的 K 值。只要环境条件不变，该 K 值就可用于以后的测定计算。产生粉尘的环境条件及物料变化时，要重新测定 K 值。

第五节　粉尘分散度的测定

粉尘各粒径区间的粉尘质量或数量占总质量或数量的百分比称为粉尘分散度。粒径小的粉尘颗粒比例越大，粉尘分散度越高；反之，分散度越低。我国现行作业场所劳动卫生检测标准采用数量分散度表示粉尘分散度，规定的测定方法有滤膜溶解涂片法和自然沉降法。

一、滤膜溶解涂片法

滤膜溶解涂片法简称滤膜法，其原理是把采样后的滤膜溶解于有机溶剂中，形成粉尘粒子的混悬液，制成标本，在显微镜下测定。

将采集粉尘后的聚氯乙烯纤维滤膜放在洁净干燥的瓷坩埚或小烧杯中，用吸管加入 1～2 mL 乙酸丁酯，再用玻璃棒轻轻地充分搅拌，制成均匀的粉尘混悬液，立即用滴管吸取一滴，滴于载玻片上，用另一载玻片成 45°角推片，贴上标签、编号、注明采样地点及日期。如不能即时检测，应把制好的标本保存在玻璃平皿中，避免外界粉尘的污染。测定时，先在 400～600 倍的放大倍率下，用物镜测微尺校正目镜测微尺每一刻度的间距，即将物镜测微尺放在显微镜载物台上，目镜测微尺放在目镜内。在低倍镜下（物镜 4×或 10×），找到物镜测微尺的刻度线，将其刻度移到视野中央，然后换成测定时所需倍率，在视野中心，使物镜测微尺的任一刻度与目镜测微尺的任一刻度相重合。然后找出两尺再次重合的刻度线，分别数出两种测微尺重合部分之间的刻度数，计算出目镜测微尺一个刻度的间距。

分散度的测定方法：取下物镜测微尺，将粉尘标本放在载物台上，先用低倍镜找到粉尘粒子，然后用 400～600 倍观察（倍数与校正时相同）。用目镜测微尺无选择地依次测定粉尘颗粒的大小，在显微镜的视场内向一个方向移动，遇长径量长径，遇短径量短径，此方法称为垂直投影法，见图 4—12。至少测量 200 个尘粒，按表 4—1 记录，计算出百分比。

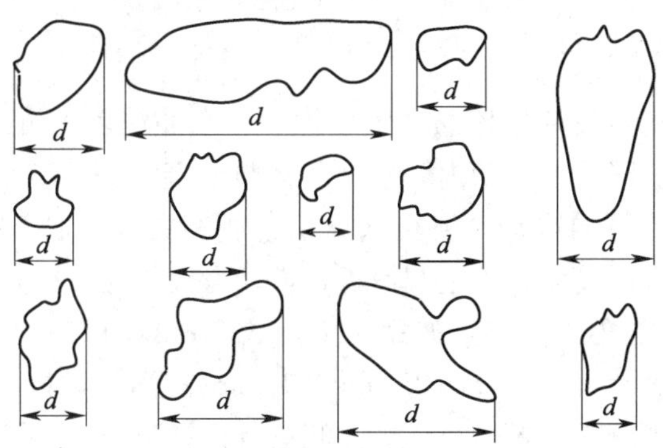

图 4—12 垂直投影法测量粉尘粒径

该法采集的尘样经溶剂稀释、搅拌等操作，部分大颗粒、特别是因荷电性凝集的尘粒可能破碎；可溶于有机溶剂的粉尘，在乙酸丁酯中溶解变形。因此，它反映尘样在空气中的真实性较沉降法差。对可溶于有机溶剂中的粉尘和纤维状粉尘本法不适用。此时采用自然沉降法。

表 4—1 粉尘数量分散度测量记录表

粒径，μm	<2	2～	5～	≥10
尘粒数，个				
百分数，%				

二、自然沉降法

自然沉降法又称格林氏沉降法或沉降法。自然沉降法的原理是：将现场含尘空气采集到格林氏沉降器（图 4—13）的金属圆筒中，使尘粒自然沉降在盖玻片上，在显微镜下测定，按粒径分组计算其尘粒数的百分率。

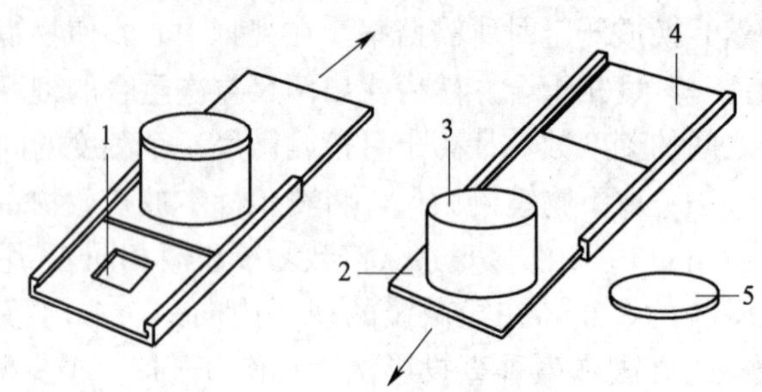

图 4—13　格林氏沉降器的结构

1—凹槽　2—滑板　3—圆筒　4—底座　5—圆筒盖

操作步骤是：将盖玻片用铬酸洗液浸泡，用水冲洗后，再用 95%乙醇擦洗干净晾干。然后放在沉降器的凹槽内，推动滑板与底座平齐，盖上圆筒盖以备采样。采样时将滑板向凹槽方向推动，直至圆筒位于底座之外，取下筒盖，上下移动数次，使含尘空气进入圆筒内，盖上圆筒盖，推动滑板与底座平齐。然后将沉降器水平静置 3 h，使尘粒自然降落在盖玻片（18 mm×18 mm）上。将滑板推出底座外，取出盖玻片贴在载玻片（75 mm×25 mm×1 mm）上，编号，注明采样日期及地点。然后在显微镜下测量。粉尘分散度的测量及计算与滤膜溶解涂片法相同。

本法测定的是自然沉降的尘粒，其形状没有变化，测定结果能较真实地反映现场粉尘的状态。采样前应洗净载玻片和盖玻片，保证无尘；采样时要用采样点的气样充分置换沉降器中原有气体；采样后在尘样的送检、存放过程中要避免振动和污染，特别是静放采样时必须保证不受振动，温度变化小，以利尘粒的自然沉降；应在空气清洁场地安放和取出盖玻片，以免污染。测定时必须选择标定时光学条件，测定 200 个以上尘粒，若测定尘粒数太少，则代表性差，粉尘分散度结果误差大。

三、用物镜测微尺标定目镜测微尺

物镜测微尺（图 4—14）是一标准尺度，总长 1 mm，100 等分刻度，每一分度值为 0.01 mm（10μm）。

目镜测微尺放在显微镜的目镜内（有刻度的一面向下），其刻度间距是固定不变的，测定中用它测量粉尘颗粒大小。但是当物镜倍数改变时，被测粉尘在视野中的大小随之改变，目镜测微尺的刻度间距不能反映粉尘颗粒的真实粒径。因此，必

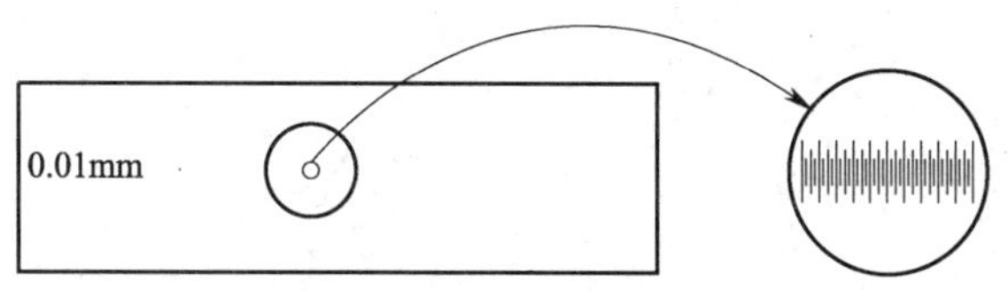

图 4—14　物镜测微尺

须用物镜测微尺对目镜测微尺进行标定，确定其在所选光学条件下，目镜测微尺刻度间距代表的是真实长度。

测定分散度时，一般用高倍物镜配合 10 倍目镜进行测定，有特殊要求时可用油镜。标定时，将物镜测微尺放在显微镜的载物台上，先在低倍镜下找到物镜测微尺的刻度线，将其移到视野中央，然后换成高倍镜，调节焦距至刻度线清晰；移动载物台，使物镜测微尺的任意一刻度线与目镜测微尺的任意一刻度线（例如 0 刻度线）相重合，然后找出两尺另外一条重合的刻度线（图 4—15）；分别数出重合刻度线间物镜测微尺刻度数 a 和目镜测微尺的刻度数 b。

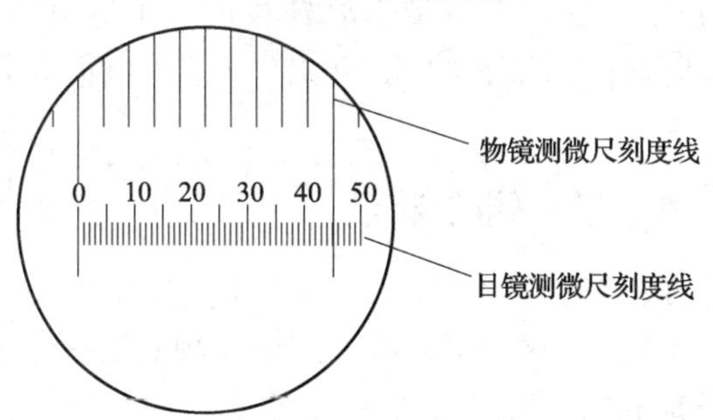

图 4—15　目镜测微尺的标定

$$\text{目镜测微尺每一刻度数间距} = 10a/b\ (\mu\text{m}) \tag{4—12}$$

在图 4—15 的视野中，目镜测微尺的 45 个刻度与物镜测微尺的 10 个刻度相重合，在该光学条件下，目镜测微尺 1 个刻度相当于 10÷45×10 μm≈2.2 μm。

四、粉尘分散度的测定

取下物镜测微尺，换上已制好的粉尘标本，先在低倍镜下找到粉尘粒子，然后在标定时的光学条件下，用目镜测微尺依次测量粉尘颗粒的大小。测量时移动标本（即移动载物台），使粉尘粒子依次进入目镜测微尺范围，遇长径量长径，遇短径量短径（图 4—16）。每个样本至少测量 200 个尘粒，并计算出尘粒数的百分数。

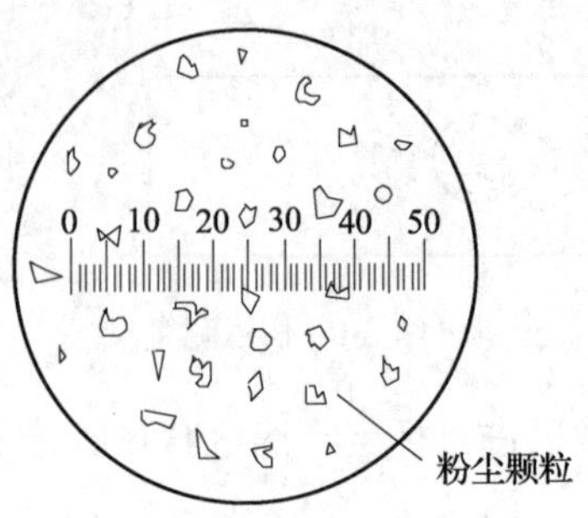

图 4—16　粉尘分散度的测量

第六节　粉尘中化学成分测定

粉尘中有害化学成分主要是二氧化硅和重金属元素。与大气环境中的颗粒物不同，作业场所的粉尘，从产生到被作业人员吸入的时间间隔很短，一般不再测定粉尘在悬浮过程中所吸附的有害化学成分。如果产尘点与受危害人作业点之间存在有毒气体，则应该考虑。

一、粉尘中游离二氧化硅的测定

在自然界中，硅元素主要以硅酸盐和游离二氧化硅的形式存在，因为二氧化硅主要以结晶态存在，所以游离二氧化硅就是指结晶型的二氧化硅。

游离二氧化硅是地壳的主要成分之一，石英中 97%以上、砂岩中 80%左右、花岗岩中 65%以上是游离二氧化硅，其他大部分岩石中也都含有游离二氧化硅。在采掘作业的凿岩、爆破、运输，在修建铁路、水利工程、开挖隧道、采石等工程作业中常常产生大量含石英岩尘。在石粉厂、玻璃厂和耐火材料等厂的原料破碎、研磨、筛分和配料等工序也都产生大量粉尘。若作业场所通风除尘条件差，防护措施不得当，人们长期吸入含有游离二氧化硅的粉尘，可引起以肺组织纤维化为主的职业性疾病——矽肺。检测和控制含游离二氧化硅粉尘在空气中的污染，对保障工人的职业安全具有重要意义。

测定粉尘中游离二氧化硅的方法很多，包括焦磷酸重量法、碱熔钼蓝比色法、氟硼酸重量法、X 射线衍射法以及发射光谱法等。其中被广泛应用的是焦磷酸重量法和碱熔钼蓝比色法，前者也是我国现行的标准测定方法。

1. 焦磷酸重量法

焦磷酸重量法依据的原理是：粉尘中的金属氧化物、硅酸盐溶解于加热的焦磷酸中，而石英（即游离二氧化硅）几乎不溶，形成溶解残渣，以重量法测定粉尘中游离二氧化硅的含量。

采集工人经常工作地点附近呼吸带的悬浮粉尘。按滤膜直径为 75 mm 的采样方法，用最大流量采集 0.2 g 左右的粉尘，或用其他合适的采样方法进行采样；当受采样条件限制时，可在其呼吸带高度采集沉降尘。

将采集的粉尘样品放在 105±3℃烘箱中烘干 2 h，稍冷，储于干燥器中备用。如粉尘粒子较大，需用玛瑙研钵研细到手捻有滑感为止。在分析天平上准确称取 0.1～0.2 g 粉尘样品，置于 50 ml 的锥形烧瓶中。用量筒取 15 ml 焦磷酸，倒入锥形烧瓶中，轻轻摇动，使样品全部湿润。将锥形烧瓶置于可调电炉上，迅速加热到 245～250℃，保持 15 min，并用带有温度计的玻璃棒不断搅拌。取下锥形烧瓶，在室温下冷却到 100～150℃，再将锥形烧瓶放入冷水中冷却到 40～50℃。在冷却过程中，加 50～80℃的蒸馏水稀释到 40～45 ml，防止生成硅酸胶体沉淀。稀释时一面加水，一面用力搅拌混匀。将锥形烧瓶内容物小心移入烧杯中，再用热蒸馏水冲洗温度计、玻璃棒及锥形烧瓶。把洗液一并倒入烧杯中，并加蒸馏水稀释至 150～200 ml，用玻璃棒搅匀。将烧杯放在电炉上煮沸内容物，趁热用无灰滤纸过滤（滤液中有尘粒时，须加纸浆），滤液勿倒太满，一般约在滤纸的三分之二处。过滤后，用 0.1 mol/L 盐酸洗涤烧杯移入漏斗中，并将滤纸上的沉渣冲洗 3～5 次，再用热蒸馏水洗至无酸性反应为止（可用 pH 试纸检验），如用铂坩埚时，要洗至无磷酸根反应后再洗三次。上述过程，应在当天完成。

将带有沉渣的滤纸折叠数次，放于已恒重的瓷坩埚中，在 80℃的烘箱中烘干，再放在电炉上低温炭化，炭化时要加盖并稍留一小缝隙，让烟逸出，然后放入高温电炉（马福炉控制在 800～900℃）中灼烧 30 min，取出瓷坩埚，在室温下稍冷后，再放入干燥器中冷却 1 h，称重并记录。之后再进行灼烧—冷却—称重，直至恒量。

粉尘中游离二氧化硅含量按下式计算：

$$C_{SiO_2(F)} = [(m_2 - m_1)/G] \times 100 \quad (4—13)$$

式中 $C_{SiO_2(F)}$——游离二氧化硅含量，%；

m_1——坩埚质量，g；

m_2——坩埚加沉渣质量，g；

G——粉尘样品质量，g。

用热蒸馏水洗涤残渣时，检验磷酸根是否被洗涤完全可用下述方法：配制 pH=4.1 的乙酸盐缓冲液（把 0.025 mol/L 乙酸钠溶液与 0.1 mol/L 乙酸溶液等体积混合)、1%抗坏血酸溶液(保存于冰箱中)和钼酸铵溶液(取 2.5 g 钼酸铵溶于 100 mL 的 0.025 mol/L 硫酸中,因溶液稳定性差,最好临用时配制)。检验时分别将 1%抗坏血酸溶液和钼酸铵溶液用乙酸盐缓冲液各稀释 10 倍。取 1 mL 洗涤滤液加上述溶液各 4.5 mL 混匀,放置 20 min,如有磷酸根离子则显蓝色。其原理是:磷酸和钼酸铵形成的磷钼杂多酸,在 pH=4.1 时被抗坏血酸还原后显蓝色。

本法适用分析硅酸盐类(如橄榄石、辉石、角内石、蛇纹石、碣帘石、蒙脱石和高岭土等)、铝硅酸类(如长石和云母等)尘样。

为保证测定结果的准确度,操作过程中应注意下列事项:

a. 用焦磷酸溶解样品时,应严格控制温度、时间,条件分别为 245~250℃、15 min。温度低、时间短时,硅酸盐等化合物溶解不彻底,可能残留在二氧化硅中,使测定结果偏高;时间过长时,已溶解的硅酸盐可能脱水形成胶体。

b. 样品经焦磷酸溶解后,必须在缓慢搅拌下,用 80℃左右的热水稀释,并充分搅拌,以防可溶性硅酸盐在稀释、过滤时形成硅酸胶体。

c. 样品中若含有煤、其他碳素及有机物的粉尘时,应放在瓷坩埚中,在 800~900℃下灼烧 30 min 以上,使炭及有机物完全灰化,冷却后将残渣用焦磷酸洗入锥形烧瓶中;若含有硫化矿物(如黄铁矿、黄铜矿、辉钼矿等),应加数毫克结晶硝酸铵于锥形烧瓶中将其氧化,防止形成硫化物沉淀。

d. 当粉尘样品中含有难以被焦磷酸溶解的物质时(如碳化硅、绿柱石、电石、黄玉等),则需用氢氟酸在铂坩埚中处理。向已称量恒重后的铂坩埚内加入数滴 1∶1 硫酸,使沉渣全部润湿。然后再加 40%的氢氟酸 5~10 mL(在通风柜内),稍加热,使沉渣中游离二氧化硅溶解,继续加热蒸发至不冒白烟为止(防止沸腾)。再于 900℃温度下灼烧,称至恒量。处理难溶物质后游离二氧化硅含量按下式计算:

$$C_{SiO_2(F)}=[(m_2-m_3)/G]\times 100 \quad (4\text{—}14)$$

式中　m_3为经氢氟酸处理后坩埚加沉渣质量,g。

e. 样品中的碳酸盐与酸作用时产生 CO_2 气泡,碳酸盐含量高时反应很剧烈。操作时加酸和加热升温要缓慢,防止样品溅出损失。

标准规定:焦磷酸重量法为基本方法,采用其他方法时,必须以本方法为基准。

2. 碱熔钼蓝比色法

用等量碳酸氢钠与氯化钠混合成混合熔剂。在坩埚中将粉尘与混合熔剂混匀,加热至 270~300℃时,碳酸氢钠发生热分解反应,转变成碳酸钠。

$$2NaHCO_3\longrightarrow Na_2CO_3+H_2O+CO_2\uparrow$$

加热至800～900℃时，碳酸钠与粉尘中的硅酸盐不作用，选择性地与粉尘中的游离二氧化硅反应，生成水溶性硅酸钠：

$$Na_2CO_3+SiO_2 \longrightarrow Na_2SiO_3+CO_2\uparrow$$

硅酸钠溶解于水中，而非碱金属的硅酸盐不溶于水，经过滤将不溶物分离掉。在酸性条件下，硅酸钠与钼酸铵作用形成黄色硅钼酸铵配合物。

$Na_2SiO_3+8(NH_4)_2MoO_4+8H_2SO_4 \longrightarrow [(NH_4)_2SiO_3\cdot 8MoO_3]+7(NH_4)_2SO_4+8H_2O+Na_2SO_4$

$[(NH_4)_2SiO_3\cdot 8MoO_3]+2H_2SO_4 \longrightarrow [Mo_2O_5\cdot 2MoO_3]_2\cdot H_2SiO_3+2(NH_4)_2SO_4+2H_2O$

再用抗坏血酸（Vc）将其还原成硅钼蓝后用分光光度法的标准曲线法定量。自然界中的硅酸盐为非碱金属硅酸盐，不溶于水或弱碱溶液。

分析测定中的注意事项：

a. 混合熔剂中的氯化钠起到助熔剂的作用，800～900℃时为熔剂．它不参与反应。在高温下碳酸氢钠转变成碳酸钠，碳酸钠在氯化钠存在时，可以选择性熔融游离二氧化硅。实验证明，碳酸氢钠与等量的氯化钠混合使用，熔融效果最好。氯化钠过多，碳酸氢钠浓度下降，粉尘中的SiO_2熔融不完全；氯化钠太少时，硅酸盐也参与反应，测定结果偏高。

b. 熔融时间必须严格控制，当熔融物表面光亮如镜时，再保持加热2 min，以利游离二氧化硅充分反应；若时间过长，碳酸钠也可与粉尘中硅酸盐作用，使测定结果偏高。这是获得准确结果的关键测定步骤。

c. 熔融物冷却后，必须用5%碳酸钠溶液浸泡，溶解其中的硅酸钠。若用酸性溶液处理熔块，硅酸钠将水解形成胶体，不仅使过滤困难，而且测定结果偏低。

d. 过滤后，先用H_2SO_4溶液中和滤液中过剩的碳酸钠，并使硅酸钠生成硅酸，以利形成硅钼酸铵配合物。

e. 在测定条件下，可溶性硅酸盐、磷酸盐和砷酸盐均可与钼酸铵反应生成有色配合物而干扰测定，可用空白实验方法扣除干扰。实验时取部分粉尘按上述方法熔融处理后测定获得一个结果；另取部分粉尘不进行熔融处理进行测定获得另一个测定结果。从前一个结果中扣除后一结果，达到排除干扰的目的。

另外，镍坩埚对测定结果也有一定影响，因此，每次测定应作空白试验。Fe^{3+}、Fe^{2+}、Co^{3+}、Co^{2+}、Ni^{2+}、Cr^{3+}等有色离子干扰测定。实验中在加入酸性钼酸铵后，加入适量酒石酸作为掩蔽剂，与它们形成无色配合物即可排除它们的影响。

二、粉尘中金属元素的测定

在工业生产，尤其是化学工业生产过程中，某些化工原料、产品、中间体、辅料中含有对人体有害的金属元素，在生产、使用、包装这些物料时所形成的粉尘自然含有有害金属元素，如制造铅丹颜料时的铅尘、制造铬催化剂时的铬酐尘、制造硬脂酸镉时的镉尘。有些金属元素是夹杂在产品粉尘中，如氧化锌粉尘中含有镉。长期在这些生产岗位上的接尘人员，有害元素会在其体内积累，危害健康。根据不同的具体情况和目的，需要检测的金属元素有：镉、铬、铅、汞、砷、锑、锰、钒、锌、钴、镍等，常用的检测分析方法有：原子吸收光谱法（AAS）、原子发射光谱法（AES）、分光光度法（SP）、X射线荧光光谱法（XFS）等。此处只介绍原子吸收光谱法。

原子吸收光谱法由于具有灵敏度高、干扰少、适用面广、操作简便快速等优点，是目前最常用的金属元素分析方法之一。被采集到的粉尘样品需经预处理（酸溶或碱溶）转化成液体样品后才能测定。其中汞主要用冷原子吸收法测定，砷、锑的原子化用氢化物发生法，其他元素的原子化可用石墨炉原子化法或火焰原子化法。本节只具体介绍火焰原子化法。

为保证测定过程中所用溶液不被污染，所有玻璃器皿在使用前用10%硝酸浸泡12小时以上，再用去离子水冲洗干净。

被测粉尘样品用聚氯乙烯滤膜采样，按照滤膜重量法测定所采粉尘的质量。将采样后的滤膜置于50 ml高型烧杯中，并取同批号的滤膜做空白试验，加入5 ml 1+9的高氯酸—硝酸混合消解液，置于电砂浴（或电热板、微波消解器）中保持200℃左右消解滤膜，视消解情况补加少量硝酸，直至消解完全。上述工作要在通风橱内完成。残渣呈白色或浅黄色，用0.2%硝酸溶解残渣，转入10 ml容量瓶中，稀释至刻度待测。

上机测定前，先将原子吸收光谱仪预热半小时，调整到各元素相应的最佳工作条件。各元素的最灵敏线（测量波长，nm）分别为：Cd228.8、Cr357.9、Pb283.3、Mn279.5、Co240.7、Ni232.0、Zn213.9。

标准曲线的绘制：首先配制待测元素的标准储备液，分别称取光谱纯或高纯的各种金属0.500 0 g，或高纯度的盐、氧化物（换算出所需质量），用数毫升硝酸（1+1）溶解，必要时可加热，用水稀释到500 ml，配成1.00 mg/ml的标准储备液。储存在聚乙烯塑料瓶中，放入冰箱中保存。临用时再以0.2%硝酸分别稀释成10.0 μg/ml，而铅为100 μg/ml的标准使用液。因为金属元素的硝酸盐不沉淀，所以用稀硝酸溶液作为稀释剂，可避免金属离子发生水解。全部实验用水均为去离子水。取 5 个 100 ml 容量瓶，按元素的线性范围，配制待测元素的标准系列。测定各元素的吸光度，以吸光度对金属元素浓度（μg/ml）绘制各元素的标准曲线。

样品测定：在绘制标准曲线的同时，测定样品溶液及空白溶液的吸光度，从标准曲线查出样品及空白溶液中金属元素的浓度（μg/ml）。并计算：

$$C=\frac{(C_1-C_0)\times 10.0}{1\ 000V_0} \tag{4—15}$$

式中　C——待测金属元素在空气中的浓度，mg/m^3；

C_1——样品溶液中金属元素浓度，μg/ml；

C_0——滤膜空白溶液中金属元素浓度，μg/ml；

V_0——换算成标准状态下的采样体积，m^3。

方法的测定范围、灵敏度和检测限见表 4—2。不同仪器的值可能不同，本表只供参考。

表 4—2　　各种元素的测定范围、灵敏度和检测限

元素	测定范围（μg/ml）	灵敏度（μg/ml/1%）	检测限（μg/ml）
Cd	0.2～2.0	0.01	0.005
Co	1.0～5.0	0.12	0.09
Cr	0.5～5.0	0.05	0.09
Mn	0.2～3.0	0.02	0.026
Ni	1.0～5.0	0.05	0.03
Pb	2.0～20	0.20	0.06
Zn	0.15～1.0	0.01	0.05

一般情况下，待测各元素间相互干扰很小，特别是在浓度低于 100 μg/ml 时可忽略，故多元素同时测定时可配制混合标准溶液。除铅以外，含铁 100～500 μg/ml，对表列其他待测元素均有不同程度的干扰，其中对铬影响显著。含 SiO_3^{2-} 100 μg/ml 对铬的测定将导致明显的负偏差。铁对铬的干扰可用氯化铵予以消除；硅的干扰可将样品溶液静止沉淀或离心除去。具体样品测定时是否有干扰，何种方法可以消除，可先查阅有关著作。

第七节　粉尘的可燃性及爆炸性测定

粉尘爆炸是指悬浮于空气中的可燃性（或还原性）粉尘的爆炸，常见的具有爆炸危险性的粉尘如表 4—3 所示。粉尘爆炸的破坏性不亚于可燃气体的爆炸，1987 年 3 月 15 日哈尔滨亚麻厂的亚麻粉尘爆炸事故造成 58 人死亡，177 人受伤。最常见的粉尘爆炸是煤矿的煤尘爆炸，另外机械化的面粉厂、制糖厂、纺织厂以及铝、镁、碳化钙等生产场所悬浮于空气中的细微粉尘都有极大的爆炸危险性。防止或减少粉尘外逸以及有效的通风除尘是避免粉尘爆炸的根本方法。

同可燃气体爆炸一样，产生粉尘爆炸必须具备三个条件：粉尘浓度在爆炸极限之内、有氧化性气体（通常是氧气）和点燃源。粉尘爆炸的爆炸下限约在 45～50 g/m^3，爆炸上限一般都比较高，实际情况下很难达到。粉尘的爆炸性与其颗粒大小有关，颗粒越细，单位重量的粉尘表面积越大，吸附的氧就越多，发火点和爆炸下限也越低。另外，颗粒越细越容易带上静电。细小粉尘的爆炸危险性还与其物理化学性质有关。粉尘物质的燃烧热越大，则其粉尘的爆炸危险性越大；越易被氧化的物质，其粉尘越易爆炸；易带静电的粉尘易引起爆炸，在产生粉尘的过程中，由于摩擦、碰撞等作用，粉尘一般都带有电荷，细小粉尘带电后，其物理性质将发生改变，其爆炸性质也会变化。由粉尘爆炸机理可知，发火和燃烧的过程都是很复杂的过程。

表 4—3　　常见的爆炸性粉尘

种类	举例
炭制品	煤、木炭、焦炭、活性炭等
肥料	鱼粉、血粉等
食品类	淀粉、砂糖、面粉、可可、奶粉、谷粉、咖啡粉等
木质类	木粉、软木粉、木质素粉、纸粉等
合成制品类	染料中间体、各种塑料、橡胶、合成洗涤剂等
农产加工品类	胡椒、除虫菊粉、烟草、原粮粉尘等
金属类	铝、镁、锌、铁、锰、锡、硅、硅铁、钛、钡、锆等

本节简要介绍工业粉尘可燃性和爆炸性特征值的测定方法。测定项目有：

a. 粉尘及粉末层中的被发火（点火）温度（t_d）及自发火（自燃）温度（t_z）；

b. 爆燃温度 t_b（熔点低于 300℃的固体物质）；

c. 阴燃温度（t_y）；

d. 粉尘的发火温度下限；

e. 最大爆炸压力（P_b）；

f. 爆炸压力增加速度（U）；

g. 粉尘中最低温度爆炸含氧（氧化剂）量（K_{O2}）。

一、基本概念

a. 燃烧——是可燃粉尘（物质）与氧或氧化剂发生的强烈放热且发光的剧烈化学反应。

b. 发火（着火）——是指燃烧的发生。

c. 自发火温度（自燃温度）——是指产生自发火的初始温度，即自燃点。

d. 被发火温度（点火温度）——是指引起发火的热源的最低温度，即燃点。

e. 阴燃温度——是指由于加热产生阴燃时的粉末的最低温度。

f. 爆燃温度——是指可燃物质在试验条件下，其表面上方形成能由点火源产生的爆炸蒸气及与空气的混合物，但形成速度还不足以产生后继燃烧的最低温度。

g. 发火温度下限——是指火焰可能由点火源沿固相扩散的最低含尘量。

参数特征值是在一定的条件下的测定值，只有试验室测试条件接近于现场实际情况时，测定数据才接近实际。

二、粉尘可燃性特征值的测定

1. 自发火（自燃）温度（t_z）的测定

通常采用温度记录法进行测定。图 4—17 是按差分温度记录法测定 t_z 的实验装置。

首先将盛有试验粉尘及惰性物质的坩埚 4 和 3 连同插入其中的热电偶一起置于反应管 5 中，用支撑管固定于竖炉 2 内。用双坐标自动电位计平行记录热电偶的指示值。将一定组成的混合气送入反应管中，由气体分析器测定指示氧浓度。在不同氧浓度下重复进行试验，测出粉尘发火时的最低氧浓度。根据温度记录图上的拐点，确定粉末自发燃烧的开始点。

2. 被发火温度（点火温度）t_d 的测定

将粉尘试样置于热金属传热板上，利用热金属棒作为点火源。使热金属棒与粉尘表面接触，粉尘的温度用插入其中的热电偶测量，用电位计记录其读数，在温度记录图上，温度上升的跃点即为点火温度。

3. 阴燃温度（t_y）的测定

阴燃温度是自加热温度不高于（600～700℃）的粉末特性指标，这种粉末燃烧时不起火焰或者自发火温度相当高。

测定时先将粉尘以一定厚度均匀铺撒在加热板上，加热板是敞开的，以使空气

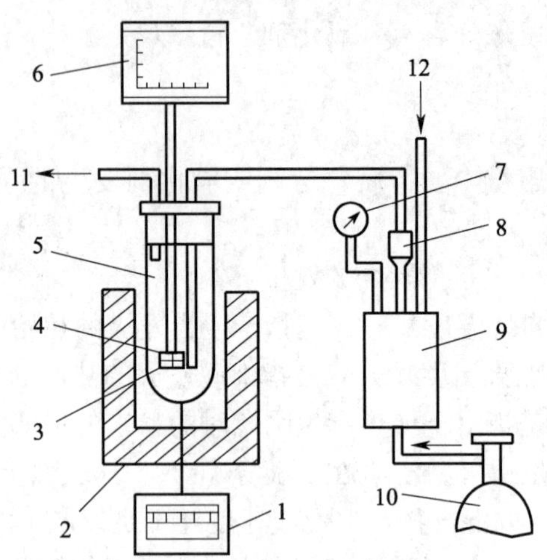

图 4—17　测定自发火温度的装置图

1—电位计　2—竖炉　3—盛有标准物质的坩埚　4—盛有实验粉尘的坩埚
5—反应管　6—双坐标电位计　7—压力计　8—流量计　9—集气包
10—气体瓶　11—氧气体分析仪　12—压缩空气

自由流通和产生强烈的热交换，用电位计记录阴燃温度。

煤粉的最低阴燃温度是 125℃，黄铁矿粉为 150℃，菱铁矿粉为 500℃。

4. 爆燃温度（t_b）的测定

对于固态熔融状有机物质例如石油沥青、焦油沥青等需要测定爆燃温度。按其数值对生产工艺、厂房及设备发生火灾及爆炸危险性的大小进行分级。

测定时，先将试样以 14～17℃/min 的速度进行加热，然后降低其加热速度，即在温度到达 t_b之前的最后 28℃，把加热速度降为 5～6℃/min。开始测定 t_b。此时把煤气烧嘴的火焰在试样表面上方不断移动 1～1.5 cm/s。温度每上升 2℃重复进行一次测试。

测定 t_b以后继续以 5～6℃/min 的速度加热试样，其温度提高到发火温度。由于煤气烧嘴的火焰而使物质发火，移开烧嘴的火焰使其继续燃烧不少于 5 s 的时间，这当中的最低温度为发火温度。部分粉尘的发火温度见表 4—4。

三、粉尘爆炸性特征值的测定

粉尘爆炸性特征值普遍采用的方法是利用实验室装置进行测定。装置种类很多，大致均由以下几部分构成：喷粉系统、测量发火温度系统、测量爆炸压力及压

表 4—4 部分粉尘的发火温度

固相	尘粒粒径 μm	温度℃			
		自发火温度		点火温度	
		粉尘层	悬浮粉尘	粉尘区	悬浮粉尘
硅	d<74	790	—	—	77
镁	$\delta_{50}=58$	510	350	320	—
铝（99%）	$\delta_{50}=9$	320	680	220	670
还原铁（98.5%）	$\delta_{50}=35$	220	310	300	300
锆	d=3	190	20	180	—

附注：d 及 δ_{50} 分别为均方径及中位径。δ_{50}—中位径，即在所分析的粉尘中粒径小于或大于 δ_{50} 的所有尘粒的质量各占 50%时的尘粒粒径。

力增长速度系统、观察发火过程及火焰扩散过程窗口。

当特殊需要时也可在大系统中进行试验，即在尽可能接近于实际情况的条件下进行。这种方法主要用于巷道中煤尘的爆炸性能试验。由于装置造价高，加之完成试验的技术难度大，一般很少采用。

在表 4—5 至表 4—6 中，给出了某些物料的发火及爆炸性指标，供实际工作中参考。

表 4—5 无机物悬浮粉尘的爆炸性特征值

物料	尘粒粒径/μm	发火温度/℃	发火浓度下限/g/m³	爆炸时的最大压力/kPa	压力最大增长速度/KPa/s	点火的最小能量/MJ	氮气中爆炸安全极限含氧量/%
铝粉	<20	540	45	780	19 700	0.047	6.5
铝珠	<50	780	50	650	8 300	0.047	6.0
铝镁合金	<50	530	2	600		0.047	3.0
硼	<44	470	100	630	17 000	60	—
青铜粉	<53	370	1 000	300	9 000	—	—
钒	<74	860	150	620		280	15.0
还原铁	<50	270①	76	280	2 840	6.8	12.0
700℃温度下在氢中退火的铁粉	<50	270①	79	270	2 640	—	13.0
雾化纯铁	<50	330①	103	300	5 500	—	12.5

续表

物料	尘粒粒径/μm	发火温度/℃	发火浓度下限/g/m³	爆炸时的最大压力/kPa	压力最大增长速度/KPa/s	点火的最小能量/MJ	氮气中爆炸安全极限含氧量/%
硅	<74	770	100	575	8 300	21	11
镁	<74	450	10	660	—	0.025	0①
锰	<44	400	90	390	3 700	180	—
硫	<74	205	10.7	360	20 000	—	—
钛	<40	330	25	500		10	0
钍	7	270	75	350	—	5	2
钒铁	<74	440	1 300	—	—	400	17②
锰铁	<50	495③	76	320	5 000	—	7.8
硅铁（Si 75%）	<50	860	150	350	3 500	280	15
钛铁	<50	550③	90	420	8 000		10
锆	3～6	20	40	450		5	3①

附注：①氩气中。②CO_2中。③沉淀层的自发火温度。

表 4—6　　某些有机物粉尘的爆炸性特征值

名称	≤74 μm 尘粒的质量含量	湿度%	灰分%	自发火温度℃	发火浓度下限 g/m³
小粒粉尘取自通风系统	36	6.2	2.6	715	12.6
取自粉尘室	—	10.5	17.5	735	22.7
奶粉	87	3.8	5.6	875	7.6
木屑		6.4	1.5	—	12.6～25

第八节　个体呼吸性粉尘监控

个体测尘技术是国际上 20 世纪 60 年代发展起来的测定方法，用于评价作业场所粉尘对工人身体危害的程度。个体采样器使用时佩戴在工人的身上，在呼吸带连续抽取一定体积的含尘气体，测定工人一个工作日（一个班）的接触粉尘浓度或呼吸带粉尘浓度。个体采样器若测定个人接触浓度，所捕集的应为工人呼吸区域内的总粉尘粒子；若测定呼吸性粉尘浓度，所捕集的应为进入人体肺部的粒子。我国呼吸性粉尘卫生标准采用的是英国医学研究协会所规定的标准，因此在测定呼吸性粉尘浓度时，个体采样器必须带有符合卫生标准要求的采样器入口和粒径切割器。个体采样器重量轻、体积小，但所用粒径切割器的种类和原理与4.3.4节介绍的切割器相同。

长期以来，我国一直使用全粉尘浓度卫生标准和短时间、大流量、固定点的环境浓度采样方法作为评价作业环境粉尘危害的方法。我国是世界上少数采用这种监控方法的国家之一。这种方法的最大问题，一是瞬时、固定点的采样方法不符合现场环境下粉尘时间、空间分布上的客观规律，难以真正地代表作业工人的实际接触水平；二是不同矿物产尘特性差异较大，不同生产方式对固体的破碎程度也不尽相同，因而在悬浮粉尘中粒度分布比例差异很大。

国内粉尘浓度监控技术的发展可以概括如下：一是短时间采样测尘与长时间（一般为8 h）连续监控并重，并逐步向连续监控发展。短时间采样测尘是定时定点采集空气中的粉尘，测量速度快，在我国使用最广泛，但不及长时间连续监控数据的准确和可靠。二是向多点连续监控发展。多点连续监控比单点监控效果更好，特别是粉尘浓度排放超标的企业更需多点监控，因为某一点或某一生产环节超标，尚不能构成很大的危险，但多点的粉尘浓度过高，则说明生产出了故障。三是向远距离大面积连续监控发展。大功率激光器的开发为远距离大面积连续监控提供了基础保证，美国、德国已研制出对8～10 km范围内的大气粉尘进行连续扫描监控的激光粉尘雷达。

本章小结

1. 介绍了生产性粉尘的来源与危害，说明了进行作业场所空气中粉尘的检测的必要性。

2. 分析粉尘的理化特性，介绍了粉尘粒径表示方法和粒度分布规律，进一步了解粉尘对职业安全健康的危害机理及影响因素。

3. 介绍了作业场所粉尘采集的方法，首先进行测尘点和采样位置的合理确定，选取合适的采样器及粉尘收集器，以保证测试结果的有效性，并介绍了呼吸性粉尘切割器。

4. 介绍了作业场所粉尘浓度的测定方法。

5. 介绍了粉尘分散度的测定方法。

6. 简要介绍了粉尘中化学成分测定方法和粉尘可燃性和爆炸危险性的测定方法。

7. 介绍了个体呼吸性粉尘监控工作的测试方法，并对国内粉尘浓度监控技术的发展进行了概括总结。

复习思考题

1. 生产性粉尘的主要危害有哪些?

2. 按粒径大小分类，粉尘可分为几类? 其中哪些对人体健康的危害严重?

3. 在工作场所如何确定布置测尘采样点?

4. 在采集粉尘样品时，颗粒切割器的作用是什么? 简述向心式和撞击式切割器的工作原理。

5. 保证滤膜重量法测定空气中粉尘浓度的准确度的关键是什么?

6. 简述压电晶体差频法、β射线法和光散射法的原理。

7. 何谓粉尘分散度? 测定粉尘分散度的方法有哪些? 各有什么优缺点?

8. 简述焦磷酸重量法的原理。

9. 采用碱熔钼蓝光度法测定粉尘中游离二氧化硅时，哪些操作步骤对测定结果的准确性影响很大?

10. 测定粉尘中有害金属元素含量有何意义? 是否所有粉尘都应测定金属元素含量?

11. 简述粉尘可燃性和爆炸性的测量方法。

第五章　工业噪声检测

本章学习目标

本章要求了解噪声的产生与分类，噪声对人体的危害；熟悉噪声声级及相关的物理概念；重点掌握噪声测量仪器的结构及工作原理和噪声的测量技术。

第一节　噪声基础知识

物体受振动后，在弹性介质中以波的形式向外传播，当传到人耳时能引起音响感觉的振动称为声音。引起音响感觉的振动波称为声波。受振动的物体称为声源。

根据物理学的观点，各种不同频率不同强度的声音杂乱地无规律地组合，波形呈无规则变化的声音称为噪声，如机器的轰鸣等。从生理学的观点来看，凡是使人厌倦的、不需要的声音都是噪声。比如对于正在睡觉或学习和思考问题的人来说，即使是音乐，也会使人感到厌烦而成为噪音。

一、噪声的产生与分类

在生产过程中产生的一切声音都称为生产性噪声。生产性噪声按其声音的来源可大致分为以下几种：

1. 机械性噪声

由于机器转动、摩擦、撞击而产生的噪声。如各种车床、纺织机、凿岩机、轧钢机、球磨机等机械所发出的声音。

2. 空气动力性噪声

由于气体体积突然发生变化引起压力突变或气体中有涡流，引起气体分子扰动而产生的噪声。如鼓风机、通风机、空气压缩机、燃气轮机等发出的声音。

3. 电磁性噪声

由于电机中交变力相互作用而产生的噪声。如发电机、变压器、电动机所发出的声音。

生产性噪声根据持续时间和出现的形态，可分为连续性噪声和间断性噪声；稳态噪声和非稳态噪声或脉冲噪声。声音持续时间小于 0.5 s，间隔时间大于 1 s，声压变化大于 40 dB 的称为脉冲噪声，如锻锤、冲压、射击噪声等；声压波动小于 5 dB 的称为稳态噪声，如一般环境噪声、高速空调噪声、电锯、机床运转噪声等；声压变化较大的则称为非稳态噪声，如道路噪声、火车通过的噪声、锻造机械的噪声、铆枪的噪声等。

二、噪声对人体的危害

生产性噪声一般声级比较高，且多为中高频噪声，常与振动等不良因素联合作用于人体，使其危害更大。噪声对人的心理和生理健康都会造成不良的影响。其主要危害是：

1. 损伤听力

一般来说，85 dB 以下的噪声不至于损伤听力，而超过 85 dB 的噪声则可能给人造成暂时性或永久性的听力损伤。表 5—1 列出了在不同噪声级下长期工作时，耳聋发病率调查统计资料。由表中可看出，当噪声级超过 90 dB 之后，耳聋的发病率明显增加。然而，即使是高于 90 dB 的噪声，也只能给人造成暂时性的听力损害，一般休息一段时间后可逐渐恢复，因此，噪声的危害关键在于它的长期作用。

表 5—1　工作 40 年噪声性耳聋发病率　(%)

噪声级，dB (A)	国际统计	美国统计
80	0	0
85	10	8
90	21	18
95	29	28
100	41	40

2. 干扰睡眠

在较强噪声存在的情况下，睡眠的数量和质量都会受到影响。而且，如果长期处于强噪声环境中，会引起失眠、多梦、疲乏、注意力不集中和记忆力衰退等一系列神经衰弱症状。

3. 扰乱人体正常的生理功能

噪声会引起人的紧张反应，刺激肾上腺素的分泌，从而引起心律失调和血压升高，甚至会增加心脏病的发病率。噪声还会使人的唾液、胃液分泌减少，胃酸降低，从而诱发胃溃疡和十二指肠溃疡。研究表明，吵闹环境下的溃疡发病率比安静环境中高出许多。

4. 影响儿童和胎儿的正常发育

在噪声环境下，儿童的智力发育比较缓慢。某些调查资料指出，吵闹环境下儿童的智力发育水平比安静环境中低 20%。

噪声会使母体产生紧张反应，引起子宫血管收缩，以至影响胎儿所必须的养料和氧气的正常供给，从而使胎儿的正常发育受到影响，甚至使产生畸胎的可能性增大。

值得注意的是，除非特强的噪声，一般情况下噪声给人的危害是一个十分缓慢的过程，短时间内并无明显的表现。

第二节　噪声声级

一、声音的发生、频率、波长和声速

声音可认为是通过物理介质传播的振动。当物体在空气中振动，使周围空气发生疏、密交替变化并向外传递，且这种振动频率在 20～20 000 Hz，人耳听到的声音是叠加在听者周围大气压力上的一种压力波。因此，声音是周围大气压力的附加变化量。频率低于 20 Hz 的叫次声，高于 20 000 Hz 的叫超声，它们作用到人的听觉器官时不引起声音的感觉，所以不能听到，人感觉最灵敏的频率约在 3 000 Hz 左右。

声是一种纵波，既然是波，也可以用频率、波长、声速、周期等反映波特征的参数来描述。声源在一秒钟内振动的次数叫频率，记做 f，单位为 Hz。振动一次所经历的时间叫周期，记做 T，单位为 s。显然，频率和周期互为倒数，即 $T=1/f$。

声波在一个周期内沿传播方向所传播的距离，或在波形上相位相同的相邻两点间的距离称作波长，记为 λ，通常单位用 m。

一秒时间内声波传播的距离叫声速，记做 c，单位为 m/s。频率、波长和声速三者的关系是：

$$c = f\lambda \tag{5—1}$$

声速与传播声音的媒质和温度有关。在空气中，声速（c）和摄氏温度（t）的关系可简写为：

$$c = 331.4 + 0.607t \tag{5—2}$$

与绝对温度 T 的关系可大致表达为：

$$c = 20.05\sqrt{T} \tag{5—3}$$

常温下，声速约为 345 m/s。声波在硬质材料中的传播速度远大于在软质材料中，如下列材料在室温下（21.1℃）的传播速度（m/s）分别为：空气 344 m/s、水 1 372 m/s、混凝土 3 048 m/s、玻璃 3 658 m/s、钢铁 5 182 m/s、软木 3 353 m/s、硬木 4 267 m/s。

二、声功率、声强和声压

声功率（W）是指单位时间内，声波通过垂直于传播方向某指定面积的声能量。在噪声检测中，声功率是指声源总声功率。单位为 W。

声强（I）是指单位时间内，声波通过垂直于声波传播方向某指定单位面积的声能量。单位为 W/m^2。

声压（P）是由于声波的存在而引起的压力增值，单位为 Pa。声波是空气分子有指向、有节律的运动，其在空气传播时形成压缩和稀疏交替变化，所以压力增值是正负交替的。但通常讲的声压是取均方根值，叫有效声压，故实际上总是正值，对于球面波和平面波，声压与声强的关系是：

$$I = \frac{P^2}{\rho c} \tag{5—4}$$

式中　ρ——空气密度，如以标准大气压与 20℃时的空气密度和声速代入，得到$\rho \cdot c=408$ 国际单位值，也叫瑞利。称为空气对声波的特性阻抗。

三、分贝、声功率级、声强级和声压级

1. 分贝

以声压值表示声音大小，其变化范围非常大，可以达 6 个数量级以上。用分贝表示就是不用线性比例关系，而用对数比例关系，从而避免了大数字的计算。另外，人体听觉对声信号强弱刺激反应也不是线性的，而是成对数比例关系。所以采用分贝来表达声学量值。

所谓分贝是被量度量的物理量（A_1）与一个相同的参考物理量（或基准，A_0）的比值取以 10 为底的对数并乘以 10。对数值是无量纲的，因此分贝表示的量是与选定的参考量有关的数量级，它代表被量度量比基准量高出多少“级”。其数学表

达式是：

$$N = 10\lg \frac{A_1}{A_0} \tag{5—5}$$

分贝符号为 dB。

2. 声功率级

声功率级是描述一个给定声源发射的功率对应于国际参考声功率 10^{-12} W 的分贝值。

$$L_W = 10\lg \frac{W}{W_0} \tag{5—6}$$

式中　L_W——声功率级（dB）；

W——声功率（W）；

W_0——基准声功率，为 10^{-12} W。

例如：某一小汽笛发出 0.1W 的声功率，其声功率级为：

$$L_W = 10\lg \frac{W}{W_0} = 10\lg \frac{0.1}{10^{-12}} = 110(\mathrm{dB})$$

由此可见，在人耳的灵敏度范围内，即使像 0.1W 这样小的声功率也是一个很大的声源。

3. 声强级

声强级的定义式为：

$$L_I = 10\lg \frac{I}{I_0} \tag{5—7}$$

式中　L_I——声强级（dB）；

I——声强（W/m^2）；

I_0——基准声强，为 10^{-12} W/m^2。

4. 声压级

声压级的定义式为：

$$L_P = 10\lg \frac{P^2}{P_0^2} = 20\lg \frac{P}{P_0} \tag{5—8}$$

式中　L_P——声压级（dB）；

P——被量度声音的声压（Pa）；

P_0——基准声压，为 2×10^{-5} Pa，该值是一般青年人人耳对 1 000 Hz 声音刚能听到的最低声压。

声压级与声压平方比值的对数成正比，这是有意义的，因声压平方也与声功率成正比，这样声功率级与声压级都与声功率联系起来了。

四、噪声的物理量和主观听觉的关系

人们感觉到的噪声强度，不仅与噪声的客观物理量有关，还与人的主观感觉有关，所以研究噪声的物理量与主观听觉的关系十分重要。但主观感觉牵涉到复杂的生理机能和心理效应，且每一个人的个体感觉也不相同，所以这种关系相当复杂。

1. 响度和响度级

（1）响度（N）

人耳有很高的灵敏度和极大的动态响应范围，在此范围内人耳能正常地起作用，但人耳对不同频率的声波具有不同的响应灵敏度，换句话说，两个声压相等而频率不相等的纯音听起来是不一样响的，同理，人耳感觉一样响的两个不同频率的声波其声压并不相同。例如：具有正常听力的人能够刚刚听到 0 dB 级的 2 000 IIz 纯音，但 200 Hz 的纯音只有达到 15 dB 声压级才能够刚刚听到。响度是人耳判别声音由轻到响的强度等级概念，它不仅取决于声音的强度（如声压级），还与它的频率及波形有关。响度的单位叫“宋”（sone），1 宋的定义为声压级为 40 dB，频率为 1 000 Hz，且来自听者正前方的平面波形的强度。如果另一个声音听起来比这个大 n 倍，即声音的响度为 n 宋。

（2）响度级（L_N）

响度级是由某声音的响度与一个 1 000 Hz 纯音的响度凭主观感觉比较而定。响度级的计量单位叫“方”（phon），其定义为 1 000 Hz 纯音声压级的分贝值为响度级的数值，即任何其他频率的声音，当调节 1 000 Hz 纯音的强度使之与这声音一样响时，则这 1 000 Hz 纯音的声压级分贝值，就定为这一声音的响度级值。

利用与基准声音比较的方法，可以得到人耳听觉频率范围内一系列响度相等的声压级与频率的关系曲线，即等响曲线（见图 5—2—1），该曲线为国际标准化组织所采用，所以又称 ISO 等响曲线。

图 5—1 中同一曲线上下不同频率的声音，听起来感觉一样响，而声压级是不同的。从曲线形状可知，人耳对 1 000～4 000 Hz 的声音最敏感。对低于或高于这一频率范围的声音，灵敏度对频率的降低或升高而下降。例如，一个声压级为 80 dB 的 20 Hz 纯音，它的响度级只有 20 方，因为它与 20 dB 的 1 000 Hz 纯音位于同一条曲线上，同理，与它们一样响的 10 000 Hz 纯音声压级为 30 dB。

（3）响度与响度级的关系

根据大量实验数据得到，响度级每改变 10 方，响度加倍或减半。例如，响度

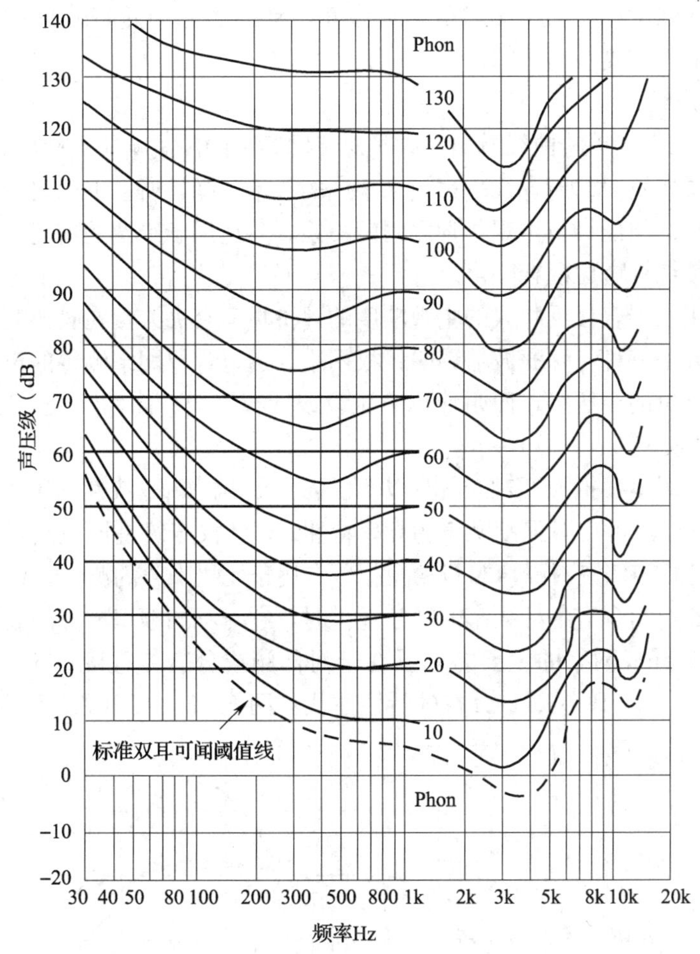

图 5—1　自由声场中双耳听到的等响曲线

级 30 方时响度为 0.5 宋；响度级为 40 方时响度为 1 宋；响度级为 50 方时响度为 2 宋，以此类推。它们的关系可用下列数学式表示：

$$N=2^{\left(\frac{L_N-40}{10}\right)}$$

或

$$L_N=40+33\lg N \qquad (5—9)$$

响度级的合成不能直接相加，而响度可以相加。例如，两个不同频率而都具有 60 方的声音，合成后的响度级不是 60＋60＝120（方），而是先将响度级换算成响度进行合成，然后再换算成响度级。本例中 60 方相当于响度 4 宋，所以两个响度合成为4+4=8（宋），而8宋按数学计算可知为70方，因此两个响度级为60方的声音合成后的总响度级为70方。

2. 计权声级

从图5—1中的等响曲线看出，人耳对不同频率的声波响应灵敏度有很大区别。由于实际声源所发射的声音几乎都包含很广的频率范围，所以上面讨论的纯音（或狭频带信号）的声压级与主观听觉之间的关系，只适用于纯音的情况，而实际噪声的测定就必须综合考虑混合噪声。

为了能用仪器直接反映人的主观响度的评价量，有关人员在噪声测量仪器——声级计中设计了一种特殊滤波器，叫计权网络。通过计权网络测得的声压级，已不再是客观物理量的声压级，而叫计权声压级或计权声级，简称声级。通用的有A、B、C和D计权声级。

A计权声级是模拟人耳对55 dB以下低强度噪声的频率特性；B计权声级是模拟55 dB到85 dB的中等强度噪声的频率特性；C计权声级是模拟高强度噪声的频率特性；D计权声级是对噪声参量的模拟，专用于飞机噪声的测量。计权网络是一种特殊滤波器，当含有各种频率的声波通过时，它对不同频率成分的衰减是不一样的。A、B、C计权网络的主要差别是在于对低频成分衰减程度，A衰减最多，B其次，C最少。A、B、C、D计权的特性曲线见图5—2，其中A、B、C三条曲线

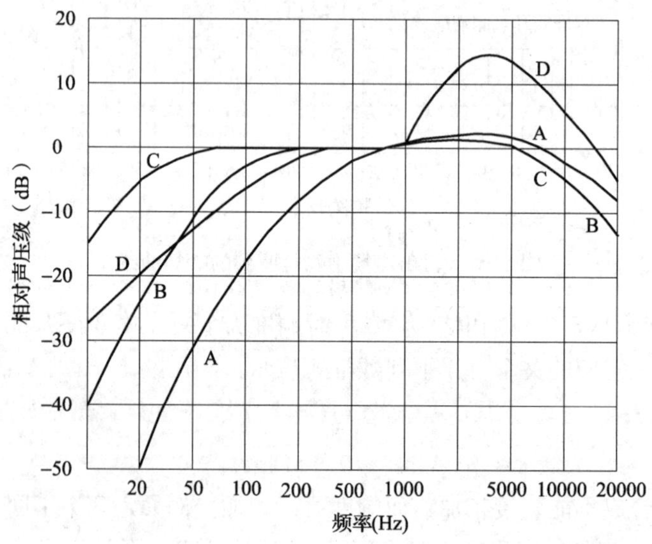

图5—2　A、B、C、D、计权特性曲线

分别近似于 40 方、70 方和 100 方三条等响曲线的倒转。由于计权曲线的频率特性是以 1 000 Hz 为参考计算衰减的，因此以上曲线都重合于 1 000 Hz，后来实践证明，A 计权声级表征人耳主观听觉较好，故近年来 B 和 C 计权声级较少应用。A 计权声级以 LPA 或 LA 表示，其单位用 dB（A）表示。

第三节　声级计的构造与原理

通常用噪声测量仪器测量的噪声强度主要是声场中的声压，以及测量噪声的特征，即声压的各种频率组成成分。由于声强、声功率的直接测量较麻烦，所以较少直接测量。

测量噪声的仪器主要有：声级计、声频频谱仪、记录仪、录音机和实时分析仪器等。

一、声级计

声级计是最常用的噪声测量仪器，但与平时用的电位计、万用表等客观电子测量仪表又不同。它在把声信号转换成电信号时，可以模拟人耳对声波反应速度的时间特性、对高低频有不同灵敏度的频率特性以及不同响度时改变频率特性的强度特性。因此，声级计是一种主观性的电子仪器。按精密度可将声级计分为精密声级计和普通声级计两种，普通声级计的测量误差为±3 dB，精密声级计为±1 dB。

1. 声级计的工作原理

声级计的工作原理见图 5—3。传声器膜片接受声压后，将声压信号转换成电信号，经前置放大器作阻抗变换，使电容式传声器与衰减器匹配，再由放大器将信号送入计权网络，对信号进行频率计权。由于表头指示范围一般只有 20 dB，而声音变化范围可高达 140 dB，甚至更高，所以必须使用衰减器来衰减较强的信号。再由输入放大器进行放大。放大后的信号由计权网络进行计权，它的设计是模拟人耳对不同频率有不同灵敏度的听觉响应。在计权网络处可外接滤波器，这样可做频谱分析。输出的信号由输出衰减器减到额定值，随即送到输出放大器放大。使信号达到相应的功率输出，输出信号经 RMS 检波后（均方根检波电路）送出有效值电压，推动电表，显示所测的声压级分贝值。

2. 声传感器原理

将声信号转换成相应电信号的装置成为声传感器，又称为传声器。根据工作原理可将声传感器分为声压式和压差式两类，根据信号的转换方式又可分为电动式、

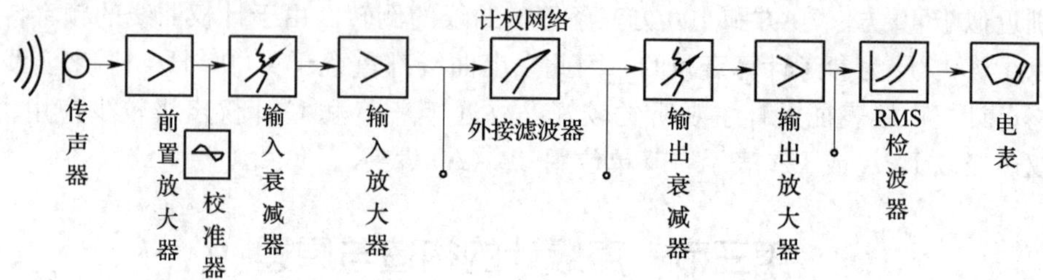

图 5—3　声级计工作方框图

电容式、压电式等。此处只介绍电动式话筒的工作原理，一种简单的压力式动圈传声器结构见图 5—4。电动式传声器的敏感元件是一个圆顶形振动膜，在振动膜后面粘有一个音圈，将音圈置于一个由永久磁铁形成的均匀磁场里。当声波作用在振动膜上，振动膜产生相应的振动，从而带动音圈做切割磁力线运动，音圈内便产生相应的电流，该电流与声波的频率相同。

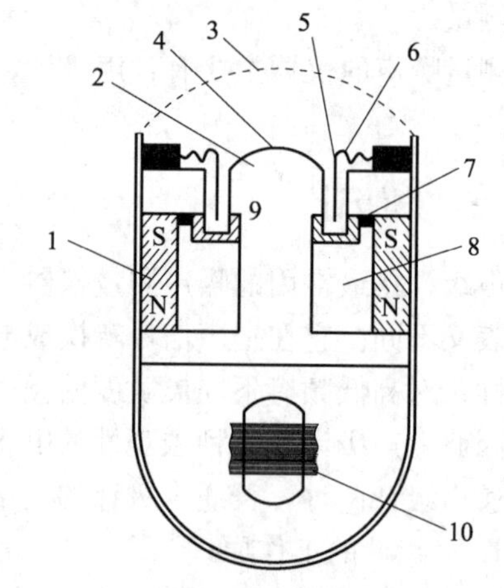

图 5—4　电动式动圈传声器结构示意图

1—磁铁　2—空腔　3—保护罩　4—振膜　5—音圈　6—折环　7—毡垫　8—空腔　9—铜环　10—声压变压器

3. 声级计的分类

声级计整机灵敏度是指标准条件下测量 1 000 Hz 纯音所表现出的精度。根据该精度声级计可分为两类：一类是普通声级计，它对传声器要求不太高。动态范围和频响平直范围较窄，一般不与带通滤波器相联用；另一类是精密声级计，其传声器要求频响宽，灵敏度高，长期稳定性好，且能与各种带通滤波器配合使用，放大器输出可直接和电平记录器、录音机相连接，可将噪声信号显示或储存起来。如将精密声级计的传声器取下，换一输入转换器并接加速度计就成为振动计可作振动测量。

近年来有人又将声级计分为四类，即 0 型、1 型、2 型和 3 型。它们的精度分别为±0.4 dB、±0.7 dB、±1.0 dB 和±1.5 dB。

仪器上有阻尼开关能反映人耳听觉动态特性，快挡“F”用于测量起伏不大的稳定噪声。如果噪声起伏超过 4 dB 可利用慢挡“S”，有的仪器还有读取脉冲噪声的“脉冲”挡。

声级计的示值表头刻度方式，通常采用由－5（或－10）到 0，以及 0 到 10，跨度共 15（或 20）dB。图 5—5 是一种普通声级计的外形图。

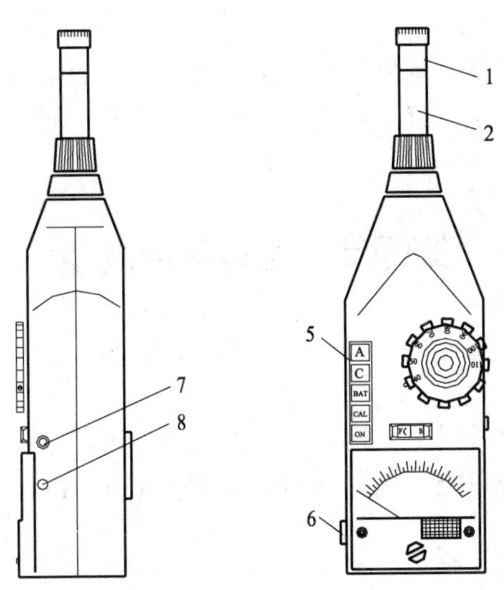

图 5—5　PSJ-2 型声级计

1—测试传声器　2—前置级　3—分贝拨盘　4—快慢（F、S）开关　5—按键　6—输出插孔　7—＋10dB 按钮　8—灵敏度调节孔

二、其他噪声测量仪器

1. 声级频谱仪

噪声测量中如需进行频谱分析，通常在精密声级配用倍频程滤波器。根据规定需要使用十挡，即中心频率为 31.5、63、125、250、500、1 K、2 K、4 K、8 K、16 K。

2. 录音机

有些噪声现场，由于某些原因不能当场进行分析，需要储备噪声信号，然后带回实验室分析，这就需要录音机。供测量用的录音机不同家用录音机，其性能要求高的多。它要求频率范围宽（一般为 20～15 000 Hz），失真小（小于 3%），信噪比大（35 dB 以上），此外，还要求频响特性尽可能平直，动态范围大等。

3. 记录仪

记录仪是将测量的噪声声频信号随时间变化记录下来，从而对环境噪声作出准确评价，记录仪能将交变的声谱电信号作对数转换，整流后将噪声的峰值，均方根值（有效值）和平均值表示出来。

4. 实时分析仪

实时分析仪是一种数字式谱线显示仪，能把测量范围的输入信号在短时间内同时反映在一系列信号通道示屏上，通常用于较高要求的研究、测量。目前使用尚不普遍。

第四节　工业噪声测量

一、测量仪器

声级计应选用 2 型或以上，具有 A 计权，“S（慢）”挡。积分声级计或个人噪声剂量计应选用 2 型或以上，具有 A 计权、“S（慢）”挡和“Peak（峰值）”挡的仪器。

二、测量方法

1. 现场调查

为正确选择测量点、测量方法和测量时间等，必须在测量前对工作场所进行现场调查。调查内容主要包括：①工作场所的面积、空间、工艺区划、噪声设备布局等，绘制略图。②工作流程的划分、各生产程序的噪声特征、噪声变化规律等。③预测量，判定噪声是否稳态、分布是否均匀。④工作人员的数量、工作路线、工作方式、停留时间等。

2. 测量仪器的准备

测量仪器选择：固定的工作岗位选用声级计；流动的工作岗位优先选用个体噪声剂量计，或对不同的工作地点使用声级计分别测量，并计算等效声级。

测量前应根据仪器校正要求对测量仪器校正。积分声级计或个人噪声剂量计设置为 A 计权、“S（慢）”挡，取值为声级 L_{pa} 或等效声级 I_{Aeq}；测量脉冲噪声时使用“Peak（峰值）”挡。

3. 测点选择

工作场所声场分布均匀［测量范围内 A 声级差别＜3dB（A）］选择 3 个测点，取平均值；

工作场所声场分布不均匀时，应将其划分若干声级区，同一声级区内声级差<3dB（A）。每个区域内，选择2个测点，取平均值；

劳动者工作是流动的，在流动范围内，对工作地点分别进行测量，计算等效声级。

4. 测量

传声器应放置在劳动者工作时耳部的高度，站姿为1.50 m，坐姿为1.10 m。传声器的指向为声源的方向。

测量仪器固定在三角架上，置于测点；若现场不适于放置三角架，可手持声级计，但应保持测试者与传声器的间距>0.5 m。

稳态噪声的工作场所，每个测点测量3次，取平均值。

非稳态噪声的工作场所，根据声级变化，声级波动>3 dB确定时间段，测量各时间段的等效声级，并记录各时间段的持续时间。

脉冲噪声测量时，应测量脉冲噪声的峰值和工作日内脉冲次数。

测量应在正常生产情况下进行。工作场所风速超过3 m/s时，传声器应戴风罩。应尽量避免电磁场的干扰。

5. 测量声级的计算

（1）非稳态噪声的工作场所，按声级相近的原则把一天的工作时间分为n个时间段，用积分声级计测量每个时间段的等效声级$L_{\mathrm{Aeq,T_i}}$，按照公式（5—10）计算全天的等效声级：

$$L_{\mathrm{Aeq,T}} = 10\lg\left(\frac{1}{T}\sum_{i=1}^{n} T_{\mathrm{i}} 10^{0.1L_{\mathrm{Aeq,T_i}}}\right)\mathrm{dB(A)} \qquad (5—10)$$

式中　$L_{\mathrm{Aeq,T}}$——全天的等效声级；

$L_{\mathrm{Aeq,T_i}}$——时间段T_{i}内等效声级；

T——这些时间段的总时间；

T_{i}——i时间段的时间；

n——总的时间段的个数。

（2）8 h等效声级（$L_{\mathrm{EX,8h}}$）的计算

根据等能量原理将一天实际工作时间内接触噪声强度规格化到工作8 h的等效声级，按公式（5—11）计算：

$$L_{\mathrm{EX,8h}} = L_{\mathrm{Aeq,T_e}} + 10\lg\frac{T_{\mathrm{e}}}{T_0}\mathrm{dB(A)} \qquad (5—11)$$

式中　$L_{\mathrm{EX,8h}}$——一天实际工作时间内接触噪声强度规格化到工作8 h的等效声级；

T_e——实际工作日的工作时间；

L_{Aeq,T_e}—实际工作日的等效声级；

T_0——标准工作日时间，8 h。

(3) 每周 40 h 的等效声级

通过 $L_{EX,8h}$ 计算规格化每周工作 5 天（40 h）接触的噪声强度的等效连续 A 计权声级用公式（5—12）：

$$L_{EX,W} = 10\lg\left(\frac{1}{5}\sum_{i=1}^{n} 10^{0.1(L_{EX,8h})_i}\right)\text{dB(A)} \tag{5—12}$$

式中 $L_{EX,W}$——指每周平均接触值；

n——指每周实际工作天数。

(4) 脉冲噪声

使用积分声级计，“Peak（峰值）”挡，可直接读声级峰值 L_{Peak}。

三、测量记录

测量记录应该包括以下内容：测量日期、测量时间、气象条件（温度、相对湿度）、测量地点（单位、厂矿名称、车间和具体测量位置）、被测仪器设备型号和参数、测量仪器型号、测量数据、测量人员及工时记录等。

四、注意事项

在进行现场测量时，测量人员应注意个体防护。

本 章 小 结

本章简要介绍了工业噪声的概念及其噪声的产生与分类，指出了噪声对人体的主要危害；明确了声音的频率、波长和声速、分贝、声功率级、声强级和声压级等基本概念；重点介绍了声级计的构造与原理和工业噪声的测量技术。

复习思考题

1. 生产性噪声按其声音的来源可大致分为哪几种？
2. 简述噪声对人体的主要危害。
3. 用“分贝”表示声学量有什么好处？

4. 简述声级计的工作原理。

5. 如何正确选择工作场所噪声的测点？

6. 某车间在 8 h 工作时间内，有 1 h 声压级为 80 dB（A），2 h 为 85 dB（A），2 h 为 90 dB（A），3 h 为 95 dB（A），问这种环境是否超过 8 h 85 dB（A）的劳动防护卫生标准？

第六章　无损检测技术

本章学习目标

1. 了解无损检测的基本概念以及常用的检测方法。

2. 掌握超声波、射线、渗透、磁粉、涡流以及声发射无损检测的基本原理及其特点。

3. 掌握无损检测的常用仪表、设备及其特点。

4. 了解各种无损检测技术的适用范围。

无损检测（Non-Destructive Testing，NDT）是一门综合性应用学科。它是在不损伤被检测对象的条件下，利用材料内部结构异常或缺陷存在所引起的对热、声、光、电、磁等反应的变化，来探测各种工程材料、零部件、结构件等内部和表面缺陷，并对缺陷的类型、性质、数量、形状、位置、尺寸、分布及其变化作出判断和评价。

无损检测技术广泛地应用于各种设备、压力容器、机械零件等缺陷的检测诊断。例如金属材料（磁性和非磁性，放射性和非放射性）、非金属材料（水泥、塑料、炸药）、锻件、铸件、焊件、板材、棒材、管材以及多种产品内部和表面缺陷的检测。因此，无损检测诊断技术受到工业界的普遍重视。

第一节　超声波检测技术

一、超声波检测概述

人们的耳朵可以听到的声波频率范围大致是 20 Hz 至 20 kHz。频率大于

20 kHz 的声波叫做超声波。它是超声频率的机械振动在弹性介质中的一种传播过程。它服从机械波的一般规律，也有其特殊规律。无损检测用的超声波频率范围约为 0.5～25 MHz，其中用得最多的是 1～5 MHz 的超声波。

超声波检测（Ultrasonic Testing，UT）是指有电振荡器在探头中发射出 1～5MHz 的超声波脉冲，并射入被检物内，当射入的声波碰到该物质的另一侧底面时，即会被反射回来而被探头所接收。如果物体内部某部位存在有缺陷，射入的声波碰到缺陷后立即会被反射回来而被探头所接收，从二者反射回来的声波（又称回波）信号之差别，就可确定缺陷的部位、大小和性质，并由相应的标准或规范判定缺陷的危害程度。因此，超声波可用于设备故障诊断。

超声检测适应性强、检测灵敏度高、对人体无害、使用灵活、设备轻巧、成本低廉、可及时得到探伤结果，适合在车间、野外和水下等各种环境下工作，并能对正在运行的装置和设备进行检测。

二、超声波检测的物理基础

（一）超声波的产生和基本参数

1. 超声波的产生

超声波是一种机械波。产生机械波有两个必要条件：一是要有机械振动的波源；二是要有能传播机械振动的弹性介质。探头就是探伤时能产生超声波的波源。探头中的压电晶片，由于逆压电效应，在电振荡激发下使晶片变形而产生超声波。声波传播过程中，只有能量传输而无质量传递。

在波形中，前进的只是波（即质点的振动形式），而质点仅限于在其平衡位置附近振动。

2. 超声波的基本参数

超声波的基本波形为图 6—1 所示的正弦波。

由图可知，波的基本参数为：①振幅 A_m：表示波的振幅大小；②频率 f：单位时间内的振动次数；③周期 T：一次振动所用的时间；④波长 λ：每次振动后波在空间传播的距离；⑤速度 c：单位时间内波在空间传播的距离；它们之间有如下关系：

$$f = \frac{1}{T} \tag{6—1}$$

$$c = f\lambda \tag{6—2}$$

介质中超声波的频率 f 和周期 T，取决于超声波源的振动频率和周期；而介质

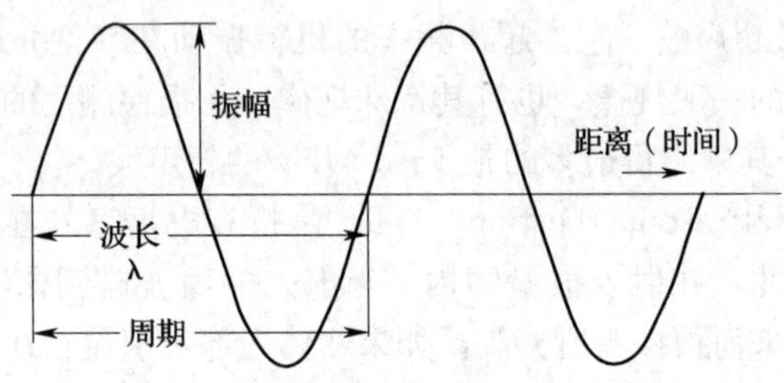

图 6—1　波的基本参数

中超声波的波速 c 则由介质的性质和波的类型所决定。

（二）超声波的波型和波速

1. 超声波的波型

超声波的波型或模式，主要是根据超声场中质点的振动方向和声波传播方向的关系来区分的。一般金属介质中可产生如下几种波型：

1）纵波

当介质中质点振动的方向和声波传播方向一致时，这种波型称为纵波（Longitudinal Waves），用“L”表示（如图 6—2）。纵波在传播时，介质受到拉伸和压缩应力而作相应的变形，故又称压缩波。纵波的产生和接收都比较容易，在超声波探伤中被广泛应用。

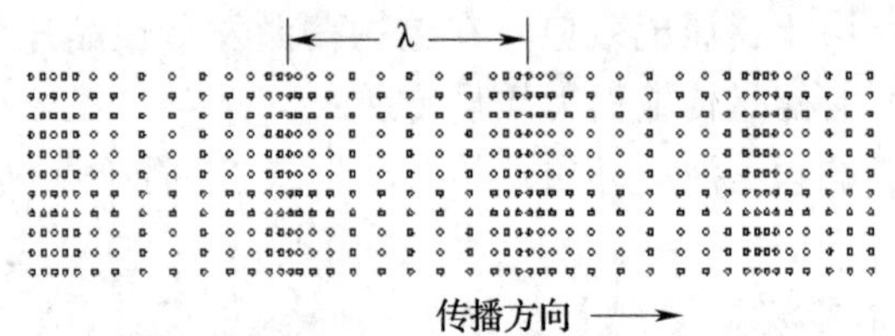

图 6—2　纵波波型

2）横波

当介质中质点振动方向和声波传播方向互相垂直时，这种波型称为横波（Transverse Waves），横波传播时介质受到交变的剪切力而作相应的形变，故又称剪切波（Shear Waves），常用“T”表示，也有用“S”表示的（如图 6—3）。

液体和气体没有剪切弹性，只能传播纵波，而不能传播横波。对焊缝进行超声波探伤时多用横波。

3）表面波

表面波（Surface Waves）亦称瑞利波（Raylaigh Waves），是一种沿着固体表面传播的具有纵波和横波双重性质的波，常用“R”表示（如图 6—4）。对表面缺陷非常敏感，分辨力也优于横波和纵波。

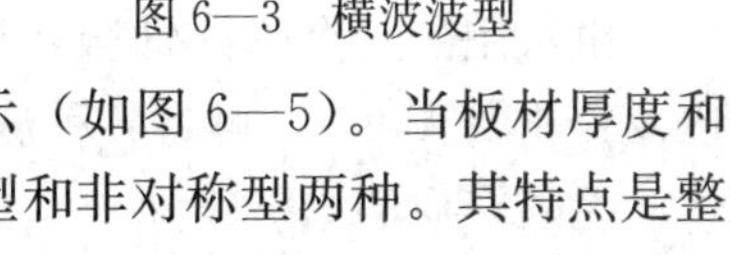

图 6—3 横波波型

4）板波

板波（Plate Waves）亦称兰姆波（Lamb Waves），是薄板中特有的一种波型，常用“P”表示（如图 6—5）。当板材厚度和入射的声波波长可以相比时则会产生，可分为对称型和非对称型两种。其特点是整个板都参与传声，适于对薄的金属板进行探伤。

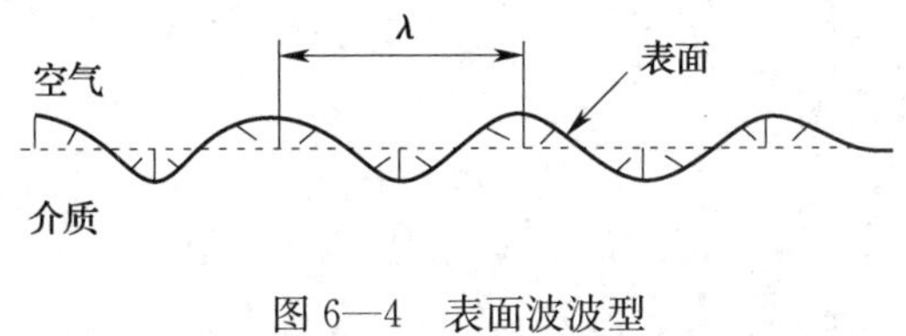

图 6—4 表面波波型

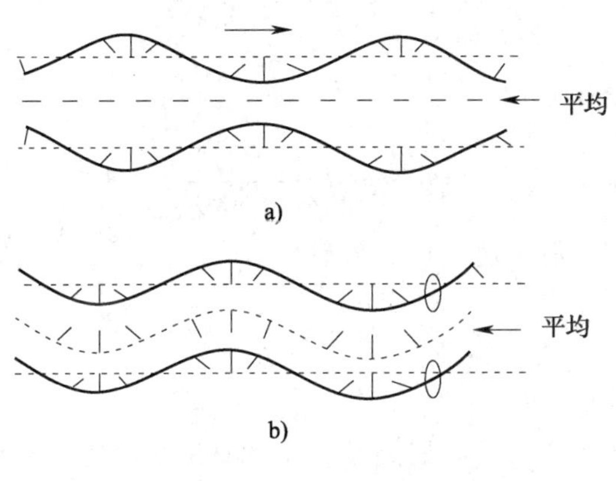

图 6—5 板波波型

a）对称型 b）非对称型

2. 超声波的波速

超声波在介质中传播时服从一定的传播规律，即满足一定的波动方程。用一维的波动方程来研究平面波时，波动方程如下：

$$\frac{\partial^2 \phi}{\partial x^2} = \frac{1}{C^2}\frac{\partial^2 \phi}{\partial t^2}$$

该一维波动方程的通解为

$$\phi(x,t)=f_1(ct-x)+f_2(ct+x)$$

此解的第一项表示以速度 c 沿 x 轴正向传播的波，第二项表示以速度 c 沿 x 轴负向传播的波（如反射波）。

不同波型的声波其波速不同；介质的密度和弹性模量不同，波速亦不同。所以波速也是表征介质声学特性的一个参数。

由常用的三个弹性常数：E（杨氏模量）、σ（泊松比）、K（体积弹性模量），以及介质的密度 ρ，可将各种波型的传播速度表示如下：

无限介质的纵波声速

$$C_L=\sqrt{\frac{E(1-\sigma)}{\rho(1+\sigma)(1-2\sigma)}} \tag{6—3}$$

无限介质的横波声速

$$C_S=\sqrt{\frac{E}{2\rho(1+\sigma)}} \tag{6—4}$$

固体介质的表面波声速

$$C_R=\left(\frac{0.87+1.12\sigma}{1+\sigma}\right)C_S \tag{6—5}$$

薄板中的板波声速

$$C_P=\sqrt{\frac{E}{\rho(1-\sigma^2)}} \tag{6—6}$$

液体或气体中的纵波声速

$$C=\sqrt{\frac{K}{\rho}} \tag{6—7}$$

一般来说，$C_L>C_S>C_R$

从上可知，波速既取决于波的类型、介质的弹性性质，也与介质的密度有关，因而也与温度有关。常见材料的波速数值见表 6—1。

（三）超声场的特征参量和结构

1. 超声场的特征向量

超声波所达到的空间称为超声场。描述超声场的重要特征参量如下：

1）声压 P

超声波在介质中传播时，介质中的质点除了受到介质内部原来的静压强作用之外，还受到一个交变的附加压强作用，此交变压强就称为声压。声压用符号 P 表

表 6—1　　常见材料的波速　　m/s

材料	纵波速 C_L	横波速 C_S	表面波速 C_R
空气	340	—	—
水（20℃）	1 480	—	—
油	1 400	—	—
铝	6 320	3 080	2 950
钢	5 900	3 230	3 120
有机玻璃	2 730	1 430	1 300

示，单位为 N/m^2。

声压 P 和由其作用产生的介质质点振动速度 v，是表征超声场的两个基本物理量。

2）声强 I

声强 I 是单位时间内通过与声波传播方向垂直的单位截面上的声能量，即垂直于声波传播方向的单位截面上声波传播的功率。单位为 W/m^2。

声能密度 P_E 是指声场中单位体积内的能量。

声强和声能密度是从能量的观点来描述超声场的两个重要物理量。

3）声阻抗 Z

超声波在介质中传播时，任何一点的声压和该点振动速度之比，称为声阻抗，用符号 Z 表示。它常由声速 c 和介质密度 ρ 的乘积来表示，即：

$$Z = \rho c \tag{6—8}$$

2. 分贝的概念

按照韦伯·菲克纳定律，人耳所感到的声音强度变化是和引起这些感觉的刺激能量之比的对数成正比，即与声强之比的对数成正比。所以声音强度级 L 为：

$$L = \log \frac{L_2}{L_1} \tag{6—9}$$

式中　L_1 和 L_2——声强变化值。

声音强度级 L 的单位为“贝耳”（Bel），实用上常用它的十分之一，即“分贝”（dB）来度量。

由于声强是表示单位面积上所传播的声功率。因此 L 在广义上可表示两功率之比的对数，即：

$$K_W = 10\lg \frac{W_2}{W_1}(\text{dB}) \tag{6—10}$$

式中　W_1和W_2——功率的变化值。

在超声波探伤中，灵敏度余量、放大增益、分辨力、动态范围的大小等，常用“分贝”表示。

3. 超声场的结构

探头的晶片向前辐射的超声场，其分布为围绕垂直于晶片的中心轴线在空间呈轴对称的锥形。在声束的主瓣旁侧又有若干副瓣，如图6—6所示。

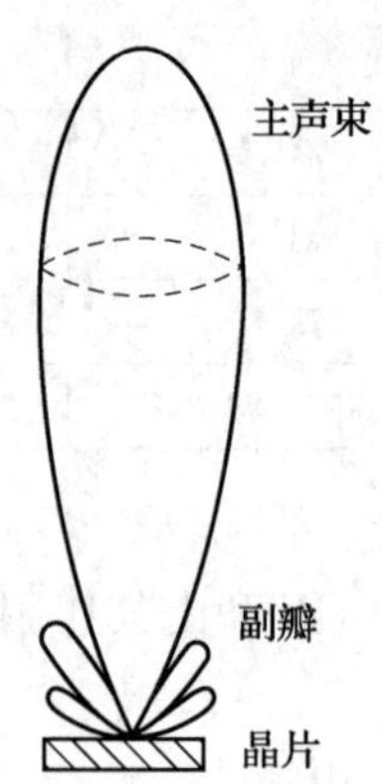

图6—6　声束的主瓣和副瓣

超声场可分为下列几个区域：

1）主声束和副瓣

主声束为声源正前方声能最集中的锥形区。

声束副瓣为旁侧于主声束的一些能量较小的小声束。

2）近场区

以近场长度N为界线，将超声场分为近场区和远场区，其中近场长度N为：

$$N=\frac{D^2-\lambda^2}{4\lambda} \tag{6—11}$$

式中　D——圆形压电晶片直径；

λ——超声波长。

对方形晶片，若边长为a，则其等效的晶片直径为：

$$D_e=\frac{2\alpha}{\sqrt{\pi}} \tag{6—12}$$

近场区中，声压起伏变化很大，很难正确估计缺陷的大小，所以超声波探伤时一般要避开这个区域。

3）远场区

远场区中，声压P与离开声源的声程S（在声场中心轴方向上离开声源的距离）之间，呈单调下降的关系。超声波探伤时，缺陷一般都应处于远场区。

4. 探头的指向性

超声场中的声压不但随声程S和时间t变化，同时还随离开声场中心轴的方向角γ而变化。超声场内声压的空间分布如图6—7所示。

探头发出的超声波能量集中在一定区域并向一个方向强烈辐射的现象，称为探头的指向性。正是利用高频超声波束的良好指向性，才使得在超声波探伤中检测小

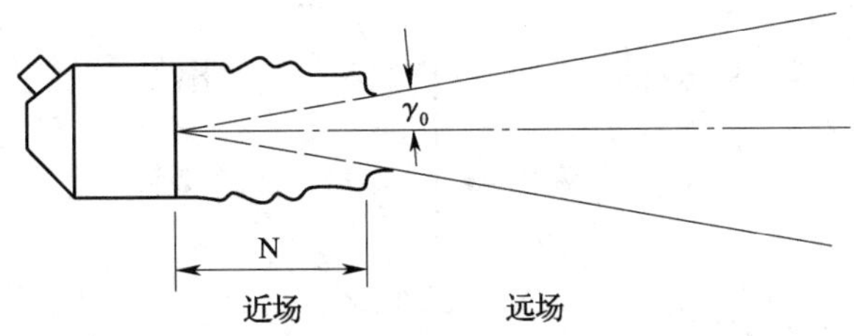

图 6—7　超声场内声压空间分布图

缺陷并确定其位置成为可能。

（四）超声波的传播

1. 超声波在介质界面上的传播

超声波在传播时遇到介质界面，可发生波型的转换、能量分配和传播方向的变化。这种传播规律的研究，可用于对超声波的耦合及缺陷的超声波反射等问题的分析。

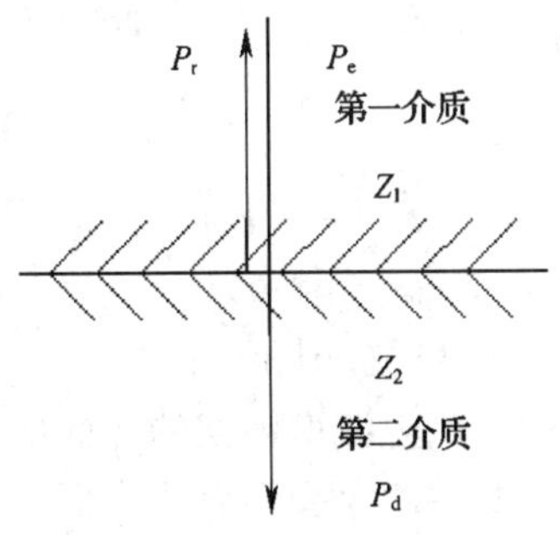

图 6—8　垂直入射时的反射与透射

1）超声波垂直通过界面的反射与透射

如图 6—8 所示，声波垂直于界面入射时，反射声压 P_r和入射声压 P_e之比，称为声压反射系数 R_p，即：

$$R_P=\frac{P_r}{P_e}=\frac{Z_2-Z_1}{Z_2+Z_1} \tag{6—13}$$

而透过声压 P_d与入射声压 P_e之比，称为声压透过系数 T_p，即；

$$T_P=\frac{P_d}{P_e}=\frac{2Z_2}{Z_2+Z_1} \tag{6—14}$$

式中　Z_1、Z_2——分别为第一、第二介质的声阻抗。

2）超声波倾斜入射界面的反射和折射

（1）同类波型的界面反射和折射

在气体和液体间的界面上，或它们与固体的界面上，当不发生波型转换时，同类波型的反射和折射如图 6—9 所示。

反射定律为：入射角与反射角相等，都为 α_1。

折射定律为：

$$\frac{C_1}{\sin\alpha_1}=\frac{C_2}{\sin\alpha_2} \tag{6—15}$$

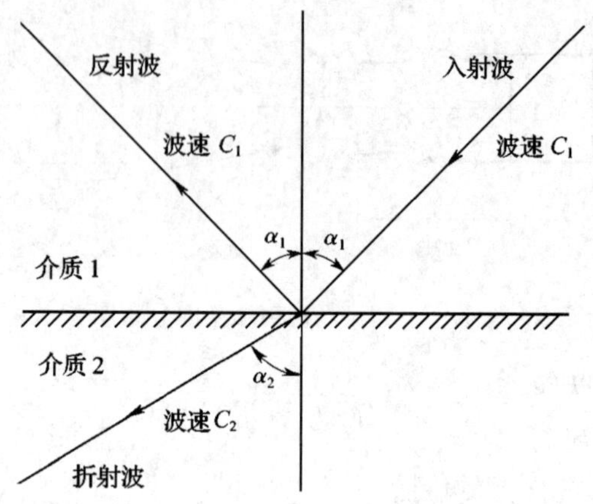

图 6—9 同类波型的反射与折射

式中 C_1、C_2——介质 1、介质 2 的声速；

α_1——入射角；

α_2——折射角。

(2) 产生波型转换的界面反射和折射

一般在两个固体介质界面上，从介质 1 向界面入射一个纵波，在介质 1 中产生一个纵波反射和一个横波反射，在介质 2 中产生一个纵波折射和一个横波折射，一定条件下还会产生表面波（如图 6—10）。

无论是反射或折射，都满足正弦定律：

$$\frac{C_{L1}}{\sin\alpha_1}=\frac{C_{S1}}{\sin\alpha_2}=\frac{C_{S2}}{\sin\alpha_3}=\frac{C_{L2}}{\sin\alpha_4}=\frac{C_R}{\sin 90^\circ} \tag{6—16}$$

式中 C_{L1}，C_{S1}——介质 1 的纵波和横波声速；

C_{L2}、C_{S2}、C_R——介质 2 的纵波、横波和表面波声速；

α_1～α_4——图 6—10 中所示的各种波型的入射、反射和折射角度。

由上述正弦定律可导出：

第一临界角——使纵波全反射的入射角，为

$$\alpha_{L1}=\sin^{-1}\left(\frac{C_{L1}}{C_{L2}}\right) \tag{6—17}$$

第二临界角——使横波全反射的入射角，为

$$\alpha_{L2}=\sin^{-1}\left(\frac{C_{L1}}{C_{L2}}\right) \tag{6—18}$$

产生表面波的入射角为：

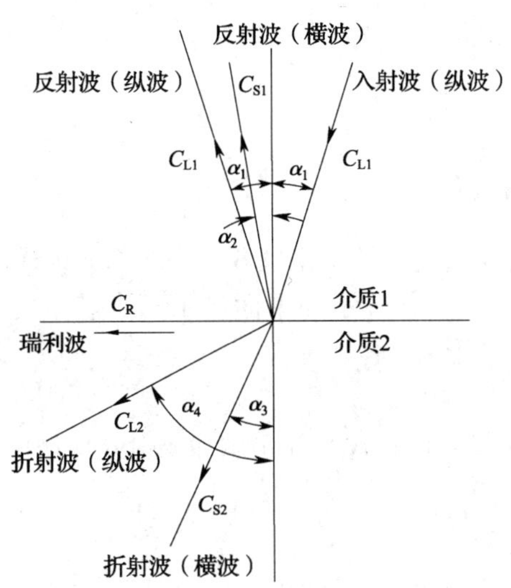

图 6—10 产生波型转换的界面反射和折射

$$\alpha_{LR} = \sin^{-1}\left(\frac{C_{L1}}{C_R}\right) \tag{6—19}$$

由上可知：

第一，当纵波入射角 α_1 满足：$\alpha_{L1} < \alpha_1 < \alpha_{L2}$时，则介质 2 中只有横波折射；

第二，当纵波入射角 α_1 满足 $\alpha_1 > \alpha_{L2}$，并 $\alpha_2 = \alpha_{LR}$时，则声波全面沿着介质 2 的表面传播，形成表面波。

2. 超声波在固体介质中的衰减

超声波在固体介质中传播时，声压随着距离的增加将逐渐减弱，这种现象称为超声波的衰减。超声波减弱的原因，可分为两部分：一部分为随着距离增加时非平面波的声束扩散所造成的；另一部分为材料对超声波的散射、吸收所引起的材质衰减，这不仅与材质有关，还与超声波的波型和频率有关。

超声波的频率越高，材料衰减也越大。

同一介质的吸收衰减，表面波最大，横波次之，纵波最小。

声压在介质中的衰减规律可表示如下：

$$P_x = P_0 e^{-\alpha x} \tag{6—20}$$

式中 P_x——超声波从声压为 P_0处传播一段距离 x 后的声压；

e——自然对数的底；

α——衰减系数。

对上式取对数，则衰减系数为

$$\alpha=\frac{1}{x}\ln\frac{P_0}{P_x} \tag{6—21}$$

三、超声波探伤仪系统

超声波探伤仪系统是由超声波探伤仪和探头两部分组成的，其中，目前常用的脉冲反射式探伤仪又分为A型显示和平面显示两个基本类型，探头也有直探头、斜探头和双晶探头等多种形式。

（一）超声波探伤仪

在设备故障诊断中常用的是A型显示脉冲反射式探伤仪。

1. A型显示型探伤仪

1）A型显示的基本原理

以显示器的x坐标为超声波的传播时间，y坐标为超声波反射幅度，此种显示方式叫超声波的A型显示（如图6—11）。

在A型显示中，探伤面到缺陷的距离为x，试件厚度为t；示波管上，从T到F的长度为L_F，从T到B的长度为L_B（这里是指脉冲的前沿之间的长度），因声速在试件中是个定值，故可得出下式：

$$\frac{x}{t}=\frac{L_F}{L_B}$$

由此可正确地求出缺陷的位置x。

另外，因缺陷回波高度h_F是随缺陷的增大而增高的，所以，可由h_F来估算缺陷的当量大小。

2）A型探伤仪的基本构成和工作原理

在探伤仪中，同步电路产生周期性的同步脉冲信号，它一方面触发发射电路产生一个持续时间极短的电脉冲——发射脉冲，施加到探头上，激励探头产生脉冲超声波，而超声的回波再由探头接收，变成电脉冲振荡，输入到高频放大和检波电路，

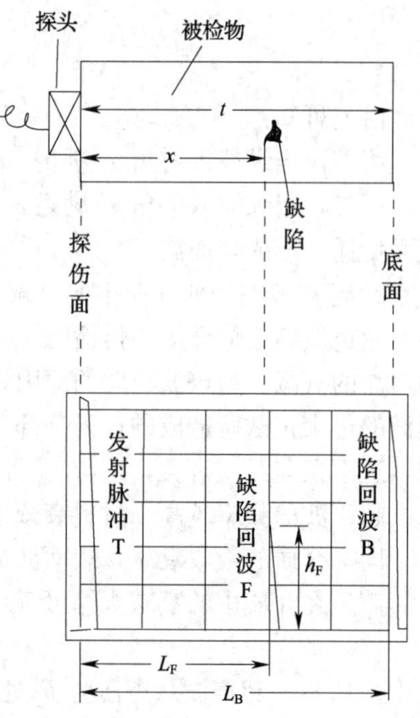

图6—11　A型显示的示意图

再经视放进一步放大，加到示波管的 y 轴偏转板上。另一方面，同步脉冲触发扫描发生器产生线性的锯齿波，经扫描放大加到示波管 x 轴偏转板上，产生一个从左至右的水平扫描线，即时基线。因而，在示波管上得到一个 A 型显示，如图 6—12 所示。

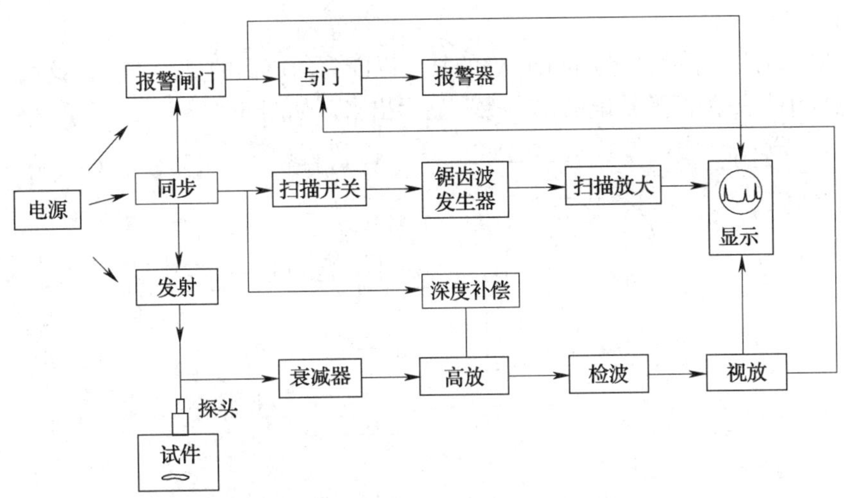

图 6—12　A 型显示超声波探伤仪基本构成示意图

3）A 型探伤仪的主要性能指标

（1）灵敏度：在规定深度下能检出的最小缺陷；

（2）盲区：由探头到能够探测出缺陷的最小距离；

（3）纵向分辨力：示波屏上能把距探头不同距离的两个相邻缺陷区别开来的能力；

（4）横向分辨力：示波屏上能把距探头相同距离的两个相邻缺陷区别开来的能力；

（5）水平线性：电子束扫描电压（或探测距离）与时间成正比关系的程度；

（6）垂直线性：表示 A 型探伤仪输入的回波幅度和示波屏上显示的回波高度成正比关系的程度；

（7）探测深度：在示波屏上能获得一次底面反射时的超声波的最大传播距离；

（8）动态范围：指回波高度从垂直极限的 80% 衰减到消失（一般约小于 1 mm）时，对仪器所加入的衰减量。

2. 平面显示型探伤仪

A 型显示可以显示出缺陷在工件中的几何位置和缺陷对声波的反射幅度，而对缺陷的几何形状却比较难以判断。为了更好地进行定量定性探伤，又开发出可对缺陷的几何状态作出判断的探伤设备，平面显示就是应用得较为广泛的一类，包括 B 型显示、C 型显示等。

1）B 型显示

B 型显示是一种可以显示出试件的某一纵断面的声像的显示方法。这种方法可以把试件中某一剖面的缺陷的“声像”显示出来（如图 6—13）。

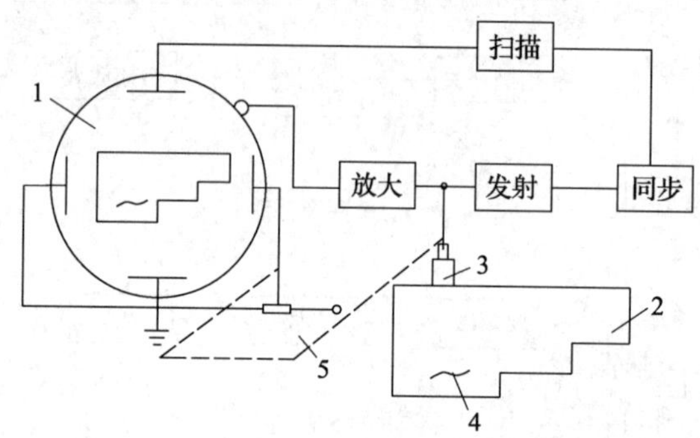

图 6—13　B 型显示工作原理示意图

1—显示　2—试件　3—探头　4—缺陷　5—机械同步

B 型显示的电路结构包含同步、发射、扫描、放大、平面显示器和机械同步等几部分，其工作原理如下：

同步信号触发发射电路，使探头发射出超声波，同时还触发扫描电路，并把扫描输出的锯齿波加到示波管的 y 偏转板上；把随探头位置变动而改交的电位加到 x 偏转板上，以进行方位扫描，这一点是 B 扫描的关键，即为了完成 B 扫描，必须使探头对试件的机械扫描与显示器的 x 轴扫描同步，探头接收反射回来的声信号，经放大器进行幅度放大后，加到示波管的栅极进行亮度调制。扫描的结果，在示波屏上将显示出与声束平行但位于探头正下方的一个剖面的声像图，在这个剖面上的缺陷形状以亮线或其他形式的声像显示在示波屏上。

2）C 型显示

C 型显示的面是一与探头所在探测面相距一定距离，且垂直于声束轴线的一个横断面的声像（如图 6—14）。

C 型显示一般由同步、发射、放大、与门、闸门、平面显示器和机械同步等几部分组成，其工作原理如下：

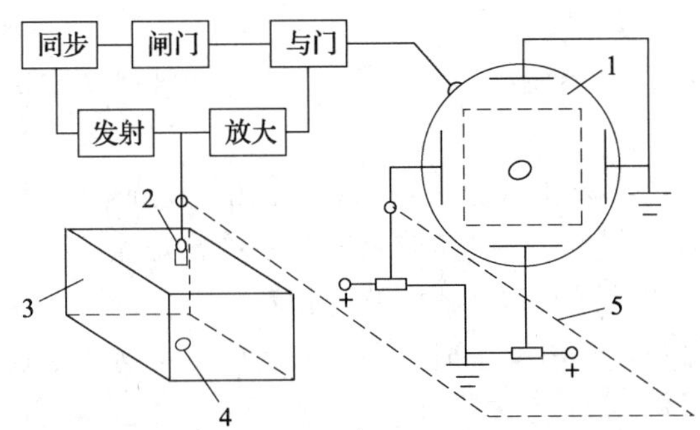

图 6—14　C 型显示工作原理示意图

1—显示　2—探头　3—工件　4—缺陷　5—机械同步

同步信号分两路同时触发发射和闸门电路，以获得发射脉冲和闸门信号（与发射脉冲有一定时间差），将探头放在试件上，把移动的 x 分量对应的电位加到 x 偏转板上，同时把移动的 y 分量对应的电位加到 y 偏转板上，即探头对试件的机械扫查分量（x，y）必须与显示器上的电子扫描（x，y）同步，这是 C 型显示的关键，缺陷回波信号经放大后，和闸门输出信号同时加到“与门”电路上，以选出与发射脉冲有一定时间差的回波信号，并把这一信号作为亮度调制信号加到示波管的栅极上。以上扫查的结果，在示波屏上显示与声束轴线垂直并与探头探测面相距为某一给定距离的试件横断面的声像，缺陷在这一断面上的剖面形状将显示在示波屏上。这一横断面与探头探测面的距离，由试件的声速和闸门与发射的时间差所决定。改变闸门与发射的时间差，即可改变上述给定的距离，而得到另一距离横断面上的 C 型显示。

3. 各种显示的比较

平面显示与 A 型显示相比，最大的优点是可显示出缺陷的形像（声像），最大的缺点是成像时间长。各种显示的基本特点见表 6—2。

表 6—2　　各种显示的基本特点

特点 类型	显示内容	显示或成像时间	机械扫查范围
A 型显示	缺陷当量大小	最快	不用
B 型显示	缺陷纵剖面声像	较慢	一维空间
C 型显示	缺陷横剖面声像	最慢	两维空间

（二）超声波探头

超声波探头又称超声波换能器或传感器，在超声波探伤中是实现电能和声能相互转换的重要器件。

一般探头（包括直探头和斜探头），通常是由压电晶体、阻尼块、斜楔、延迟块和同轴式接头等部分构成。压电晶体是探头中关键元件，由于它的压电效应和逆压电效应，使电振动和机械振动（超声波）相互转换。

直探头又称平探头，应用最普遍，在一般情况下发射和接收纵波。主要由压电晶体、吸收块（背衬材料）、保护膜等构成。

斜探头主要有横波探头，另外还有表面波探头和兰姆波探头。斜探头与直探头相比，在结构上主要是增加了一个楔块。其晶片产生的纵波，在斜楔和工件的界面发生波型转换，而在试件中产生所需要的波型。斜楔角度不同，则斜楔和试件界面上的入射波角度也不一样。因此，由斜楔角度的改变，可在试件中只产生横波、表面波或兰姆波中的一种波型，分别构成横波探头、表面波探头或兰姆波探头。

组合探头是指两片以上的晶片构成的探头，如双晶直探头、双晶斜探头、多频探头、阵列式探头。双晶直探头主要用来检查材料或构件的分层缺陷以及用来测厚。双晶斜探头主要用于大厚度焊缝中与板面垂直的危险性缺陷的检测。多频探头可用于奥氏体不锈钢焊缝的探伤。阵列式探头与一般探头相比，可得更好的指向性(声束半扩散角更小)，交叉激发的阵列式探头可在探头不动的情况下实现声束的可控扫查。

四、超声波探伤法的分类

按照发射波的形状、使用的波型、探头的种类、发射和接收连接方式等，将常用的金属超声波探伤法的分类归纳为图 6—15 所示。

（一）共振法

各个物体都有其固有的共振频率。一定波长的声波，在物体的相对表面上反射，所发生的同相位叠加的物理现象叫做共振。应用共振现象来检验试件的方法称为共振法（见图 6—16）。

用共振法测厚的关系式为

$$\delta = n\frac{\lambda}{2} = \frac{nc}{2f} \tag{6—22}$$

式中 δ——试件厚度；

λ——超声波波长；

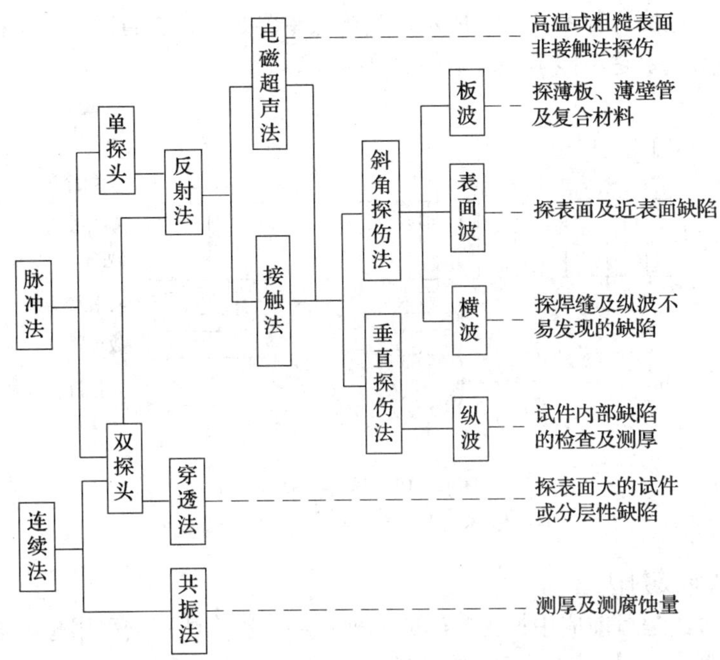

图 6—15　常用金属超声波探伤法的分类

n——共振次数（半波长的倍数）；

c——试件的超声波声速；

f——超声波的频率。

共振法的设备简单，测量精确，常用壁厚测量；此外，还可用来探测复合材料的胶合质量、板材点焊质点、均匀腐蚀量和板材内部夹层等缺陷。

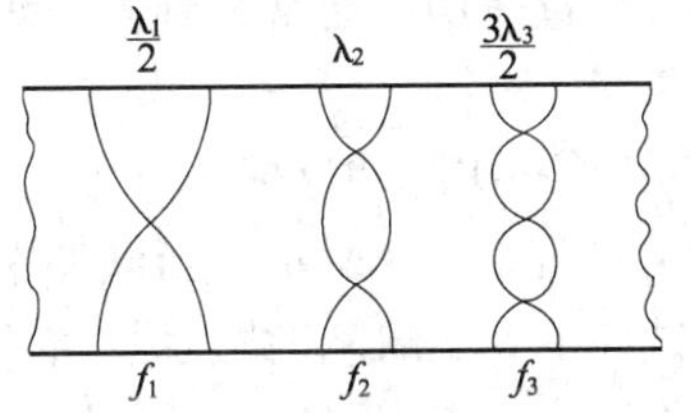

图 6—16　板中超声波的共振现象

（二）穿透法

穿透法是最先采用的超声波探伤方法。

将两个探头分别置于工件的两个相对面，一个探头发射超声波，透过试件被另一面的探头所接收。若试件内有缺陷，由于缺陷对声波的遮挡作用，可降低穿透的超声波能量，根据此能量降低的程度来判断缺陷的大小。

在穿透法探伤中，可用连续波和脉冲法两种不同方式。

脉冲波穿透法，如图 6—17 所示。其优点主要是不存在盲区，适于探测较薄的试件；其缺点主要是不能确定缺陷的深度位置。

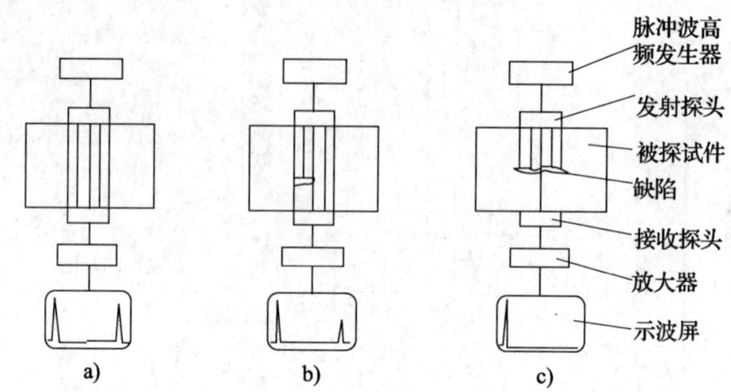

图 6—17　脉冲穿透法

a）无缺陷　b）有小缺陷　c）有大缺陷

（三）脉冲反射法

脉冲反射法是目前应用最为广泛的一种超声波探伤法。它采用超声脉冲进行探测，探伤结果一般用 A 型显示。脉冲反射法可分为垂直探伤法和斜角探伤法两种。

1. 垂直探伤法

垂直探伤时，探头垂直地或以小于第一临界角的入射角度耦合到试件上，在工件内部只产生纵波。

垂直探伤法在板材、锻件、铸件、复合材料等探伤中广泛应用。

垂直探伤法通常又分为一次脉冲反射法、多次脉冲反射法及组合双探头脉冲反射法。

1）一次脉冲反射法

如图 6—18 所示，当试件中无缺陷时，示波屏上只有始波（T）和底波（B）；当试件中有小缺陷时，示波屏上除始波和底波外，还有缺陷波（F）；当试件中的缺陷大于声束直径时，示波屏上将只有始波和缺陷波，底波消失。

2）多次脉冲反射法

如图 6—19 所示，多次脉冲反射法是以多次底面脉冲反射法信号为依据进行探伤的一种方法，在示波屏上出现波高逐次递减的多次底波。

这种探伤可用于吸收性缺陷（如疏松等），声波穿过这种缺陷不引起反射，但声波衰减很大，几次反射后由于声能耗尽而使底波消失。

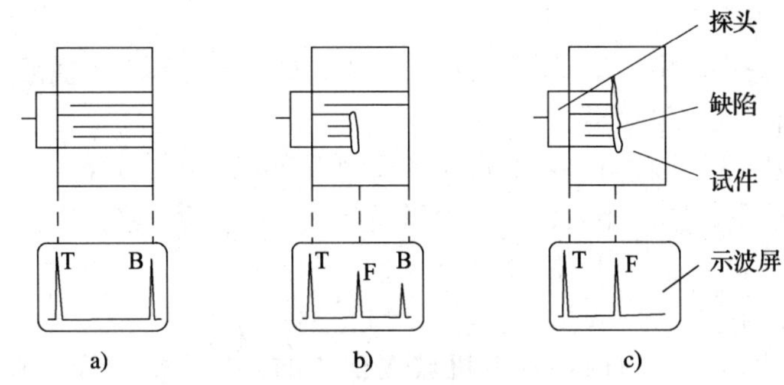

图 6—18　一次脉冲反射法
a）无缺陷　b）有小缺陷　c）有大缺陷

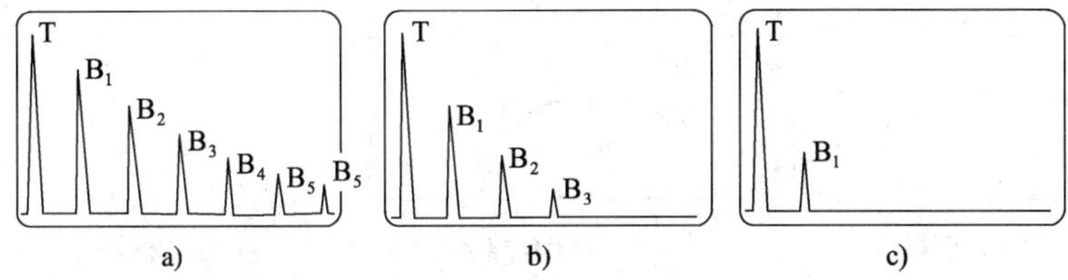

图 6—19　有吸收性缺陷的多次脉冲反射法图形
a）无缺陷　b）有吸收性缺陷　c）有严重吸收性缺陷

3）双探头脉冲反射法

如图 6—20 所示，双探头脉冲反射法基本上与单探头的一次脉冲反射法相类似。

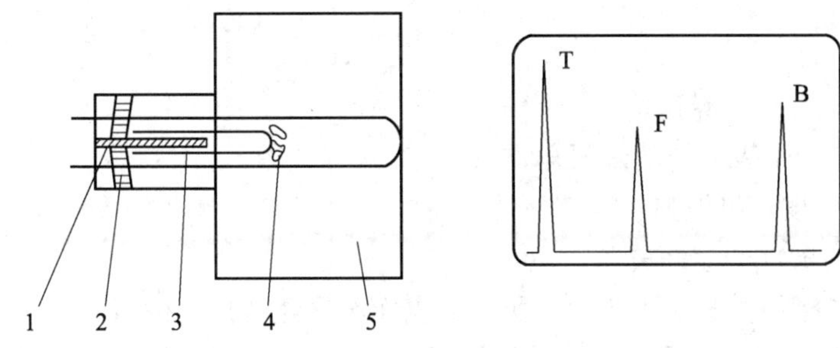

图 6—20　双探头脉冲反射法
1—接收探头　2—发射探头　3—声隔离层　4—缺陷　5—试件

这种探伤的突出优点是盲区小，分辨力高。

2. 斜角探伤法

在脉冲反射探伤中，用不同角度的斜探头在试件中分别产生横波、表面波和板波的探伤方法称为斜角探伤法。

斜角探伤法的突出优点是可对直探头探测不到的缺陷实行探伤：可改变入射角来发现不同方位的缺陷；用表面波可探测复杂形状的表面缺陷；用板波可对薄板实行探伤。

1）横波探伤法

探头中晶片纵波入射时，若有机玻璃楔块的入射角大于第一临界角（$\alpha_{i1}=\sin^{-1}\frac{\text{有机玻璃纵波速}}{\text{试件纵波速}}$），小于第二临界角（$\alpha_{i2}=\sin^{-1}\frac{\text{有机玻璃纵波速}}{\text{试件横波速}}$），试件中只有折射横波传播。横波探伤如图 6—21 所示。

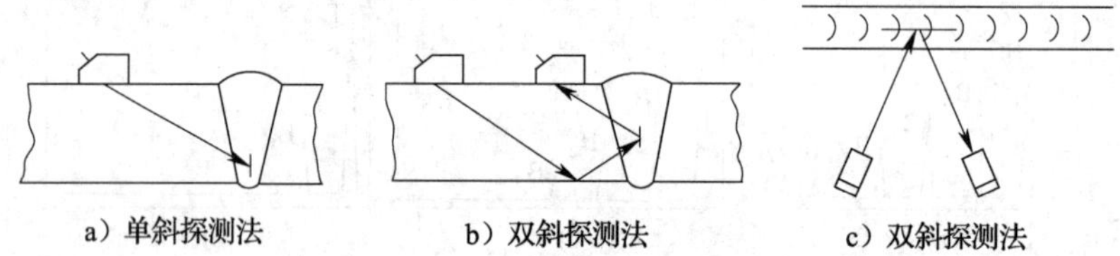

图 6—21　横波斜角探伤

a）单斜探测法　b）双斜探测法　c）双斜探测法

横波探伤特别适合焊缝中缺陷的探伤。

2）表面波探伤法

当斜探头中有机玻璃的入射角满足如下关系时，则形成表面波：

$$\alpha_{L2} < \alpha_R = \sin^{-1}\left(\frac{C_{L1}}{C_{R2}}\right) \tag{6—23}$$

式中　α_{L2}——第二临界角；

α_R——产生表面波的入射角；

C_{L1}——楔块纵波速；

C_R——试件的表面波速。

表面波的探伤情况如图 6—22 所示，表面波途经转角或棱角处都会有部分能量反射，在缺陷 F 处也有反射，要参照工件表面形状，根据缺陷波的幅度和位置作出判断。

3）板波探伤法

当斜探头的入射角 α_p，符合如下关系，则在薄板中激发板波。

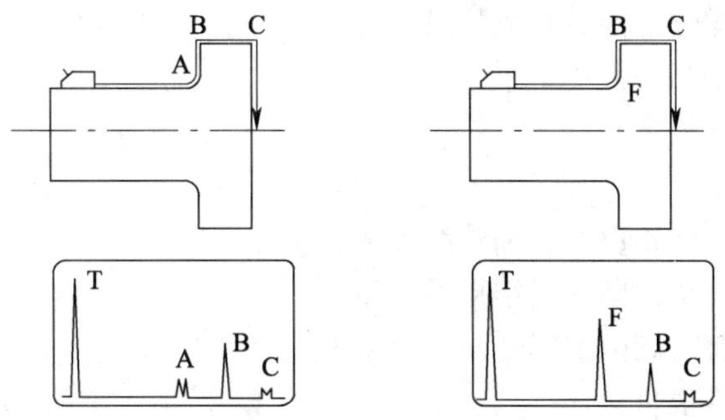

图 6—22　轴类表面波探伤

$$\alpha_P = \sin^{-1}\left(\frac{C_{L1}}{C_{P2}}\right) \qquad (6—24)$$

式中　C_{L1}——楔块的纵波速；

C_{P2}——薄板板波相对速度。

板波探伤可用于薄板、薄壁管（如石化设备中的热交换器）、复合材料的探测（如图 6—23）。

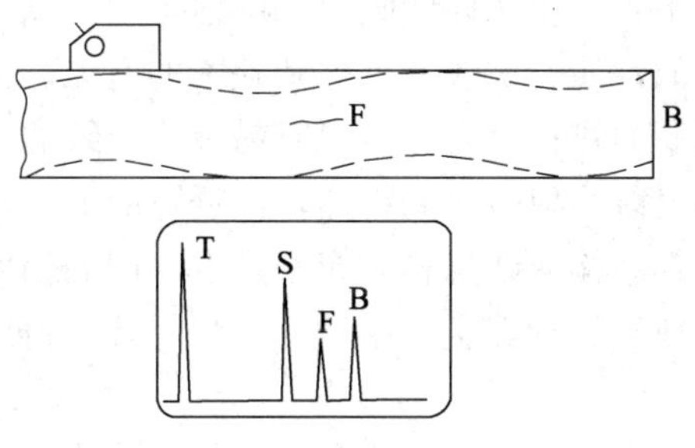

图 6—23　板波探伤

五、超声波检测技术的优缺点

1. 优点

1）可检测多种多样的材料类型和很大的厚度范围；

2）可仅在构件的一个侧面实行检测；

3）非常适于自动化和计算机化的数据显示；

4）可提供缺陷的保度、位置和尺寸等方面的信息（也包括缺陷的“类型”）；

5）仪器便于携带；

6）对很厚的构件也能有较大的灵敏度；

7）可直接获得当量大小；

8）检测成本比较低。

2. 缺点

1）对探伤人员的知识水平和熟练程度要求很高；

2）若无外围设备，则显示结果不可重现；

3）显示结果有时难以解释；

4）先进的仪器很昂贵；

5）因适用范围广，对具体对象的检测措施需单独设计。

第二节　射线检测技术

一、概述

射线检测（Radiography Testing，RT）是指用射线产生图像方法进行的检测。射线在穿透物体的过程中，由于物体的吸收和散射，其强度要减弱，减弱的程度取决于物体的厚度、材料的性质、射线的种类和缺陷的有无。当物体含有气孔时，气孔部分不吸收射线，容易通过；反之，若混有易吸收射线的异物夹杂时，射线就难以通过。用强度均匀的射线照射被检测物体，使透过的射线在照相底片上感光、显影后，就得到与材料内部结构或缺陷相对应的黑度不同的图像，即射线底片通过对这种底片的观察来检查缺陷的种类、大小和分布状况等，再依据相应的标准，来评定缺陷的危害程度。

射线检测（探伤）有 X 射线、γ 射线和中子射线等检测方法。在设备诊断中常用前两种，产生中子射线的装置比较笨重、复杂，不适于在现场使用。

二、射线探伤法的物理基础

（一）射线的产生——辐射源

1. X 射线的产生

产生 X 射线必须具备三个条件：①有一个发射电子的源；②有一个加速电子的手段；③有一个接受电子碰撞的靶。

X 射线管是一种两极管，如图 6—24 所示。给阴极灯丝通电，使之自炽，电子就在真空中放出。若射线管两极间加上几十或几百 kV 的电压（称为管电压），电子就从阴极向阳极方向加速飞行，并具有很大的动能，当电子撞击阳极金属靶时，其99%的能量都转变成热能，而仅有约1%的能量转变成X射线能量，此能量透过X射线管的管壁向外发射。受电子撞击的地方，即X射线发生的地方叫焦点。电子从阴极向阳极移动，所形成的从阳极到阴极方向流动的电流，称为管电流。改变灯丝如热电流，可以调节管电流。管电压的调节，可通过调节X射线装置主变压器的初级电压来实现。

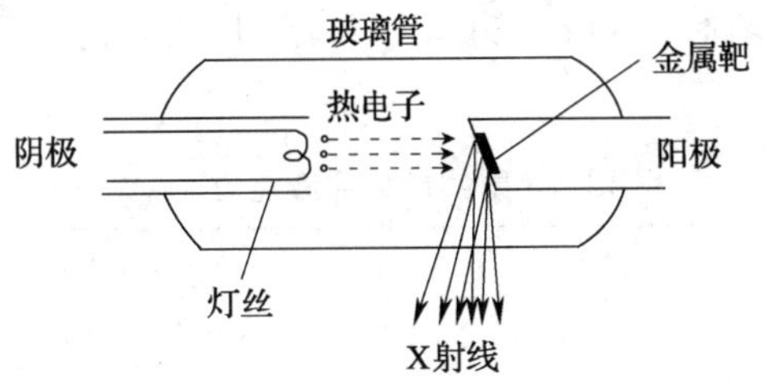

图6—24　X射线的产生

在射线探伤中，实际上使用的是连续谱型的白色X射线。管电压一定时，变动管电流或改变靶金属的种类，只能改变X射线的相对强度，而X射线谱的形状不变。可当变动管电压时，X射线谱的分布就改变了，钨靶的X射线谱如图6—25所示。

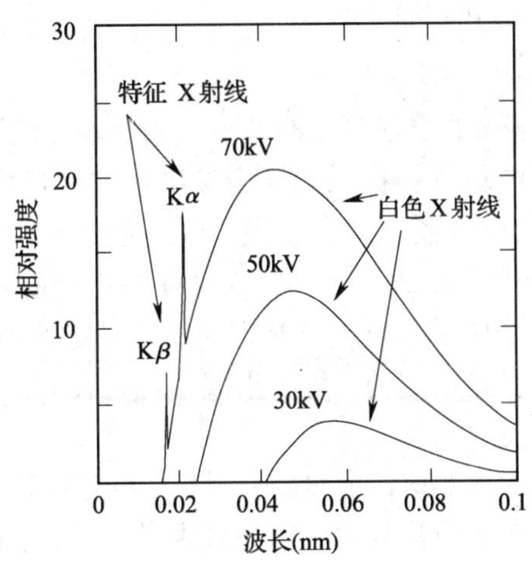

图6—25　钨靶发出的X射线谱

提高管电压时，最短波长和最大强度的波长都向波长短的方向移动。故管电压越高，平均波长越短，这种现象称为线质的硬化。所谓硬的X射线，指的是平均波长短，容易穿透物体；所谓软的X射线，指的是平均波长较长，难于穿透物体。X射线的线质，相当于可见光的不同颜色的概念；X射线的强度，相当于可见光的亮度概念。

连续X射线的强度，大致与管电压的平方、管电流的大小、材料的原子序数成正比。

X射线的最大穿透能力（或检测厚度）主要取决于射线管的管电压，其范围如表6—3所示。

表6—3　　X射线最大穿透能力

管电压峰值（kV）	最大穿透能力
50	大多数金属的薄构件、小的电子元件或塑料构件
150	125 mm铝构件 25 mm钢构件
300	75 mm钢构件
400	90 mm钢构件
1 000	125 mm钢构件
8～25MeV*	250 mm钢构件

*8～25MeV电子，要由直线加速器来产生。

2. γ射线的产生

γ射线是放射性原子核在自然裂变时放射出来的电磁波。原子核是由质子和中子构成的，质子和中子的总数和称之为原子核质量数。如普通的钴原子核含有27个质子和32个中子，故质量数为59，记做^{59}Co。把^{59}Co放进原子反应堆中使其吸收中子，它就增加一个中子变成^{60}Co。^{60}Co这种不稳定的核素，称为放射性同位素。^{60}Co原子核中的一个中子变成质子时，就成为稳定的^{60}Ni，同时放射出β和γ射线。这种γ射线的波长是一定的，即γ射线谱都是线谱，而没有连续谱。线谱是随同位素的种类不同而变化的。

同位素在裂变时放射出的射线强度随着时间的推迟而逐渐减弱，强度减到一半的时间称之为半衰期。在无损检测中应用的射线源，其半衰期起码要几十天。能满足这个条件的同位素有^{60}Co（钴）、^{192}Ir（铱）、^{137}Cs（铯）、^{170}Tm（铥）等，常用前两种同位素。

（二）射线的衰减

当射线穿透物体时产生吸收和散射，因而造成射线的衰减。在吸收时，物质原子的核外电子被发射到外面去，故射线能量就衰减了。散射是指射线的方向发生变化的现象。当射线入射试件时，一部分不起变化一直向前穿透试件；另一部分则与物质相互作用并产生诸如光电效应、电子对生成、康普顿散射和汤姆逊散射，被衰减或转变为散射线等。每一个相互作用的程度，取决于射线的能量和试件的材质。透射和散射的情况如图6—26所示。与透射方向夹角小于90°的散射，称为向前散射；夹角大于90°的散射，称为背散射。

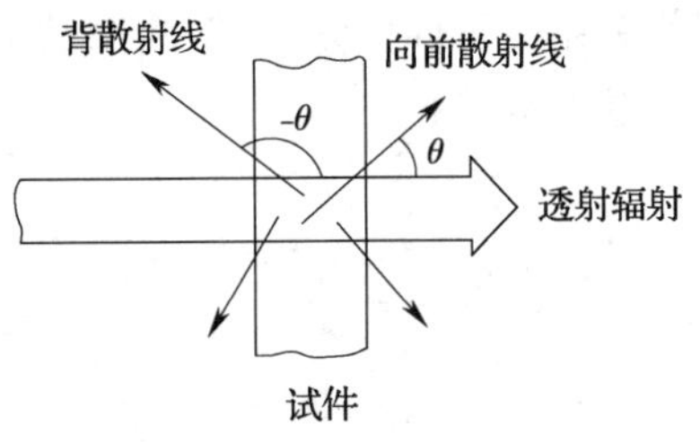

图 6—26　透射辐射和散射辐射

1. 窄束衰减

入射到物体的射线，因为一部分能量被吸收、一部分能量被散射而受到减弱，使其强度发生了衰减。实验表明，射线穿透物体时其强度的衰减与吸收体（射线入射的物体）的性质、厚度及射线光量子的能量相关。对于一窄束射线，在均匀的媒质中，在无限小的厚度范围内，强度的衰减量正比于入射射线强度和穿透物体的厚度，这种关系可以写为：

$$I/I_0 = e^{-\mu x} \tag{6—25}$$

式中　I_0——入射射线强度；

I——透射射线强度；

μ——线衰减系数（单位常采用 cm^{-1}），它与射线的种类和线质有关，也与穿透物质的种类和密度有关；

x——吸收体厚度。

这就是单色窄束射线衰减的基本规律。

若穿透率 $I/I_0=1/2$ 时所对应的试件厚度，称为半价层，以 h 表示。于是从公式（6—25）可得：

$$\mu = \frac{0.693}{h} \tag{6—26}$$

射线的波长越长，衰减的吸收效应越大；波长越短，衰减的散射效应越大。

2. 宽束衰减

对于宽束X射线，由试件引起的强度为 I_s 的散射线入射到图6—27的 P 点，增加到强度为 I 的穿透辐射上。图6—28表示试件厚度与在 P 点的X射线强度之间的关系。下面曲线“a”为窄波束衰减，上面曲线“a′”为宽波束衰减，两者的差为散射线的强度 I_s。

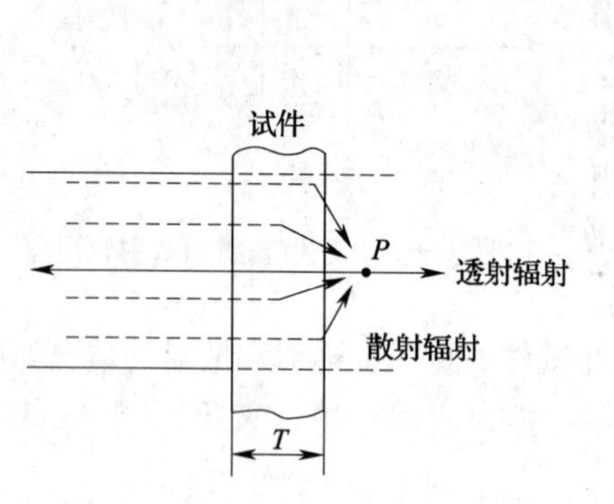

图 6—27 宽束射线的实验

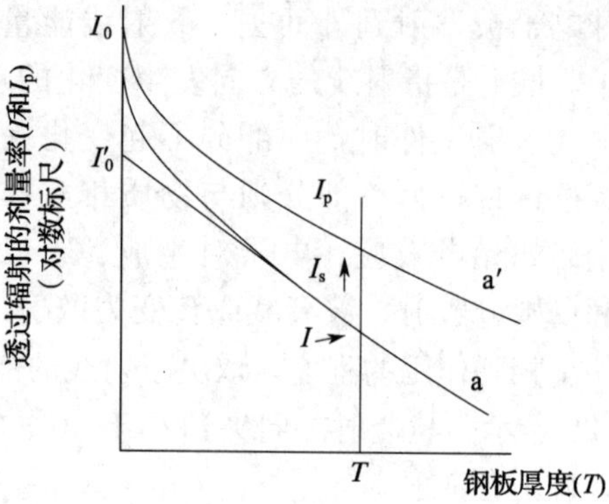

图 6—28 宽束 X 射线的衰减

若厚度为 T 的试件在 P 点的射线强度以 I_p 表示，则有：

$$I_P = I + I_s = I(1+n) \tag{6—27}$$

式中 $n = I_s/I$ 称为散射线与透射线的强度比。

若在曲线“a”的厚度为 T 处作一直线，其与纵坐标的交点为 I'_0，则：

$$I = I'_0 e^{-\mu' T} \tag{6—28}$$

式中 μ'—吸收系数。

从公式（6—27）可得：

$$I_P = (1+n) I'_0 e^{-\mu' T} \tag{6—29}$$

3. 射线照射法的基本原理

以宽束照射有缺陷的试件，如图 6—29 所示。

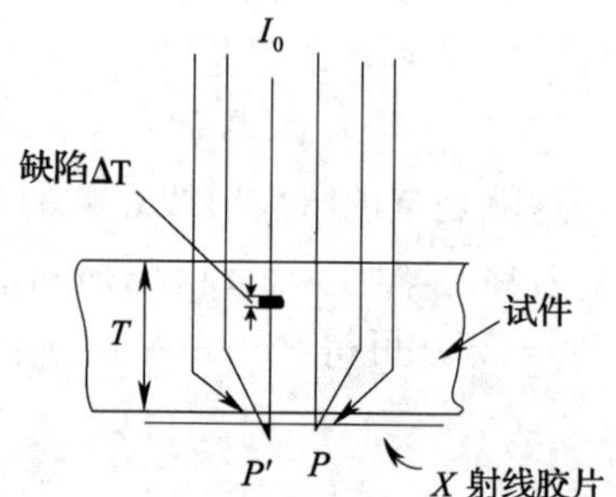

图 6—29 射线照射法的基本原理

由以上分析可知，在 P 点的 X 射线总强度为：

$$I_P = (1+n) I'_0 e^{-\mu' T} \quad (6—29)$$

由于射线通过厚度为 ΔT 的缺陷时，意味着试件厚度减为（$T-\Delta T$），此时透过的射线强度要比无缺陷处高 ΔI，故在 P' 点的射线总强度为：

$$I'_P = (1+n) I'_0 e^{-\mu'(T-\Delta T)}$$

经过推导可得：

$$\frac{\Delta I}{I_P}=\frac{e^{\mu' T}-1}{1+n}\approx\frac{\mu'\Delta T}{1+n} \qquad (6—30)$$

式中　$\frac{\Delta I}{I_P}$——试件对比度。

由此可知：射线强度的相对变化与缺陷的厚度成正比。

三、射线探伤仪器

（一）X 射线机

工业射线照相探伤中使用的低能 X 射线机主要由四部分组成：X 射线管、高压发生器、冷却系统及控制系统。图 6—30 为其工作原理图。

1）X 射线管　X 射线管是 X 射线机的核心器件，它是一个高真空器件，管内的真空度应达到 1.33×（10^{-3}～10^{-5}）Pa。X 射线管的基本结构为在高真空的壳体中封装的阳极和阴极，图 6—31 为其结构示意图。

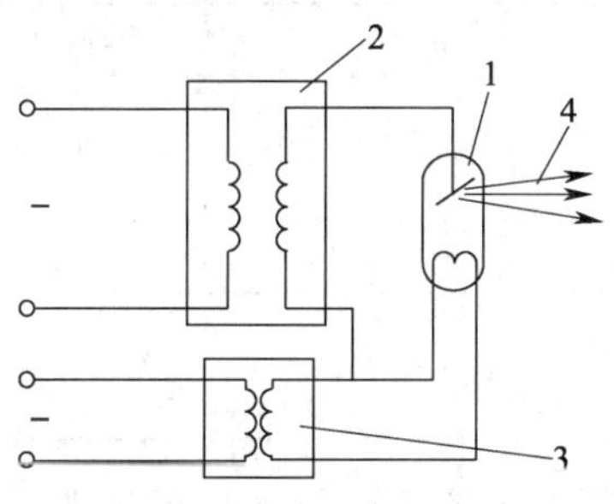

图 6—30　X 射线机工作原理
1—X 射线管　2—高压变压器
3—灯丝变压器　4—X 射线

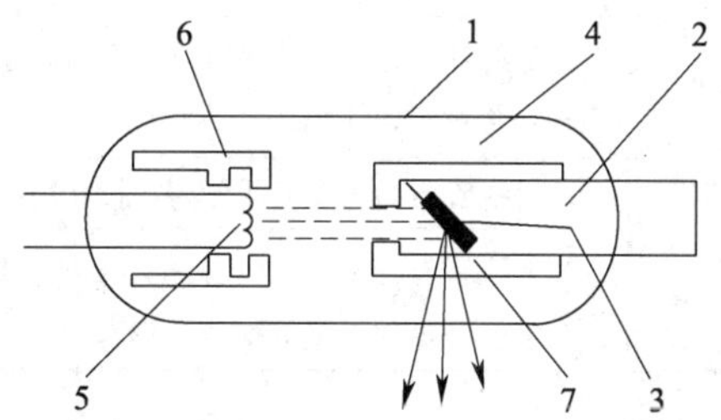

图 6—31　X 射线管基本结构示意图
1—壳体　2—阳极　3—阳极靶　4—阳极罩
5—阴极灯丝　6—聚焦杯　7—窗口

阴极由灯丝和一定形状的金属电极——聚焦杯构成。灯丝由钨丝绕成一定形状，聚焦杯包围着灯丝，它可以控制灯丝发射的电子束形状。灯丝的形状及尺寸，聚焦杯的形状、尺寸以及与灯丝的相对位置等，都直接相关于 X 射线管的焦点（X 射线管的焦点是阳极靶上产生 X 射线的区域）。

阳极主要由阳极体、阳极靶和阳极罩构成。阳极体为具有高热传导性的金属电极，阳极靶紧密镶嵌在阳极体上，典型的阳极体由无氧铜制作，阳极靶采用钨制作，阳极罩常用铜制作，它可以吸收高速电子撞击阳极靶时产生的二次电子。

为适应不同的射线照相要求，设计了各种结构和形状的阳极，主要有周向辐射的平面形靶和锥形靶阳极、旋转阳极、棒状阳极等。

2）高压变压器和灯丝变压器　其分别提供X射线管的加速电压——阳极与阴极之间的电位差和X射线管的灯丝电压。高压变压器、高压整流管、灯丝变压器，它们共同装在一个机壳中，里面充满了耐高压的绝缘介质。高压绝缘介质，目前主要是高抗电强度的变压器油，其抗电强度应不小于30～50 kV/2.5 mm。

3）冷却系统　低能X射线机只能将电子能量的1%左右转换为X射线，99%左右的能量在阳极靶上转换为热量，因此，X射线机必须有良好的冷却系统。

4）控制系统　X射线机的控制系统主要包括：高压电路、低压电路、控制与保护装置等，某些X射线机还有曝光参数测量、自动调整、存储等部分。

5）X射线机类型　X射线机可以从不同方面进行分类，按照结构X射线机通常分为三类，即便携式、移动式和固定式，表6—4列出了各类型X射线机的主要特点。

表6—4　　X射线机的类型与特点

类型	结构特点	最高管电压/kV	管电流/mA
便携式	X射线管与高压发生器组合，采用低压电缆与操纵箱连接，重量轻、体积小	≤320	常固定，5
移动式	X射线管与高压发生器分离，相互用高压电缆连接	≤160	可调
固定式	X射线管与高压发生器分离，相互用高压电缆连接，有良好冷却系统。重量轻，体积大	≤450	可调，达30

选用X射线机时应考虑的主要方面包括：管电压范围、管电压的调整跨度、焦点尺寸、窗口材料、辐射角、管电流范围，此外还有工作方式、重量等。X射线机的管电压直接决定了产生的X射线的能量，因此也决定了其适宜检验的材料和厚度范围。

（二）γ射线机

图6—32是γ射线探伤机的结构简图。轻便型γ射线探伤机，一般用手工控制探伤机的开启和关闭。

中等活性以上的γ射线探伤机一般装在小车上，用遥控装置控制开关。

γ射线探伤设备与普通X射线探伤机比较具有如下优点：

①探测厚度大，穿透能力强。对钢工件而言，400 kV X射线探伤机最大穿透厚度为100 mm左右，而^{60}Coγ射线探伤机最大穿透厚度在200 mm以上。

②体积小，重量轻，不用电，不用水，特别适用于野外作业和在用设备的

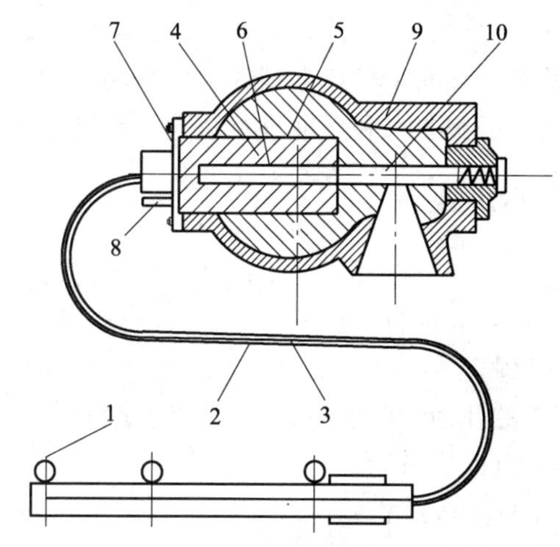

图 6—32　γ 射线探伤机结构简图

1—闸把　2—软管　3—钢线　4—保护套　5—套筒　6—放射源
7—法兰　8—连接支柱　9—防护套　10—圆柱形沟

检测。

③效率极高，对环缝和球罐可进行周向曝光和全景曝光。同 X 射线机相比大大地节约了人力、物力，降低了成本，提高了效益。

④设备故障率低，无易损部件，价格低。

⑤可以连续运行，且不受温度、压力、磁场等外界条件影响。

对拍片条件只需通过简单计算即可确定，拍片工艺稳定，可操作性好。

γ 射线探伤设备的主要缺点是：

①γ 射线源都有一定的半衰期，有些半衰期较短的射源如 ^{192}Ir 更换显得频繁。

②射线能量固定，无法根据试件厚度进行调节；强度随时间变化使曝光时间受到制约。

③固有不清晰度　一般说来比 X 射线大，用同样的器材及透照等技术条件，其灵敏度稍低于 X 射线机。

④对安全防护要求高。管理严格。

四、射线检测的操作步骤

将便携式的 X 射线或 γ 射线探伤仪放到离设备需检验部位的 0.5～1 m 处，按射线穿透厚度为最小的方向放置，将胶片盒紧贴在试件的背后，让 X 或 γ 射线照射一定时间进行曝光。把曝光后的底片在暗室中进行显影、定影、水洗和干燥。再将干燥的底片放在叫做显示屏的观察灯上观察，根据底片的黑度和图像来判断缺陷的种类、大小和数量，随后按要求和标准进行缺陷的等级分类。

五、射线探伤法的优缺点

1. 优点

1）可适用于几乎所有的材料；

2）照相底片可永久保存；

3）射线束以其特有的几何形状前进，不被“转向”；

4）校准是与照相结合起来进行；

5）可展示内部整个的不连续性；

6）能进行管道或容器周向焊缝的“整体”检验。

2. 缺点

1）射线会损害操作者的身体健康；

2）缺陷的深度很难辨别；

3）源和底片的放置要考虑到线性缺陷的取向；

4）成本与操作费用比较贵（包括底片、暗室、化学药品等费用）；

5）对厚的试件曝光时间需要很长；

6）要求试件的两面都能操作。

第三节　渗透检测技术

一、概述

渗透检测（探伤）法（Liquid Penetrant Testing，PT）是以毛细管作用原理为基础的检查表面开口缺陷的无损探伤方法。将渗透剂涂于试件的被测表面，当表面有开口缺陷时就渗透到缺陷中，去除表面多余的部分，再涂以显像剂在合适光线下观察被放大了的缺陷显示痕迹，便可判定缺陷的种类和大小。

渗透检测法是一种最简单的无损检测方法，可检测表面开口缺陷，几乎适用于所有材质的试件和各种形状的表面。虽然这种方法比较古老，但它具有适用范围广、设备简单、操作方便、检测速度快等特点，所以至今还在广泛使用。

液体渗透探伤法所依据的基本原理是应用液体表面张力对固体产生的浸润作

用，以及液体的相互乳化作用等特性实现探伤的。

二、渗透检测的类型和操作步骤

（一）渗透检测的分类

渗透探伤一般分为 6 种方法，即水洗型荧光法（FA）、后乳化型荧光法（FB）、溶剂清洗型荧光法（FC）、水洗型着色法（VA）、后乳化型着色法（VB）及溶剂清洗型着色法（VC）等 6 种。具体也可按下述方法分类：

1. 根据渗透液所含染料成分分类

根据渗透液所含染料成分，渗透探伤分为荧光法、着色法和荧光着色法三大类。渗透液内含有有色染料，缺陷图像在白光或日光下显色的为着色法。荧光着色法兼备荧光和着色两种方法的特点，缺陷图像在白光或日光下能显色，在紫外线下又激发出荧光。

2. 根据渗透液清洗方法分类

根据渗透液清洗方法，渗透探伤分为水洗型、后乳化型和溶剂清洗型三大类。水洗型渗透法是渗透液内含有一定量的乳化剂，试件表面多余的渗透液可直接用水洗掉；后乳化型渗透法的渗透液不能直接用水从零件表面洗掉，必须增加一道乳化工序，即试件表面上多余的渗透液要用乳化剂“乳化”后方可用水洗掉；溶剂清洗型渗透法是用有机溶剂清洗零件表面多余的渗透液。

3. 根据显像剂类型分类

根据显像剂类型，渗透探伤分为干式显像和湿式显像两大类。干式显像是以白色微细粉末作为显像剂，撒在经过清洗并干燥后的试件表面上。干式显像剂用（D）表示；湿式显像是将显像粉悬浮于水中（水悬浮显像剂）或溶剂中（溶剂悬浮显像剂）。水悬浮显像剂又称湿式显像剂，以（W）表示。溶剂悬浮显像剂又称速干式显像剂，以（S）表示。湿式显像也可将显像粉溶解于水中（水溶性显像剂）。此外，还有塑料薄膜显像剂，也有不使用显像剂，实现自显像的，自显像以（N）表示。

在上述显像方法中，最常用的是溶剂悬浮显像与干式显像两种，其中干式显像主要与荧光法配合使用。

4. 根据探伤的缺陷是否穿透分类

根据检验缺陷是否穿透，渗透探伤分为表面探伤和检漏法两大类。表面探伤主要检验表面缺陷；检漏法主要检测穿透性缺陷。

（二）渗透检测的步骤

从图 6—33 可知，渗透探伤法的基本操作步骤为：

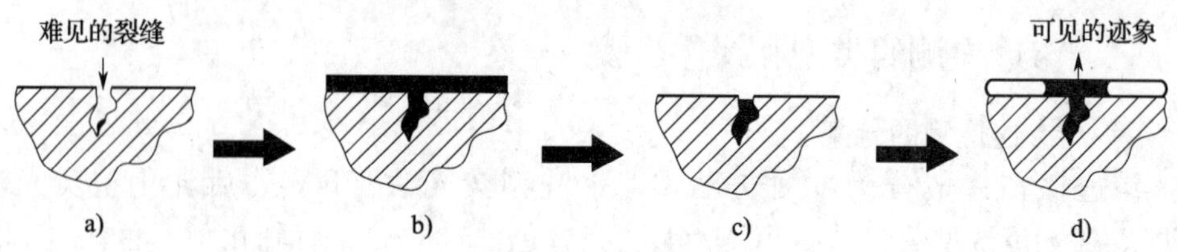

图 6—33 渗透探伤法的基本步骤

a）经清洗的表面 b）施加渗透剂 c）去除多余渗透液 d）施加显像剂

1）前处理

试件表面开口缺陷常常会有油脂、涂料、铁锈及污物附着，妨碍渗透剂渗入缺陷，故探伤前要进行预先清除处理。

2）渗透

应根据试件的尺寸、形状和渗透剂种类，选用浸清、喷洒或涂刷的方式使构件探伤表面覆盖上一层渗透剂。然后，由于透液体的表面张力所产生的毛细血管作用，让渗透剂有足够的时间充分的深入到缺陷中。所需这段时间称为渗透时间，它取决于渗透剂种类、试件材质、预计缺陷的种类和大小。

3）乳化处理

若使用后乳化型渗透剂，通常在渗透完成后，再喷射上乳化剂，它可与不溶于水的渗透剂混合，产生乳化作用，使渗透剂容易被水清洗。

4）清洗和去除处理

清洗和去除处理是为了去除附着在被测构件表面的残余渗透剂。处理时要注意避免冲洗掉缺陷中的渗透剂，或由于处理不足使渗透剂遗留在试件表面形成假迹象，而造成判断错误。

5）显像

将显像剂涂到试件表面形成一层显像剂的薄膜，由于毛细管的作用，残留在缺陷中的渗透剂被吸出，并扩散进入显像剂薄膜之中，形成足够大的带色显示痕迹，为人眼所分辨。此过程中，显像剂薄膜吸出全部渗透剂并使之充分扩散的时间，称为显像时间。

6）观察

在荧光渗透法中，在暗室内用紫外线照射，形成黄绿色荧光，由此来判定缺陷的类型和大小。

在着色渗透法中，在一定亮度（一般应大于 100 Lx）的可见光下即可观察。

要注意观察与判断由于清洗不良所造成的假迹象。

7）后处理

探伤结束后，清除残留的显像剂，以防腐蚀被检测物体表面。

近年来所开发的探伤剂，将渗透剂、清洗剂、显像剂等融为一体，可使上述探伤步骤大大简化。

常用的几种渗透检测方法的操作程序见图 6—34 所示。

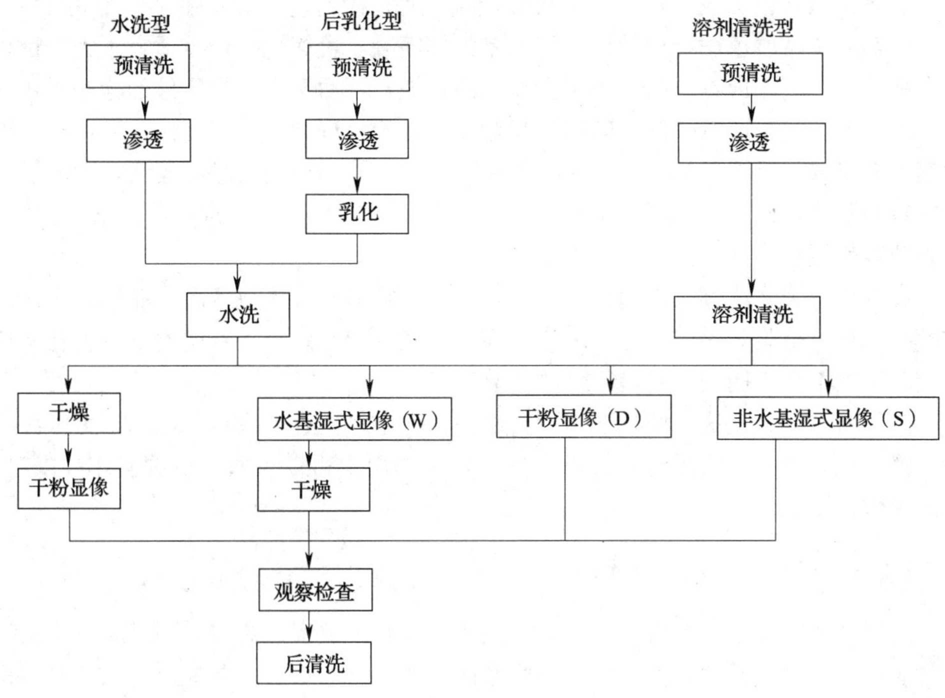

图 6—34　渗透检测的操作程序

三、渗透检测的优缺点

渗透检测可检查各种表面缺陷，例如裂纹、折叠、气孔、疏松和冷隔等。它不仅可检查黑色及有色金属的铸造试件、焊接试件及锻造试件等，还可检查陶瓷、塑料及玻璃制品等。它不受材料的组织结构和化学成分的限制，也不受缺陷形状和尺寸的影响。

渗透检测也有一定的局限性。当试件表面太粗糙时，易造成假象，降低检验效果。粉末冶金零件或其他多孔材料不宜采用此法。

着色法只需在白光或日光下进行，在没有电源的场合下工作；荧光法需要配备黑光灯和暗室，无法在没有电源及暗室的场合下工作。

水洗型着色法适于检查表面较粗糙的试件，操作简单，成本较低。但该法灵敏度较低，不易发现细微缺陷；水基型着色法适于检查不能接触油类的特殊零件，但灵敏度很低。

后乳化型着色法应用较广，灵敏度较高，适宜检查较精密零件。

溶剂清洗型着色法应用较广，特别是使用喷罐，可简化操作，适宜于大型试件的局部检查。该法成本较高，手工操作不易掌握，不适于大批量零件的检查。

水洗型荧光法成本较低，有明亮的荧光，易于水洗，检查速度快，适用于表面粗糙、有螺纹、有键槽的零件及大批量小零件的检验。检验灵敏度较低，宽而浅的缺陷容易漏检，表面粗糙度要求高的零件重复检查效果差。水洗操作时容易过洗，荧光液容易被污染。

后乳化型荧光法具有极明亮的荧光，对细小缺陷检查灵敏度高，能检验宽而浅的缺陷，重复检验效果好。但其成本较高，不适用于有螺纹、有键槽及有直孔零件的检验，也不适于用表面粗糙零件的检验。

溶剂清洗型荧光法轻便，适用于局部检查，重复检查效果好，可用于无水源场所。但其成本较高，所用药品易燃易挥发，不适用于粗糙表面，清洗操作失误时，检测灵敏度则显著下降。

四、渗透检测方法的选择

选择具体的渗透检测方法，首先必须考虑检测灵敏度的要求，同时应考虑试件批量大小，表面状况及几何尺寸，还应考虑检测场所的水源、电源及气源情况、检测费用等。

细小裂纹、宽而浅裂纹、表面粗糙度要求高的零件的检测，宜选用后乳化型荧光法或后乳化型着色法。

疲劳裂纹、磨剥裂纹及其他微小裂纹的检验，宜选用后乳化型荧光法或溶剂清洗型荧光法。

对于批量生产的小试件，宜选用水洗型荧光法或水洗型着色法。

大试件的局部检测，宜选用溶剂型荧光法或溶剂清洗型着色法。

试件表面粗糙时，宜选用水洗型荧光法或水洗型着色法。检测场所无电源及暗室的，宜选用着色法。检测场所无水源及电源时，宜选用溶剂清洗型着色法。

一般说来，渗透探伤法几乎适用于所有材质的构件和各种形状的表面。其中，各种渗透探伤法更为适合的检测对象见表 6—5。

表 6—5　　各种渗透探伤法的适用范围

渗透探伤法 / 适合的检测对象	水洗型荧光法	后乳化型荧光法	溶剂去除型荧光法	水洗型着色法	后乳化型着色法	溶剂去除型着色法
微细裂纹、宽而浅的裂纹		√			√	
表面粗糙的构件	√			√		
大型构件的局部探伤			√			√
疲劳裂纹、磨削裂纹		√	√			
遮光有困难的场合				√	√	√
无水、无电的场合						√

第四节　磁粉检测技术

一、概述

磁粉检测（探伤）法（Magnetic Particle Testing，MT）是根据磁粉痕迹来判定缺陷位置、取向和大小的方法。铁磁性材质（铁、镍、钴）构件的表面或近表层有缺陷时，一旦被强磁化，则会有部分磁力线外逸形成漏磁场，它对施加到构件表面的磁粉产生吸附作用，因而显示出缺陷的痕迹。

磁粉检测是漏磁场检测的一种方法。缺陷漏磁场的强度和分布，取决于缺陷的长度、取向、位置和被测表面的磁化强度。当缺陷取向与磁化方向互相垂直时，检测灵敏度最高；互相平行时，则无磁粉痕迹显示。

磁粉检测是应用较早的一种无损检测方法。它具有设备简单、操作方便、检验速度快、观察缺陷直观和有较高的检测灵敏度等优点，现已广泛用于检测铁磁性材料或其构件的表面和近表层的缺陷，可检出的典型缺陷为裂纹、重叠、发纹、冷隔和分层等。一般说来，采用交流电磁化可以检测表面下 2 mm 以内的缺陷，采用直流电磁化可以检测表面下 6 mm 以内的缺陷。

磁粉检测法只适用于检测铁磁性材料及其合金。由于钢和铁是工业的主要原料，所以磁粉检测适用范围较广。

二、磁粉检测原理

磁粉检测是将铁磁性金属制成的试件置于磁场内，则试件将被磁化，它们的磁感应强度为：

$$B = \mu H \qquad (6—31)$$

式中　B——试件的磁感应强度；

μ——材料的导磁率。导磁率 $\mu=\mu_r\mu_0$　μ_r，材料的相对导磁率；μ_0，真空中导磁率；

H——外加磁场（磁化磁场）强度，A/m。

磁感应强度 B 的大小，不但决定着试件能否进行磁粉检测，而且对检测灵敏度影响很大。铁磁性物质的导磁率很大，能产生一定的磁感应强度，因而能进行磁粉检测，并能获得必要的灵敏度。铁磁性材料的导磁率 $\mu \geqslant 1$，导磁率高的物质具有低顽磁性，容易被磁化；导磁率低的物质具有高顽磁性，难被磁化。

图 6—35 为铁磁物件后的一个重要特性曲线——磁滞回线。图中的横坐标 H 为外加磁场强度；B 为磁感应强度；B_r 为剩余磁感应强度；H_c 为矫顽力。

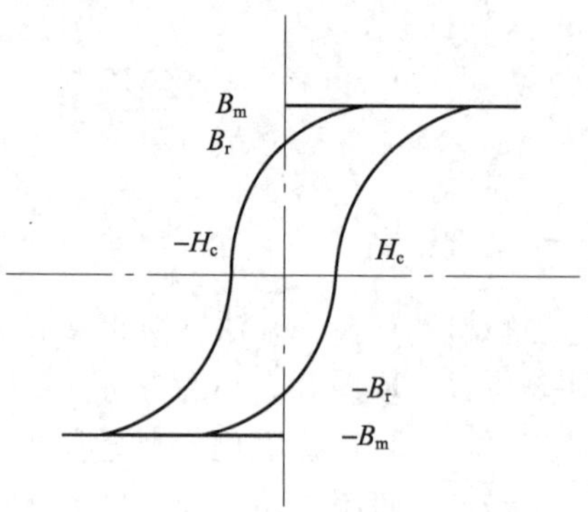

图 6—35　磁滞回线

磁粉检测原理是基于通电导体周围产生磁场时的电磁感应现象在检测中的应用。

检测时将试件置于磁场中进行磁化，磁化后试件无缺陷部位的导磁率无变化，磁力线的分布是均匀的，如图 6—36 所示。试件有缺陷部位，则由于裂纹、气孔等缺陷本身的导磁率远远小于工件材料，即缺陷部位的磁阻很大，阻碍磁力线的通过，于是磁力线只能绕过缺陷而产生弯曲。当缺陷位于试件表面及近表面时，磁力线不但在内部产生弯曲，而且还有一部分磁力线因绕过缺陷而逸出试件表面，暴露在空气中。磁力线从一端到另一端就形成一个磁场，暴露在空气中从缺陷一端到另一端的磁力线也形成一个小磁场。称为漏磁场，如图 6—36 中所示的 S—N 磁场。如果在试件表面撒上导磁率很高的磁性铁粉（或浇上铁粉悬浮液），则部分铁粉就会被有缺陷部位产生的漏磁场吸住，从而显示出缺陷。

从上述原理可知，形成漏磁场是磁粉检测的基本条件。若缺陷埋藏较深，磁力

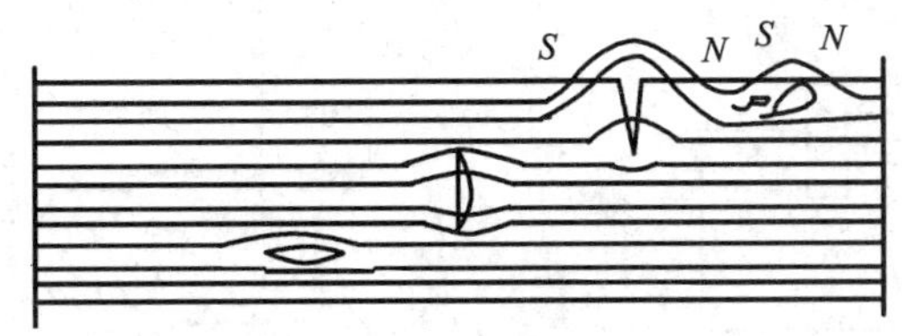

图 6—36 磁粉检测原理

线将不逸出试件，就不能形成漏磁场，因此磁粉检测只能检出表面或近表面的缺陷。此外，缺陷必须与磁力线垂直（或成一定的夹角），因为与磁力线平行的缺陷，阻碍磁力线通过的断面很小，磁力线只发生很小的弯曲，不足以产生漏磁场。因此对每一个试件必须进行纵、横两个方向的磁化和检测。

漏磁场的强度直接影响检测灵敏度，它与试件的磁感应强度有关，也与缺陷的性质和形状有关。窄而深的表面缺陷，能阻碍大量磁力线的通过，形成较强的漏磁场，因此磁粉检测对裂纹特别敏感。

三、磁粉检测方法

磁粉检测按照不同的分类方法，可以分成以下几类检测方法：按检测方法分，有连续法（附加磁场法）；按磁化电流性质分，有交流磁化法和直流磁化法；按磁化磁场的方向分，有周向磁化和纵向磁化；按显示介质的状态和性质分，有干粉法、湿粉法和荧光磁粉法；按磁化方法分，有直接通电法、局部磁化支杆法、芯杆法、线圈法、磁扼法、复合破化法和旋转磁场法等。下面将介绍常用的几种磁化方法。

（一）周向磁化

周向磁化又可称为环向磁化或横向磁化，对纵向缺陷敏感。磁化后的试件获得与轴向垂直的磁力线，可检查与试件（焊缝）。

1. 直接通电法（图 6—37）

2. 电流贯通法（图 6—38）

3. 电极刺入法（触头磁化法）（图 6—39）

（二）轴向磁化法

轴向磁化也叫纵向磁化，对横向缺陷敏感。磁化后工件获得与工件或焊缝中心线相平行的磁力线，可检查与试件（焊缝）的中心线相垂直或接近垂直的横向缺陷。

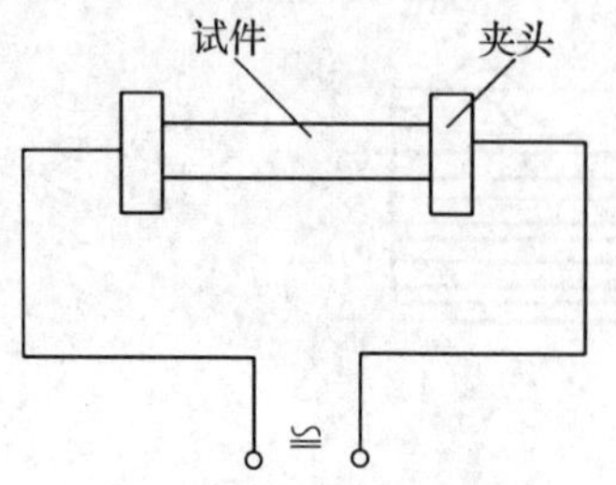

图 6—37　直接通电法

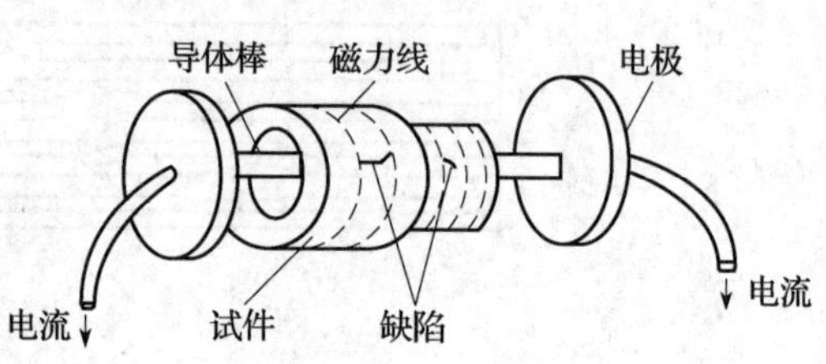

图 6—38　电流贯通法

1. 螺管线圈法（图 6—40）

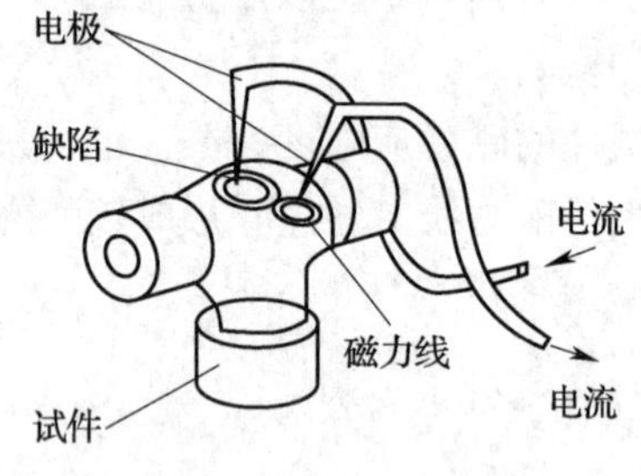

图 6—39　电极刺入法

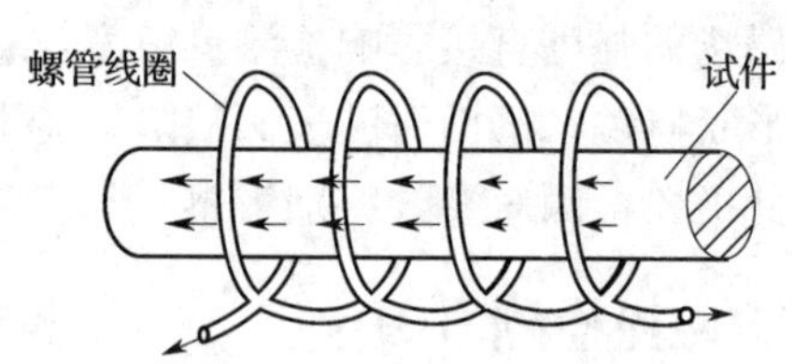

图 6—40　螺管线圈法

2. 磁通贯通法（图 6—41）

3. 磁轭磁化法（图 6—42）

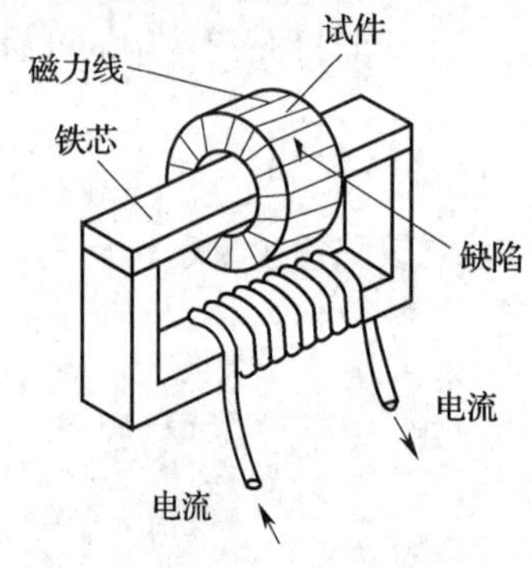

图 6—41　磁通贯通法

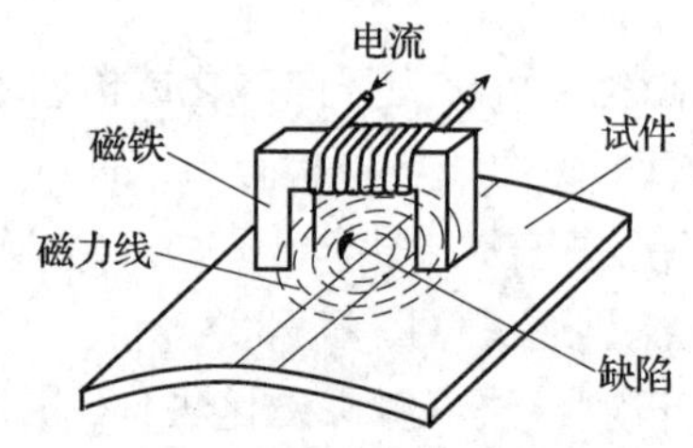

图 6—42　磁轭磁化法

若磁铁是永久磁铁，则称为永久磁轭。由于它的体积小、重量轻、不需要电源等特点，故永久磁轭更适合在野外、高空、无电源场合对设备实行在役检验。

（三）按磁化电流分类

除永久磁轭外都需用磁化电流来磁化。

1. 交流磁化法

所用的磁化电流为交流电，穿透力比较小，仅能检测构件的表面缺陷。但交流磁场会搅动构件表面磁粉，增加其活动性，故对表面漏磁比直流磁化更为敏感。

2. 直流磁化法

所用的磁化电流为直流，穿透力比较大，除表面缺陷外，还能检测近表层缺陷。常用半波直流法，它与恒稳直流法相比，穿透力较大外，还具备交流磁化法搅动磁粉增加敏感性的优点。

3. 交、直流复合磁化

复合磁化又称联合磁化。复合磁化是用电流同时或先后在试件上施以两个相互垂直的磁场——纵向及周向磁场，如图 6—43 所示。用直流电使电磁轭产生纵向磁场，交流电直接向试件通电产生周向磁化，可以一次完成试件纵向和环向缺陷的检查，提高了检测速度。

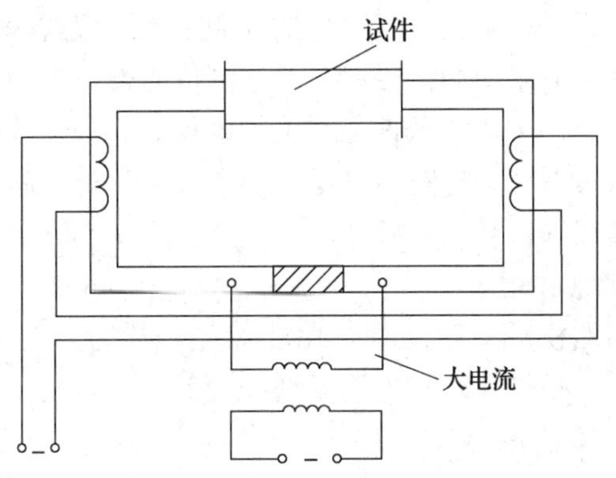

图 6—43　复合磁化法

四、磁粉检测设备和步骤

（一）磁粉检测设备

1. 移动式磁粉探伤设备

移动式磁粉探伤设备中有代表性的是 CY 系列：CY—500、CY—1000、CY—2000、CY—3000、CY—5000。这类设备的功能与固定式差不多，但体积小、重量轻，由于移动方便，很适合现场大型工件的局部探伤。

2．携带式极间磁扼探伤仪

手提式极间电磁扼探伤仪很轻便，适于焊缝及大型试件的局部探伤。常见型号有：CTX—515、XK—2、CYE—12（2A）等。

永磁扼探伤仪适于野外无电源、高空作业以及需防火防爆的现场探伤。常见型号有：CYY—1，WC—A 等。

（二）操作步骤

1．预处理

用溶剂等把试件表面的油脂、涂料以及铁锈等除掉，以免妨碍磁粉附着在缺陷上。

2．磁化

根据试件的大小、形状及预计的缺陷类型，选用适当的磁化方法，并按磁化规程调节磁化电流值。

3．施加磁粉

磁粉分荧光和非荧光磁粉两类。按施加到试件上的方式，非荧光磁粉又分干式磁粉和湿式磁粉。干式磁粉是在空气中分散地撒上的；湿式磁粉是把磁粉均匀地调在水或煤油中变成磁悬液来使用。磁粉有时还制成磁膏，方便现场作业。

把磁粉或磁悬液撒在磁化的试件上叫施加磁粉。它分连续法和剩磁法两种。连续法是试件在磁化状态下施加磁粉；剩磁法则是在磁化过后施加磁粉。剩磁法可用于矫顽力较大的工具钢等。

4．磁粉痕迹的观察和记录

磁粉痕迹在施加磁粉后进行观察，用非荧光磁粉时，在光线明亮场合即可观察；而用荧光磁粉时，必须在暗室内用紫外线照射才能观察。

可用照相的方式来记录。

5．后处理

探伤后要进行退磁、去除磁粉和防锈方面的处理。

五、磁粉检测的优缺点

磁粉法的优点是：

（1）能直观显示缺陷的形状、位置、大小，并可大致确定其性质；

（2）具有高的灵敏度，可检出的缺陷最小宽度可约为 1 μm；

（3）几乎不受试件大小和形状的限制；

（4）检测速度快，工艺简单，费用低廉。

磁粉法局限性是：

(1) 只能用于铁磁性材料；

(2) 只能发现表面和近表面缺陷，可探测的深度一般在 1～2 mm；

(3) 磁化场的方向应与缺陷的主平面相交，夹角应在 45°～90°，有时，还需从不同方向进行多次磁化；

(4) 不能确定缺陷的埋深和自身高度；

(5) 宽而浅的缺陷也难以检出；

(6) 也不是所有铁磁性材料都能采用，铁素体钢当磁场强度 $H \leqslant 2\,500$ A/m 时，相对磁导率应是 $\mu_r=300$，不锈钢的铁素体含量应大于 70%；

(7) 检测后常需退磁和清洗；

(8) 试件表面不得有油脂或其他能黏附磁粉的物质。

第五节　涡流检测技术

一、概述

涡流检测法（Eddy Current Testing，ET）是以电磁感应原理为基础的。当检测线圈与导电材料的试件表面靠近并通以交流电时所产生的交变磁场，将在试件表层感应出涡流。由于缺陷的存在，涡流的大小和分布会发生改变，根据所测得的涡流变化量，可判断缺陷的情况。

由于交流电在某一导体表面有“趋肤效应”，所以涡流探伤的有效范围仅限于导体的表层（包括表面和近表面）。

与超声方法相比，它不需要耦合剂和直接接触，因此检测速度比较高，并便于实现高温检测。

影响涡流场的因素很多，如材料的电、磁参数，检测线圈与被测面的距离，被测构件的几何尺寸等，因而检测时往往需要抑制干扰因素后才能得到测试结果或对所测结果进行解释。

涡流检测法在工业上主要用于导体表面缺陷的探伤、材质的分选、膜层厚度的测量以及试件几何尺寸等方面的测量。

二、涡流检测的基本原理

涡流检测是以电磁感应理论作为基础的，一个简单的涡流检测系统包括一个高频的交变电压发生器、一个检测线圈和一个指示器。高频的交变电压发生器或称为旋振荡器供给检测线圈以激励电流，从而在试件周围形成一个激励磁场，这个磁场在试件中感应出涡流，涡流又产生自己的磁场，涡流磁场的作用是削弱和抵消激励磁场的变化。而涡流磁场中就包含了试件好坏的信息。检测线圈用来检测试件中涡流磁场的变化。也就是检测了试件性能的好坏，这个检测到的信息用指示器指示出来。

在涡流检测中如图 6—44 和图 6—45 所示，试样总是放在线圈中或者接近线圈。由线圈产生一个交变磁场 H_a，在 H_a的作用下，在金属试样上感应出涡流，涡流产生一个次级磁场 H_s，它与磁场 H_a相互作用，导致原磁场发生变化，使线圈内的磁通改变，从而使线圈的阻抗发生变化，试件内部的所有变化（如尺寸、电导率、磁导率、组织结构等）都会改变涡流的密度和分布，从而改变线圈的阻抗。

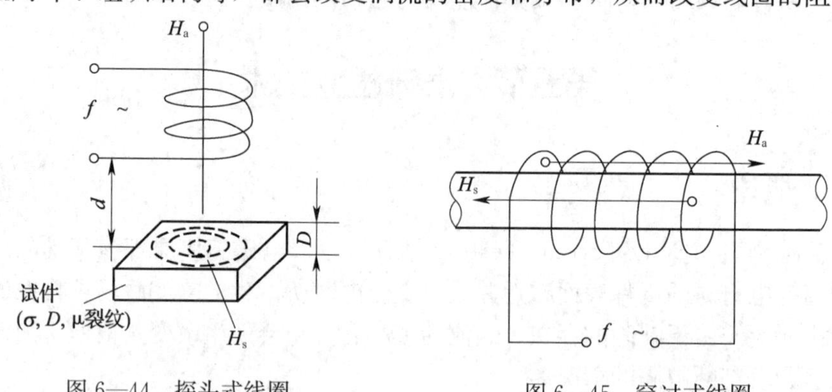

图 6—44　探头式线圈　　图 6—45　穿过式线圈

测试线圈的阻抗可用两个分量表示，电阻 R 和感抗 X_L。在图 6—46 中，空载线圈的阻抗可用阻抗图上的点 P_0（R_0，ωL_0）来描述。当一个金属试件接近线圈时，由于试件中涡流的作用，线圈的阻抗会发生变化，从 P_0点移到 P_1（R_1，ωL_1）点。这个变化取决于试件的特性和装置的特性。试件的特性有电导率、磁导率、尺寸和缺陷等。装置的特性有测试频率 f，探头的尺寸和形状，试件与探头的距离等。

通常从阻抗的变化（P_0点到 P_1点的距离）中，不仅可以测定试样的电导率、磁导率和尺寸特征，而且还可测出裂纹的大小和方向。这样，通过涡流检测，对试样的物理性质，如合金成分、热处理状态、硬度、表面淬硬层深度、结构缺陷的大小和方向，以及试件的尺寸特征等都能进行测定，这就是涡流检测的基本原理。

当然，在进行涡流检测时，由于影响因素复杂。除了试件本身的特性如电导率、磁导率、尺寸和结构缺陷外，还有试件中应力和试件温度的影响，此外还有试验线圈交变磁场频率、实验线圈的大小和形状以及线圈与试件的间距的影响等，所以，涡流信号的分离和提取不是容易的事情。

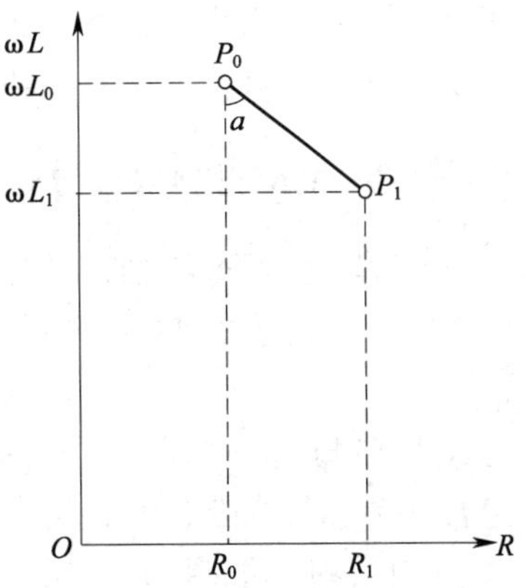

图 6—46　测试线圈的阻抗特性

三、涡流检测系统

涡流检测系统的基本构成如图 6—47 所示。

涡流检测中常需配以机械输送机构。

激励源由激励器和功率放大器组成，通常提供正弦信号。在新式涡流探伤仪中，也提供脉冲信号或多频率的复合信号来激励线圈。

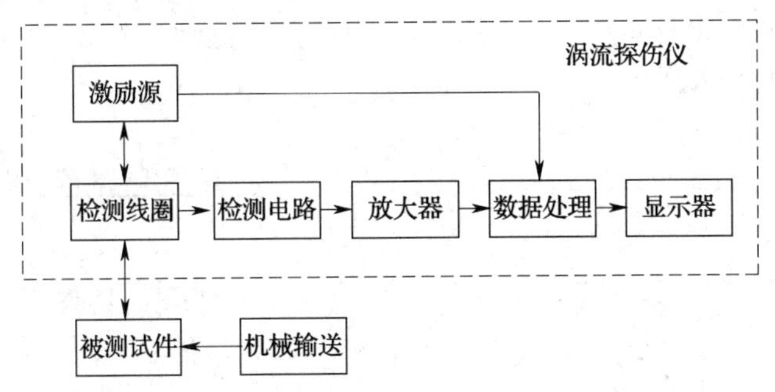

图 6—47　涡流检测系统的基本框图

检测线圈靠近被测试件会引起阻抗的变化，根据不同要求，形式有多种多样。在连续探伤时，要与机械输送机构同时考虑。

广义上讲，检测电路都是电桥电路，检测线圈作为它的一个桥臂，其阻抗变化时引起电桥不平衡而有输出。由于试件缺陷的存在，通过检测线圈阻抗的相应变化，而在电桥输出端形成相位、幅度或频率调制的有用信号。

放大器将微弱的电桥输出信号放大，它是窄带放大，只放大工作频率的信号，而滤除其他频率的干扰杂波。

数据处理单元可利用缺陷信号和除此之外的“干扰”信号的相位差别（包括相敏检波或不平衡电桥法）、频率差别、振幅差别，在“干扰”信号中提取缺陷信号。新型的涡流探伤仪往往用微处理机来完成这部分工作。

显示器可用电表、阴极射线管或笔式记录仪，报警器也可作为显示器的一种。

在涡流检测中，用阴极射线管的显示方式可有矢量光点法、椭圆法、线性时基法等，从示波屏上直接看出有无缺陷的图形显示。

四、涡流检测线圈（探头）的分类与选择

（一）涡流检测线圈的分类

涡流检测传感器的类型多种多样，分类方法也很多，常见的分类方法有以下几种：

1. 按检测线圈和试件的相对位置分类

有外穿过式线圈、内通式线圈和放置式线圈三类。

1）外穿过式线圈

这种线圈是将试件插入并通过线圈内部进行检测，如图6—48所示。它可检测管材、棒材、线材等可以从线圈内部通过的导电试件。由于采用穿过式线圈，容易实现批量，高速检验及实现自动化检测，因此，广泛地应用于小直径的管材、棒材、线材试件的表面质量检测。

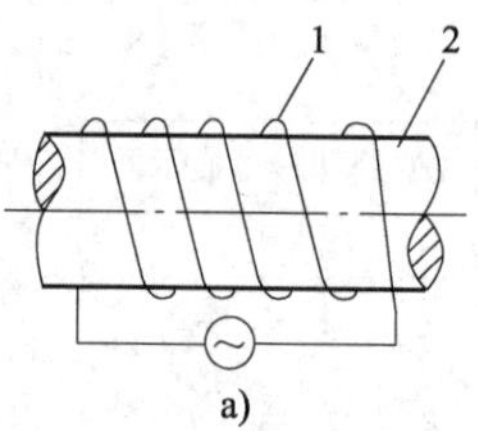

a)

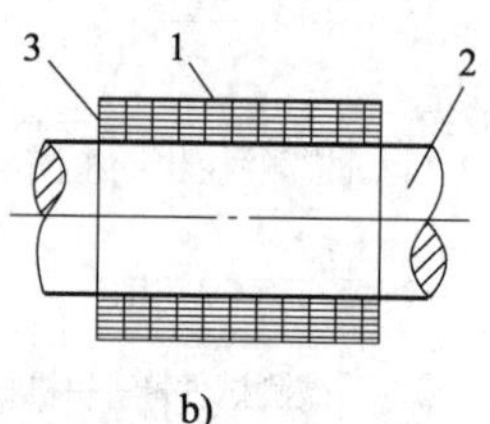

b)

图6—48　外穿过式线圈结构示意图

1—线圈　2—试件　3—线圈架

2）内通过式线圈

也叫内穿过式线圈。在对管件进行检验中，有时必须把探头放入管子的内部，这种插入试件内部进行检测的探头称为内通过式探头，如图6—49所示。它适用于冷凝器管道（如钛管、铜管等）的在役检测。

3）放置式线圈

又称点式线圈或探头，如图6—50所示。在检测时，将线圈放置于被检测试件表面进行检验。这种线圈体积小，线圈内部一般带有磁芯，因此具有磁场聚焦的性质，其灵敏度高。它适用于各种板材、带材和大直径管材、棒材的表面检测，还能对形状复杂的试件某一区域做局部检测。

2. 按线圈的绕制方式分类

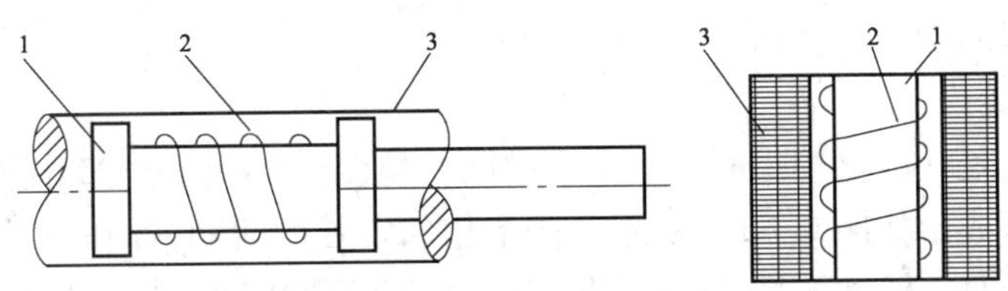

图 6—49　内通过式线圈结构示意图

1—线圈架　2—线圈　3—试件

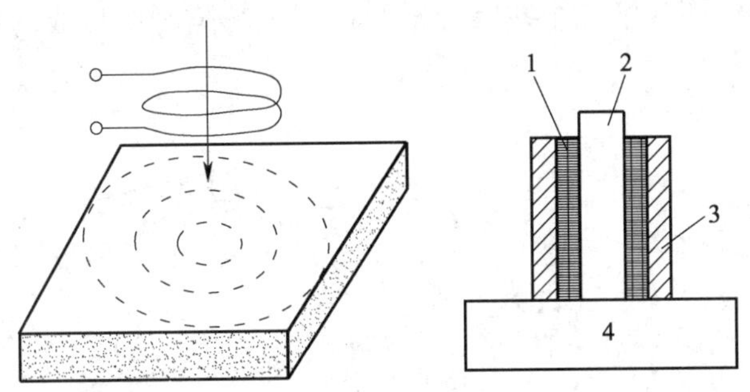

图 6—50　放置式线圈结构示意图

1—线圈　2—磁芯　3—外壳　4—试件

有绝对式、标准比较式和自比较式三种。只有一个检测线圈工作的方式称绝对式，使用两个线圈进行反接的方式称差动式。差动式按试件的放置形式不同又有标准比较式和自比较式两种。

1）绝对式

如图 6—51a 所示，直接测量线圈阻抗的变化，在检测时可用标准试件放入线圈，调整仪器，使信号输出为零，再将试件放入线圈，这时，若仍无输出，表示试件和标准试件的有关参数相同。若有输出，则依据检测目的不同，分别判断引起线圈阻抗变化的原因是裂纹还是其他因素。这种工作方式可用于材质的分选和测厚，又可进行缺陷的检测。

2）标准比较式

典型的差动式涡流检测，采用两个检测线圈反向连接成为差动形式。如图 6—51b 所示，一个线圈中放置标准试件（与被测试件具有相同材质、形状、尺寸且质量完好），而另一个线圈中放置被检试件。由于这两个线圈接成差动形式，当被检试件质量不同于标准试件（如存在裂纹）时，检测线圈就有信号输出，从而实现对试件的检测目的。

3）自比较式

自比较式是标准比较式的特例。采用同一检测试件的不同部分作为比较标准，故称为自比较式。如图 6—51c 所示，两个相邻安置的线圈，同时对同一试件相邻部位进行检测时，该检测部位的物理性能及几何参数变化通常是比较小的，对线圈阻抗影响也比较微弱。如果将两个线圈差动连接，这种微小变化的影响则几乎被抵消掉。如果试件存在缺陷，当线圈经过缺陷（裂纹）时将输出相应急剧变化的信号，且第一个线圈或第二个线圈分别经过同一缺陷时所形成的涡流信号方向相反。

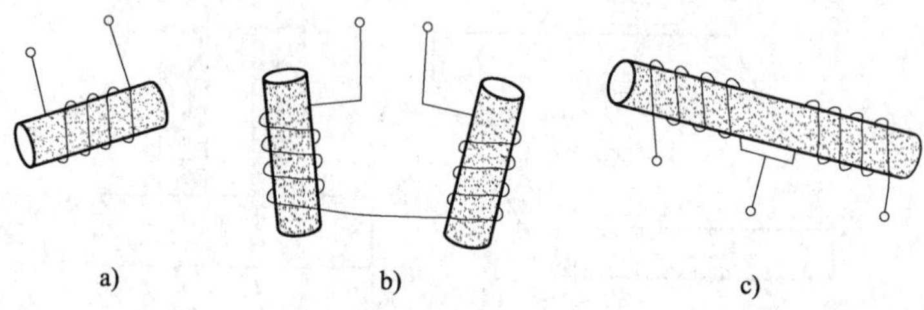

图 6—51　检测线圈接线方式

a）绝对式　b）标准比较式　c）自比较式

涡流检测线圈也可接成各种电桥形式。现代通用的涡流检测仪使用频率可变的激励电源和一交流电桥相连，测量因缺陷产生的微小阻抗变化。电桥式仪器一般采用带有两个线圈的探头，两个线圈设置在电桥相邻桥臂上，如图 6—52a 所示。如果探头仅有一个检测线圈和一个参考线圈，那就是绝对式探头，如图 6—52b 所示。如果探头的两个线圈同时对所有被检的材料进行检测，则属于差动探头，如图 6—52c 所示。

绝对式探头对影响涡流检测的各种变化（如电阻率、磁导率以及被检测材料的几何形状和缺陷等）均能做出反应，而差动式探头给出的是材料相邻部分的比较信号。当相邻线圈下面的涡流分布发生变化时，差动式探头仅能产生一个不平衡的缺陷信号。因此，表面检测一般都采用绝对式探头，而对管材和棒材的检测，绝对式探头和差动式探头都可采用。表 6—6 概述了绝对式探头和差动式探头的特点。

（二）检测线圈的选择

涡流检测中最常用的是下列几种检测线圈：穿过式线圈（包括内插式线圈）、点式探头线圈、扇形线圈。在常用涡流检测中如何选择检测线圈呢？主要根据试件

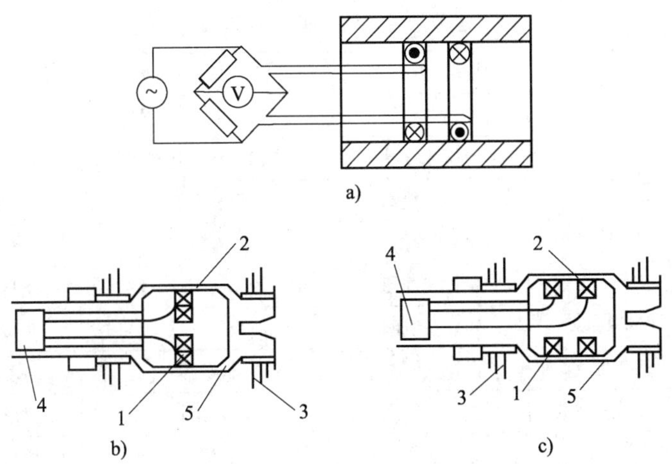

图 6—52　用探头检测管子时线圈在交流电桥中的位置

a）电桥　b）绝对式探头　c）比较式探头

1，2—线圈　3—软定心导板　4—接插件　5—外壳

表 6—6　　绝对式探头和差动式探头比较

探头类别	优点	缺点
绝对式探头	（1）对材料性能或形状的突变或缓慢变化均能做出反应 （2）混合信号较易区分出来 （3）能显示缺陷的整个长度	（1）温度不稳定时易发生漂移 （2）对探头的颤动比差动式敏感
差动式探头	（1）不会因温度不稳定而引起漂移 （2）对探头颤动的敏感度比绝对式低	（1）对平缓变化不敏感，即长而平缓的缺陷可能漏检 （2）只能探出长缺陷的终点和始点 （3）可能产生难以解释的信号

的形状、检测灵敏度、检测速度、自动或手动等情况来加以综合考虑。表 6—7 给出了各种常用检测线圈在涡流检测中的应用范围。

在表 6—8 中给出了各种形状的检测线圈应用于金属管棒材涡流检测时，各种性能的比较。

五、影响涡流检测的因素

（一）涡流检测影响因素

表 6—7　　各种常用检测线圈应用范围

检验类别	检验目的	使用线圈形式	试件种类	适用情况
探伤	缺陷检测	穿过式线圈	线、棒、管、球	质量、安全管理
		点探头线圈	管、棒、板、坯料零件	质量、安全维护
		内插式线圈	管材及孔	维护检查
		扇形线圈	焊缝	质量、安全管理
材质鉴别	鉴别不同材料和材料质量	穿过式线圈	管、棒、铸锻件、零件	质量、安全管理
		定探头线圈	板、零件	质量、安全管理
	电导率测定	点探头线圈	板、棒	主要用于铜、铝
膜厚测定	涂层厚度测定	点探头线圈	板、零件	质量、安全管理
尺寸检验	形状尺寸检验	穿过式线圈	线、棒、管	质量、安全管理
		点探头线圈	板	质量、安全管理

表 6—8　　应用于管棒材探伤检测线圈性能比较

线圈形式 / 性能 / 比较项目	实线聚焦线圈			点聚焦线圈（点探头）	虚线聚焦线圈	
	圆实线（穿过式）	弧实线（扇形线圈）	直实线（线探头）		直虚线（多点式探头）	圆虚线（混合式线圈）
灵敏度长度	长	中	中	短	中	长
灵敏度虚实	实	实	实	实	虚	虚
灵敏度高低	稍低	中	中	高	高	高
全覆盖检验速度	高	中	中	低	中	高
灵敏度与管径关系	有关	无关	无关	无关	无关	有关
要不要旋转	不要	不要	要	要	要	不要
判伤大小，可靠程度	稍差	中	中	高	中	中
换管材规格时是否换探头	是	是	否	否	否	是
机械制造	易	易	难	难	难	易
对内伤检测能力	强	中	中	弱	弱	中
分辨能力	差	中	中	高	中	中
制作	易	中	中	中	中	难

要在试件中形成涡流，就要具备如下几个条件：

首先，试件必须能够导电，否则就不可能感应出涡流，也就是说，涡流检测的首要条件是试件一定要能导电，非导电体就无法用涡流进行检测。影响涡流检测的第一个要素是试件的性能，它必须是导电材料。

其次，如何在试件周围建立激励磁场，及如何检测试件中涡流磁场的变化，这两个功能都是由检测线圈来完成的，当然只有探头是不行的，还应该同时具有涡流检测仪器。因而影响涡流检测的第二个要素是检测线圈和检测仪器。

检测线圈和试件如何配合，它们之间相距多大距离，它们之间做什么形式的相对运动，也会直接影响涡流检测的灵敏度。因而间距可以说成是影响涡流检测的第三要素。

在许多场合下，特别是在冶金工厂，对管、棒、线、丝等成品或半成品的涡流检测大多放在生产线上，即“在线”检测，或者是形成一条半成品或成品流水自动检测线。所以机械传动装置的性能，包括同心度、直度、振动、速度稳定性能等都会影响涡流检测的精度，因此机械传动是影响涡流检测的第四个要素。

涡流检测是一种相对的检测，它的检测要求有一个标准样块（如标准伤、标准厚度等）作为比较，所以检测中的标准伤的形状和尺寸，测厚中的标准厚度等都会影响涡流检测的精度，因此标准样块是影响涡流检测的第五个要素。

（二）试件性能对涡流检测的影响

凡是对涡流的流动和分布会产生影响的试件性能，都会影响涡流检测。

1. 电导率

所谓电导指的是试件传导电流的能力。与之相反，电阻是试件阻碍电流流动的能力。因而，高的电导率就相当于低的电阻。由此可知，试件的电导率将直接影响涡流的流动。

2. 化学成分

试件的化学成分是决定试件导电性能的主要因素，因而试件的化学成分不同将会影响试件的涡流检测。基于这一点，可以利用涡流检测技术来分选钢材等。

对于相同试件，化学成分、电导率等都是固定的，因而在一般情况下，涡流按小圆环流动，如果在涡流流动的路径上有一条裂纹或有一个凹坑，涡流的流动就会受到影响，涡流在缺陷附近将发生畸变，如图 6—53 所示。这一畸变的涡流将产生畸变的涡流磁场，被检测线圈接收，所以可用涡流技术来检测试件中的缺陷。

3. 试件的其他性能

凡是会影响电导率的，都会影响试件的涡流流动。反过来也可以用涡流来检测这些性能。例如，材料的强度与材料的硬度有关，而材料的硬度又与材料电导率有关，因此可以用涡流来检测其试件的强度和硬度。同样试件的热处理情况、内应力情况、钢材脱炭层的厚度等也都会影响试件的电导率，因而，这些性能也能从涡流的变化中得到反应。

从物理学可知，试件的温度升高，其电导率大多数下降。因而试件的热量也是影响涡流流动的一个原因。应该注意的是涡流本身也会使试件发热，在进行涡流检测时应注意不要使试件发热。

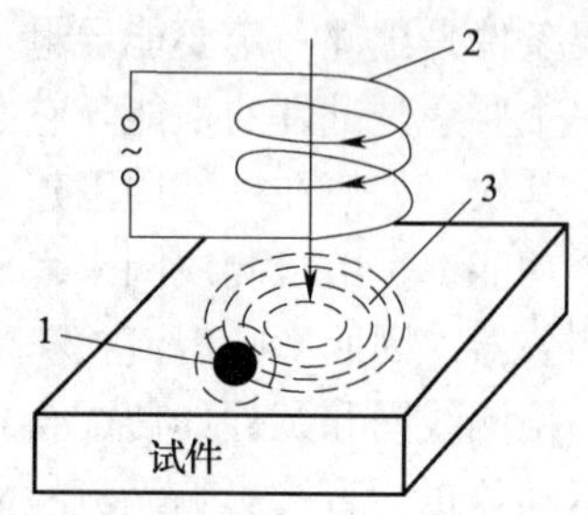

图 6—53　涡流在试件中的流动

1—缺陷　2—线圈　3—涡流

（三）探头对涡流检测的影响

涡流检测的检测线圈起到向试件输送激励磁场和接收涡流畸变信息的作用。

试件中所产生的涡流方向，能够抵消激励线圈中的电流。因而涡流的方向与激励电流方向相反。而涡流又会形成自己的磁场，这个磁场又会在激励线圈中产生感应电流，这个感应电流与涡流方向相反，所以与激励电流方向相同。也就是说，涡流的反作用是使激励线圈中电流增加。如果涡流发生变化，这个反作用电流也会变化，从这个变化着的反作用电流中，可以得到试件性能的信息。

此外，激励电流和反作用电流之间有一个相位差，这个相位差也随着试件的性能而变化，因而，也可以从这个相位差中得到试件性能的信息。

值得注意的是，激励频率的高低也直接影响涡流检测。一般来讲，激励频率高，灵敏度就高，但涡流更集中于试件表面；激励频率低，情况则相反。

六、涡流检测的特点

涡流作为一种无损检测手段，可以弥补其他方法的不足，主要用来检测材料的不规则结构和冶金材料中不同化学成分试件的表面或近表面裂纹。与液体渗透法相比，其优越性表现在：获得结果快，测试时不需要对样品进行清洗，能显示近表面裂纹；与磁粉法相比，涡流法对磁性和非磁性材料都非常有效；与超声波法相比，不需用像超声波法所使用的机械耦合系统，而且探头比较简单和易于制造，测试结果又比射线法快。

涡流检测的局限性是：①在材料表面以下的探测深度受到频率、耦合因子等因素的限制；②材料不同时涡流也相应地有所不同，常常产生模棱两可的结果；③大多数测试仪器必须由训练有素的人员进行操作；④检测深度受肌肤效应的限制。

第六节 声发射检测技术

一、概述

声发射（Acoustic Emission，AE）是指材料中局部应力集中源的能量迅速释放而产生的瞬时弹性波。

声发射技术是一种评价材料或构件损伤的动态无损检测诊断技术。它是通过对声发射信号的处理和分析来评价缺陷的发生和发展规律，并确定缺陷位置。利用声发射技术可以对缺陷进行判断和预报，并对材料和构件进行评价。

自 1964 年美国对北极星导弹舱第一次成功地进行了声发射检测以来，声发射技术受到了极大的重视，几十年来发展很快，美国、日本和欧洲一些国家用声发射在压力容器水压试验或定期检修等方面，已达到了工业实用阶段。在核容器与化工容器运行中的安全性监控、复合材料压力容器检测、焊接过程研究等方面都取得了很大成就。

我国于 20 世纪 70 年代开始研究和应用声发射，先后研制和开发了多种型号的声发射检测仪器，并在压力容器监控、疲劳裂纹扩展、焊接过程及断裂力学等方面得到了广泛应用。对大型油罐的在线测试，声发射技术已成为唯一可行的检测诊断手段。

二、声发射检测的基本原理

（一）声发射产生机理

声发射无损检测的目的就是要找出声发射源的位置、分析它的性质、区分它的真伪、判断它的危险性。

声发射的频率范围很宽，从次声、可听声直至 50 MHz 左右的超声；它的幅度差异也很大，从几微伏直到几百伏。

按其振荡形式，声发射分为连续型和突发型两种。连续型发射由一系列低幅度的连续信号构成，这类发射主要与塑性变形有关；突发型发射，由高幅度的不连续的、持续时间较短（约毫秒数量级）的信号构成，主要与微裂纹的形成与扩展直至断裂有关。

声发射源多与显微塑性变形（即位错运动）及缺陷与显微组织相互作用有关。下面重点介绍与无损检测密切相关的变形和断裂过程中的声发射。

1. 位错运动和塑性变形

加载物体产生变形时，总应变能由两部分构成：①弹性形变能，所产生的变形在卸载后就恢复；②塑性形变能 $E_P=E_i+E_A$，其中 E_i 为位错运动和其他缺陷的塑性变形而储存在材料内的内能；E_A 为释放的声能，占 E_P 的绝大部分，是由位错引起的。

滑移变形是金属塑性变形的一个基本机构。滑移的过程是位错运动。当位错以足够高的速度运动时，位错周围存在的局部应力场就成为产生声发射的条件。图 6—54 表示的是包含一个刃形位错的一块晶体。可以看出，位错使周围的原子排列产生畸变。在外切应力作用下，刃形位错沿滑移面运动。

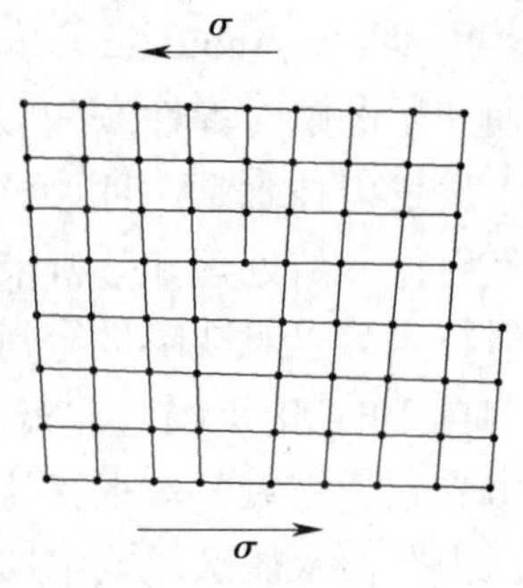

图 6—54　刃形位错的结构

位错运动的几个阶段，如图 6—55 所示。当位错移出这块晶体时，在晶体的两部分相对滑移了一个原子间距。当位错向前运动时，滑移面内的原子被拥向前，而位错滑移过去后，这些原子又重新退回来，这种前拥后挤的过程使原子发生碰壁，因而产生弹性波。另外，从能量观点分析，一个稳定的位错处于低能状态，在外应力作用下，位错在滑移面内沿滑移方向运动，在到达下一个稳定状态前要克服高的位垒，使位错运动到高位能状态，此时晶体点阵的应变能变大。当位错再从高位能运动到下一个低位能的稳定状态时，要释放出多余的弹性应变能，其中一部分成为弹性振动波，即声发射。单个位错的声发射由于能量很小难以测出。

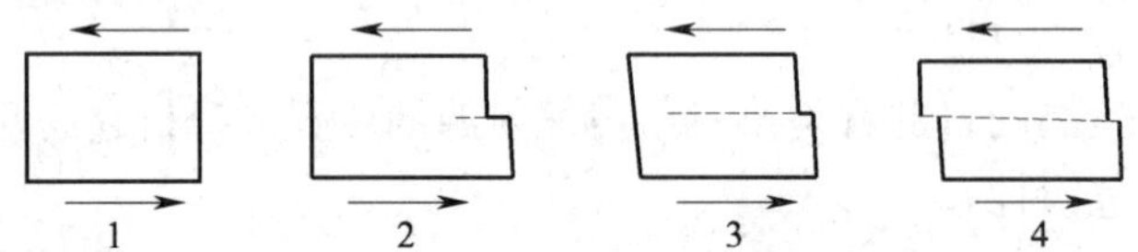

图 6—55　刃形位错穿过晶体的几个阶段

1—晶体受切应力作用　2—产生错位　3—位错滑过一段距离　4—位错移出晶体

2. 裂纹的形成与扩展

裂纹的形成与扩展是一种主要的声发射源，它与材料的塑性变形有关。一旦裂纹形成，材料局部应力集中得到卸载而产生声发射。

以比较适合脆性断裂的位错塞积理论，来介绍裂纹的形成与声发射的关系（图 6—56）。

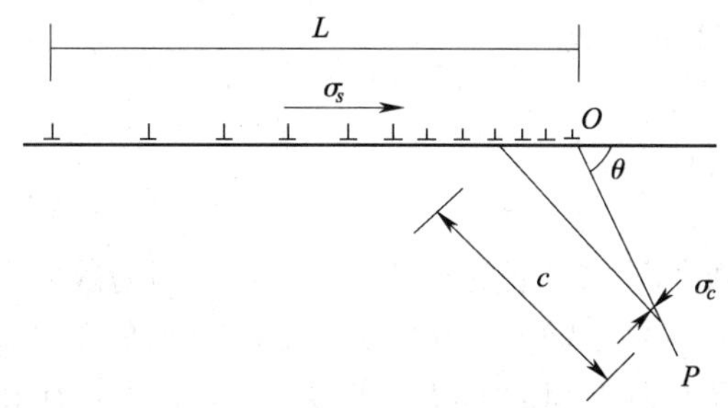

图 6—56　形成裂纹的一种位错机构

图 6—56 中，在滑移带一端 O 处，由于位错向前运动遇到了障碍，如晶界、杂质、硬质点等，使位错不能继续前进而塞积，造成应力集中。所有位错的力场叠加在一起在$\overline{OP}$方向，当距“塞积头”C 处的正交应力 σ_c 达到一定数值时，就产生微裂纹。裂纹是大量位错不断运动积累而产生的，如对金属铝，在某一切应力下，产生微裂纹的最少位错数约为 $n \approx 100$。计算表明，100 个位错产生的裂纹平均长度约为 0.1 μm，即 0.1 μm 的裂纹引起的声发射强度约为单个位错的 100 倍。

理论计算表明，在显微裂纹向宏观裂纹扩展过程中，裂纹扩展产生的声发射强度要比裂纹形成时大 100 到 1 000 倍。当裂纹进一步扩展到临界裂纹长度时，就出现失稳扩展，形成快速断裂，这时的声发射强度更大。

上述提到的具体数值，给出大致的数量级范围，实际上将有很大差异。

（二）声发射波的传播

1. 固体中的弹性波

固体介质内局部变形时，不仅产生体积变形，而且产生剪切变形，故可激发出两种波，即纵波和横波。其中，纵波的质点振动位移和波的传播方向一致；横波的质点振动位移和波的传播方向垂直。它们以不同的速度在介质中传播。当传播到不同介质之间的界面时，会产生反射和折射。任何一种波在界面反射时都要发生波型转换，同时出现纵波和横波。在一定条件下，还会在固体自由表面出现沿表面传播的表面波。若纵波速度为 V_L，横波速度为 V_S，表面波速度为 V_R，一般为：

$$V_S \approx 0.6V_L \tag{6—32}$$

$$V_R \approx 0.9V_S \tag{6—33}$$

声波在固体中传播时，会产生声能的衰减。一般来说，平面波在传播方向上的衰减可用下式表示：

$$P_X = P_0 e^{-\alpha X} \tag{6—34}$$

式中 P_0——X=0 位置的声压；

P_X——传播至 X 距离后的声压；

X——传播距离；

α——衰减系数。

声波在传播时，除了波前扩展的扩散损失外，还因为散射衰减、黏性衰减、位错运动引起的衰减、铁磁性磁畴壁运动引起的衰减、残余应力和声场紊乱引起的衰减、各种内摩擦（也称内耗）引起的衰减等多种原因造成声能衰减。衰减系数 α 表示了上述各种衰减因素的总和。

2. 声发射波的传播过程

若在半无限大固体中的某一点产生声发射波，当传到表面上某一点时，纵波、横波、表面波先后相继到达，互相干涉呈现复杂的模式，如图 6—57 所示，首先到达的是纵波，其次到的是横波，最后到达的是表面波，这与地震波的传播情况很相似。

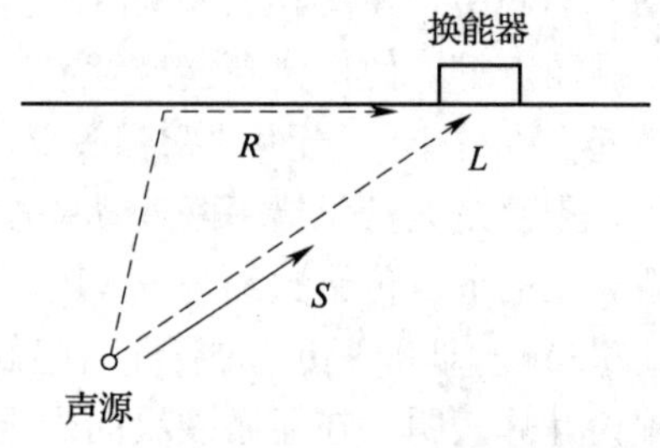

图 6—57 半无限大物体内声发射波的传播

L—纵波 S—横波 R—表面波

在声发射实际应用中，能把检测对象看成半无限大介质的情况并不多，经常遇到的是声发射波在像高压容器的厚壁钢板中的传播，如图 6—58 所示。波在传播过程中，在两个界面发生多次反射，每次反射都要发生模式转换，这种方式传播的波称为循轨波，即从声源发出单一频率的波，经过循轨波的传播具有复杂的特性。粗略地讲，循轨波的视在传播速度与横波的传播速度差不多，此为声发射源定位法所用的一级近似速度。此外，循轨波传播中，频率不同的波因传播速度不同而引起频散现象。如声发射源波形是一个简单的脉冲振荡，在有限介质中传播一定距离之后，波形变钝，脉冲变宽，并分离为几个脉冲振荡，先后到达表面的某一点。图 6—59 表示在一定厚度钢板中传播一般距离之后的声发射波形分离的现象。

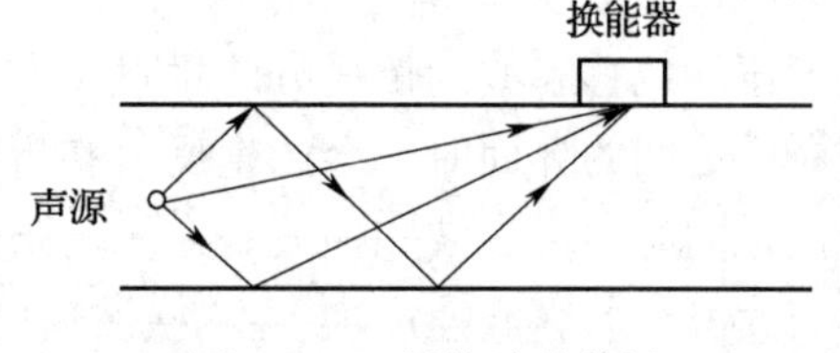

图 6—58 循轨波的传播

（三）声发射换能器

声发射换能器是检测设备的主要元件，大致可分为三类：①带阻尼的共振型；②复共振型；③宽带型。第一类声发射换能器与超声探侧探头相似；复共振型换能

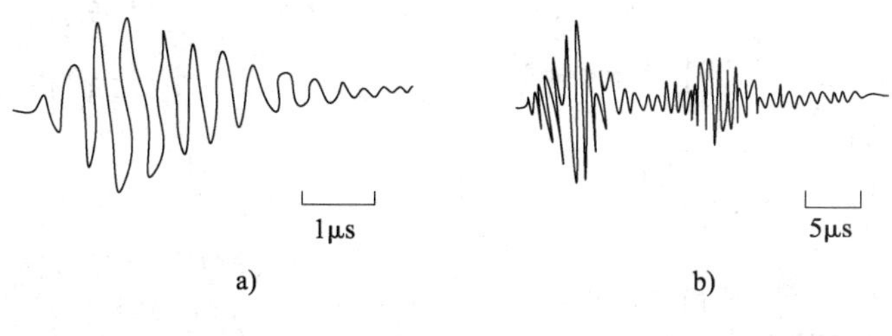

图 6—59　传播引起的波形分离

a）原始波形　b）传播一定距离后的波形

器是用两个同心压电陶瓷环做成的复共振器件，正确选择环的直径和厚度便可得到频率响应比较宽、灵敏度又损失不多的换能器；宽带型换能器实际是使用尺寸小而共振频率高的压电元件，这样在声发射所要求的频段内其响应是平坦的，但这种换能器灵敏度较低。

在一般检测中，因声发射源位置未知，进入换能器的方向不固定，通常采用具有各向同性接收能力的圆形压电元件。

声发射信号传导波抵达材料表面时，由换能器接收将信号变为电信号，以备后续的电子线路进行处理。声发射换能器 PZT—5 为厚向极化，其直径一般取几毫米到十几毫米，频率在 60 kHz～2 MHz 范围内选用。压电换能器的压电效应由下式表示：

$$V = \delta d_{33} E_x \tag{6—35}$$

式中　V——电压；

δ——弹性变形；

d_{33}——压电应力常数；

E_x——弹性模量。

在应用中多采用锆钛酸铅（即 PZT—5）压电陶瓷。实验室常用单端换能器，如图 6—60 所示。现场评价结构的完整性时则可使用差接换能器，差接式换能器由两片元件反接而成，由于压电陶瓷的极性相反，因此对机械振动产生的信号是两个位相相反的信号（即异模信号），经差接前置放大器放大，差接放大器对换能器或电缆输入同位相的干扰电信号（即共模信号）有一定程度的抑制作用，即所谓抗共模干扰；这种结构形式可获得 40 dB 的共模抑制；高温声发射的测试除采用具有高居里点和较为稳定的温度系数的压电陶瓷外，还可使用波导管（图 6—61）。

普通的 PZT 换能器可在 200℃高温下连续工作和 300℃下短时工作，若温度超过 300℃时可采用波导管或采用铌酸锂晶片代替 PZT 陶瓷元件（铌酸锂的居里温度

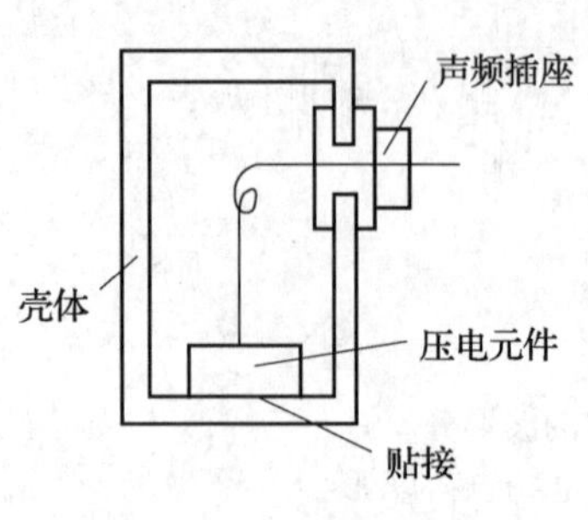

图 6—60 单端换能器示意图

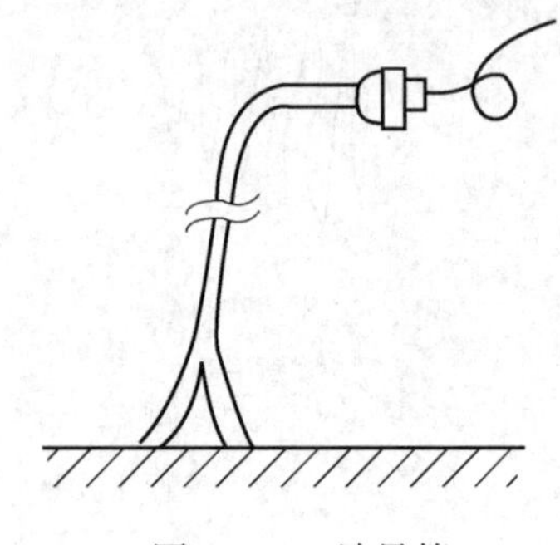

图 6—61 波导管

较高，但其灵敏度随温度的变化较大）。一种新型压电陶瓷 P—4 也有较高的居里点，其灵敏度的温度系数变化亦较小。

近年来，国际上已开始使用频率特性平坦、垂直位移灵敏、能最大限度地消除或避免谐振变形的非接触式电容换能器。

三、声发射信号的检测与处理

（一）声发射信号的表征参数

固体介质中传播的声发射信号具有声发射源的特征信息，要从这些信息中反映材料特性或缺陷发展状态，就要在固体表面检测声发射信号并予以处理。

目前所采用的特征参数是通过对声发射仪输出的电信号波形进行处理而提取出来的，用于表示声发射信号特征。主要特征参数有：声发射的事件计数法（事件计数率、事件总数）或振铃计数法（声发射率）、幅度分布、能量分析、有效值电压、波形的上升、下降及持续时间、到达的时间差等。

1. 事件计数法

如图 6—62 所表示的是一个突发型声发射信号，即为一个事件。此突发型信号经包络检波后，其波形超过阈值电压部分所形成的脉冲计数称为事件计数。单位时间的事件计数称为事件计数率，事件计数的累加之和称为事件总数。

事件计数率、事件总数都表征了声发射的活动性大小。

2. 振铃计数法

如图 6—63 所示，一个声发射信号的振铃波形，其波形超过阈值电压部分所形成的脉冲计数称为振铃计数。单位时间的振铃计数称为声发射率。取一个事件的振铃计数称为事件振铃数。

声发射率和事件总数是声发射检测中最常用的表征参数，主要表征了声发射的

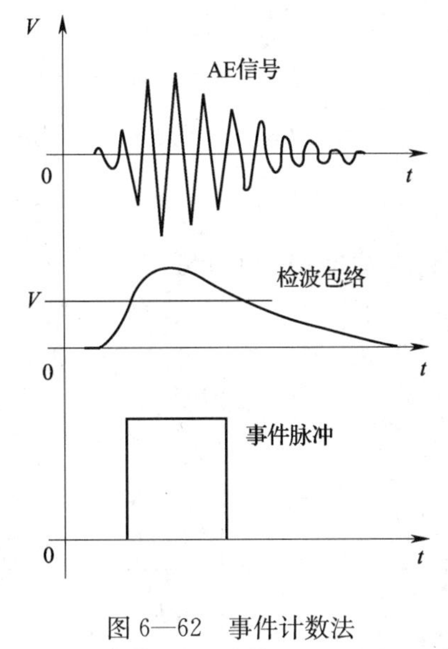

图 6—62　事件计数法

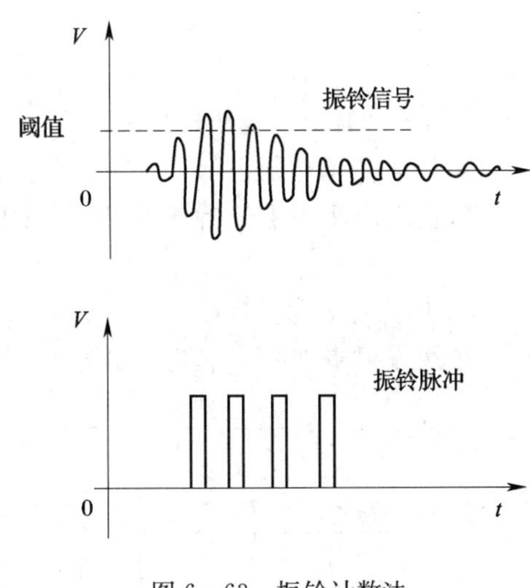

图 6—63　振铃计数法

活动性。

3. 幅度分布

幅度分布分析采用两种办法，一种是对声发射信号进行统计分析，将信号的幅值分成 10 或 100 个等级分别进行计数，幅值分布分析器的输出可以用函数记录仪绘制幅值与事件计数（事件即为一个突发信号）的关系曲线；另一种是将声发射信号进行包络检波，使一个事件形成一个脉冲，脉冲的高度正比于包络的最大幅值或者在一个规定的门的开放时间内将事件信号波形的最大值脉冲化，再用波高分析器进行幅度分布分析。

4. 能量分析

能量分析是对仪器主放大器输出电信号进行的，它反映了声发射源以弹性波形式释放的能量相对大小。能量分析法能较好地反映裂纹开裂特征。

一般来说，声发射能量的大小与工作频率无关。

5. 有效值电压

有效值电压是表征声发射信号的主要参数之一，它直接与声发射能量相关。

若 N（V_P）是以峰值电压为变量的微分型幅度分布谱函数，则有效值电压为

$$V_{rms}=\left[\frac{\int_{0}^{\infty}V_{P}^{2}N(V_{P})dV_{P}}{\int_{0}^{\infty}N(V_{P})dV_{P}}\right]^{\frac{1}{2}} \tag{6—36}$$

式中　V_{rms}——有效值电压；

V_{P}——峰值电压。

有效值电压多用于分析连续型发射的信号，在泄漏检测的分析中常用这个参数。

6. 波形的时间参数

一个声发射事件的基本波形如图 6—64 所示。

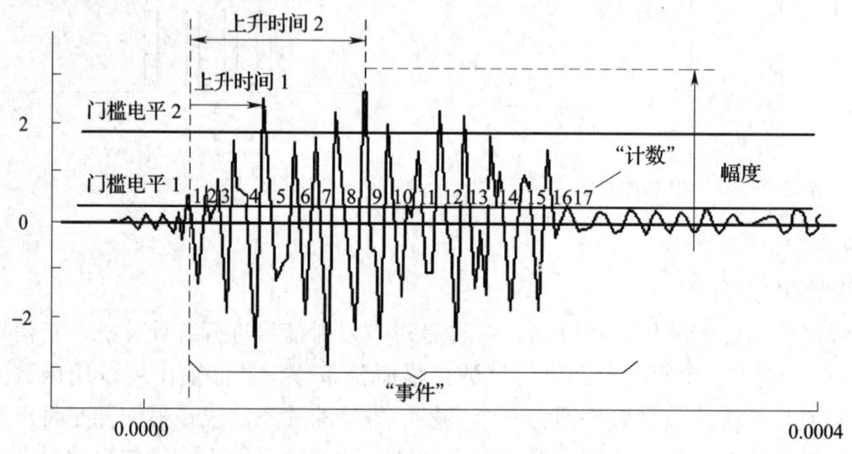

图 6—64　一个声发射事件的基本波形

1）上升时间

上升时间一般是指声发射振荡从首次超过阈值电压开始直至此振荡幅度达到最大时所经历的时间。突发型声发射的上升时间一般比周围环境工业干扰的上升时间短得多，可根据上升时间将缺陷声发射信号与工业干扰信号区别开来。

2）持续时间

持续时间一般是指在一个声发射事件中从它的振荡首次超过阈值电压直至再降落至低于阈值电压为止所经历的时间。

一般天电干扰的持续时间要比声发射小得多，可根据这个特点，排除天电干扰。

3）下降时间

下降时间一般是从声发射振荡的最大主幅开始直至它下降到低于阈值电压为止所经历的时间。下降时间又称衰减时间，它表征了声发射源本身的和在实验中传播的衰减特性之和。

7. 到达时差 Δt

在多通道的探头阵列中，以第一个接收到声发射信号的探头为参照，其他探头陆续接收到此声发射信号，其他探头与第一个探头接收同一个声发射源的信号所存在的时间差叫到达时差 Δt。

到达时差是指各个探头接收到信号的首次通过阈值电压的时间差别，用到达时差可对声发射源的位置进行定位。

（二）声发射信号检测过程

声发射信号检测过程如图 6—65 所示。

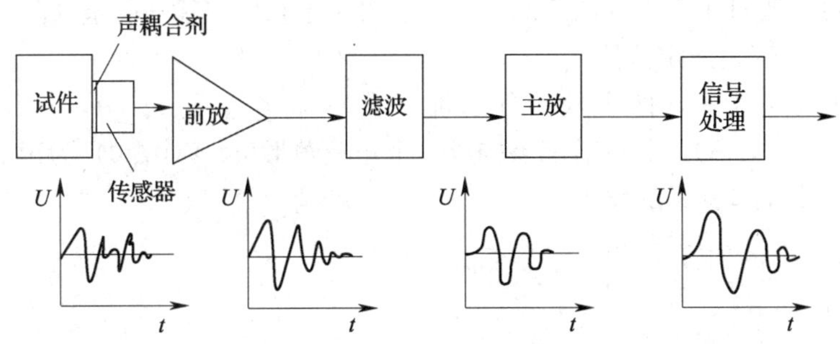

图 6—65　声发射信号检测过程

传感器用来接收声发射信号；前置放大器对传感器输出的微弱信号（有时低达十几微伏）进行放大以实现阻抗匹配；滤波器用来选择合适的频率窗口以消除噪声的影响；主放大器对滤波后的声发射信号作进一步放大，以便信号处理部分进行记录、分析和处理。

（三）声发射源定位方法

固体内部缺陷形成和扩展时，以声波的形式释放能量，此时缺陷便成声发射源。为了确定缺陷的位置，需要对声发射源进行定位。根据到达时差进行声发射源的定位方法最常用的有两种：直线定位法和平面正三角形定位法。

1. 直线定位法

直线定位法又称线定位，是在一维空间中确定声发射源的位置坐标。

在图 6—66 中取两探头连接直线的中点为坐标原点，取从探头 1 到探头 2 为正方向。

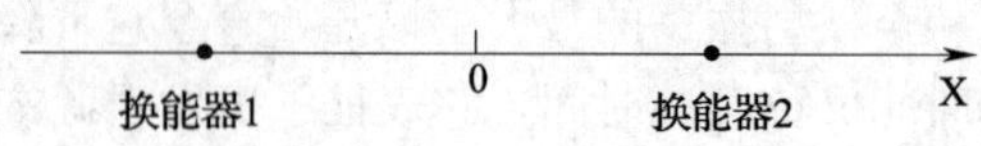

图 6—66　线定位示意图

声发射源的位置坐标可由下式求出。

$$x = \sin(\Delta t)\,\frac{\Delta t}{2}v \tag{6—37}$$

$\sin(\Delta t)=1$　信号先到探头 1

$\sin(\Delta t)=-1$　信号先到探头 2

式中　Δt——到达两探头的时差（绝对值）；

v——声速（循轨波的声速）。

线定位方法可用于焊缝缺陷的定位，也可用于长距离输送管道缺陷的定位。

2. 平面正三角形定位法

如图 6—67 所示，四个探头分别置于 S_0（0，0）、S_1（－1，－B）、S_2（1，－B）、与 S_3（0，A），其中后三点构成一个正三角形，S_0（0，0）为正三角形的内心，并作为直角坐标系的原点。

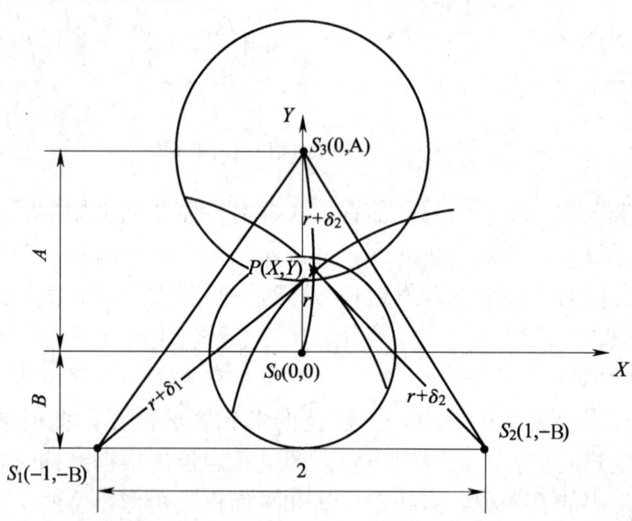

图 6—67　正三角形定位法

在 P（x，y）点有一声发射源，距 S_0 的距离为 r，那么，P（x，y）距 S_1、S_2 和 S_3 的距离与 r 之差分别为

$$\delta_1 = \mathrm{PS}_1 - \mathrm{PS}_0 = v\Delta t_{10}$$
$$\delta_2 = \mathrm{PS}_2 - \mathrm{PS}_0 = v\Delta t_{20}$$
$$\delta_3 = \mathrm{PS}_3 - \mathrm{PS}_0 = v\Delta t_{30}$$

式中 Δt_{10}、Δt_{20}、Δt_{30}分别为信号到达 S_1、S_2和 S_3相对于 S_0的时差。则声发射源 P（x，y）为下述四个圆的交点。这四个圆的方程为

$$x^2 + y^2 = r^2 = v^2 t_0{}^2$$
$$(x+1)^2 + (y+B)^2 = (r+\delta_1)^2 = v^2(t_0 + \Delta t_{10})^2$$
$$(x-1)^2 + (y+B)^2 = (r+\delta_2)^2 = v^2(t_0 + \Delta t_{20})^2$$
$$x^2 + (y-A)^2 = (r+\delta_3)^2 = v^2(t_0 + \Delta t_{30})^2$$

令 $(A+B)^2=2^2-1$，$N=\dfrac{1}{v}$（v 一般为循轨波视在声速）

则方程组的解为

$$x = \frac{4N^2(\Delta t_{10} - \Delta t_{20}) + t_{10}^2(\Delta t_{30} + 2\Delta t_{20}) - t_{20}^2(\Delta t_{30} + 2\Delta t_{20}) + t_{30}^2(\Delta t_{20} - \Delta t_{10})}{4N^2(\Delta t_{10} + \Delta t_{20} + \Delta t_{30})}$$

$$y = \frac{1.333\,3N^2(\Delta t_{10} + \Delta t_{20} - 2\Delta t_{30}) + \Delta t_{30}(\Delta t_{10}^2 + \Delta t_{20}^2 - \Delta t_{30}\Delta t_{20}) - \Delta t_{30}\Delta t_{10}}{2.3094N^2(\Delta t_{10} + \Delta t_{20} + \Delta t_{30})}$$

计算出坐标的 x、y 值，即可确定声发射源的位置。计算可由计算机实时地进行，在显示屏实时地显示出缺陷的位置。

（四）声发射检测信号的鉴别与处理

声发射检测，就是要从噪声和干扰中鉴别出缺陷的声发射信号，并由特征参数表示，再用源定位法确定它的位置，根据其特征参数的大小和所在的位置，判定缺陷的危险性。因此，在声发射检测中，首要的就是从噪声和干扰中鉴别声发射信号。

1. 幅度鉴别

在声发射仪器主放大器的输出端，设置适当的阈值电平（亦称门槛电平），此阈值电平可以是固定的，也可以是浮动变化的（随低频的外部干扰而变）。剔除低于此阈值电平的仪器内部噪声和周围环境的外部干扰，使高于此阈值电平的声发射得以输出。

2. 频率鉴别

任何一个构件或设备都是由具体的某种材料构成的。通过具体材料缺陷的声发射信号的频谱分析，确定这种材料谱线最丰富的频段，然后设置声发射检测系统的频响范围与之相对应，就可实现频率鉴别。

声发射检测系统的频率鉴别是由探头的谐振特性和仪器中的带通滤波器共同完成的。

3. 时间鉴别

主要是前沿鉴别，有时也用持续时间鉴别。

1）前沿鉴别

在复杂的外界环境干扰噪声中，有的干扰信号的前沿上升缓慢；另外在检测区域外较远的声发射源的信号，经过在介质中的传播，前沿变缓。若确定了监视区域，也就大致确定了有用声发射信号的前沿上升时间 ΔT_0。应用前沿鉴别的方法，可排除前沿缓慢的噪声干扰和远距离的声发射信号。

2）持续时间鉴别

一般天电干扰信号的持续时间很短，比一般声发射信号的持续时间短得多。利用这种特点，可以设置一个脉冲宽度鉴别闸门，当脉宽小于一定值时，检测通道关闭，由此可排除持续时间很短的天电干扰。

4. 空间鉴别

空间鉴别的主要形式为主副鉴别，有时也用符合鉴别。其主要区别在于前者的检测区域大，后者的检测区域小。

1）主副鉴别

将主探头 M_j（$j=1, 2, \cdots, n$）置于要检测的区域内，而副探头 S_i（$i=1, 2, \cdots, m$）置于要检测的区域外，如图 6—68 所示。当副探头 S_i 先接到信号时，就将主探头 M_j 检测通道关闭，这样区域外的干扰噪声就被排除。若主探头 M_j 先接收到信号，其检测通道就开通。

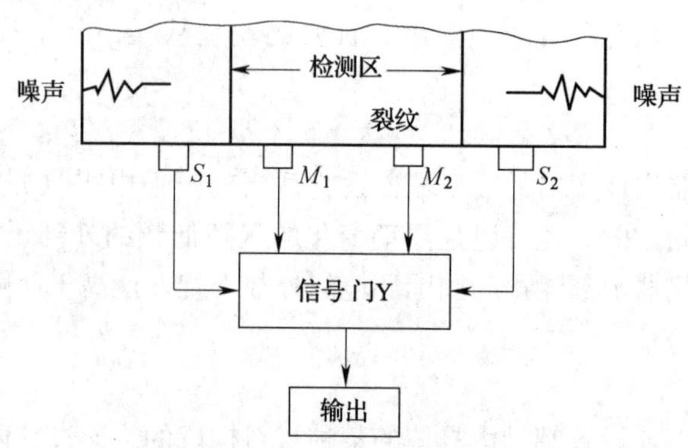

图 6—68　主副鉴别原理

2）符合鉴别

如图 6—69 所示，这种方法所监视的区域为两探头的中间区域，适于对焊缝实行监控。若声发射源信号传到探头 1、2 的时间分别为 T_1、T_2，确定的符合时间为 ΔT_0，则：

$|T_1-T_2|\leqslant\Delta T_0$，检测通道开通；$|T_1-T_2|>\Delta T_0$，检测通道关闭。

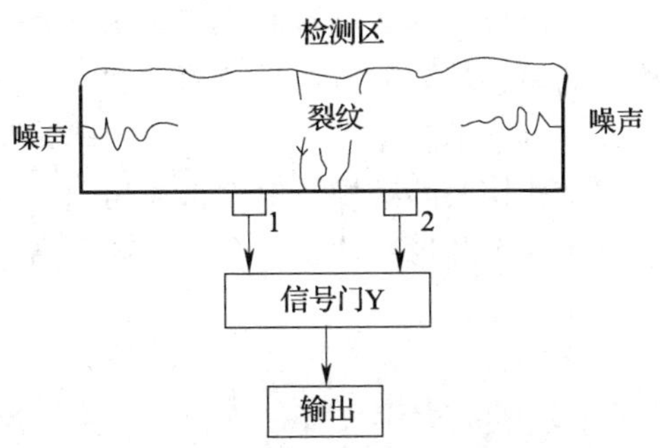

图 6—69　符合鉴别原理

以上空间鉴别，探头按一定形式排成需要的阵列形式，即构成所谓空间滤波器，这是在现场监控时排除干扰噪声的一种有效方法。

在声发射源定位中，还常采用所谓最大时差鉴别，即到达探头的时差超过所规定的最大时差的信号都予以排除。

无论是时间、空间鉴别或是最大时差鉴别，都是按一定逻辑关系在干扰噪声中鉴别声发射信号，因此，也统称为逻辑鉴别。

5. 统计鉴别

采用数据统计的方法，可在高干扰背景噪声下（信噪比≤0.6），有效地排除干扰噪声，提取出有用的声发射信号。

对一个由 4 个探头组成的声发射源定位的阵列，根据阵列的最大时差定出 4 个探头接收到的全部时差组合，并标出各种时差组合可能确定的位置，采用计算机软件实行统计处理，从大量的噪声源位置中鉴别出真正的缺陷位置，因为真正缺陷的声发射源是固定不变的，而干扰噪声源是随机分布的，所以在作大量统计处理时可以鉴别开来。

四、声发射检测系统的基本构成

一个声发射检测系统可以认为是由探头和声发射仪器两部分构成的。由于用途不同，探头的种类多种多样，仪器的类型也各有不同。

（一）声发射探头

声发射探头一般由壳体、压电晶体、高频插座构成，有时也加背衬阻尼。固定探头用的永磁固定架，高温检测用的波导管都可作为探头的附件。常用的探头种类有：高灵敏度探头、差动探头、高温探头、宽频带探头等。

1. 高灵敏度探头

单端谐振式的高灵敏脚探头，是声发射检测中最常用的一种（见图 6—60）。结构很简单，其频响特性是窄频带的。谐振频率主要决定于压电晶体元件的厚度。

2. 差动式探头

差动式探头的结构与单端基本相同，主要区别在于压电晶体元件的构造形式不同。常用一个圆形晶体，外套一个环形晶体，两者特性尽量一致，极性反接，如图 6—70 所示。

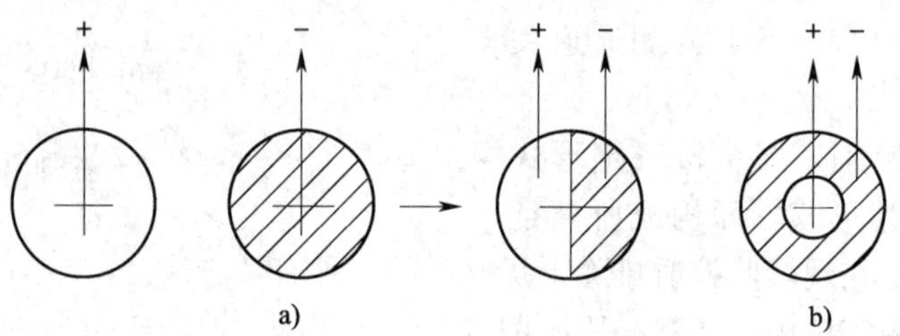

图 6—70　差动探头的晶体结构

差动式探头与差动式前置放大器相配合使用，可以大大提高共模抑制比，增强抗干扰能力。

3. 高温探头

运行中的设备常处于高温状态，为了实行声发射检测，必须采用高温探头，并要求在高温下长时间运用。

解决耐高温的途径有两个：一是采用耐高温的钛酸铅（可耐 300℃）或铌酸锂（可耐近 1 000℃），再加上耐热陶瓷膜片做底座，因为要长时间运用，故应使所用压电晶体的居里点远远高于工作温度；二是在工作温度超过 300℃时，用波导管将声发射信号引导到普通探头上。

4. 宽频带探头

用宽频带探头对声发射信号进行频谱分析，可采用凹球面形或楔形压电晶体元件，达到展宽频带的目的；此外，也可采用加大背衬阻尼的方法来展宽频带。

（二）声发射仪器

对声发射仪器的基本要求为：检测微弱的声发射信号要求增益高；排除各种干扰噪声要有一定的信号鉴别能力；用特征参数表征声发射信号，要有一定的数据处理能力。

一般可分为：单通道声发射检测仪和多通道声发射检测仪。

1. 单通道声发射检测仪

单通道声发射检测仪，一般由传感器、前置放大器、主放大器、信号参数测量、数据分析、记录与显示等基本单元构成，如图 6—71 所示。

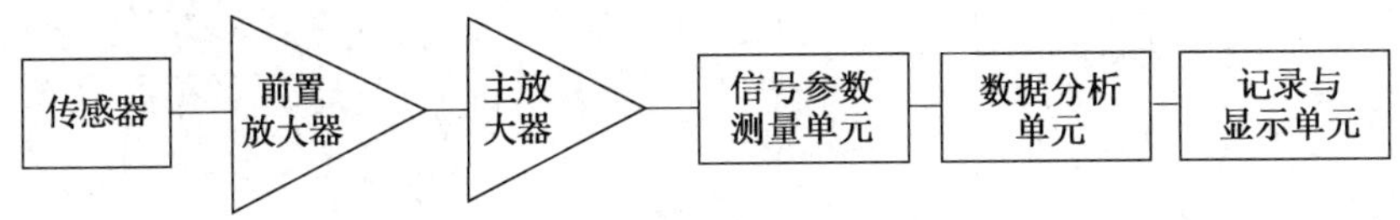

图 6—71　单通道声发射检测仪方框图

传感器的输出信号，经前置放大器放大，滤波器频率鉴别，主放大器进一步放大，门槛电路探测、测量单元提取信号特性参数，分析单元运算，最后输出到记录与显示单元。特性参数的测量、分析和显示，随检测仪的类型有很大差异。

最早期的单通道仪器，主放大器的输出信号，经门槛比较电路形成振铃计数脉冲，再经计数器计数及数模转换、供 x—y 记录仪记录。这类最简单的类型，已被淘汰，逐步为多参数测量电路所取代，如图 6—72 所示。

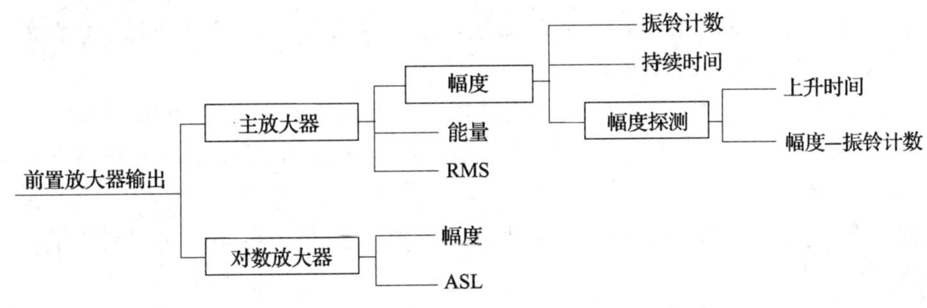

图 6—72　多参数测量电路示意图

随微机技术的发展，其应用从早期源定位计算，相继扩展到数据采集、存储、分析和显示等更为一般的功能。与此同时，信号处理，从计数类参数的测量发展到事件参数类的测量与分析，并在数字化程度、实时性、精确性、综合性、通用性方面均有了很大进展。

2. 微机控制式多通道系统

该系统采用多处理器并行处理结构，由高速采集用独立通道控制器、协调用总通道控制器、数据分析用主计算机构成，如图 6—73 所示。

独立通道控制器，分别控制着两个独立信号通道，进行波击参数组的测量，包括波击与振铃计数、能量、幅度、持续时间、上升时间、有效值电压、平均信号电

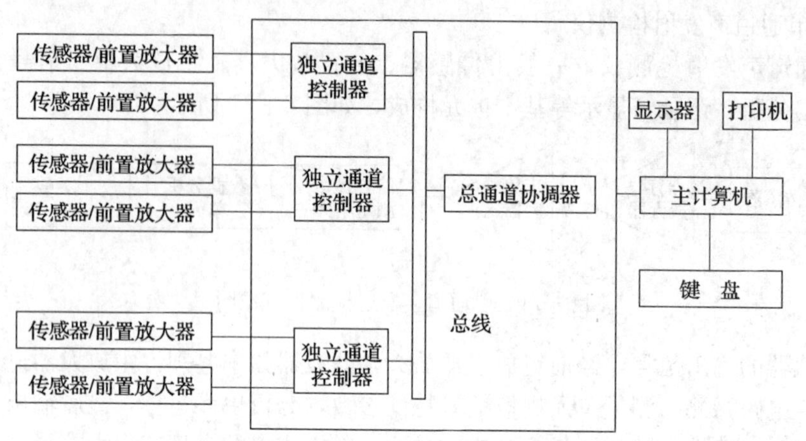

图 6—73　计算机控制式多通道系统

平和到达时间等常规参数，并快速存储于大容量输出缓冲器。缓冲器在前端高速测量与后续低速主处理器之间提供速率匹配，以防止主机丢失高频度信号数据。

由于采用并行处理结构，不降低采集速度的情况下，可扩展达数十个检测通道，原理上可扩展达 128 个通道。

总通道控制器，具有容量更大的缓冲器，并在前端与主机之间起着协调作用，它将所读波击参数组和外变量，以每个波击到达传感器的次序，逐个供给主机并存于硬盘。

主计算机可采用 IBM 兼容机，在各种软件的支持下，可实现实时或事后的分析与显示。

3. 全数字式多通道声发射系统

随数字信号处理技术的发展，全数字式多功能声发射系统的开发成为近年的新趋势。其最大特点是前置放大器的信号不必再经过系列模拟电路而直接转换成数字信号，再同时进行常规特性参数提取与波形记录。这不仅改善了电路的稳定性和可靠性，而且大大强化了系统信号处理能力，如图 6—74 所示。

该系统采用插卡式并行处理结构，除 IBM 兼容 PC 机、前置放大器、传感器及有关软件外，主要由数个并行处理的 AEDSP 卡组合而成。AEDSP 卡是 ISA 总线 PC 卡，可直接插入 PC 槽内，也可经扩展箱组合成不同的多通道系统，原理上可扩展达 256 通道（126 个卡）。

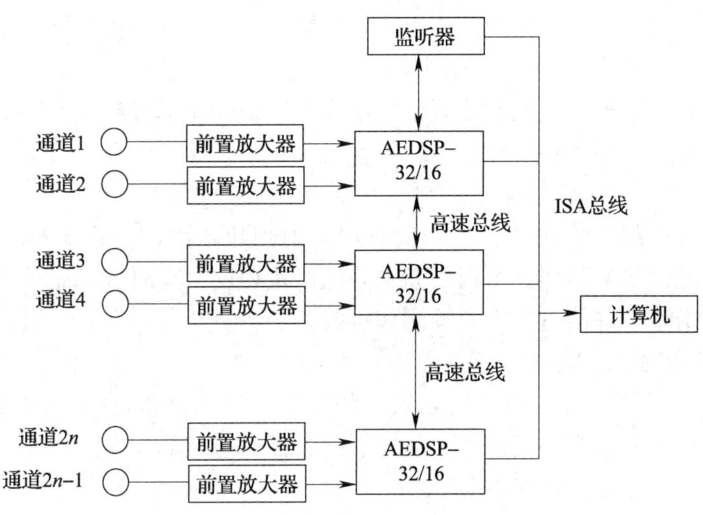

图 6—74　全数字式多通道声发射系统框图

五、影响声发射特性的因素

声发射来自材料的变形与断裂机制，因而所有影响变形与断裂机制的因素均构成影响声发射特性的因素，主要包括：

1）材料，包括成分、组织、结构，例如，金属材料中的晶格类型、晶粒尺寸、夹杂、第二相、缺陷，复合材料中的基材、增强剂、界面、纤维方向、铺层、残余应力等；

2）试件，包括尺寸与形状；

3）应力，包括应力状态、应变率、受载历史；

4）环境，包括温度、腐蚀介质。

这些因素，对合理选择检测条件，正确解释检测结果，均为需考虑的基本问题。

六、声发射检测的特点及应用范围

（一）声发射检测技术的特点

1. 声发射技术是一种动态无损检测技术

声发射技术是利用物体内部缺陷在外力或残余应力作用下，本身能动地发射出声波来判断发射地点的部位和状态。根据声发射信号的特点和诱发声波的外部条件，既可以了解缺陷的目前状态，也能了解缺陷的形成过程和发展趋势。

2. 声发射监控几乎不受材料限制

除极少数材料外，金属和非金属材料在一定条件下都有声发射发生。所以，声发射监控诊断几乎不受材料限制。

3. 声发射监控灵敏度高

结构或部件的缺陷在萌生之初就有声发射现象，因此，只要及时检测声波信号，根据声波信号的强弱就可以判断缺陷的严重程度，有时可以显示零点几毫米数量级的裂纹增量，并能进行实时预测和报警。

4. 可以实现在线监控

如对压力容器等人员难以接近场合的监控，若用X射线法则必须停产检查，如果用声发射检测法则不需停产，这样能减少停产造成的损失。

（二）声发射检测技术应用范围

声发射检测技术应用范围很广，主要有以下几个方面：

1）压力容器的安全性评价

评价压力容器等构件的结构完整性是声发射技术应用的一个重要领域。我国压力容器的数量很大，且相当一部分有较严重的质量问题。因此，研究和发展可靠性高、速度快和费用低的检测方法，具有特别重要的意义。

2）机械制造过程的监控

声发射应用于机械制造过程的监控始于20世纪70年代末。我国在这一领域起步早、发展快。早在1986年，国防科技大学等单位就进行过用声发射监控刀具磨损的研究。现在，一些单位已研制成功车刀破损监控系统和钻头折断报警系统，前者的检测准确率高达99%，而漏报率和误报率<1%。有些企业已使用人工神经网络进行刀具状态监控、铁屑形态识别与控制以及磨削接触与砂轮磨损的监控等。

3）油田应力测量

油田应力测量在油田生产和开发中有重要作用。由于人工压裂裂纹一般是沿最大水平应力方向伸长，因此，油、水井不应沿这个方向间隔排列，否则，注水后可能会出现爆性水淹。北京石油勘探开发科学院用声发射技术测量岩心波速各向异性，达到确定油田最大水平应力方向的目的。

4）复合材料特性研究

声发射已成为研究复合材料断裂机理的一种重要手段。目前，采用声发射技术已能检测每根碳纤维或玻璃纤维丝束的断裂及丝束断裂载荷的分布，从而评价碳纤维或玻璃纤维丝束的质量。声发射技术还可区分复合材料层板不同阶段的断裂特性，如基体开裂、纤维与树脂界面开裂、裂纹层间扩展和纤维丝断裂等。

5）结构完整性评价

20 世纪 80 年代末至 90 年代初，美国 PAC 公司先后与美国 Wrignt 实验室及麦道公司联合，研究用声发射监控 F—15 和 F—117 飞机疲劳裂纹，取得了卓有成效的结果。

目前，在飞机机翼疲劳试验过程中，用声发射进行监控和对结构的完整性进行评价，都取得了许多研究成果。

6）焊接构件疲劳损伤检测

采用声发射多参数分析技术监控焊接梁疲劳试验全过程，可得到构件疲劳损伤各阶段与声发射特征之间的关系，准确地监控到焊接梁中焊缝和应力集中处的裂纹萌生及扩展过程。

7）泄漏检测

检测泄漏是声发射检测技术应用的一个重要方面。如果管道有破损，流体通过管壁外泄时就会在管壁中激发应力波。由于泄漏产生的声发射信号比较大且其频谱有较大的峰值，通过相关分析，就可确定泄漏点位置。

此外，声发射检测技术还可用于材料的疲劳、蠕变、脆断、应力腐蚀、焊缝和焊接过程的监控，也可用于飞机、桥梁、混凝土大坝、海洋石油钻采平台等的安全监控，还可用来预报矿井崩塌和意外事故的发生。

（三）声发射检测的优点和局限性

优点：对裂纹的遥测和定位；测量系统可很快设置；灵敏度高；对测试目标只要求有限地接近；可检测活动裂纹；只需要相对很小负载；有时能预报毁坏负载等。

局限性：结构必须承载；与材料密切相关；测量会受到不明电噪声和机械噪声的影响；定位的精度有限；对裂纹类型只能给出有限信息；难于解释测量结果等。

由于 100 kHz 范围内的声发射信号在金属结构中衰减很小，因此传感器可检测到周围若干米的裂纹。对混凝土和砖石结构来说，应使用较低频率，不然衰减太大。

本章小结

1. 无损检测技术包括超声波检测、射线检测、渗透检测、磁粉检测、涡流检测以及声发射检测等，是在不损伤被检测对象的条件下，利用材料内部结构异常或缺陷存在所引起的对热、声、光、电、磁等反应的变化，来探测各种工程材料、零部件、结构件等内部和表面缺陷，并对缺陷的类型、性质、数量、形状、位置、尺寸、分布及其变化作出判断和评价。

2. 超声波是一种机械波，产生机械波有两个必要条件：一是要有机械振动的波源；二是要有能传播机械振动的弹性介质。超声波的波形主要有纵波、横波、表面波以及板波。超声波所达到的空间称为超声场，描述超声场的重要特征参量主要有声压、声强、声阻抗等。超声波在传播时遇到介质界面，可发生波型的转换、能量分配和传播方向的变化。超声波探伤仪系统是由超声波探伤仪和探头两部分组成的，其中，目前常用的脉冲反射式探伤仪又分为A型显示和平面显示两个基本类型，探头有直探头、斜探头和双晶探头等多种形式。常用的金属超声波探伤法可分为共振法、穿透法、脉冲反射法等。

3. 射线检测（探伤）有X射线、γ射线和中子射线等检测方法。产生X射线必须具备三个条件：①有一个发射电子的源；②有一个加速电子的手段；③有一个接受电子碰撞的靶。射线的衰减主要有窄来衰减及宽来衰减。射线强度的相对变化与缺陷的厚度成正比。X射线机主要由四部分组成：X射线管、高压发生器、冷却系统及控制系统。

4. 渗透检测法是一种以毛细管作用原理为基础的检查表面开口缺陷的无损探伤方法，是一种最简单的无损检测方法，可检测表面开口缺陷，几乎适用于所有材质的构件和各种形状的表面。渗透检测的基本原理是应用液体表面张力对固体产生的浸润作用，以及液体的相互乳化作用等特性实现探伤的。

5. 磁粉检测是漏磁场检测的一种方法。磁粉检测原理是基于通电导体周围产生磁场时的电磁感应现象在检测中的应用。缺陷漏磁场的强度和分布，取决于缺陷的长度、取向、位置和被测表面的磁化强度。按磁化磁场的方向分，有周向磁化和轴向磁化。磁粉检测法只适用于检测铁磁性材料及其合金。磁粉检测设备主要有移动式磁粉探伤设备以及携带式极间磁扼探伤仪。

6. 涡流检测法是以电磁感应原理为基础的。一个简单的涡流检测系统包括一个高频的交变电压发生器、一个检测线圈和一个指示器。由于交流电在某一导体表面有“趋肤效应”，涡流探伤的有效范围仅限于导体的表层（包括表面和近表面）。按检测线圈和试件的相对位置涡流检测线圈可以分为外穿过式线圈、内通式线圈和放置式线圈三类。

7. 声发射技术是一种评价材料或试件损伤的动态无损检测诊断技术。按其振荡形式，声发射分为连续型和突发型两种。声发射换能器是检测设备的主要元件，大致可分为三类：①带阻尼的共振型；②复共振型；③宽带型。声发射仪所采用的主要特征参数有：事件计数法（事件计数率、事件总数）或振铃计数法（声发射率），幅度分布，能量分析，有效值电压、波形的上升、下降及持续时间，到达的时间差等。一个声发射检测系统可以认为是由探头和声发射仪器两部分构成的。声发射仪器有单通道声发射检测仪和多通道声发射检测仪。

复习思考题

1. 什么是无损检测？
2. 无损检测的主要方法有哪几种？各有什么特点？
3. 什么是超声波探伤？探伤中常用的超声波频率范围是多少？
4. 产生超声波需要具备什么条件？
5. 超声波的基本参数是什么？
6. 超声波的波型有哪几种？各有什么特点？
7. 超声波的波速与哪些因素有关？
8. 超声波探伤仪在显示方法上有哪些基本类型？各有什么特点？
9. 超声波探头有哪些主要类型？
10. 超声波探伤有哪些主要方法？它们主要应用于什么场合？
11. 超声波探伤的优、缺点是什么？
12. 超声波检测和射线检测的主要区别是什么？
13. 什么是射线检测？用于射线检测的射线有哪几种类型？
14. 射线探伤的优、缺点是什么？
15. 什么是渗透检测？它适合检查什么类型的缺陷？
16. 渗透探伤法有哪些类型？适用范围如何？
17. 渗透探伤法的操作步骤如何？
18. 渗透探伤法的优、缺点是什么？
19. 什么是磁粉探伤法？它适合检测何种材质的构件？
20. 什么是涡流检测？它适于检测何种材质的缺陷？
21. 什么是声发射？按振荡形式声发射可分为哪几种类型？
22. 声发射探头有哪几种？声发射技术有哪些基本特征？

第七章　火灾信息检测与监控

本章学习目标

1. 掌握火灾信息检测的基本原理，熟悉火灾参量及火灾信息数据处理的方法，了解火灾探测器的分类。

2. 掌握感烟式、感温式、火焰和气体探测器的工作原理。

3. 掌握火灾自动报警系统的组成，了解火灾报警控制器的工作原理，并掌握系统集成条件下的信号处理方法。

第一节　火灾信息检测

一、火灾及火灾参量

火灾是一种失去人为控制并造成一定损害的燃烧过程，即在时间和空间上失去控制并造成一定损害的燃烧过程。发生火灾的基本要素是可燃物、助燃物、点火源以及它们之间的相互作用，构成一个燃烧三角形。助燃物（或氧化剂）通常是空气中的氧气，为了维持燃烧，可燃物要有一定的数量。由于不同的可燃物有不同的着火点，所以不同的可燃物需要的点火能量也不一样。点火能量可能是外部点火源提供的，也可能是可燃物自身产生而引发的火灾，前者称为点燃，后者称为自燃。

可燃物以气态、液态和固态三种形态存在，如果可燃气体和空气在燃烧前已发生混合，称为预混燃烧；如果两者边混合边燃烧，即为扩散燃烧。液态和固态是凝聚态物质，在受到外界加热的情况下，液体蒸发成可燃蒸气，固体发生热分解（熔化、蒸发）析出可燃气体，进而发生气相扩散燃烧。由上可见，火灾对凝聚态物质来说，受热后经蒸发或热解产生可燃气体（CO，H_2）、较大的分子团、灰烬和未燃烧的物质颗粒悬浮在空气中，粒子直径在 0.01 μm 左右，这些悬浮物成为气溶胶。同时空气中还产生粒子直径为 0.01～100 μm 的液体和固体微粒，称为烟雾。可燃物和助燃物在一定条件下发生剧烈的化学反应形成火灾，形成含有大量红外线和紫外线的火焰燃烧波，导致周围环境温度逐渐升高，总之，火灾反应过程是一种非常复杂的伴有发热和发光的物理化学现象。

火灾过程中产生的气溶胶、烟雾、光、热和燃烧波称为火灾参量，火灾探测就是通过对这些火灾参量的测量和分析，来确定火灾的过程，为进一步实现火灾的预警和控制提供基础信息判据。

二、火灾信息数据处理

早期问世的火灾探测器都是开关量式的，当探测器将火灾敏感元件的信号放大后直接输出探测结果，据此判断是“火灾”还是“非火灾”，由于技术水平和元器件限制，当时的信号处理电路都很简单，所以大量的探测器都使用信号处理的直观方法。随着科学技术的发展，模拟量火灾探测器问世，这种火灾探测器才可以称为火灾传感器，给进一步处理火灾探测信号创造了条件，因此火灾信号处理的系统方法得以很快地发展，使火灾探测系统的性能大大提高。

尽管模拟量和分布智能火灾探测器已经进入市场有一定时间了，但目前运行最多的火灾传感器还是开关量式的，这类探测器都是使用直观法对单个传感器信号进行处理，因此直观法是火灾自动探测系统中使用最多的信号处理方法。直观法的特点是简便明了和易于实现，但是对环境适应性和抗干扰能力较差，误报警率较高。直观法都是直接对火灾传感元件的信号幅值进行处理，主要有“固定门限”检测法和“变化率”检测法。

1. 固定门限检测法

这种方法将火灾信号幅度（如烟雾颗粒的光电散射信号幅度、烟雾引起离子电流变化幅度或温度信号等）与预先设定的信号门限值进行比较，当信号幅度超过门限时输出火灾报警信号。在图 7—1 的火灾探测系统中，固定门限检测法可以由式（7—1）表示：

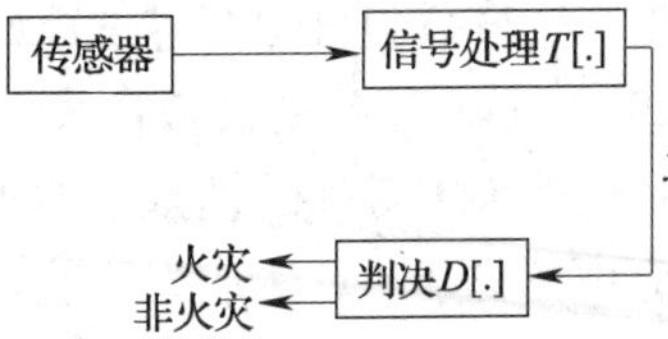

传感器 → 信号处理$T[.]$ → $y(t)$ → 判决$D[.]$ → 火灾 / 非火灾

图 7—1　火灾自动探测系统示意图

$$y(t)=T[x(t)] \quad D[y(t)]=\begin{cases}1 & y(t)>S \\ 0 & y(t)\leqslant S\end{cases} \qquad (7—1)$$

这里 D［.］=1 表示判决为火灾，D［.］=0 表示判决为非火灾，S 为门限。

为了提高探测的可靠性和抗干扰能力，一般还要对信号进行平均和延时处理，在一段时间内对信号 $x(t)$ 进行积分：

$$\overline{X}(t)=\frac{1}{t-t_0}\int_{t_0}^{t}x(t)\mathrm{d}t_0 \quad y(t)=T[\overline{X}(t)] \tag{7—2}$$

其中 $t-t_0$ 为选定的时间段。这种平均处理对抑制电脉冲尖峰和 50 赫兹工频干扰是十分有效的，当传感器信号在一定时间内的平均值 $X(t)$ 的幅度超过预定门限 S 后，判决电路才输出火灾报警信号。实际电路中这种平均和延时处理往往采用电容充放电电路来实现。

2. 变化率检测法

火灾探测信号的变化率是一个十分重要的特性，特别是对于感温火灾探测器信号，当温度信号上升率超过规定范围时说明温度发生了突变，这是火灾产生的高热引起的。变化率最有效的计算方法是采用微分：

$$\frac{\mathrm{d}x(t)}{\mathrm{d}t}=y(t) \quad D[y(t)]=\begin{cases}1 & y(t)>S\\0 & y(t)\leqslant S\end{cases} \tag{7—3}$$

直观法能够正确探测到火灾，它的电路简单而且易于实现，因此在 20 世纪 80 年代以前模拟量式火灾探测器没有出现时，几乎所有的火灾探测系统都是采用直观法进行火灾判断，而且至今许多模拟量火灾探测系统仍沿用了这种方法，只是将绝对报警门限改为相对门限，即所谓门限补偿，有的还将一个门限增加为多个门限以适应不同应用的需要。应该指出的是，由于直观法对于信号过于简单的处理，当噪声和干扰信号 $X_n(t)$ 也超过门限时，同样会被判断为火灾，因此其误报警率是比较高的，尽管可以采取措施如前面提到的对信号取平均和报警延时等，但是当干扰幅度过大或持续时间过长时，误报警率仍然过高，对光电和离子烟雾探测器影响尤其严重，这样人们自然要寻求更好的方法。

20 世纪 80 年代初模拟量式火灾探测系统的出现，使探测器信号不再只是开关量而是反映火灾特征的模拟量即真正的传感器信号了，微处理器技术水平的飞速进步使应用稍复杂的算法成为可能，因此产生了各种火灾探测信号的系统算法，使火灾探测系统性能明显提高。试图将信号的特征和处理过程用完整的数学表达式来描述的方法称为系统法。系统法中最早应用于火灾信号处理的是趋势算法。

①Kendall—τ 趋势算法

火灾信号显示出明显的趋势特征，因此将趋势算法应用于火灾信号检测是十分有效的，趋势检测器是信号检测中常用的非参数检测方法之一。图 7—2 显示的是一段火灾传感器的输出信号 $x(n)$［通过对连续时间信号 $x(t)$ 以间隔抽样而得 x

$(n\Delta t)$，简化表示为 $x(n)$]，横坐标代表离散时间 n，纵坐标 $x(n)$ 代表烟雾或温度，尽管在 $n=5$ 或 $n=6$ 这个时段信号有短时下降，但在总体上看，它显然具有明显的上升趋势，非参数趋势检测算法能够准确的检测到信号的这种趋势变化同时不受信号幅度具体值的影响。趋势算法有多种，最方便实现的是 Kendall-τ 检测器，它只需要 0 和 1 的加法运算并具有递归算式：

$$y(n)=\sum_{i=0}^{N-1}\sum_{j=0}^{N-1}u[x(n-i)-x(n-j)] \tag{7—4}$$

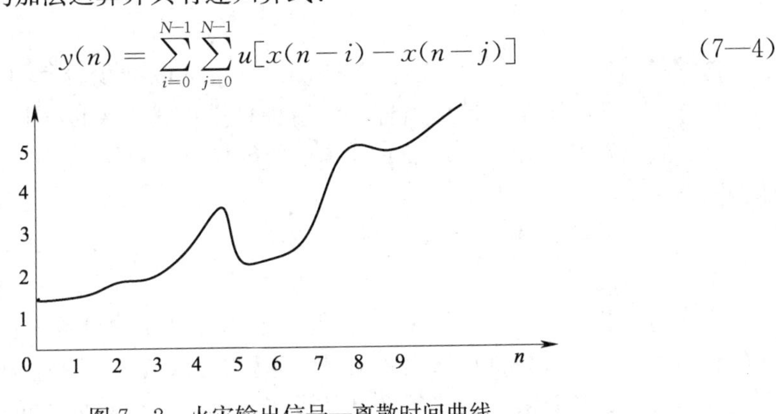

图 7—2　火灾输出信号—离散时间曲线

其中 n 是离散时间变量，N 是用于观测数据的窗长，这个计算随着 n 的增加每次向右移动一个单位，$u(.)$ 为单位阶跃函数，以图 7—2 信号为例，若窗长选为 $N=3$，则可以由式（7—4）计算出它的各点趋势值如表 7—1 所示。

$$u(x)=\begin{cases}1 & x\geqslant 0\\ 0 & x<0\end{cases}$$

表 7—1　　信号的 Kendall-τ 趋势值（$N=3$）

n	0	1	2	3	4	5	6	7	8	9
$y(n)$	0	0	6	6	6	6	5	5	6	6
τ	0	0	1.0	1.0	1.0	1.0	0.83	0.83	1.0	1.0

将式（7—4）展开我们可以看出，$i=0$ 时有 N 项和，$i=1$ 时有 $N-1$ 项和，…，$i=N-1$ 时有 1 项，所以总的求和共有 $N(N+1)$ 项，如果这些项的 $u(.)$ 均等于 1 则可以得到 $y(n)$ 的最大值即 $N(N+1)/2$，这样我们可以定义相对趋势值 τ：

$$\tau(n)=\frac{\text{实际值}}{\text{最大值}}=\frac{y(n)}{N(N+1)/2} \tag{7—5}$$

表 7—1 中也列出了图 7—2 信号的相对趋势值，可以看到在 $n=6$ 和 $n=7$ 时相

对趋势值略有下降，其他时刻相对趋势值均为 1，即 $n=5\sim6$ 时信号的下降仅对趋势计算略有影响。展开式（7—4）还可以看到趋势的后一个值可以由前一个值导出，即 $y(n)$ 可以由 $y(n-1)$ 和一些附加项计算出，它的递归算式为：

$$y(n)=y(n-1)+\sum_{i=1}^{N-1}\{u[x(n)-x(n-i)]-u(x)(n-i)-x(n-N)\}\tag{7—6}$$

这种递归算式在实际中是十分有效的，它可以减少计算和存储量。这里式（7—4）、（7—6）计算的是正趋势，负趋势只需在式中乘以−1。火灾探测中将式（7—4）、式（7—6）或式（7—5）计算出的趋势值与阈值比较以得到火灾或非火灾的判断结果：

$$D[y(t)]=\begin{cases}1 & y(t)>S\\0 & y(t)\leqslant S\end{cases}\quad 或\ D(\tau)=\begin{cases}1 & \tau>S_\tau\\0 & \tau\leqslant S_\tau\end{cases}\tag{7—7}$$

应该指出趋势算法中计算窗长 N 是一个非常重要的参数，它直接影响到信号的趋势的大小，窗长短则趋势值受信号变化影响大；窗长长则正相反，这样，选择适当的窗长在趋势计算中就显得尤其关键了，因为使用短窗长可以缩短探测时间，但很容易受到干扰信号的影响而产生误报警；长窗能够平滑噪声的影响，但探测时间被加长了，而且如果门限确定不适当时甚至会出现漏报警。

②趋势持续算法

利用火灾传感器信号的时间持续特征来探测火灾已经在实践中被证明是行之有效的方法，利用信号的变化趋势特征也能够较好地探测到火灾。在火灾发生时，探测器信号变化趋势也会持续相当长的时间，而绝大多数干扰或其他非火灾情况下引起的信号变化趋势的持续时间都很短，因此将趋势计算和持续时间判断相结合构成“趋势持续”算法。

趋势持续算法首先计算信号的趋势值，设信号的相对趋势值为 $\tau(n)$，利用一个累加函数 $k(n)$ 计算信号趋势值超过预警门限的等效持续时间：

$$k(n)=\begin{cases}[k(n-1)+1]\mu[\tau(n-1)-s_c]-s_c>0\\ [k(n-1)+1]\mu[s_c-\tau(n-1)]s_c<0\end{cases}\tag{7—8}$$

式中 s_c 是趋势计算的预警门限，$u(.)$ 还是单位阶跃函数。然后计算相对趋势持续值，其计算类似偏置滤波算法，累加只是针对超过趋势预警门限那部分的相。

$$y(n)=\begin{cases}\{y(n-1)+[\tau(n)-s_c]\}\mu[k(n)-N_t]\geqslant S & 正趋势\\ y\{(n-1)+[s_c-\tau(n)]\}\mu[N_t-k(n)]\geqslant S & 负趋势\end{cases}\tag{7—9}$$

这里 N_t 是趋势持续预警门限，S 是火灾判决门限。式（7—9）中引入趋势持

续预警门限 N_t 是为了保证趋势变化应当持续 N_t 以上的时间，当趋势持续时间达不到 N_t，即 $k(n) < N_t$ 时，$y(.)$ 算法较精确，因而具有更低的误报警率。

三、火灾探测器的分类

发生火灾时，伴随着产生燃烧气体、烟雾、温度、火焰和燃烧波等火灾参量，因此通过对这些火灾参量的测量、分析，就可以判定被测区域有无火灾存在。探测火灾参量的探测器称为火灾探测器。火灾探测器的基本功能就是用一种敏感元件对火灾气体、烟雾、温度和火焰等火灾信息作出有效反应，并将表征火灾信息的物理量转化为电信号，送到火灾报警控制器的一种器件。目前针对火灾气体、烟雾、温度和火焰的测量都分别有成熟的产品，如气体探测器、感烟探测器、感温探测器和火焰探测器。燃烧气体、烟雾、温度和火焰等参量在非火灾条件下也存在，例如：香烟的烟雾、水蒸气和灰尘有类似烟雾的特性；电炉等发热器件产生的温度与火灾产生的温度一样；太阳光对红外火焰探测器构成误报等。故对于测量单个参量的探测器并不能区别这是火灾的烟雾，还是非火灾产生的“烟雾”。研究发现非火灾情况下这些参量通常不会同时出现，而火灾发生时，这些参量常常同时存在。根据这个特点，研究、生产了复合探测器，并证明了三参量或四参量的复合探测器误报少，可靠性高。

第二节　几种常用的火灾探测器

根据对不同的火灾参量响应和不同的响应方法，分为若干种不同类型的火灾探测器，如表 7—2 所示。由表可见火灾探测器的种类繁多，并且随着科学技术的发展，新式火灾探测器还在不断出现，因此本节不可能对所有探测器进行一一介绍，而仅讨论一些常用的火灾探测器。

一、感烟式火灾探测器

火灾的起火过程一般都伴有烟、热、光三种燃烧产物。火灾作为一种失去控制的灾害性燃烧现象，在其发生的初期一般均会释放出烟雾颗粒，通常烟雾的出现比火焰和高温都要早。烟雾是早期火灾的重要特征之一，感烟式火灾探测器能对可见的或不可见的烟雾粒子响应，各种类型的感烟探测技术随之不断出现。从最早期的离子感烟技术到光电感烟火灾探测技术，感烟探测技术得到了广泛的发展与运用。据统计，目前我国每年建筑中新安装的火灾探测器数量有 600 万只左右，其中约

80%为感烟探测器。感烟探测技术使人类在实现火灾早期报警向前迈进了一大步，极大地推动了火灾自动探测技术的发展。

感烟式火灾探测器有离子感烟探测器、光电感烟探测器、红外光束感烟探测器、线型光束图像感烟探测器、空气采样感烟探测器、图像感烟探测器等几种形式。而感烟探测器中，目前在我国应用最广的是离子感烟火灾探测器。

1. 离子感烟火灾探测器

学习离子感烟火灾探测器的工作原理，必须了解放射性同位素的特性及其作用。众所周知，放射性同位素放出的射线常见的有α、β和γ三种。

表 7—2　　火灾探测器的分类

名称		火灾参量	类型	备注
可燃气体探测器	半导体可燃气体探测器	可燃气体	点型	
	催化燃烧式可燃气体探测器	可燃气体	点型	
	固定电解质可燃气体探测器	可燃气体	点型	
	红外吸收式可燃气体探测器	可燃气体	点型	
感烟探测器	离子感烟探测器	烟雾	点型	
	光电感烟探测器	烟雾	点型	
	红外光束感烟探测器	烟雾	线型	
	线型光束图像感烟探测器	烟雾	线型	
	空气采样感烟探测器	烟雾	线型	
	图像感烟探测器	图像型	点型	
感温探测器	热敏电阻定温探测器	定温	点型	
	双金属片定温探测器	定温	点型	
	半导体定温探测器	定温	点型	
	热敏电阻差温探测器	差温	点型	
	半导体差温探测器	差温	点型	
	热敏电阻差定温探测器	差定温	点型	
	半导体差定温探测器	差定温	点型	
	缆式线型定温探测器	定温	线型	
	分布式光纤感温探测器	定温、差定温	线型	
	光纤光栅感温探测器	定温	线型	
	空气管差温探测器	差温	线型	

续表

名称		火灾参量	类型	备注
火焰探测器	红外火焰探测器	红外光	点型	
	紫外火焰探测器	紫外光	点型	
	双波段图像火焰探测器	图像型	点型	
复合探测器	烟、温复合探测器	烟、温	点型	
	烟、温、CO 复合探测器	烟、温、CO	点型	
	双红外紫外复合探测器	红外、紫外	点型	

α射线是一种带正电的粒子流，也就是氦原子核流，因此带两个单位正电量，穿透能力很小，一张纸便能将它挡住，但电离能力很大，在穿过空气时，能使空气变为导电体。

β射线是高速运动的电子流，它有两种：一种是常说的电子流，叫β^-；另一种是带正电的正电子，叫β^+。β射线的穿透能力比α射线强，它可以穿过一张纸，但不太厚的有机玻璃便可将它挡住。和α射线一样，β射线穿过空气时，也能使空气变为导电体，但电离能力不及α射线。

γ射线是一种波长很短、肉眼看不见的电磁波，它不带电。γ射线的性质与X射线很相似，不过γ射线的能量高，穿透能力很强，要挡住它，需要很厚的铅板，而它的电离能力最小。

放射性同位素在变化时，往往只能放出其中的一种或两种射线，如^{32}P只能放出单一的β射线；^{60}Co则能放射出β射线和γ射线；^{241}Am则放射出α射线。在离子感烟火灾探测器中，就是利用^{241}Am（Americium，镅）作为α源，使电离室内的空气产生电离，使电离室在电子电路中呈现电阻特性。当烟雾进入电离室后，改变了空气电离的离子数量，即改变了电离电流，也就相当于阻值发生了变化。根据电阻变化大小就可以识别烟雾量的大小，并作出是否发生火灾的判断，这就是离子感烟火灾探测器探测火灾的基本原理。

图7—3是双极型电离室，其特点是放射性同位素^{241}Am使整个电离室的空气都被电离。为了提高离子感烟探测器的灵敏度，设计了单极型电离室，如图7—4所示。单极型电离室是指电离室局部被α射线所照射，使一部分成为电离区，而未被α射线所照射的部分则为非电离区，称为主探测区。

一般离子感烟探测器电离室均设计成单极型的，因为当发生火灾时烟雾进入电

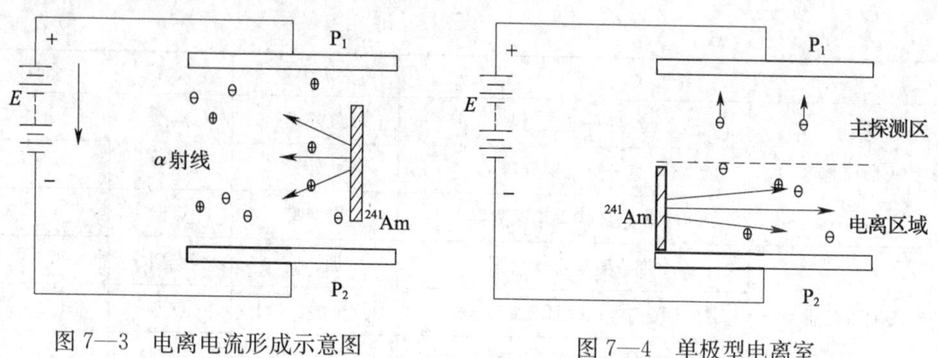

图 7—3　电离电流形成示意图　　　　图 7—4　单极型电离室

离室后，单极型电离室比双极型电离室的电离变化大，也就是说可以得到较大电压变化量，从而可以提高离子感烟探测器的灵敏度。

离子感烟探测器的原理方框图如图 7—5 所示。

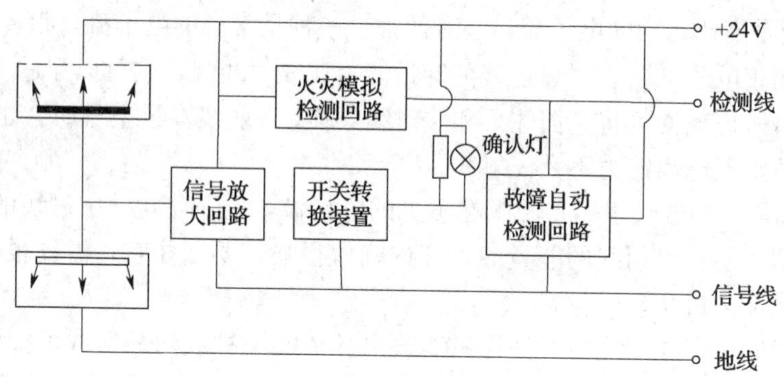

图 7—5　离子感烟探测器方框原理图

它由检测电离室和补偿电离室、信号放大回路、开关转换电路、火灾模拟检测回路、故障自动检测回路、确认灯回路等组成。信号放大回路是在检测电离室进入烟雾以后，电压信号达到规定值以上时开始动作，通过高输入阻抗的 MOS 型场效应型晶体管（FET）作为阻抗耦合后进行放大。

开关转换电路是用经过放大后的信号触发正反馈开关电路，将火灾信号传输给报警控制器。正反馈开关电路一经触发导通，就能自我保持，起到记忆的作用。

为了防止探测器至报警器间发生电路断线，或者探测器安装接触不良、探测器被取走等问题发生，故障自动检测回路能够及时发出故障报警信号，以便及时进行检查维修。离子感烟探测器的电路，是由许多电子元器件组成的，电子元器件的损坏将会导致探测器误报警或不报警。为了检查电子元器件是否损坏，可以通过火灾模拟检查回路加入火灾模拟信号，若有问题可以及时维修。确认灯点亮表明探测器动作，以便在现场判定已报警的探测器。为了在确认灯损坏时不影响探测器的正常工作，在确认灯的两端并联一个电阻。

2. 光电感烟探测器

光电感烟探测器是利用火灾烟雾对光产生吸收和散射作用来探测火灾的一种装置。在火灾发生发展过程中，烟粒子和光相互作用时，能够发生两种不同的过程。粒子可以以同样波长再辐射已经接收的能量。再辐射可在所有方向上发生，但通常在不同方向上其强度不同，这个过程称作散射；另一方面，辐射能可以转变成其他形式的能，如热能、化学反应能或不同波长的辐射，这些过程称作吸收。在可见光和近红外光谱范围内，对于黑烟，光衰减以吸收为主；而对于灰白色烟，则主要受散射制约。光电感烟探测器就是利用烟粒子对光的散射和吸收的原理研制、发展起来的一种新型的火灾探测器。光电感烟火灾探测器分为减光式和散射光式，分述如下。

减光式光电火灾探测器：探测器的检测室内装有发光元件和受光元件。在正常情况下，受光元件接收到发光元件发出的一定光量；在火灾发生时，探测器的检测室内进入大量烟雾，发光元件的发射光受到烟雾的遮挡，使受光元件接收的光量减少，光电流降低，降低到一定值时，探测器发出报警信号。原理示意图如图 7—6 所示，目前这种探测器应用较少。

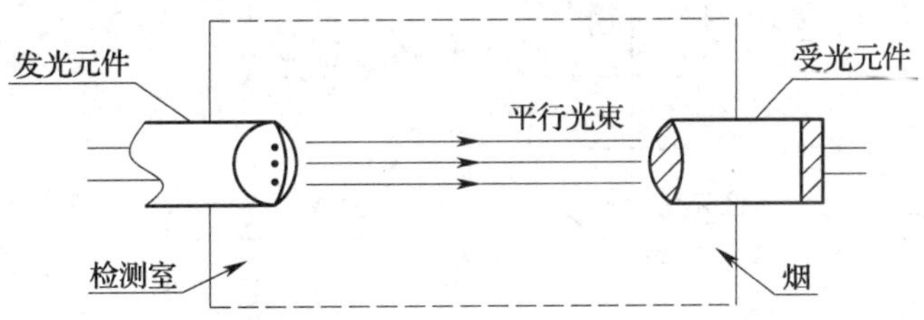

图 7—6 减光式光电感烟探测器原理图

减光型探测器使用红外（960 nm）发光二极管或可见光（660 nm）发光二极管，对黑烟粒子都有好的响应，而散射光型探测器对黑烟很难响应。

图 7—7 显示出减光型探测器的光路示意图。装于圆形采样室内的发光元件（发光二极管）辐射波长为 660 nm 的脉冲调制光束。该光束在两个相距 140 nm 的反射镜间经过 5 次反射后被光敏元件（光电二极管）接收。光电二极管的输出信号经放大后被分配到两个自保电路上。其中一个电路的时间常数很大（约 5 h），因

此，其输出信号缓慢地跟随输入信号（相应于正常房间的环境条件）。另一个电路的时间常数很小，其输出信号迅速地跟随输入信号。因此，如有火灾发生，两个信号差将增大，当信号差超过设定的阈值时，便发生火灾报警信号。

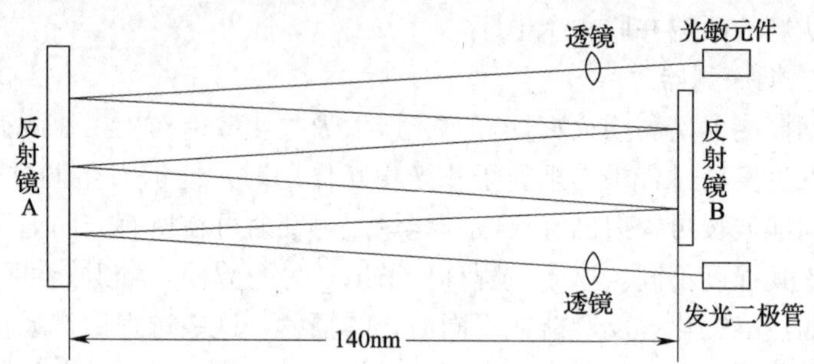

图 7—7　减光型探测器的光路示意图

散射光式光电感烟火灾探测器：目前世界各国生产的点型光电火灾探测器多为这种形式。此种探测器的检测室内也装有发光元件和受光元件。在正常情况下，受光元件是接收不到发光元件发出的光，因此不产生光电流。在火灾发生时，当烟雾进入探测器的检测室时，由于烟粒子的作用，使发光元件发射的光产生漫射，这种漫射光被受光元件所接收，使受光元件阻抗发生变化，产生光电流。从而实现了将烟雾信号转变成电信号的功能，探测器发出报警信号。原理如图 7—8 所示。

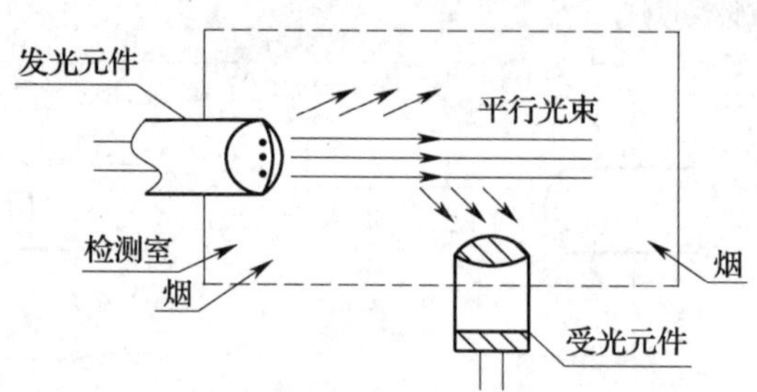

图 7—8　散射光式光电探测器原理图

作为发光元件，目前大多数采用大电流发光效率高的红外发光二极管；受光元件大多数采用半导体硅光电池。受光元件的阻抗是随烟雾的浓度增加而下降。根据电磁波与气溶胶粒子间相互作用的原理研制成的散射光型探测器，目前已较广泛地应用于火灾自动报警系统中。

影响散射光型探测器输出信号的主要因素，除了探测器的结构常数 K 和烟颗

粒数浓度 z 以外，还要受到颗粒尺度、复折射率、散射角、光波长的影响。此外，颗粒形状也有一定的影响。一般说来，光散射的基本理论仅仅是根据球形粒子创立的，但对于一些其他形状，如圆柱形和椭球形的颗粒来说，加以某些限制条件的计算也可适用。但是，对于形状较复杂的颗粒，要参考更专门的著作。

由上可见，散射光型探测器光电接收器的输出信号与许多因素有关，其中除光源辐射功率和波长、颗粒数浓度、粒径、复折射率、散射角等因素外，还与散射体积（由发射光束和光电接收器的“视角”相交的空间区域）、光敏元件的受光面积及其光谱响应等因素有关。因此，在设计探测器的结构形式时，通常要考虑上述有关因素，协调上述相互矛盾的有关参数。散射式光电感烟探测器的原理方框图如图 7—9 所示。

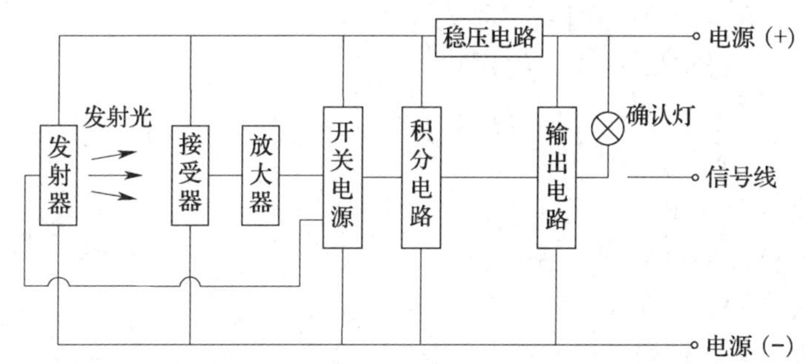

图 7—9　散射光型探测器原理方框图

发射器：为了保证光电接收器有足够的输入信号，又要使整机处于低功耗状态，延长光电器件的使用寿命，通常采用间隙发光方式，为此将发光元件串接于间隙振荡电路中，每隔 3～5 s 发出脉宽为 100 μs 左右的脉冲光束。脉冲幅度可根据需要调整。

放大接收器：光源发射的脉冲光束受烟粒子作用后，发生光的散射作用。当光接收器的敏感元件接收到散射辐射能时，阻抗降低，光电流增加，信号电流经放大后送出。

开关电路：本电路实际上是一个与门电路，只有收、发信号同时到达时，门电路才打开，送出一个信号。为此发射器的间隙振荡电路不仅为发光元件间隙提供电源，同时也为开关电路提供控制信号。这样可减少干扰光的影响。

积分电路：此电路保证连续接收到两个以上的信号才启动输出电路，发出报警信号，这大大提高了探测器的抗干扰性能。此外，为了现场判明探测器的动作情况和调试开通的方便，在探测器上均设确认灯和确认电路。

为使探测器在较大的电压波动范围内工作，探测器内设有稳压电路。在有些探测器中，为日常检查探测器的运行情况，在电路设计上还增加了模拟火灾检查电路和线路故障自动监控电路等。

3. 感烟探测器响应烟的性能

①探测器对气溶胶粒子的响应

各种感烟探测器响应烟的性能，基本上是由它们的工作原理决定的。理论上讲，离子感烟探测器可以探测任何一种烟（绝大多数烟的粒径范围在 0.01～1 μm，当微粒直径小于 0.01 μm 时，由于微粒的亲附作用，彼此凝聚形成较大的颗粒，而大于 1 μm 的颗粒，由于重力作用而下沉）。

图 7—10 给出了三种感烟探测器对于不同类型火的响应曲线。由图 7—10 可见，离子和光电探测器在阴燃火和明火交界处，响应发生突变，这是因为明火时烟粒子的粒径远小于阴燃火时的粒径。散射光型探测器的响应受粒径大小的影响很大，而离子探测器受烟粒子粒径的影响较小。

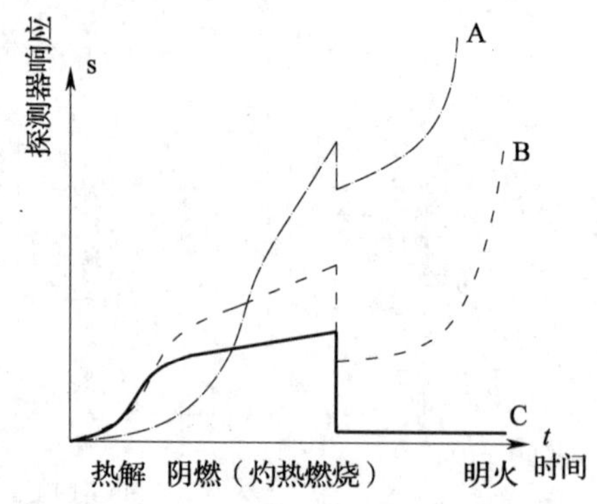

图 7—10　三种感烟探测器对于不同类型火的响应曲线

A. 为离子感烟探测器　B. 为减光型光电感烟探测器　C. 为散射光型光电感烟探测器

②烟的老化作用对探测器响应值的影响

烟雾气溶胶粒子，从其形成到在烟箱中混合或在大气中传输，均处于动态。由于布朗运动，粒子相互碰撞，这对气溶胶粒径分布的变化起着重要作用。两个颗粒碰撞并形成一个单颗粒，其体积是碰撞前两个颗粒体积之和，这种碰撞结果，叫做凝并。因此，在总颗粒体积保持不变的情况下颗粒的个数减少。

图 7—11 表明，当感烟探测器的安装位置距火源较远时，由于燃烧生成的烟雾气溶胶颗粒不断碰撞凝并（老化）作用的结果，探测器将接收较大的烟雾气溶胶颗粒。凝并过程导致粒子浓度急剧下降。烟的粒径分布有明显变化。在 16 h 期间，总的颗粒数浓度变化 2 个数量级。根据这个理论，1 000 个 0.1 mm 直径的颗粒可凝并成 1 个 1.0 mm 直径的颗粒。

描述粒子数浓度对时间的变化率的基本公式如下：

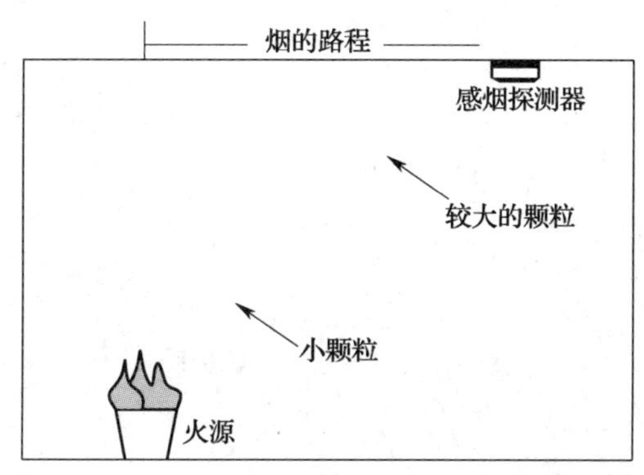

图 7—11　火源生成烟颗粒的凝并作用示意图

$$\frac{dN}{dt} = \Gamma N^2 \tag{7—10}$$

式中　N——粒子数浓度，l/cm³；

Γ——凝并系数，cm³/s。

由式（7—10）可见，粒子数损失的速率与粒子数浓度的平方成正比。将式（7—10）积分，设 $t=0$ 时 $N=N_0$，则可写成下式：

$$\frac{1}{N} - \frac{1}{N_0} = -\Gamma t \tag{7—11}$$

式（7—11）可以写成

$$\frac{N}{N_0} = \frac{1}{(1+\Gamma N_0 t)} \tag{7—12}$$

对于阴燃烟，当凝并系数 Γ 为 4.0×10^{-6} cm³/s。将 Γ 值代入式（7—12）中，得出在初始浓度 $N_0=3\times10^{-6}$ 颗粒数/cm³时，经 14 min 时间后，颗粒数将减少到初始浓度的 1/2。

凝并现象对探测器响应烟雾气溶胶颗粒产生两种相反的效果，烟颗粒数浓度减少，趋向减少探测器输出，而伴随着颗粒凝并使粒子尺度增加，趋向提高探测器响应。哪种效果起主导作用，将由探测器对颗粒尺度灵敏度特性决定。图 7—12 指出散射光型（近似前向散射）和离子探测器的有效信号（响应灵敏度）与时间的关系。经过 8 min 的烟老化期间，光学密度计光束的光学密度下降约 5%，而离子探测器下降约 25%，散射光型探测器响应增大约 10%。

4. 感烟探测器对各种不同类型烟的响应灵敏度

根据粒径大小和颗粒数浓度不同，烟可能是肉眼可见的，也可能是肉眼看不见

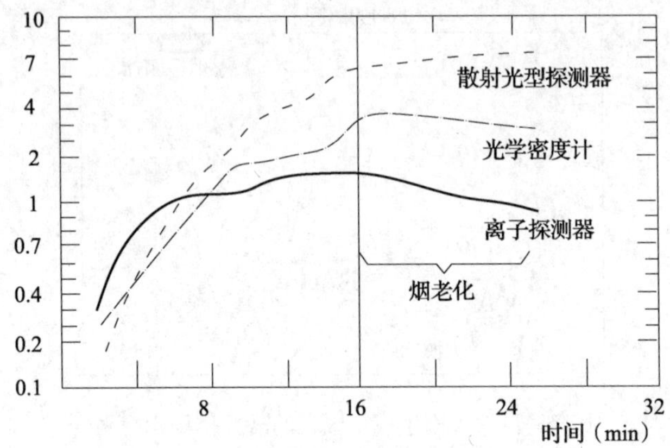

图 7—12　老化对感烟探测器响应的影响

的。根据烟的化学组分的不同，烟的颜色可能有明（灰色）和暗（黑色）的区别。把烟的类型和上述探测器的响应性能联系起来，有下列两种主要情形：

图 7—13 指出，三种类型探测器对某种类型的烟雾气溶胶的相对响应灵敏度与平均粒径变量的关系。对于另一种不同类型的烟雾气溶胶，曲线的交点的位置可能左右偏离。

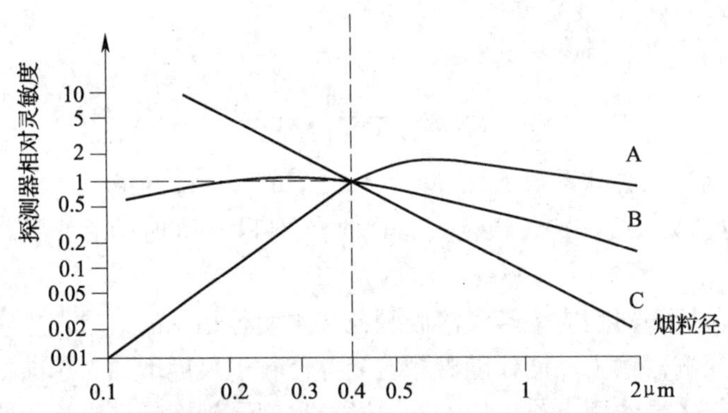

图 7—13　三种类型探测器在质量浓度相同条件下，相对灵敏度与粒径的关系（曲线在 0.4 μm 处相交）

A 散射光型探测器　B 减光型探测器　C 离子感烟探测器

图 7—14 指出，在烟的质量浓度恒定的条件下，两种类型探测器对这些不同颜色烟的响应灵敏度。对于离子感烟探测器来说，随着烟的色带由可见烟到不可见烟

的变化，相对响应灵敏度增加得很小，可以说，离子感烟探测器的响应灵敏度与烟的颜色（无论灰烟还是黑烟）无关。

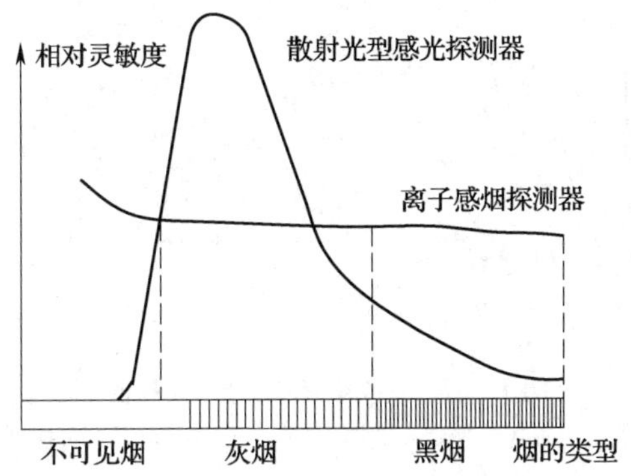

图 7—14　散射光型和离子感烟探测器在质量浓度相同条件下，定性的响应灵敏度与烟的类型的关系

比较起来，散射光型探测器对灰色的可见烟表现出相当大的灵敏度，这是因为，不仅烟粒子的粒径较大，而且与其折射率有关。

二、感温火灾探测器

物质在燃烧过程中，释放出大量热，使环境温度升高，探测器中的热敏元件发生物理变化，将物理变化转变成的电信号传输给火灾报警控制器，经判别，发出火灾报警信号。

感温火灾探测器按工作方式分为定温型、差温型和差定温型；按探测器的外形分为点型和线型；按感温元件可分为机械型和电子型。

1. 定温火灾探测器

当局部的环境温度升高到规定值以上时，才开始动作的探测器，称为定温火灾探测器。

2. 差温火灾探测器

当较大的控制范围内，温度变化达到或超过所规定的某一升温速率时，才开始动作的探测器，称为差温火灾探测器。

3. 差定温火灾探测器

图 7—15 是半导体差定温探测器，a 是结构示意图，b 是电原理图。由图 7—15a 可见，差定温感温探测器采用两只 NTC 热敏电阻，其中取样电阻 RM 位于监

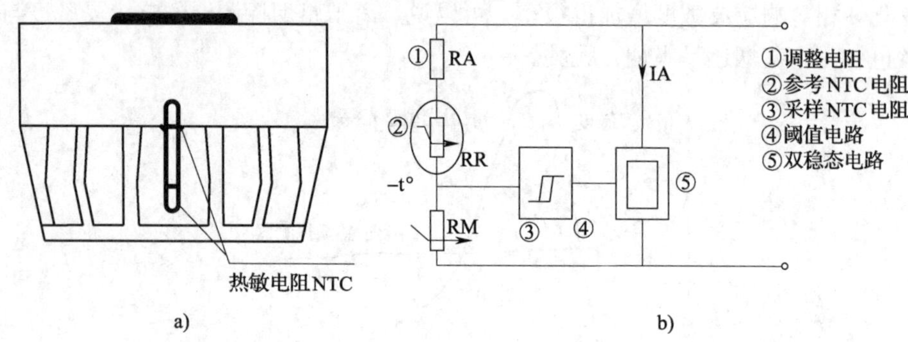

图 7—15　半导体差定温火灾探测器

a）半导体差定温火灾探测器示意图　b）半导体差定温火灾探测器电原理图

视区域的空气环境中，参考电阻 RR 密封在探测器内部。当外界温度缓慢升高时，RM 和 RR 均有响应，只有当温度达到临界温度后，由于 RM 和 RR 都变得很小，RA 和 RR 串联后，RR 的影响力可以忽略，这样 RA 和 RM 就使探测器表现为定温特性。当外界温度急剧升高时，暴露在空气环境中的 RM 阻值迅速下降，而密封在探测器内部的 RR 的阻值变化缓慢，那么当阈值电路输入端电位达到阈值时，其输出信号促使双稳态电路翻转，从而发出报警信号，这就是差温感温探测器的工作原理。由于这种感温探测器同时具有定温探测器特性和差温探测器特性，因此称之为差定温感温探测器。

三、火焰探测器

火焰探测器是继使用多年的感温、感烟探测器后，较晚出现的一种火灾探测器，因而其效益和局限性并未广泛地被人们所认识。火焰探测器一般分为点型火焰探测器、紫外火焰探测器和红外火焰探测器三种。点型火焰探测器是一种响应火灾发出的电磁辐射（红外、可见和紫外谱带）的火灾探测器。因为电磁辐射的传播速度极快，因此，这种探测器对快速发生火灾（譬如易燃、可燃液体火灾）或爆炸能够及时响应，是对这类火灾早期通报火警的理想探测器。响应波长低于 400 nm 辐射能通量的探测器称作紫外火焰探测器；响应波长高于 700 nm 辐射能通量的探测器称作红外火焰探测器。极少应用在 400～700 nm 的可见光辐射谱区，因为在这个谱区难以对环境背景辐射与火灾辐射加以鉴别。对背景辐射的鉴别是火焰探测器应具备的基本性能之一。采用火焰探测器的目的在于要使它在预定时间内，在给定的距离上可靠地探测出规定规模的火焰。为此，应了解火焰的辐射特性，探测器对火焰辐射的响应性能，消除在保护场所中或其附近存在的环境干扰源可能对探测器造成误报的影响，从而提高火灾报警系统的信誉。

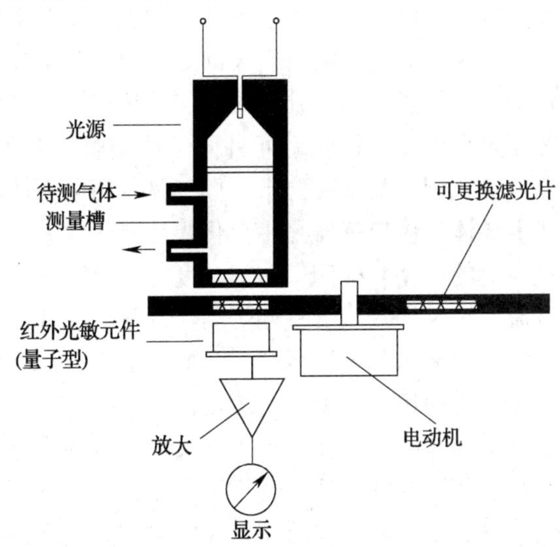

图 7—16 量子型红外光敏元件气敏传感器的构成

在 20 世纪 60 年代研制出一种宽带红外火焰探测器，该种探测器对火焰的响应，仅通过分辨火焰的闪烁频率和一个规定的延迟时间确定。目前仍在使用类似这种形式的探测器，但其应用场所通常限于非常特殊的封闭地面上，在该地面存在的自然光线是很有限的。尽管紫外火焰探测器已经使用多年但直到 70 年代初期，它才作为一种可用的工业装置问世。紫外光敏管质量方面的改进和电子学方面的进步，使得当时已广泛用于火工品监视的紫外火焰探测器现在能够安装于户外场所使用。70 年代电子学的巨大进步实际上对所有种类探测装置及其相连的控制设备产生了显著的影响。由于航空和航天及军事目的的需要，研制成新的窄带通滤波器，从而出现新一代红外火焰探测器。与此同时，在紫外传感器技术方面也取得进展，出现一些灵敏度有改进、选择性更适用的紫外火焰探测器。紫外—红外复合式火焰探测器在克服误报方面有较大优点，适应许多应用场所。

四、气体探测器

气体探测技术比感温、感烟的技术要复杂且昂贵。国外从 20 世纪 30 年代开始研究开发气体传感器，早期气体传感器主要用于煤气、液化石油气、天然气及矿井中的瓦斯气体的检测与报警，后来火灾领域的研究人员开始借助这些技术来检测火灾中产生的各种气态产物。近年来，由于气体传感技术有了长足的进步，气体探测技术正面临一个蓬勃的发展时期。气体探测器通常在大气工况中使用，而且被测气体分子一般要附着于气体传感器的功能材料表面且与之起化学反应。此处仅对半导体气体传感器、电化学气体传感器和红外吸收式气体传感器作简要介绍。

半导体气体传感器是利用半导体气敏元件同气体接触，造成半导体发生变化，借此检测特定气体的成分或测量其浓度。半导体气体传感器大体上分为电阻式和非电阻式两种。电阻式半导体气体传感器是用氧化锡、氧化锌等金属氧化物材料制作的敏感元件，利用其阻值的变化来检测气体的浓度；非电阻式半导体气体传感器主要是利用二极管的整流作用及场效应管特性等制作的气敏元件。半导体气体传感器可用于可燃性气体探测与检漏以及火灾报警，从而可在灾害事故发生前，给出预警信号，且灵敏度高、响应时间快，得到广泛应用。

电化学气体传感器采用检测气体在电极上的反应对气体进行识别检测，其特点是体积小、耗电少、线性和重复性较好、使用寿命较长。最常用的电化学气体传感器是恒电位电解式气体传感器，它通过改变其设定电位，有选择的使气体进行氧化或还原，从而能定量检测各种气体。对特定气体来说，设定电位由其固有的氧化还原电位决定，但又随电解时作用电极的材质、电解质的种类不同而变化。实验证明，电解电流和气体的浓度成正比关系，则可以根据电解电流的大小来确定测量气体的浓度。

红外吸收式气敏传感器精度高，选择性好，气敏浓度范围宽，但是价格也较高，使用和维护难度较大。红外光源产生的红外光入射到测量槽，照射到某种被测气体时，根据气体种类的不同，将对不同波长的红外光具有不同的吸收特性，同时，同种气体不同浓度时，对红外光的吸收量也彼此相异，因此通过测量槽到达光敏元件红外光强度就不同，红外光敏元件是将光信号变成电信号的器件。根据红外光源的波长和光敏元件输出电信号的不同就可以知道被测气体的种类和浓度。采用红外滤光片可以提高量子型红外光敏元件的灵敏度，也可以通过更换红外滤光片来增加被测气体的种类和扩大被测气体的浓度范围。

第三节　火灾自动报警系统

一、火灾自动报警系统的分类

火灾自动报警系统是由触发装置、火灾报警装置、火灾警报装置和电源等部分组成的通报火灾发生的集成设备，如图 7—17 所示。

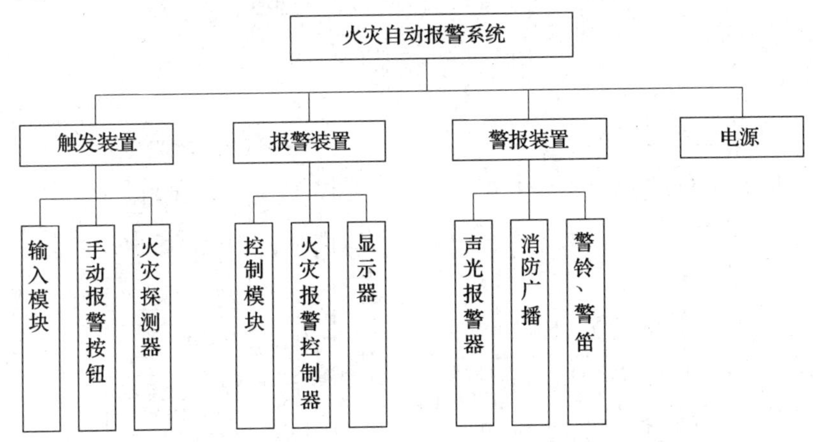

图 7—17　火灾自动报警系统的组成

根据工程建设的规模、保护对象的性质、火灾报警区域的划分和消防管理机构的组织形式，将火灾自动报警系统划分为三种基本形式：如图 7—18，图 7—19，图 7—20 所示。区域报警控制器一般适用于二级保护对象；集中报警系统一般适用于一、二级保护对象；控制中心系统一般适用于特级、一级保护对象。

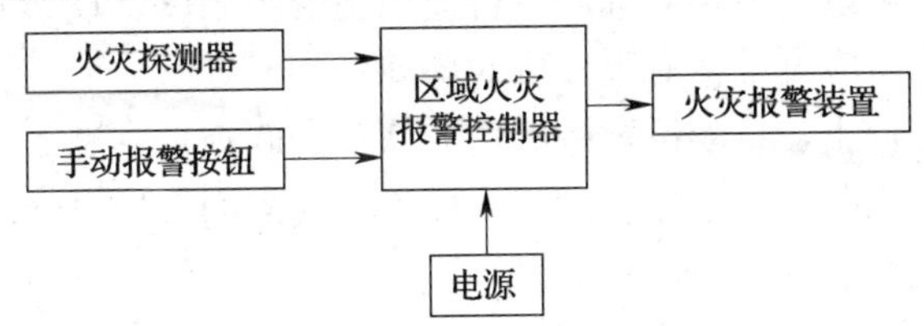

图 7—18　区域火灾报警系统

区域报警系统如图 7—18 所示。它包括火灾探测器，手动报警按钮，区域火灾报警控制器，火灾警报装置和电源等部分。这种系统比较简单，但使用很广泛，例

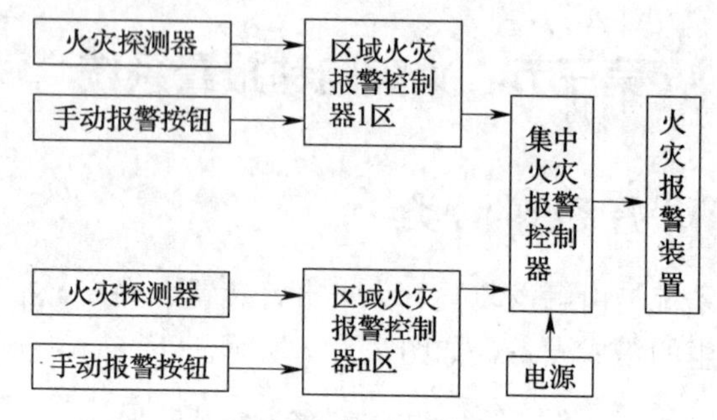

图 7—19 集中报警系统

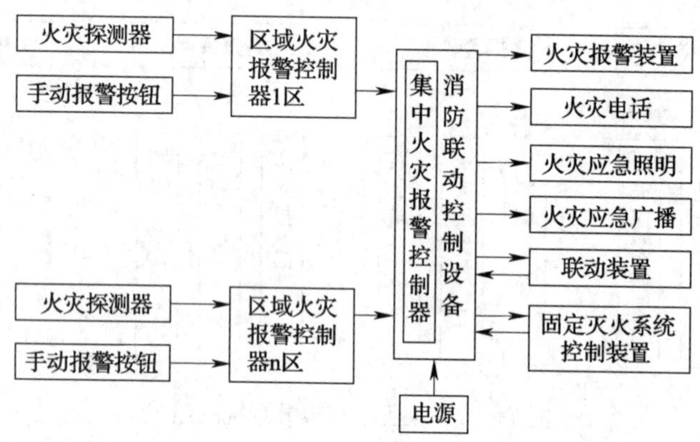

图 7—20 控制中心报警系统

如行政事业单位，工矿企业的要害部位和娱乐场所均可使用。区域报警系统在设计时应符合下列几点：

(1) 在一个区域系统中，宜选用一台通用报警控制器，最多不超过两台；

(2) 区域报警器应设置在有人值班的房间；

(3) 该系统比较小，只能设置一些功能简单的联动控制设备；

(4) 当用该系统警戒多个楼层时，应在每个楼层的楼梯口和消防电梯前等明显部位设置识别报警楼层的灯光显示装置；

(5) 当区域报警控制器安装在墙上时，其底边距地面或楼板的高度为 1.3～1.5 m，靠近门轴侧面的距离不小于 0.5 m，正面操作距离不小于 1.2 m。

集中报警控制系统如图 7—19 所示，它有一台集中报警控制器、两台以上的区域报警控制器、火灾警报装置和电源组成。高层宾馆、饭店、大型建筑群一般使用的都是集中报警系统。集中报警控制器设在消防控制室，区域报警控制器设在各层的服务台处。对于总线制火灾报警控制系统，区域报警控制器就是重复显示屏。

集中报警控制系统在设计时，应注意以下几点：

①集中报警控制系统中，应设置必要的消防联动控制输出节点，可控制有关消防设备，并接收其反馈信号；

②在控制器上应能准确显示火灾报警的具体部位，并能实现简单的联动控制；集中报警控制器的信号传输线应通过端子联结，应具有明显的标记和编号；

③集中报警控制器所连接的区域报警控制器（层显）应符合区域报警控制系统的技术要求。

控制中心报警系统除了集中报警控制器、区域报警控制器、火灾探测器外，在消防控制室内增加了消防联动控制设备。被联动控制的设备包括火灾警报装置、火警电话、火灾应急照明、火灾应急广播、防排烟、通风空调、消防电梯和固定灭火控制装置等。也就是说集中报警系统加上联动的消防控制设备就构成控制中心报警系统。

控制中心报警系统主要用于大型宾馆、饭店、商场、办公室、大型建筑群和大型综合楼工程等。在一个大型建筑群里构成控制中心系统是一项非常复杂的消防工程。例如日本东京都政府办公大楼占地面积约 42 940 m^2，建筑面积约 381 000 m^2，地上 48 层、地下 3 层，容纳人员约 13 300 人，如此庞大的建筑群，没有完整消防设备是难以设想的。其中部分消防工程是日探公司承担的，消防系统的设计指导思想是综合考虑了可靠安全性、系统扩充性、管理方便性三要素。消防设备包括火灾探测、报警、联动控制设备，消防设备的自动检测设备，避难诱导设备等。

二、火灾报警控制器

火灾报警控制器（以下简称控制器）是火灾自动报警系统中的主要设备，它除了具有控制、记忆、识别和报警功能外，还具有自动检测、联动控制、打印输出、图形显示、通信广播等功能。当然，控制器功能的多少也反映出火灾自动报警系统的技术构成、可靠性、稳定性和性能价格比等因素，是评价火灾自动报警系统先进与否的一项重要指标。

1. 控制器工作原理

一般控制器的电路原理框图可表示成图 7—21。控制器由信号获取与传送电路、中央处理器、输出电路三大部分组成。

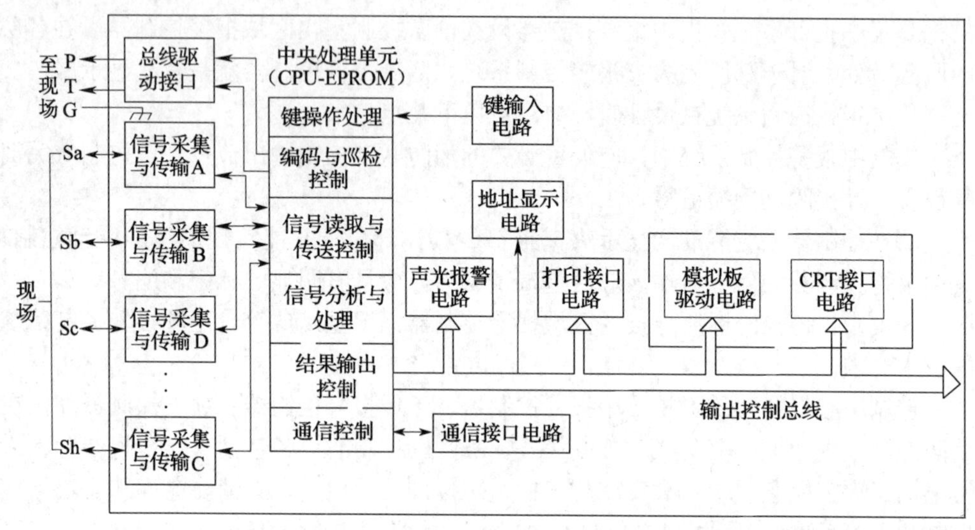

图 7—21　控制器原理方框图

中央处理单元是控制器电路的核心，由 CPU、EPROM 和 RAM 等组成。

中央处理单元产生编码与巡检信号 P、T 经线驱动接口发往现场，被总线中的所有设备同时接收。各主动型报警设备根据自身编码不同以及 T 信号指令的状态不同，相应地发出自身的状态信号 S，经 S 总线进入信号采集与传送电路。每一条 S 线（Sa-Sh）相应的每一个信号采集与传送电路可连接 127 个设备火灾探测器等。这些 S 总线上的信号反映着现场设备的正常、故障、火警等信息。这些信号在信号读取软件的控制下，进入中央处理单元进行分析、处理后完成以下几项功能：

（1）发出控制命令，经信号采集与传送电路，Sa-Sh 使用相应的控制接口动作进而使被动型设备动作；

（2）通过声光报警电路，发出火灾、联动或故障报警；

（3）通过地址显示电路以数码形式显示报警与联动地址的编码或层号房号；

（4）通过打印接口电路，驱动打印机。

在输出控制总线上，还可以扩展，另外加入以下几项功能：

（1）加上模拟板驱动电路，驱动建筑平面模拟显示板；

（2）加上 CRT 显示驱动电路，用微机的 CRT 显示屏来多层次，多画面地显示各报警区域或防火分区中的建筑平面，指示各平面中的探测报警点以及设备动作点。

另外，中央处理单元还完成以下两个功能：

(1) 控制器面板上以及内部的操作，均以开关、按键的形式输入中央处理单元，以指令控制器实现各种操作。

(2) 如果是区域报警控制器，其中中央处理单元还将本机状态信息在通信软件的作用下，通过通信接口电路发往报警控制器；如果本机是集中报警控制器，它的中央控制器将通过通信接口电路接收到各区域报警控制器送来的信息。区域报警控制器和集中报警控制器两者的中央处理单元软件是不同的。

2. 线制和寻址

由于火灾自动报警系统要求“位置确认”，而不是“部件确认”。也就是说要求火灾报警要报到具体的位置。因此，就要知道哪一个部件报警，该部件在什么位置。控制器为了对分布在各处的探测器进行控制，并从各探测器获取信息，就有一个信息传输和位置确认的问题。当今的火灾自动报警系统信息传输的主要方式是有线传输。早期的报警系统采用多线制，一条线对应一个报警装置，根据线确定哪个报警装置，再根据哪个报警装置确定在什么位置。如图 7—22 所示。它是每一个探测器与控制器单独连接，即一个探测器构成一个回路。最早的探测器有电源线两根，选通线、信号线和自检线各一根，这样每个探测器便有五根线，其中四根线共用，故 n 个探测器便有 $n+4$ 条线。后来将电源线（或回路地）和信号线、自检线合并成一条，则将报警系统的连线数降低到 $n+1$ 条。当 $n=100$ 时控制器将引出 101 根线。可见这种系统用线量大，配管直径大，穿线复杂，接点太多，线路故障多，施工难度大。20 世纪 80 年代提出了总线制，它是所有探测器接到两条至四条总线上，如图 7—23 所示。每个探测器有一个特定的编码地址，根据编码地址和平面配置图便可确定探测器的位置。控制器采用串行通信方式访问每只探测器，探测器向控制器发回开关量或模拟量数据，控制器根据信号特征或经过处理便可判断正常、故障或火警等状态。这种系统的用线量明显减少，施工也方便。其缺点是，一旦某只探测器短路，则整个回路就失效，甚至损坏控制器和探测器，使系统失效。为了保护系统不受损失，可以分段加装短路隔离器。

模拟量软件寻址火灾自动报警系统，其探测器实质上是火灾信号传感器，使用了一个串联发讯装置。它本身不能判定火警，不能直接触发报警器件动作，而是输出一个代表敏感现象的真实模拟信号或等效的数字编码，不断地送到火灾报警控制器中，在计算机控制下通过软件程序运用某种科学算法，比较和辨别火灾信号的真假及火灾发展程度，以及辨别探测器老化失效或受污染的情况。模拟量软件寻址系统不需要编码开关设定地址，而是由计算机系统软件来设定探测器、报警按钮等外

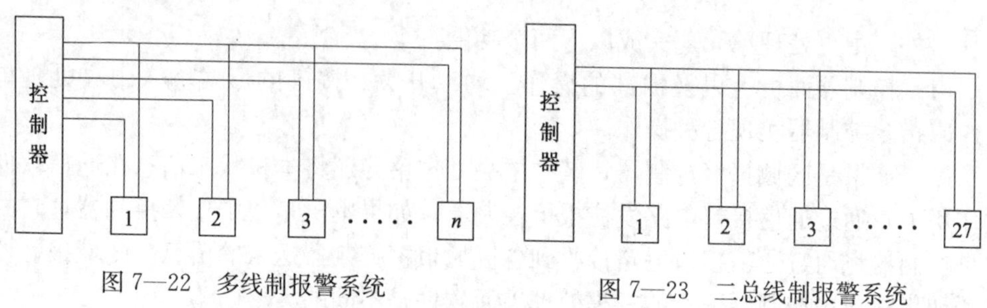

图 7—22　多线制报警系统　　图 7—23　二总线制报警系统

围部件的地址。它不仅能提供找出装置的信号，同时还将烟气浓度和其他感受变数以模拟值或等效的数字编码传送给控制器。在这种系统中，发放警报的决定是由控制器来行使，而不是由传感器。报警任务移给控制器，使得确认火警的数据处理能力和智能大为增加，减少了误发警报的弊病。

模拟软件寻址系统，可以在火灾事故过程中对火源精确地定出位置，测量火灾大小，而且更重要的是它将传感器的控制技术推进一步，使在火灾未形成之前能提供一些有用的信息，加强了系统的可靠性。

3. 控制

控制器的控制包含两方面：一是对触发装置的控制；二是对报警灭火装置的控制。

(1) 触发装置

触发装置是指能够产生火灾报警信号的装置，它包含自动和手动两类。自动触发装置有火灾探测器、水流指示灯和压力开关等。手动触发装置有手动报警按钮，消火栓按钮等人工手动发送信号、通报火警的触发器件，这种装置简单易行、可靠性高，但要有人在现场操作。火警报警要求报到部位，因此必须对每个触发装置标上代码，并依次与控制器接通，传递火灾信息，再结合各触发装置的平面图，便可确定火警部位了。对于两总线来说，G 线为共用地线，S 线为信号线，它完成供电、自检、选址和获取信息等功能，各触发装置与控制器的连接称为选址，这个功能由控制器发送一个编码信号（或者一串脉冲）经 G 线传到触发装置，只有当某一个触发装置上的地址编码与控制器发送来的编码（或者累计脉冲数）相一致时，这个触发装置在这个时刻才唯一地与控制器连通，并送回这个触发器的状态信号（即完成选址），其余触发装置对控制器不产生任何影响。控制器依次发送一系列编码信号，与各个编码信号相一致的触发装置便依次与控制器接通，这样控制器就可以对各触发装置进行巡检，所以地址编码电路实际上是一个编码开关。在巡检过程中，除了完成火灾探测功能外，还对该触发装置进行自检，所以在探测器接通期间，控制器接收到正常、火警或故障信息。为了提高选址的可靠性，用一个地址码连续发送两次或更多次，当触发装置的地址编码都与这两个地址码符合时，这个触发装置才与控制器接通。

触发装置的地址编码是在触发装置内有一个地址编码电路即编码开关，由于二进制数字电路的位数是 $2N$ 位（$N=1, 2, \cdots$）从性能价格比最好出发，故地址编码电路有八位，实际使用了 7 位，再考虑复位状态，因此，一个回路最多可接 127 个触发装置（如图 7—24 所示）。在工程应用中，还要留有一定的余量，以备使用中增加触发装置之用，也有利于维护工作。该余量可根据工程规模大小和重要程度而定。一般可按控制器额定容量或总线回路地址编码总数额定值的 15%～20%留余量。在火灾探测器中，地址编码电路有两种设置方式：一种将编码电路装在探测器中，探测器底座仅起固定和引线作用，一旦探测器的编码电路的编码设好，这个探测器的地址就确定了，在更换探测器时新探测器的地址号应与原探测器地址号相同。如北京中国原子能科学研究院电子仪器厂和北京中安消防集团的产品；另一种探测器装在探测器编码底座内，而探测器本身不带地址号，也就是说底座安装好后，地址号就确定了，更换探测器时，无须对探测器作任何改动。

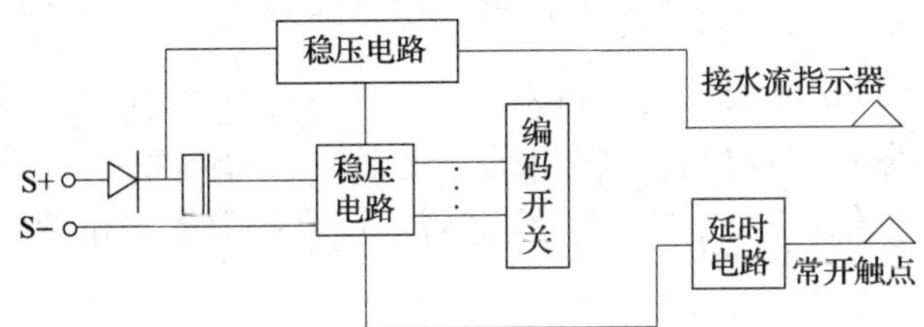

图 7—24　信号模块原理方框图（配水流指示器）

水流指示器是用来监控水喷淋系统是否动作的装置。当所在监控区域的喷淋系统动作时，水管内的水就流动。当管内的压力达到 0.14 MPa，流量达到 60 L/min 时，水流指示器的动合短路，产生一个信号，经信号模块送到控制器，因为信号模块带有地址编码，所以控制器可报出火警的部位。信号模块的原理方框图如图 7—24 所示。

（2）警报装置

当控制器发现火警之后，首先要显示出来，以便接通广播通信，组织灭火，指导人员疏散，发现故障之后，要通知人员维修等。关于这方面的详细情况后面会讨论，这里仅就警报装置作简单介绍。

目前的警报装置，除了控制台上有声、光、数字显示外，被保护区内还设置不同类型的警报设备，控制器通过控制模块控制警报设备工作，发出警报信号。控制模块方框图如图 7—25 所示。图中 AC/DC 开关设置反馈信号方式，当置于 DC 方式时，接受无源触点的返回信号。当置于 AC 位置时，接受 AC220V 返回信号。继电器输出提供二对常开常闭转化触点。目前常用的警报设备有警铃、警笛、消防广播、声光报警器等。一旦发现火警，保护区的每个人都能获得火警的信息，以便逃生或参与灭火。

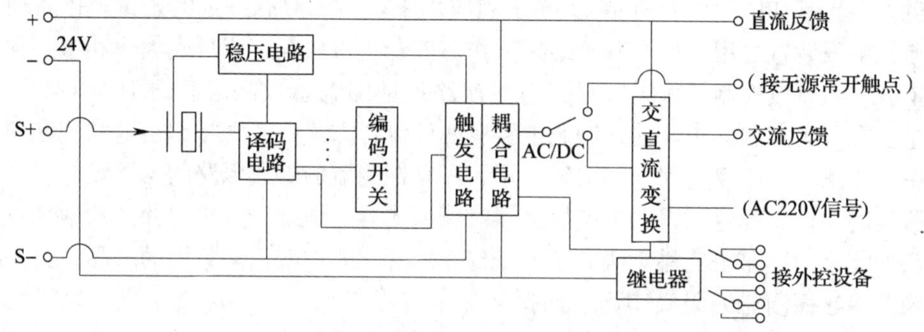

图 7—25　控制模块原理方框图

警铃、警笛、声光报警器与控制器连接方式都是将输出模块的常开控制触点与 DC24V 电源线串联后再与警铃、警笛或声光报警器的两根输入线连接。报警时，不同的是警铃发出连续音，警笛发出变调音，声光报警器发出变调音和闪烁光信号。

三、信号处理

早期的火灾报警系统是“固定阈”系统。判断是否发生火灾，仅仅是由火灾参数的当前值确定的。也就是说系统有一个固定的阈值，火灾参数超过这个阈值即火警，小于阈值即为正常，不管这个阈值是在探测器内设置还是在控制器内设置，其效果是相同的。这种系统也称传统型系统。

新型的火灾报警系统是“可变阈”系统。判断是否发生了火灾，火灾参数的当前值不是判断火灾的唯一条件，还必须考察在此之前一段时间的参数值。也就是说系统没有一个固定的阈值。火灾参数的变化必须符合某些规律，因此这种系统是智能型系统。当然，智能化程度的高低，与火灾参数变化规律的掌握的程度与软件的水平有很大的关系。

智能型系统的分析有多种方式。最简单的智能化分析是“上升速率识别”。通常火灾时，火灾参数的上升速率有一定的范围，选取适当的范围作为火灾条件，才是真正的智能化。完善的智能化分析是“多参数模式识别”及“分布智能”，既参考火灾中参数的变化规律，又参考火灾中相关探测器的信号间相互关系，这将把系统的可靠性提高到非常理想的水平。目前智能火灾自动报警系统按智能的分配可分为三种类型。

1. 探测智能

这种系统探测器根据探测环境的变化而改变自身的探测零点，对自身进行补偿，并对自身能否可靠地完成探测作出判断，而控制部分仍是开关量的接收型。这种智能系统解决了由探测器零点飘移引起的误报和系统自检问题。

2. 监控智能

目前大多数智能系统均为这种系统，它是将模拟量探测器（或称类比式探测器）输出的模拟信号或是将模拟信号通过 A/D 变换后的数字信号送到控制器，由控制器对这些信号进行处理，判断是否发生火灾或存在故障。

3. 综合智能

这种系统是上面两种系统的合成，智能化程度更高。由于火灾信息在探测器内进行预处理，所以传递火灾信息的时间可以缩短，控制器也可减少信号处理时间，提高了系统的运行速度，但设备费用提高了。上述三种智能系统的智能处理是在探测器内或控制器中进行信息处理，由于传感器的输出信息随火灾的发展而变化，而火灾的早期特征是不稳定的，并且具有不同的表现形式，如阴燃、明火和快速发展的火焰等。同时火灾是一种事先不确定的偶然事件，传感器几乎总是在正常的情况下工作。故传感器获得的火灾信号是一种事先不知的不确定信号，另外传感器的输出信号除了随火灾特征变化的信号外，还有随环境条件如温度、湿度、灰尘、电子噪声、人类活动乃至季节昼夜变化等因素的影响，对火灾信号构成了干扰。干扰的特征往往与火灾特征基本相似，因此识别真假火灾的火灾信息处理与其他典型的信息处理相比，要困难得多，复杂得多，由此可见，完备的火灾信息处理工作应在控制器内完成。

本章小结

1. 火灾过程中产生的气溶胶、烟雾、光、热和燃烧波称为火灾参量，火灾探测就是通过对这些火灾参量的测量和分析，来确定火灾的过程，为进一步实现火灾的预警和控制提供基础信息判据。

2. 直观法是火灾自动探测系统中使用最多的信号处理方法，直接对火灾传感元件的信号幅值进行处理，主要有“固定门限”检测法和“变化率”检测法。

3. 根据对不同的火灾参量响应和不同的响应方法，分为若干种不同类型的火灾探测器。介绍了感烟式、感温、火焰和气体探测器的工作原理。

4. 火灾自动报警系统是由触发装置、火灾报警装置、火灾警报装置和电源等部分组成的通报火灾发生的集成设备。根据工程建设的规模、保护对象的性质、火灾报警区域的划分和消防管理机构的组织形式，将火灾自动报警系统划分为三种基本形式：区域火灾报警系统、集中报警系统和控制中心报警系统。

5. 火灾报警控制器能够实现对触发装置及对报警灭火装置的控制，介绍了火灾报警控制器的工作原理及数据处理方法。

复习思考题

1. 火灾参量主要有哪些？
2. 说明火灾信息处理的固定门限检测法和变化率检测法的基本原理。
3. 比较 Kendall—τ 趋势算法和趋势持续算法的异同。
4. 简述感烟式火灾探测器的分类及各自的工作原理。
5. 感烟探测器响应烟的性能主要体现在哪些方面？
6. 感温火灾探测器主要有哪几种工作方式？
7. 简述火焰探测器和气体探测器的工作原理。
8. 火灾自动报警系统主要由哪几部分组成？并说明系统工作的分类方式。
9. 简述火灾报警控制器的工作原理。

第八章 防雷防静电及物质放射性检测与监控

本章学习目标

1. 熟悉防雷装置接地电阻检测的原理，掌握主要的接地电阻检测方法，了解土壤电阻率的检测方法。

2. 了解静电检测的特点，熟悉选择静电电位、静电电容、静电电量、静电电阻与电阻率作为检测参数的原因。

3. 掌握接触式和非接触式静电电位的检测原理及检测方法的适用性。

4. 了解静电电量、静电电容、静电电阻与电阻率检测的原理及常用方法。

5. 熟悉放射性对人体的危害，了解放射性辐射防护的标准。

6. 了解放射性辐射的测量方法，并掌握放射性检测仪器的使用方法。

7. 了解日常生活中存在辐射的场所与设施，掌握避免辐射危害的方法。

从电能产生的本质上讲，雷电和静电都属于静电的范畴，但二者积聚的能量、产生的电场强度，以及在放电时释放的电能量有很大的差别。前者的电流能够熔化设备、热效应转化的机械能能够击倒大树和房屋，后者的电场强度及能量较小，但在易燃易爆物质存在的场所易引发火灾爆炸事故、在半导体器件生产场所能导致大量废品、甚至能引爆电雷管等火工品，所以二者的危害都很大。现在人们已经掌握了防范雷电和静电放电危害的基本方法，但要预测其装置的防范效果及了解其危害的产生规律，就必须对相关参数进行检测，所以检测在保证设备和生产过程的安全，以及为安全设计提供可靠基础数据方面有极其重要的作用。

放射性物质在衰变过程中产生的 α 粒子、β 粒子、γ 射线及高能电子撞击材料产生的 X 射线作用于机体后，使机体中的蛋白质、酶类等大分子化合物被激发或电离，造成分子结构的变化和生物学功能性质的改变，导致发生病理性的变化。对作业（工作）场所物质放射性进行有效的安全检测与监控也是安全检测与监控的重要任务。

第一节　防雷装置接地电阻的安全检测

雷电的种类主要有直击雷和球形雷两种，伴生的雷型还有感应雷（又称为雷电感应）和雷电波侵入。雷电通过电效应、热效应、机械效应、静电感应、电磁感应等对建筑物、生产设备、人体等造成危害。目前主要的防雷措施是人为制造出一条电流通道，将雷电的电流以很小的电阻导引进入地下，避免对建筑物、生产设备、人体等产生直接的伤害。防范直击雷的避雷针需要接地，防范雷电感应的等电位连接体需接地，防范雷电波侵入的避雷器和保护间隙等也同样需要接地，可以说，接地是目前最主要的防雷措施之一。雷电的电能是否能顺畅地被导入地下，主要与接地装置的接地电阻大小有关。接地电阻与接地装置和土壤的电阻率大小两个因素有关，土壤的电阻率值是进行接地装置设计的基础数据之一。因此，防雷检测的主要检测参数是防雷装置的接地电阻和土壤的电阻率。

一、接地装置接地电阻检测

无论是建筑物或构筑物，还是化工生产装置，其防雷装置都主要由接闪器（包括避雷针、避雷带、避雷网、避雷线）、引下线和接地体（接地装置）构成。接地电阻是衡量接地装置性能的主要技术指标，接地电阻越小，将雷电流导入大地的能力越强，防雷效果越好。应定期检查接地装置各部分的连接和锈蚀情况，并测量其接地电阻。

1. 电流极与电压极的布置

网状接地装置由接地干线（水平接地体）和接地体（垂直接地体）焊接而成，所用材料一般为镀锌钢材料，典型接地连接如图 8—1 所示。

接地体的接地电阻等于其在散流时出现的对地电位与所泄散电流之比。根据这一定义，测量接地电阻时，要人为地向被测接地体注入一定大小的电流，而要用电流表测出这一电流值，就需要设置一个电流极，形成测量电流的回路。要测出接地体在散流时的对地电位，就还需要设置一个近似无穷远处的零电位参考点，即电压极，这样才能用电压表测出接地体与电压极之间的电压。接地电阻测量原理的接线如图 8—2 所示。

测量系统是在土壤（不良导电介质）中形成三电极系统，在向接地体施加电压

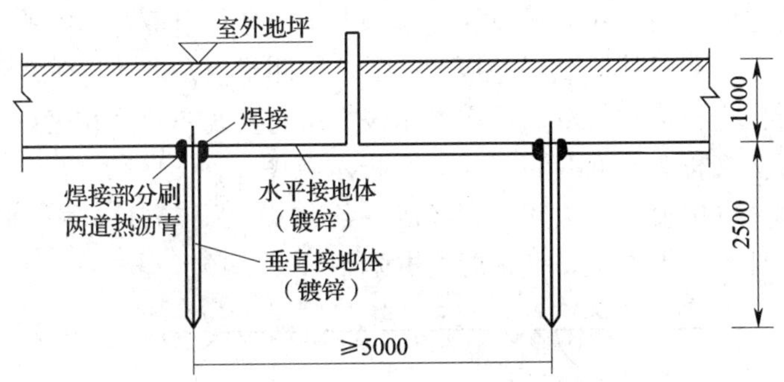

图 8—1　接地装置剖面图

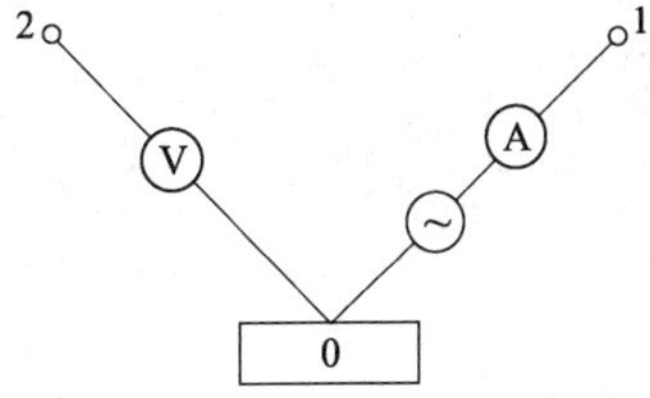

图 8—2　接地电阻测量原理的接地示意图
0 接地体　1 电流极　2 电压极

时，就形成稳定的电场。在这三电极系统中，当任意一个电极通电流，而其他两个电极不通电流时，载流的那个电极向大地泄散电流，就将在土壤中形成一个恒定的电流场，使得处在这一电流场中的另外两个无电流电极呈现出电位，这每一个无电流电极上的电位与载流电极上的电流之比即为两者之间的互电阻。根据恒定电场的互易原理，电极之间电流方向改变时，互电阻大小不变，即三电极系统有三个互电阻，分别是接地体与电流极、电压极之间的互电阻 R_{01}、R_{02} 和电流极与电压极之间的互电阻 R_{12}。

经推导可得出接地体与电压极之间的电位差 U_{02} 为

$$U_{02}=U_0-U_2=I_0(R_0+R_{12}-R_{01}-R_{02})$$

式中电位差 U_{02} 和电流 I_0 分别由图 8—2 中的电压极和电流极测得，R_0 就是接地体的真实接地电阻。而实际测出的接地电阻 R 为

$$R=\frac{U_{02}}{I_0}=R_0+R_{12}-R_{01}-R_{02} \quad (8—1)$$

由上式可以看出，实测的接地电阻 R 与真实的接地电阻 R_0 之间存在着一个测量误差，记为 ΔR^*，可表示为

$$\Delta R^*=\frac{R-R_0}{R_0}\times 100\%=\frac{R_{21}-R_{01}-R_{02}}{R_0}\times 100\% \quad (8—2)$$

显然，测量误差是由互电阻造成的。互电阻的大小与两电极之间的距离成反

比，与土壤的电阻率成正比，所以测量误差取决于各个电极之间的相对位置，所以也称为布极误差。要想使测量误差接近于零，即测量值足够接近于真实值，必须对电流极和电压极进行优化布置。常用的布极方法有直线布极法和三角形布极法。

直线布极法又称为 0.618 布极法，布极示意图如图 8—3 所示，将电压极 2 置于被测接地体 0 和电流极 1 之间，三者成一条直线。为了简化分析，图中电极为贴地面埋设的半球形接地电极，且土壤的电阻率（ρ）均匀分布。

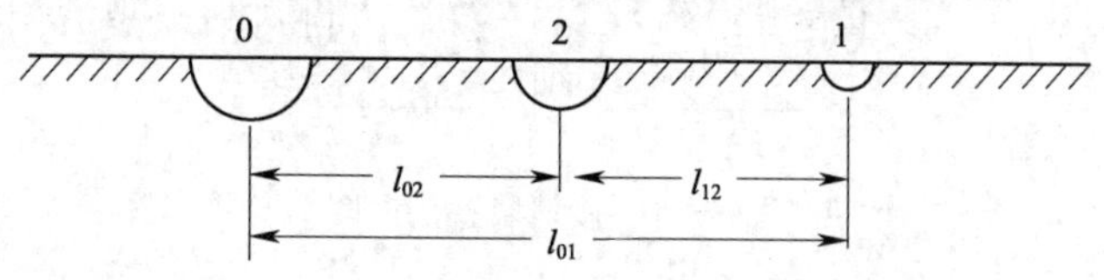

图 8—3　直线布置电极

由（8—2）式可知，要使接地电阻的测量误差 $\Delta R^*=0$，需要满足（8—3）式的要求。

$$R_{12}-R_{01}-R_{02}=0 \tag{8—3}$$

当只有接地体 0 通过电流 I_0，其他两个电极无电流通过时，I_0在土壤中产生恒定电场，电场强度为 E，电流从半球形电极泄散，离开接地体 0 的距离 r 越远，电流密度 J 越小，可表示为

$$J=\frac{I_0}{2\pi r^2} \tag{8—4}$$

电场强度 E 随着 r 的增大而减小。根据电磁理论可知，电流密度 J 等于土壤的电导率 γ 与电场强度 E 的乘积，或等于电场强度 E 与土壤的电阻率 ρ 的比值，即

$$J=\gamma E=\frac{E}{\rho}\text{或}E=J\rho \tag{8—5}$$

这样，I_0在土壤中产生的恒定电场使电流极 1 带上的电位为

$$U_{01}=\int_{l_{01}}^{\infty}\frac{\rho I_0}{2\pi r^2}dr=-\frac{\rho I_0}{2\pi}\left(\frac{1}{\infty}-\frac{1}{l_{01}}\right)=\frac{\rho I_0}{2\pi l_{01}} \tag{8—6}$$

同理，电压极 2 所带的电位为

$$U_{02}=\frac{\rho I_0}{2\pi l_{02}} \tag{8—7}$$

则接地体 0 与电流极 1 及电压极 2 之间的互电阻分别为

$$R_{01}=\frac{\rho}{2\pi l_{01}} \tag{8—8}$$

$$R_{02}=\frac{\rho}{2\pi l_{02}} \tag{8—9}$$

同样，当只有电压极 2 通过电流，其他两个电极无电流通过时，电流极 1 与电压极 2 之间的互电阻 R_{12} 为

$$R_{12}=\frac{\rho}{2\pi l_{12}} \tag{8—10}$$

将 R_{01}、R_{02}、R_{12} 代入公式（8—3），经简化得

$$\frac{1}{l_{12}}-\frac{1}{l_{01}}-\frac{1}{l_{02}}=0$$

设 $l_{02}=kl_{01}$，则有 $l_{12}=(1-k)\ l_{01}$，代入上式得

$$\frac{1}{1-k}-1-\frac{1}{k}=0$$

即

$$k^2+k-1=0$$

解此方程得 $k=0.618$，即将电压极放在接地体与电流极的连线上，与接地体的距离为接地体与电流极之间距离的 0.618 倍处，这样可以消除互电阻带来的误差，所测得的接地电阻即为真实值。

在实际工程中，接地体通常是管状、棒状、条状、网状等形式，而不是半球状，接地体周围的等电位面也就不是半球面，且土壤的电阻率也常常是不均匀的，所以直线布极法的使用在不同程度上存在一定误差。适当增加接地体与电流极之间的距离可减小测量误差。用于接地网的接地电阻测量时，接地体与电流极之间的距离可取 2.5D（D 的含义见图 8—4），电压极的位置距被测地网中心的距离约为 1.5D=60%×2.5D，与 0.618×2.5D 的位置比较接近。

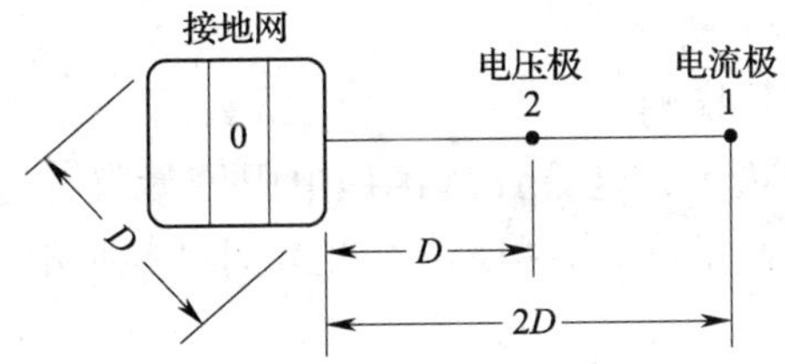

图 8—4　测量接地网接地电阻时的电极布置

另一种布极方法是三角形布极法。

该方法的电流极和电压极与接地极的距离相等，三者的连线呈等腰三角形，如图 8—5 所示。图 8—5 中，$l_{01}=l_{02}$，所以 $R_{01}=R_{02}$。根据式（8—3），只要 $R_{12}=$

$2R_{02}$，即可使测量误差 $\Delta R^{*}=0$，假设土壤的电阻率是均匀的，各电极之间的距离满足 $l_{12}=2l_{01}=2l_{02}$ 就能达到目的。根据此条件求出等腰三角形的顶角 α，即

$$\alpha = 2\arcsin \frac{l_{12}/2}{l_{01}} = 29^{\circ}$$

为了方便，通常将 α 值取为 30°。用三角形布置电极法测量接地电网的接地电阻时，常取 l_{01}（l_{02}）$\geqslant 2D$。

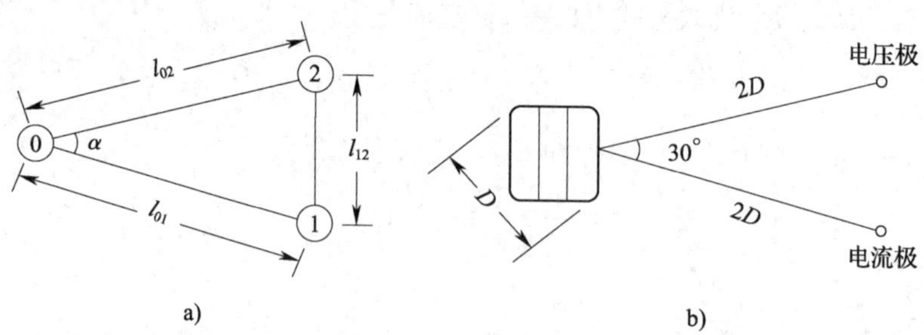

图 8—5　接地网接地电阻测量时三角形布极法
a）间距与角度　b）三角形布极

向电极施加直流电流时，土壤中的某些成分会在电极表面发生电化学反应，产生过电位，对接地电阻的测量结果产生影响，所以应使用交流电流。大地中常常存在各种自然因素和人工因素产生的电场，也对测量产生影响。某些矿物质结构可在大地中产生电化学电场，这属于自然因素；在中性点接地的 TN 供电系统中，经大地返回的零序电流在土壤中产生电场，即使在中性点不接地的电力系统中，经大地返回的不平衡容性电流也会产生磁场。适当增大测试电流，或对测量电压和电流进行校正都可降低其干扰程度。

2. 接地电阻的测量方法

（1）接地电阻测量仪检测法

常用的接地电阻测量仪有电位计型接地电阻测量仪、流比计型接地电阻测量仪、数字化的接地电阻测量仪等类型，其中电位计型接地电阻测量仪是目前使用最普遍的测量仪器。

电位计型接地电阻测量仪是根据电位差计的原理设计的，其测定原理示意图如图 8—6 所示。检测时，仪器自带的手摇发电机 G 以 120 r/min 的转速手摇旋转，产生的约 90～98 Hz 的交流电压经交流互感器的一次绕组施加到接地体和电流极上，经大地构成的回路形成电流 I_1。I_1 从发电机出发，经交流互感器的一次绕组、接地体、大地和电流极，回到发电机。I_1 流过接地体时，将在接地电阻上产生电压

降 I_1R。由于电压极所在位置的电位近似为零，所以该电压实际上是作用在接地体0和电压极2两点之间，即 $U_{02}=I_1R$。在交流互感器的一次绕组中有 I_1 流过的同时，在二次绕组与可变电阻构成的二次绕组回路也将出现电流 I_2，在可变电阻的E、D两者之间的电阻 R_{ED} 上产生的电压降为 $U_{ED}=I_2R_{ED}$，R_{ED} 是个可调节量。当电压 U_{02} 与 U_{ED} 大小不相等时，E02ADE回路中总的电压不为零，回路中出现电流，该电流被整流电路（图中未画出）整成直流后在检流计A上显示出来。逐步调节 R_{ED} 值，使检流计的显示值到达零，这时就达到了 $U_{02}=U_{ED}$，下列关系成立

$$I_1R = I_2R_{ED} \tag{8—11}$$

或

$$R=\frac{I_2}{I_1}R_{ED}=kR_{ED} \tag{8—12}$$

式中　k——电流变化比，等于 I_2/I_1。

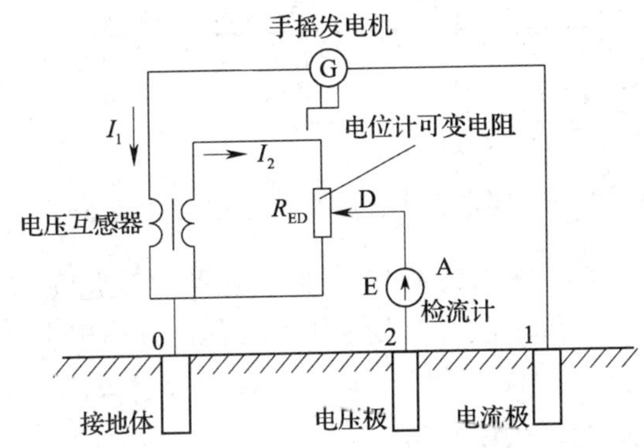

图8—6　电位计型接地电阻测量仪测量原理接线示意图

电流变化比 k 和可调电阻 R_{ED} 由仪器得到，这就是电位计型接地电阻测量仪的测量原理。从工作原理可知，测量时E02ADE回路中总的电压被调至零，回路中就没有电流，电压极的接地电阻就不会影响测量结果，同时也基本消除了电化学反应的影响。实际的电路中，在电压极与检流计之间还串联着电容和电阻，其可消除直流电流成分。使用电位计型接地电阻测量仪测量时，电流极和电压极与接地体的相对位置布置既可以采用直线布极法，也可以采用等腰三角形布极法。目前，国产的ZC—8和ZC—9两种型号的电位计型接地电阻测量仪使用最广泛，其量程有0～10/100/1 000 Ω三挡，还可以用于土壤电阻率的测定。

（2）电压表—电流表测量法

在采用电压表—电流表测量法测量接地电阻时，需要电压表和电流表各一只，

还需要一个能够产生足够大电流的交流电源，其线路连接方法如图 8—7 所示。所使用的交流电源应该是独立的电源，如电焊变压器、1∶1 隔离变压器或专用的配电变压器。在接地体与电流极之间施加了交流电源后，同时在电流表和电压表上读出电压值 U 和电流值 I，由欧姆定律关系式（8—13）计算出接地电阻 R。

$$R=\frac{U}{I} \tag{8—13}$$

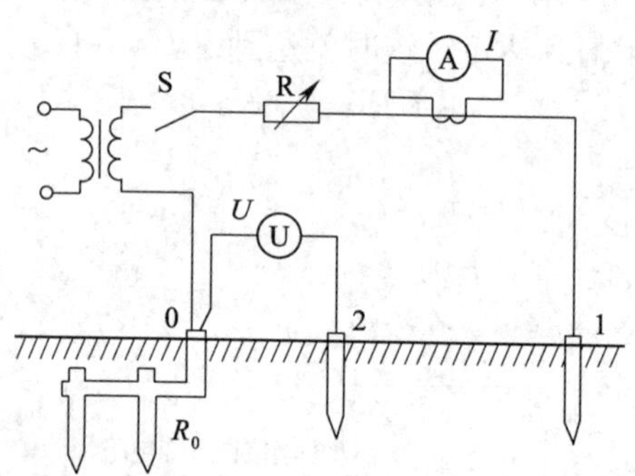

图 8—7　电压表—电流表法测量接地体接地电阻

该方法使用的仪器设备比较简单，接地电阻的测量范围也比较大（0.1～1 000 Ω），对于较小的接地电阻，其测量精度与其他方法相比也是比较高的。

与其他电位测量仪一样，要想准确地测量接地体的电位，电压表应有足够高的输入阻抗（电阻）。图 8—8 是图 8—7 的等效电路，U_{02} 是 0、2 两点之间的真实电压，U_v 是电压表内阻 R_v 上的电压（即电压表测得的电压），I_v 是流过电压表和电压极接地电阻 R_2 的电流，根据电压分配律有

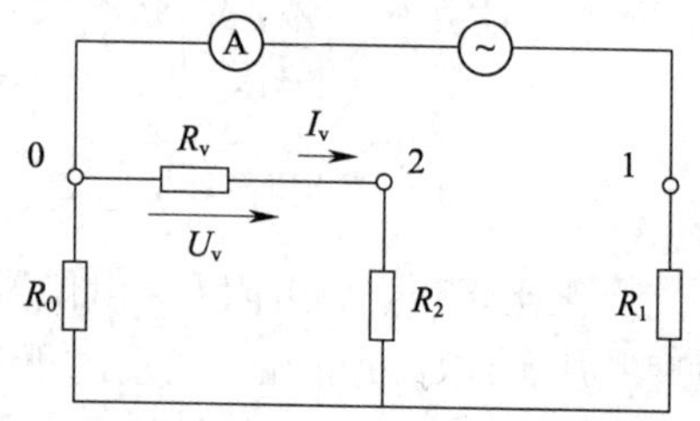

图 8—8　电压表—电流表法测量接线的等效电路

$$U_v=U_{02}-I_vR_2 \tag{8—14}$$

I_v 可表示为

$$I_v=\frac{U_{02}}{R_v+R_2} \tag{8—15}$$

将（8—15）式代入（8—14）式得

$$U_v = U_{02}\left(1-\frac{R_2}{R_v+R_2}\right) \tag{8—16}$$

从式（8—16）看出，只有电压表内阻 R_v 的数值远远大于电压极接地电阻，才能使电压表测得的电压 U_v 近似于真实值 U_{02}。接地电阻的测量误差与电压的测量误差是相等的，所以电压的测量误差直接导致电阻的测量误差。要使电压表内阻引起的测量误差小于 2%，R_v 应不小于 R_2 的 49 倍。

二、土壤电阻率的检测

电阻率是表征一种材料导电性能的一种参数，分为体积电阻率和表面电阻率两种，检测土壤电阻率时，测量的是体积电阻率。体积电阻率是描述物体内电荷移动和电流流动难易程度的物理量，定义为材料内直流电场强度和稳态电流密度的比值，在数值上，等于长、宽、高都是 1 m 的立方体的电阻。施加于被测样品的两个相对表面上的电极之间的直流电压和流经该两电极的稳态电流之比称为体积电阻。体积电阻率与体积电阻的关系为

$$\rho_v = R_v S/b \text{ 或 } R_v = \rho_v b/S \tag{8—17}$$

式中　ρ_v——体积电阻率（为了简化，后面用 ρ 表示），Ω·m；

R_v——体积电阻，Ω；

S——电极相对面积，m^2；

b——电极间被测土壤的厚度，m。

土壤电阻率大小与土质种类、温度、含水率及含电解质量等因素有关，其值分散性大，实际数据主要靠现场实测获得。在测量土壤电阻率时，先在要埋设接地体的现场打入测量用的接地电极，测出接地电极的接地电阻，然后反推出此处土壤的电阻率。目前比较常用的土壤电阻率测量方法是四电极法。

1. 等距四电极法

将四根测量用电极排列成直线，等距离地打入地中同一深度，如图 8—9 所示。电极打入地中的深度 h 通常不大于电极间距离 a 的十分之一，即 $h \leqslant a/10$。图 8—9 中外侧的两个电极 0、1 为电流极，内侧的两个电极 2、3 为电压极，交流电源的电压加在两个电流极上，用电流表测出电流极回路中的电流 I，用电压表测出两个电压极之间的电压 U，根据电极间的距离和电流、电压数据，可计算出土壤的电阻率。

根据电位的定义和稳定电场中电场强度 E 与电流密度 J 的关系 $E=\rho J$，从电流极 0 流出的电流 I 使电压极 2 带上的电位为 U_{20}，计算公式推导如下：

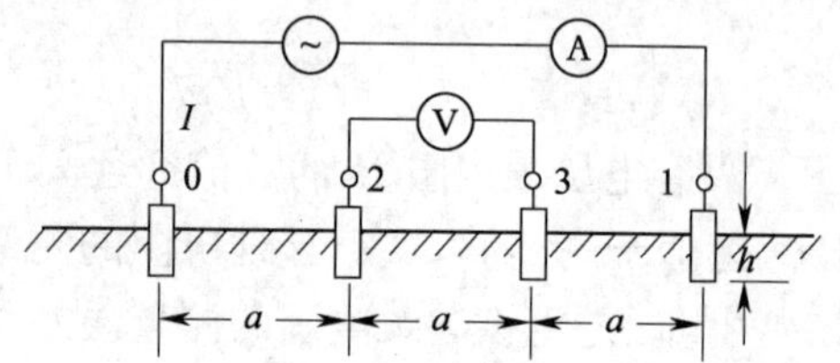

图 8—9　等距四电极法测土壤电阻率

$$U_{20}=\int_a^{\infty}Edr=\int_a^{\infty}\rho Jdr=\int_a^{\infty}\frac{\rho I}{2\pi r^2}dr=-\frac{\rho I}{2\pi}\left(\frac{1}{\infty}-\frac{1}{a}\right)=\frac{\rho I}{2\pi a} \tag{8—18}$$

从电流极 1 流出的电流 $-I$ 使电压极 2 带上电位为 U_{21}，计算公式推导如下：

$$U_{21}=\int_{2a}^{\infty}\frac{\rho(-I)}{2\pi r^2}dr=\frac{\rho I}{2\pi}\left(\frac{1}{\infty}-\frac{1}{2a}\right)=-\frac{\rho I}{4\pi a} \tag{8—19}$$

电压极 2 的电位是二者的作用之和，即

$$U_2=U_{20}+U_{21}=\frac{\rho I}{4\pi a} \tag{8—20}$$

按照同样的方法可得到电压极 3 的电位

$$U_3=U_{30}+U_{31}=-\frac{\rho I}{4\pi a} \tag{8—21}$$

电压表的读数 U 是电压极 2、3 之间的电位差，可表示为

$$U=U_2-U_3=\frac{\rho I}{2\pi a} \tag{8—22}$$

由（8—22）式得出土壤电阻率的计算式

$$\rho=2\pi a\left(\frac{U}{I}\right) \tag{8—23}$$

公式中（U/I）$=R_{23}$，即电压极 2、3 之间的电阻。

由（8—23）式看出，测出电流极之间的电流 I 和电压极之间的电压 U 即可获得土壤电阻率。电压表的内阻与土壤电阻 R_{23} 相比足够高时，则对测量结果的影响可忽略。该方法对测量电极的要求不高。该方法得到的电阻率值是测量范围内的平均值，所以测量范围受电极间的距离 a 制约。

2. 不等距四电极法

采用不等距四电极法测量土壤电阻率时，测量电极仍然采用线性布置，当个电极之间不再等距布置，用 a、b、c 分别代表电极之间的间距，如图 8—10 所示，各电极间距均不能小于 $10h$。

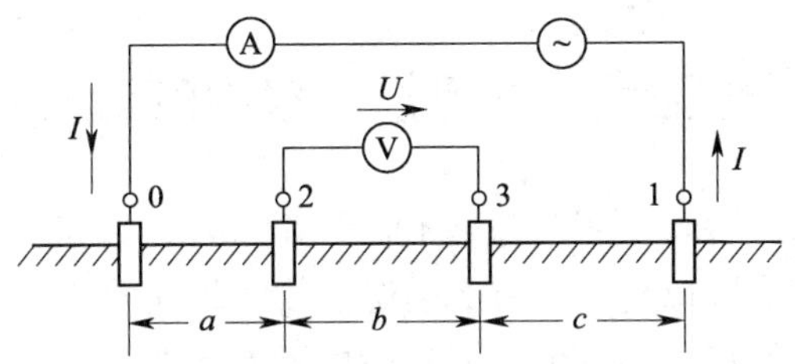

图 8—10　不等距四电极法测土壤电阻率

采用等距四电极法相似的推导方法，可得到在电流 I 作用下电压极之间的电压 U 为

$$U=\frac{\rho I}{2\pi}\left[\frac{1}{a}-\frac{1}{b+c}-\left(\frac{1}{a+b}-\frac{1}{c}\right)\right]=\frac{\rho I}{2\pi}k_{\text{abc}}$$

$$k_{\text{abc}}=\frac{1}{a}-\frac{1}{b+c}-\left(\frac{1}{a+b}-\frac{1}{c}\right)$$

由于电极间的距离是已知的，所以系数 k_{abc} 可计算获得。根据测得的电压极间的电压 U 和电流极之间的电流 I，由（8—24）式计算电阻率。

$$\rho=\frac{2\pi}{k_{\text{abc}}}\left(\frac{U}{I}\right) \tag{8—24}$$

在实际的设备密集场所，等距法的电极位置可能受到限制，而不等距法可以不受限制，因此可灵活摆放电极，方法更实用。

ZC—8 和 ZC—9 等常用国产接地电阻测试仪，有四个电极接头，具有测量土壤电阻率的能力，其检测接线如图 8—11 所示。

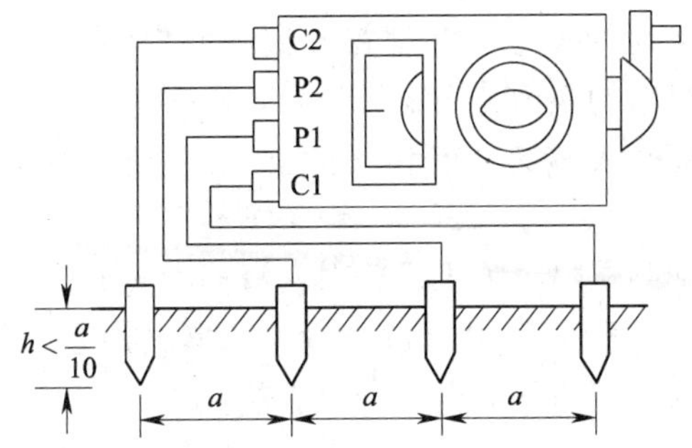

图 8—11　四电极法测土壤电阻率接线示意图

第二节 静电检测参数的选择

自从公元前600年古希腊哲学家塔勒斯（Thales）在研究天然磁石的磁性时，发现用绸布、法兰绒等摩擦琥珀后有吸引轻小物体的性质开始，人们不断探索静电的产生规律、本质及特点，到今天人们对静电及静电现象有了较充分的认识，在工业领域得到了广泛的应用，但在许多领域，静电的产生也带来了灾难性的事故后果。静电检测对于深入认识静电，探索防范静电放电造成事故的机理等是重要的研究手段之一。

静电基本参数的测量是静电检测的主要组成部分，对分析静电起电与放电的机理，判断作业工况中静电放电的危险性，确定作业环境的静电危险场所与隐患等级，检验静电预防措施的效能以及分析静电灾害事故的原因等方面有重要指导意义。

一、静电检测的特点

静电现象是一种常见的带电现象。在化工、石油、纺织、造纸、印刷、电子等行业中，处于传送或分离过程中的固体绝缘物料、输送或搅拌中的粉体物料、流动或冲刷中的绝缘液体、高速喷射的蒸汽或气体都会产生和积累危险的静电。人体在工作过程中的活动也可能产生很高电位的静电。与强电及一般弱电相比较，静电具有如下特点：

①静电的总电量不大。在化工生产过程中所产生的静电，电量一般只有微库级到毫库级。所以静电电荷的少量泄漏都将导致其产生的电场强度和电位的显著变化；静电电荷在导体材料的表面分布比较均匀，而在绝缘及半绝缘材料中，由于电子流动受到限制，电荷在表面的分布不一定均匀，主要与电荷的产生过程及存在时间有关。

②静电电位高。油品从喷嘴喷出、粉料在滑槽中流动、有机液体在管道中流动等都能够产生几千至几万伏的静电电位。就人体静电而言，其极端电位可达6万伏。因此，静电很容易击穿空气放电而产生火花。

③放电持续时间极短，火花放电或刷形放电的能量一般都在纳秒（ns）或微秒（μs）量级的时间内释放完毕，释放通道极细，产生瞬间大电流的功率可达几千瓦。由于放电通道极细，所以能在局部产生高温，其放电过程中释放出的能量（一般不超过数mJ，少数情况能达数十mJ）在多数情况下高于可燃气体、液体蒸气，甚至

粉尘的最小点火能，从而能引起火灾、爆炸，甚至电击事故。

④静电并非静止，而是产生与泄漏同时存在，实际存在的静电电场及其电位是动态过程中剩余电荷量及其密度的反映。带电体对地电阻小或材料的电阻率低，则有利于电荷泄漏，积累的电荷就少。

由于静电具有的特点，静电参数的检测也与强电及一般的弱电检测有明显区别，静电检测的特点主要包括：

①静电检测仪器应有小的输入电容（耦合）和极高的输入电阻。在静电检测过程中，静电电荷会向检测仪器的输入电容转移，也会通过输入电阻泄漏，因静电电荷量很小，即使静电带电体失去少量电荷，也将造成显著的测量误差。因此，检测仪器应该有很小的输入电容和极高的输入电阻，一般要求不低于 10^{14} Ω。

②静电检测结果往往与测试方法及测试电压等检测条件有关。不同的检测方法、不同的带电历史、不同的测试电压，将导致不同的检测结果。因此，在给出检测结果的报告时，同时标明检测方法和电源电压等条件才更有意义。

③检测结果受环境条件的影响。温度影响起电量和材料的电阻率，空气的湿度影响材料的电阻率（尤其是表面电阻率）。即使采用同样的检测方法、使用同样的仪器、在同一地点做同样的检测，如果所处环境的温度、空气相对湿度、被测物品与环境的平衡时间等检测条件不同，检测结果可能有较大差别。空气中相对湿度大于 60%时，静电电荷可从带电物品表面的水膜层泄漏掉，有利于消除静电的积累，但空气的湿度变化也同样导致被测物品表面电阻率的改变，势必导致带电量的变化，电位也会变化，所以环境的相对湿度的变化是显著的干扰因素。

④检测仪器应能够测试动态信号。由于起电过程是起电和泄漏两个过程同时存在的动态过程，只有静电电位达到与环境相对应的平衡状态时，静电电位才可能近似不变化，有时需要控制静电的峰值电位在安全电位以下，所以要求检测仪器要既能检测静态信号，也能检测动态信号。

二、静电的检测参数（参量）

与静电有关的参数有静电电位、静电电量、静电电容、表面电荷密度、电阻和电阻率、接地电阻、静电半衰期、人体静电参数等。静电的实质是存在剩余电荷，因此静电电量是所有有关静电现象最本质方面的物理量。静电电位是与电荷成正比的物理量，可以反映物体带电的程度。表面电荷密度是反映带电程度和决定电位高低的物理量。静电电容是指带电体的对地电容，反映出带电体储存静电电荷的能力，同时也是和电阻一起决定静电泄放半衰期、静电放电能量多少的基本参数。人体静电参数包括人体静电电位、人体对地电阻、人体对地电容等参数。本章主要介绍静电基本参数，即静电电位、静电电量、静电电容、电阻和电阻率，以及人体静电参数的检测。

在静电安全检测中，还包括防静电设施与器具的静电性能、包装材料的静电性能、织物与服装静电性能、物质的静电感度等内容的检测，这些内容请参阅相关资料和检测标准。

静电测量是整个静电防护工程中的重要组成部分，也是静电防护设计和管理的依据。静电基本参数的测量是静电测量的主要组成部分，对分析静电起电与放电的机理，判断作业工况中静电放电的危险性，确定作业环境的静电隐患等级，检验静电预防措施的效能以及评估静电灾害事故的原因有重要指导意义。

第三节　静电电位的检测

静电电位是描述静电场的一个基本物理量，而检测的电位仅是带电体某表面上一点的电位。静电场中某点电位的定义为：把单位正电荷从该点沿任意路径移动到参考点时电场力所做的功，或者说是被测量点与参考点之间的电位差值。当参考点的电位为零时，被测量点的电位在量值上等于该点与参考点之间的电压。在实际测量中，一般取大地为零电位参考点，故静电电位的测量常常又称静电电压的测量。实际上，由于静电电位是与电荷量成正比关系，电位的高低能相对地反映出物体带电程度，同时由于静电电位的测量比其他静电参数的测量容易实现，因而应用的更广泛。

静电电位的检测通常分为接触式和非接触式两类。

一、接触式检测

1. 检测原理

如果被测带电体是静电导体，则可通过对地绝缘的电缆将被测带电体与静电电压表的测试极连接起来，测试极与带电体等电位，静电电压表的输入阻抗很高，其低压端与接地的外壳连接，就能在静电电压表头直接读出被测带电体的电位。可见接触式测量法是利用等电位原理进行检测的，仅适用于对静电导体带电电位的检测。

2. 检测仪器

接触式静电电压表是通过静电力矩来进行检测的。图 8—12 为典型接触式测量法的工作原理图。当被测带电体与仪表的固定电极 A 相连时，在固定电极 A 与 B 之间建立起静电场，可动电极 C 在静电场力下将发生偏转，带动接受光信号的反射镜偏转。偏转力矩与被测电压的平方成正比，当偏转力矩与挂丝的反作用力平衡时，偏转角即表示被测电压的高低。偏转角度是由固定在挂丝上的小镜通过光标显示出来的。可见，这种仪表只能测量电位值的大小，无法判断电位的正负极性。

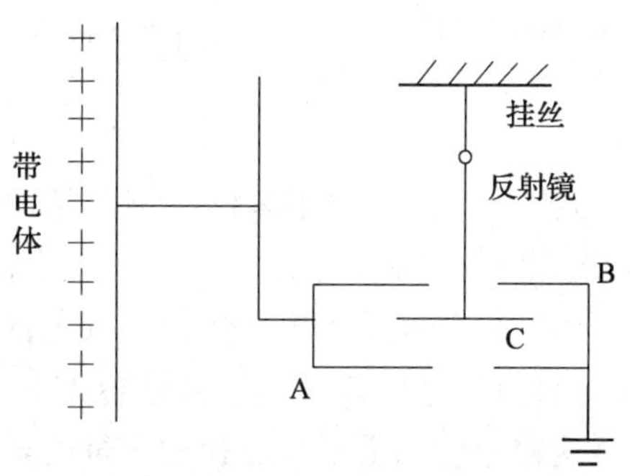

图 8—12　接触式测量法的工作原理

3. 检测方法及操作程序

（1）检测前先检查仪表的输入端及连接电缆的绝缘情况。操作方法是在仪表的输入端加上适当的静电电压，去掉外加电压后，观察表头显示值的衰减速度，若衰减的很慢，则测试系统的绝缘性能良好，否则绝缘性能不良。

（2）每次检测前都必须先对检测仪表进行调零。可通过连接与输入端的外部短路电路进行调零，这样可避免直接短路对被检查仪表输入端造成损伤。

（3）实施检测时，检测仪表的低压端与外壳进行良好地接地，用绝缘电缆将被测带电体与检测仪表的高压端（即测试极）连接起来，即可测出导体的静电电位。

（4）当检测仪表的输入系统受潮或被污染时，其绝缘性能变差，可能出现严重的漏电现象，高压加不上去。出现这种情况时，可用蘸了酒精的纱布或脱脂棉擦拭干净，干燥（或烘干）后方能使用。

4. 减小测量误差

图 8—13 为接触式静电电压表的等效电路图。C_0 为被测带电体对地电容，C 和 R 分别是仪表的输入电容和输入电阻。仪表与带电体连接时，带电体的电容增大至 C_0+C，静电电荷量虽然不变，但部分电荷转移到检测仪表中，实际测得的电压 U 小于真实的电压 U_0，二者的关系为

$$U=\frac{C_0U_0}{C_0+C} \qquad (8—25)$$

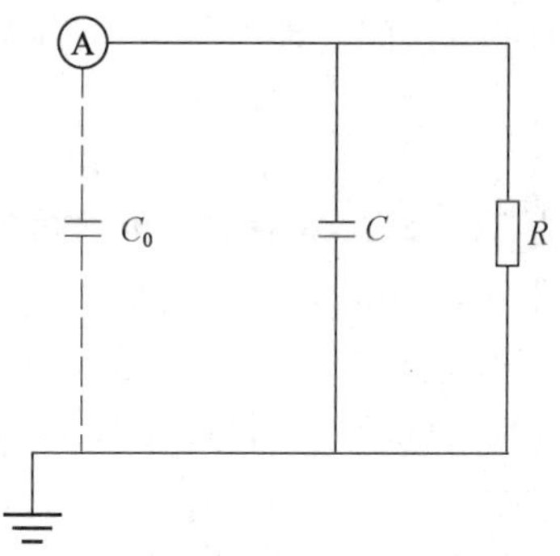

图 8—13　接触式静电计的等效电路

如果考虑静电电荷通过仪表的输入电

阻泄漏的衰减作用，仪表测出的电压为

$$U=\frac{C_0U_0}{C_0+C}e^{\frac{t}{R(C+C_0)}} \tag{8—26}$$

式中 t 为从连接带电体时刻开始的泄漏时间。公式（8—26）表明仪表读数 U 小于带电体的实际电压 U_0。

为了减少误差，应尽量减小仪器的输入电容 C，使 C 远远小于 C_0，如量程在 3 kV 的静电电压表，其输入电容 C 值都≤30 pF。同时仪表输入电阻 R 要尽量地大，这样才能保证测量过程中测量值随时间 t 衰减缓慢，一般静电电压表的输入电阻都选择在 10^{12} Ω 以上。

二、非接触式检测

非接触式静电电位测量法主要用于带电体表面电位的检测。按照检测原理的不同，分为静电感应和空气电离两种检测方式。这两种检测方式的检测仪表不与带电体相接触，故此称为非接触式检测，所用检测仪表也称为非接触式检测仪表。

1. 静电感应式检测法

（1）静电感应检测原理与检测仪表

将测试探头靠近带电体，利用探头与被测带电体之间产生的畸变电场测量带电体的表面电位。这种检测的实质是对带电体表面电场的检测。

静电感应型静电电位检测仪表的等效电路图如图 8—14 所示。T 是仪表的测试探头，L 是仪表的等效输入电路，C_w 是测试探头与被测带电体之间的耦合电容，R_b 和 C_b 分别为仪表的输入电阻和输入电容。由于被测带电体的电场作用，探头 T 上将产生感应电位。由图中电路可知：C_w 是与 C_b 串联的，而 R_b 是 C_b 的泄漏电阻。若被测带电体的对地电位为 U，则探头的对地电位为

$$U_b=\frac{C_wU}{C_w+C_b}e^{\frac{t}{R_b(C_w+C_b)}} \tag{8—27}$$

从（8—27）式看出，电荷可通过耦合电容 C_w 对地泄漏，探头 T 上的电位是 U_b，即测得的电位，其值随着检测时间 t 而衰减。探头与带电体之间的距离改变时，耦合电容 C_w 也随之改变，只有距离固定，（8—27）公式中的 C_w/（C_w+C_b）项才可视为常数。通过改变探头与带电体之间的距离来改变耦合电容 C_w 的大小，可以改变检测仪表的量程。

该方法测得的数值仅表示探头相对的局部面积上的电位平均值。对绝缘体而言，不同的位置，可以有不同的电位，不能用测量值代表被测体整体的电位。

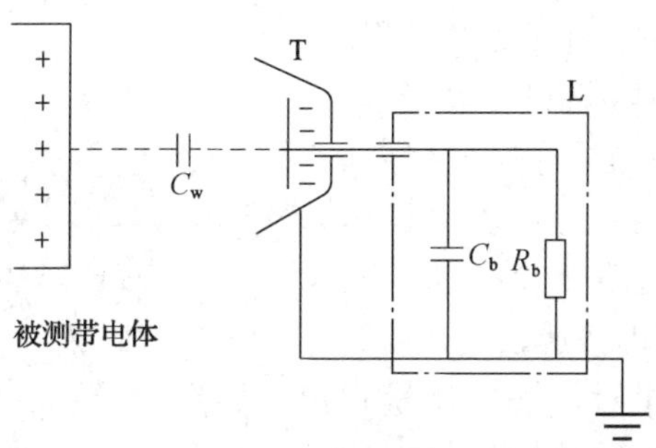

图 8—14　感应式静电电位测量仪的等效电路

检测得到的电位值 U_b 随时间 t 而呈指数规律衰减，其时间常数 τ 为 R_b（C_w + C_b），其将引起检测误差。增大检测仪表的输入电容 C_b 可减慢泄漏速度，但检测灵敏度也随之下降。同其他电位类检测仪表一样，通常是通过增大输入电阻 R_b 来减小测量误差。即使如此，电位的衰减也只能减缓，而不能从根本上消除衰减，所以此类仪表还不能作为在线的监控仪表。

由于探头上的感应信号较微弱，所以需要对其放大后才能在表头上显示出来。静电表面电位计所采用的放大方式分为直流放大和交流放大两类，交流放大又分为旋转叶片式和振动电容式。

由检测原理介绍可知，非接触式检测主要利用静电感应原理，与接触式检测相比，非接触式检测结果受仪表输入电容、输入电阻的影响较小，但受测量距离、带电体几何尺寸的影响较大。

（2）直流放大式表面电位计

一般检测仪器选用直流差动放大线路，信号放大元件采用场效应管，其输入阻抗可达 $10^{15}\ \Omega$ 以上，可以补充三极管放大线路零点飘移带来的误差。检测时探头上的感应电压使检流计的指针偏移，可显示电位数值和静电电荷的极性。

JFV—VR—2 型静电测试仪是直流放大式表面电位计中的一种。该仪器外观（如图 8—15）是一种便携式手枪形静电绝缘电阻综合测量仪，应用范围广泛。凡不良导体产生的静电，都可以快速测得结果，从而可以早期采取消除静电措施，防止由静电放电而引起的火灾事故。

该仪器由传感电极、微电荷放大器和电源三部分组成，其工作原理如图 8—16 所示。

电极由一个顶端圆面积为 1 cm^2 的金属制成。电极被感应而产生的电荷，由一根封装在测量筒里的粗导线传入微电荷放大器，进行电流放大，最后由高灵敏度的仪表指示出来。测量筒上刻有变换量程的刻度线（倍率线），在测量筒外面套装着一个屏蔽套管，可在一定范围内进出移动，主要起控制量程的作用。在仪表手柄里，装有一块 6 V 叠层电池和一个按钮开关。将按钮开关按下，电源即接通；放开按钮，电源即自行切断。操作时，按预期量程，将套管向外拉，使管的后端对准倍率线，前端对准被测物体。量程×0.1 时，用第一倍率线；量程×1 时用第二倍率线；前端距带电体均为 1 cm。量程×10 时用第二倍率线，前端距带电体为 10 cm。

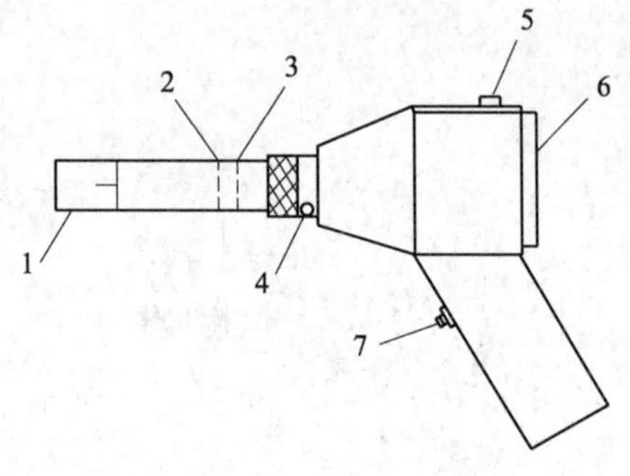

图 8—15　JFV—VR—2 型静电测试仪

1—保护罩　2—第二倍率线　3—第一倍率线　4—导线插孔　5—零位调节旋钮　6—表头　7—电源按钮

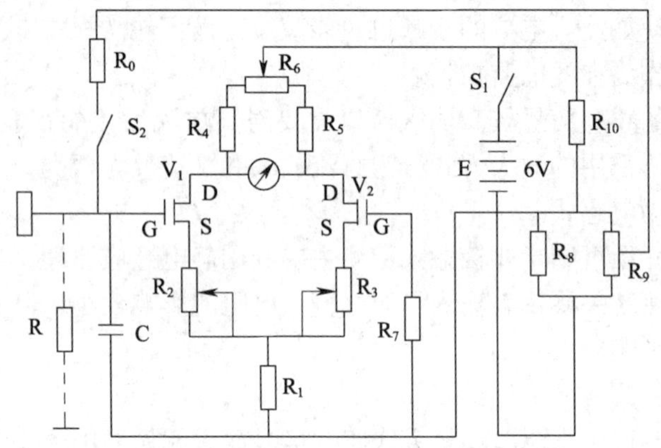

图 8—16　静电测试仪的工作原理图

因电荷的极性不同，在初测时，需先测定其极性。这时，可先调整零位调节旋钮，使表指针指在标度中间“3”的位置，将仪器的套管拉在×0.1 线，电极对准被测物，由远而近试测。如果表针向右偏移，则表示带电体为正电压；反之则为负电压。极性确定后，则在测量正电压时，可将表针调至左端零点上；测负电压时，将表针调至右端零点上。

JFV—VR—2 型静电测试仪检测静电电位的使用方法如下：

测量静电时，套管的前端电极对准被测带电体，由远而近（为保证距离，可插上小挡块），至距离为 1 cm 时，即可从标度上读取数据。表针指数乘以倍率，即实测静电电压值。在测量时，如距离未达到 1 cm，表针已超过满刻度线，则表示带电体电压过高，应改换倍率或增大距离；如至 1 cm，表针指示仍很小，则表示量程倍率太大，应改换小倍率；如果套管已处在最小倍率线上，则表示该物体带电很小或不带电。

(3) 旋转叶片式静电计

旋转叶片式静电计工作原理如图 8—17 所示，主要由测试探头、放大器和显示仪表组成。其探头部分有一个十字形的旋转叶片，将固定叶片的感应直流信号变成交变信号，然后再经放大器放大，避免了直流放大器零点飘移的弊端。探头上有三个金属片，极片 A 上有近似十字形开孔，固定安装在探头的探极上；极片 B 是十字形叶片，固定在微型电动机的轴上，由电动机带动做旋转运动；P 是固定安装的感应极片，与检测仪表的输入端相连，A 和 B 对极片 P 起屏蔽作用。检测时，在带电体的作用下，随着叶片 B 的转动，感应极片 P 上感应出持续的交变电流信号。三个叶片相互作用，起到将直流电信号调制成交流信号的作用。交流信号经阻抗变换、交流放大和检波处理，由表头显示测得的电位值。

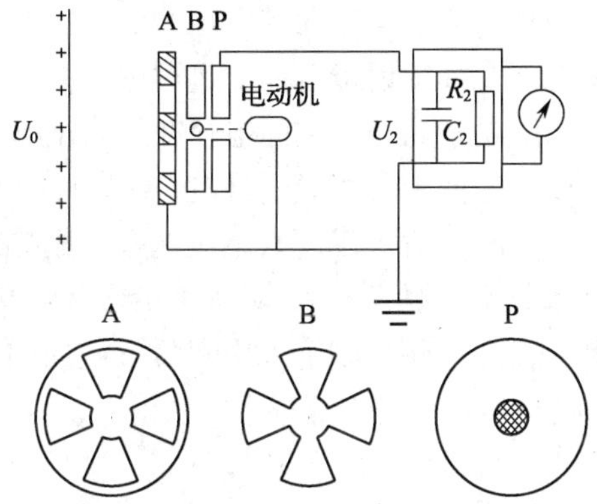

图 8—17　旋转叶片式静电计工作原理图

在固定极片 A 接上已知极性的电源，以此作参考，根据指针的偏转方向，可以判断带电体上静电电荷的极性。

(4) 振动电容式静电计

振动电容式静电计也称为振簧式静电计，主要由测试探头、交流放大器、振荡器、相敏检波器和指示器组成。探头电极是一个可振动的金属片，在振荡器的驱动下，探头电极与被测带电体之间的相对位置做周期变化，致使探头电极与被测带电体之间的耦合电容也发生周期性变化，被测带电体在探头电极上感应出一个周期性变化的电位信号。由输入高阻抗的阻抗变换器接受其产生的微弱电信号，经交流放大后，经相敏检波器变成直流信号后由直流表显示出电位值。此类仪器也能显示被测电荷的极性。

(5) 影响检测精度与准确度的因素

感应式检测的实质是对被测带电体某一局部电场的检测，所以容易受外部电场的干扰。因此，通常把类似的仪表及其探头安装在接地的外屏蔽壳体内，如图 8—18 所示。

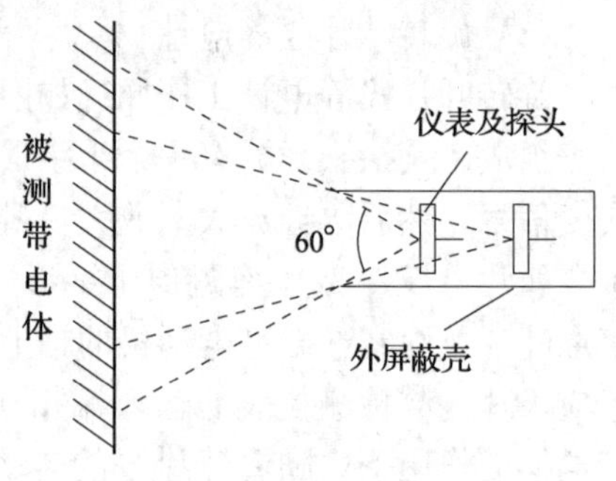

图 8—18 屏蔽深度的影响

在外屏蔽套筒内过深，则接收到的带电体电场信号强度小，将降低检测灵敏度，过浅则降低检测准确度与精度，较适宜的深浅度一般选在 60°的测试立体角。针对不同的电场或电荷的分布情况，探头的电极可做成不同的形状，如板状电极适用于平面带电体，球形电极适用于体分布的带电体，针状电极适用于非均匀电场分布的带电体局部电位测试。

由于外屏蔽套筒接地，在其接近带电体的过程中尖端电场强度增强。在带电体具有较高电位时，容易产生电晕放电，空间电荷在探头前方形成带电屏蔽层，降低了仪表的检测敏感度，显示值低于真实值，且电位越高偏离越多，产生高压非线性失真，线性度下降。假如空间电荷直接进入感应电极，则导致数值单方向飘移，甚至不能工作。为防止电晕放电，探头应尽量远离带电体，屏蔽筒的表面应尽量光滑，探头口部的曲率半径应大一些，尽量采用圆弧形截面的屏蔽筒口。

2. 空气电离式检测法

(1) 检测原理

空气电离法检测带电体表面电位的原理是利用放射性同位素在衰变过程中产生的射线将空气电离，在带电体与检测仪表输入端、输入端与接地端之间分别产生电阻分压，依据此测试带电体的对地电位，所以该方法也称为电阻分压静电电位检测法。

(2) 电阻分压静电电位计

电阻分压静电电位计的检测工作原理图和等效电路图分别如图 8—19 和图 8—20 所示。检测探头由接地的铅制金属屏蔽筒、放射源 F（镭、镅等放射性材料）、多孔性集电极小窗 J 三部分构成，金属屏蔽筒与集电极之间用聚四氟乙烯等高绝缘性材料隔离并固定。

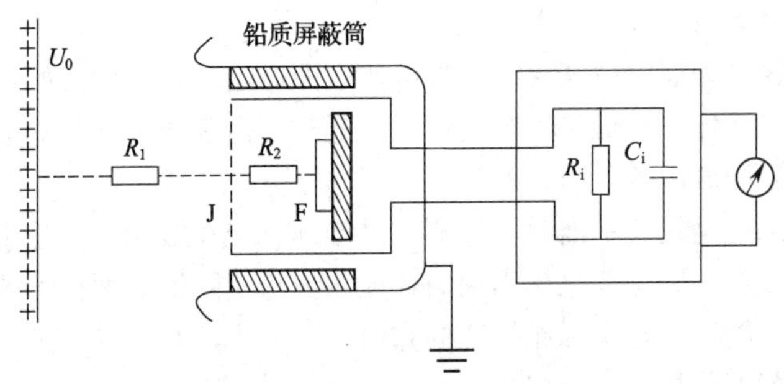

图 8—19　集电式集电极原理图

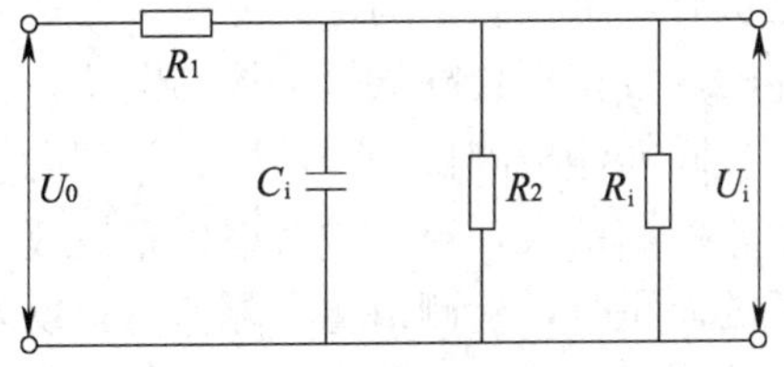

图 8—20　集电式静电计等效电路图

放射源 F 产生的 α 或 β 射线经多孔性集电极小窗 J 射出，使集电极附近的空气被电离，在集电极小窗附近形成一个稳定的电离区。当检测仪表的探头接近带电体时，电荷在带电体电场的电磁力作用下做定向移动，带电体与检测仪表集电极之间的电阻为 R_1，集电极与接地的屏蔽筒之间形成的电阻为 R_2，被测带电体上的电荷通过 R_1 和 R_2 向大地泄漏，在两个虚拟的电阻上产生电压降，通过测量电阻 R_2 上的分压来实现对带电体静电电位的检测。

图 8—19 和图 8—20 中的 R_i 和 C_i 分别为检测仪表的输入电阻和输入电容，U_0 和 U_i 分别为被测带电体上的被测电位和检测仪表的输入电位，假如 R_i 远远大于 R_2，由图 8—20 的等效电路可得出检测仪表的直流输入电位表达式

$$U_i = \frac{R_2}{R_1 + R_2} U_0 \tag{8—28}$$

信号经放大后由仪表显示，校准后得到被测带电体的静电电位，也可得到静电电荷的极性。这种空气电离式检测法受外界电场的影响较小，测量精度比感应式高，但射线产生的带电离子能与带电体的电荷进行中和，所以检测值低于带电体的实际电位值。

（3）检测程序与方法

①首先检查仪表外壳及探头外屏蔽筒的接地是否良好，并进行数次调零。

②检测探头通常应放置在与被测带电体表面垂直的某一固定的空间位置上。如果不能对被测带电体的电位值进行粗略估计，开始检测时，探头应先放置在离带电体较远的位置上，逐渐接近带电体，最后调整到准确的测量挡位，这样可避免带电

体与探头外壳之间发生火花放电。

③在进行物体表面电位测量时，带电体表面应远离接地体。如果薄片状或薄膜状带电体靠近接地体，当探头移向接地体附近时，由于局部电荷的过分集中，有发生空间放电或表面放电的危险。

④在被测部位是较大平面时，检测结果准确；但在被测部位是曲面时，电荷分布受类似尖端效应的影响，电场不均匀，检测值与实际值差别较大，需要对检测结果进行校正，才能得到与实际相吻合的数值。

（4）检测精度分析

电离型电阻分压静电电位计是通过产生气态离子工作的，所以风速或移动速度过快时，影响离子的空间分布，均带来较大误差。由于空气被电离后的离子与带电体的复合作用会降低带电体的电位，所以检测时间不宜过长。

同气体检测仪一样，所有类型的静电检测仪表都需要定期进行标定，对于非接触式检测仪表，还必须考虑标定极板的尺寸效应。当被测带电体的面积大于标定极板的面积时，检测值比实际值高；反之则偏低。标定是指用已知电位的带电体来校准检测仪表的读数。

三、空间电位的检测

在对粉状物料等带电体的内部等空间电荷进行检测时，检测电极应放置在带电体或空间内，就可直接读取检测电极上所感应出的静电电位，如多次测量，也可获得电荷分布情况。

接触式和非接触式仪表均可用于空间电位检测，但应尽量选用输入电容小的静电电位计。检测电极最好选用针状、球状或棒状的金属电极，以减小对带电体电场的影响，电场分布不发生畸变。

在测试前，首先把检测电极放置于不受被测带电体电场影响的环境下。将仪表短路，对仪表的输入系统进行零点调整，然后再将检测电极放置在被测位置上测试其电位。此后在测量过程中，每进行一次均应零点调整，所测得的测试数据就是调零后该点电位的变化值。

第四节　静电电量的检测

电荷量是反映带电体情况最本质的物理量，它决定着带电体产生静电放电的概率和危险性。静电电量的测量也就是静电电荷量的测量，如果带电体是导体，则电荷集中在带电体的表面，且各点的电位相等，这样就可以通过检测带电体的电位，根据公式 $Q=CU$ 来计算电荷量的多少，其中的电容是带电体的对地电容 C_d 与仪表的输入电容 C_b 之和。对于绝缘材料带电体，由于电荷移动的阻力较大，电荷分布并不均匀，不仅存在于带电体的表面，在内部也有电荷存在，而且电荷分布很不均匀，这种情况就不能采用测量电位来间接获得电量的办法，而必须借助法拉第筒才可以完成对整个带电体静电电量的测量。在工程实践中，被测带电体或器物主要是由绝缘材料制成的，所以法拉第筒法检测静电量的方法应用最普遍。对于导体带电体，法拉第筒法也完全适用。

法拉第筒是静电电量测量中最基本的设备之一，它由两个套装在一起又相互绝缘的、带盖的金属筒制成。在静电测量中，一般外筒接地，如图 8—21 所示。

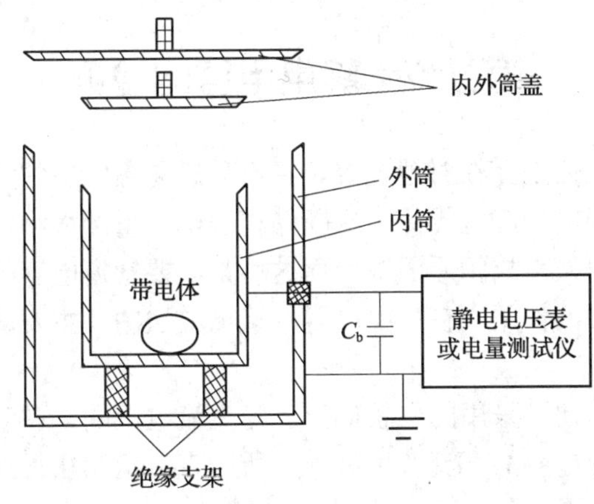

图 8—21　法拉第筒测量静电电量的原理示意图

检测静电电量时，将带电体毫无摩擦地放入内筒中，内筒内表面将感应出与带电体异号同值的电荷，内筒外表面和外筒内表面也会带上等值异号的电荷。所以在内外筒间产生电位差。由于外筒接地，静电电压表显示的内筒电位就是两筒间的电位差。当静电平衡时，内外筒之间的电场及电压，仅仅决定于内外筒中带电体的电量和内外筒之间的几何尺寸。对于确定尺寸的法拉第筒（内外筒之间的电容也确定），只要测量出内外筒之间的电压和电容，根据公式 $Q=CU$，就可以求出带电体的电量 Q，这就是法拉第筒检测电量的一般原理。

在实际测量中，要注意接入接触式静电电压表等电路后，还存在着接触式静电电压表的输入电容 C_b，如图 8—21 所示。如果用 U 表示内外筒之间的电压，C_F 表示法拉第筒内筒与外筒之间的电容，带电量 Q 的计算公式可以表示为

$$Q=(C_F+C_b)U \tag{8—29}$$

利用法拉第筒测量时，所用测量仪表的输入电阻和法拉第筒的泄漏电阻均不应低于 10^{14} Ω，否则，应在法拉第筒内筒与外筒之间并联聚苯乙烯或空气介质的高绝缘电容器，以提高系统的放电时间常数，保证测量数据的稳定性。并联电容的大小应能够兼顾放电时间常数和测量仪表的灵敏度。所用静电电压表的输入电阻应大于 10^{12} Ω。

法拉第筒在实际应用中往往受到限制，特殊情况下也可以去掉内外筒的盖子。内筒的容积要大于带电体 3 倍以上，外筒的高度应比内筒高出 10%左右，内外筒的间距决定了筒间电容值 C_F 的大小，在选用时要根据检测灵敏度的要求和检测仪表的检测范围而定。

第五节 静电电容的检测

设备、物料、人体都存在对地电容，在有易燃易爆物料的场所，只要产生静电电荷，就需要研究静电的起电规律、判断储存静电能量的大小、考察静电电荷的泄放规律、分析静电引发事故的原因等，而这些都需要知道电容的大小，因此，静电电容的检测有着重要的作用。在静电电容的检测方法中，主要的有交流检测法和直流检测法两种。

交流检测法较简便，采用的也较广泛。与交流电不同，在静电的积累、泄放及放电过程中，主要与电容的直流特性有关，所以直流检测法得到的检测数据更接近于工程实际。

一、交流检测法

向被检测系统施加交流电的检测方法属于交流检测法，根据取得检测信号方式的区别，又可分为电压比较法、谐振法和电桥法。

1. 电压比较法

电压比较法的检测原理如图 8—22 所示，图中 C_x 是被测电容。交流电源、被测电容 C_x 和检测电路的取样电阻 R_0 三部分组成回路，取样电阻 R_0 两端的电压有效值由测量电路检测。被测电容 C_x 由（8—30）式计算

$$C_x=\frac{U_0}{\omega R_0 U} \tag{8—30}$$

式中 U——电源输出的有效电压；

ω——交流电的角频率；

R_0——检测电路的取样电阻 R_0；

U_0——取样电阻 R_0 两端的有效电压。

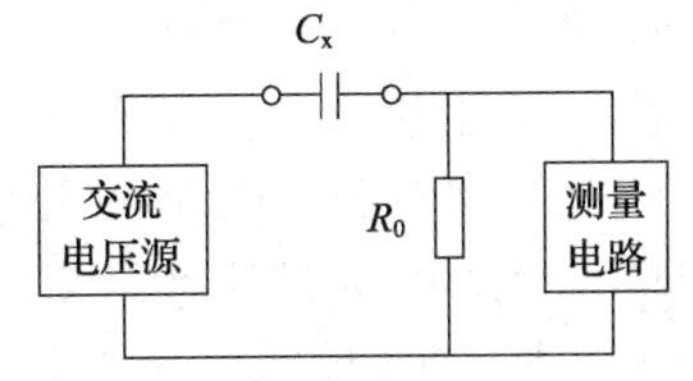

图 8—22 电压比较法检测静电电容原理图

检测时，在被测电容两端施加一定幅值的交流电压 U，流过取样电阻的电流（$=U_0/R_0$）与被测电容的电容值 C_x 成正比，通过测量取样电阻 R_0 的电压 U_0 间接测出，经刻度标定，可直接显示出电容值。便携式电容表及万用表测电容功能都是采用这种原理。

2. 谐振法

谐振法测量电容的原理图见图 8—23。图中标准电感 L_0、被测电容器 C_x 及限流电阻器 R_0 等与交流信号发生器构成串联电路 a 或并联电路 b，调整信号发生器的频率，电路产生谐振，根据谐振频率求出被测电容。图中 G 为电流表。图 8—23 中 a 电路为串联谐振电路，调节信号发生器的信号频率，使电路中的电流最大；图 8—23 中 b 电路为并联谐振电路，调节信号发生器的信号频率，使电路中被测电容器两端的电压值最大。满足上述要求，则两个电路发生谐振。根据谐振条件可得谐振频率为 f_0 时被测电容器的电容值：

$$C_x = \frac{1}{4\pi^2 f_0^2 L_0} = \frac{1}{39.5 f_0^2 L_0} \tag{8—31}$$

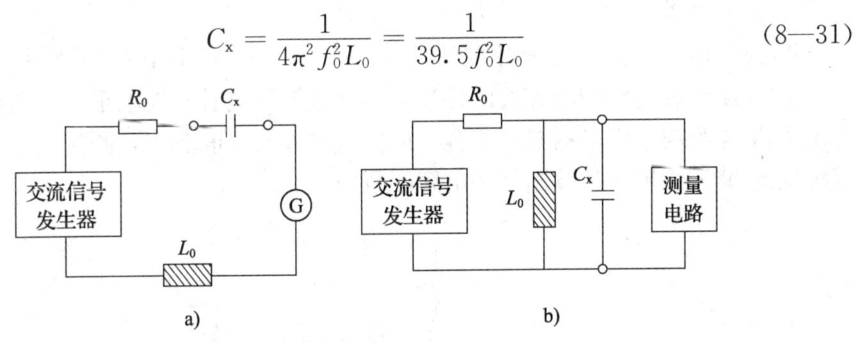

图 8—23 谐振法测量电容的原理图

3. 电桥法

在电压法和谐振法的测量电路中，没有考虑被测电容器的泄漏电阻和损耗电阻，而实际的检测中，检测的是设备、人体等的对地电容，被测物具有电阻，所以泄漏电阻和损耗电阻都存在。如果被测电容器的绝缘电阻不高、介质能量损耗很大，或被测电容器中存在串联电阻，则会产生较大误差。电桥法可以提高检测的准确度，其检测仪表的电路原理图如图 8—24 所示。

图中：R 是限流电阻，C_0 是标准电容，R_0 是标准电阻，R_1 和 R_2 是可变电阻箱，C_x 是被测电容，R_x 是被测电容的等效并联电阻，G 为检流计。图中电路构成电桥，R_0、R_2 和 C_0、R_1、C_x 和 R_x 分别是电桥的四个臂。反复调节 R_1 和 R_2 使电桥达到平衡状态，即检流计显示零。

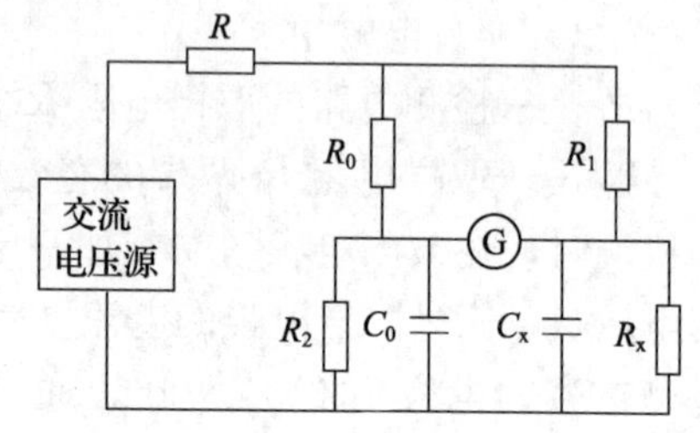

图 8—24　电桥法检测电容的电路原理图

根据电桥的电阻平衡条件（$R_x/R_1=R_2/R_0$）和电容平衡条件（$R_0C_0=R_1C_x$），被测电容由（8—32）式计算。由于需要满足两个平衡条件，所以操作重复的次数多。

$$C_x=\frac{R_0C_0}{R_1} \tag{8—32}$$

二、直流检测法

直流检测法所用的电源是直流电源，所测得电容量值与静电的情况更接近。根据得到电容量数据的原理，直流检测法主要分为电荷平衡法和电荷衰减法。

1. 电荷平衡法

电荷平衡法又称为电荷分配法，其检测电容原理图如图 8—25 所示。其原理是：由稳压电源向已知电容值的标准电容（或被测电容）充电至一定电压，断开电源后把该电容与未带电的被测电容（或标准电容）并联起来，测量其平衡电压，之后利用电荷守恒定律计算出被测电容的数值。

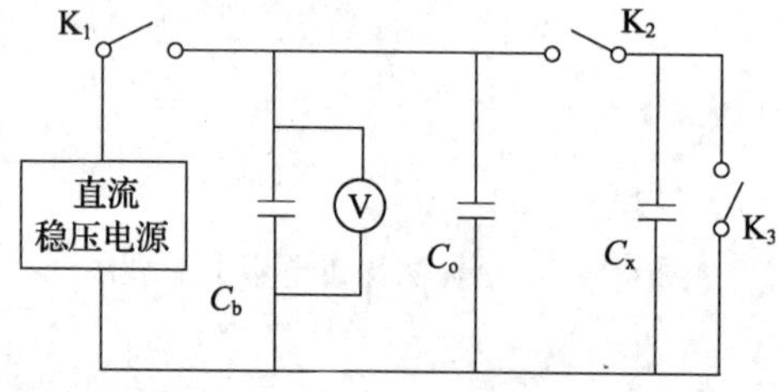

图 8—25　电荷分配法检测电容原理图

在图 8—25 中，C_0 为标准充电电容，C_b 为输入电容，C_x 为被测电容。具体的检测方法是：

a. 断开开关 K_2 合上开关 K_1 给标准电容 C_0 充电到电源电压 U_0；

b. 合上开关 K_3，把被测电容器上可能残存的电荷放尽后，再断开开关 K_3；

c. 断开开关 K_1，使标准电容 C_0脱离电源，迅速合上开关 K_2，使 C_0向被测电容器 C_x充电，稳定后记下电压表 V 的读数 U。

根据电荷守恒定律，则有：

$$(C_0 + C_b)U_0 = (C_0 + C_b + C_x)U \tag{8—33}$$

由此便可求得被测电容：

$$C_x = (C_0 + C_b)(U_0 - U)/U \tag{8—34}$$

2. 电荷衰减法

利用直流稳压电源给电容器充电后，电容器与电源电路断开，并马上与已知电阻值的高阻值电阻并联，电荷衰减法是利用电容器两端的电压衰减规律来检测电容的。检测原理图见图 8—26。图中 C_x是被测电容，C_0是标准电容，C_b是高阻电压表 V 的输入电容。

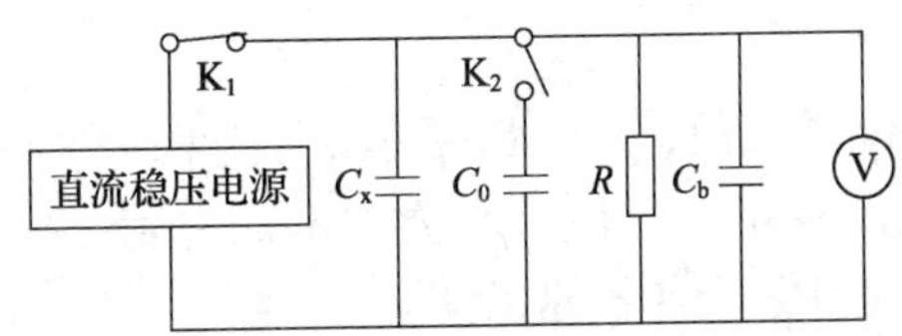

图 8—26　电荷衰减法检测电容原理图

a. 断开开关 K_2合上开关 K_1，给被测电容 C_x充电到电源电压 U_0；

b. 断开开关 K_1，使被测电容对高阻 R 放电；当电压由 U_0衰减到 U 时，记录所用的时间 t_1；

c. 合上开关 K_2，使 C_x与 C_0并联，合上开关 K_1充电到电源电压 U_0；重复步骤 b，记录电压由 U_0衰减到 U 时所用的时间 t_2。

两种放电过程的起始电压 U_0和终止电压 U 相同，根据放电规律 $U=U_0e^{-t/RC}$得到等式

$$e^{-t_1/RC_x} = e^{-t_2/R(C_x+C_0)}$$

经整理得

$$C_x = \frac{t_1 C_0}{t_2 - t_1} \tag{8—35}$$

电压表的输入电容 C_b如果不能忽略，则矫正后的公式为

$$C_x = \frac{t_1 C_0}{t_2 - t_1} - C_b \tag{8—36}$$

电容器的绝缘电阻与高值电阻并联，假如其值不变，计算公式中不包含电阻项，所以不受其影响。

第六节　电阻与电阻率的检测

固体材料和液体物质的电阻率值，与静电的产生特性、静电电荷泄漏衰减的速率密切相关，所以在制定静电防护措施时，电阻及电阻率都是重要的参数，在本节中介绍其主要的检测方法。

电阻率分为表面电阻率和体电阻率两种。

表面电阻率定义为单位宽度、单位长度材料的表面电阻值，即正方形材料两对边间的表面电阻，单位为欧姆（Ω）。表面电阻率是材料的特性参数，其数值大小与正方形的几何尺寸无关，在机理上它反映了施加电压时电流在表面流过（泄漏电流）的阻力。

体电阻率定义为单位截面积、单位长度立方体材料两个相对面间的电阻，单位为Ω·m或Ω·cm。它反映了电流流过介质内部的电阻。体电阻率也是表征物质物理性质的参数，也与尺寸的大小或量的多少无关。

实质上，电阻率都是通过直接检测电阻而间接得到的。

一、固体材料电阻与电阻率的检测

1. 恒压比较法

检测原理如图 8—27 所示。图中 R_x 是被测电阻，R_0 是标准电阻。高阻直流放大器的输入电阻远远高于 R_0，因而其可以忽略。根据串联电路的电压分配律得

$$R_x = \left(\frac{AU}{U_0} - 1\right)R_0 \qquad (8—37)$$

式中 U——直流稳压电源的输出电压；

U_0——高阻直流放大器的输出电压；

A——高阻直流放大器的放大倍数。

经适当的标定后可直接读出被测电阻的阻值。恒压比较法适合于高阻测量，一般的高阻计能够测量 10^6～10^{13} Ω 的电阻，有的甚至能够测量 10^{19} Ω 的绝缘电阻。

2. 伏安法

伏安法是根据欧姆定律测量电阻的一种最基本的方法，测得施加在被测电阻上的电压和流过的电流，根据欧姆定律计算即可。其原理如图 8—28 所示。

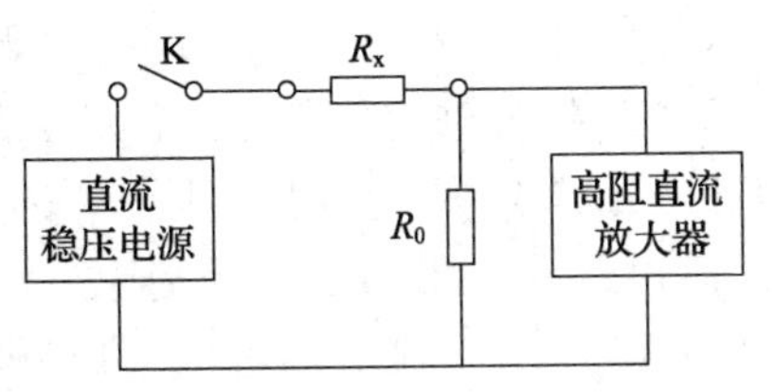

图 8—27　恒压比较法检测电阻原理图

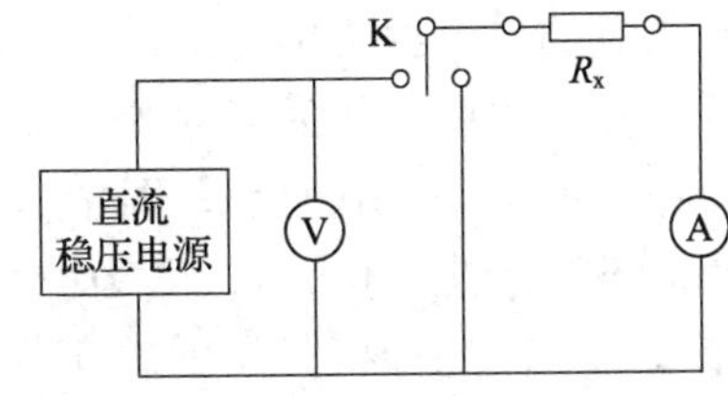

图 8—28　伏安法检测电阻原理图

3. 充电（泄漏）法

利用直流稳压电源经高阻材料的电阻向标准电容器充电，或者是充满电的标准电容经高阻材料放电，测量标准电容器两端的电压随时间的变化规律，以此来检测被测电阻的阻值。其检测原理如图 8—29 所示。

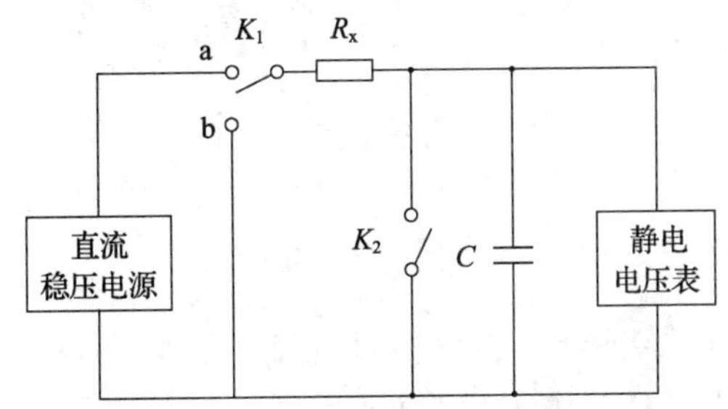

图 8—29　充电（泄漏）法检测电阻的原理

采用充电法的操作程序如下：①检测前，将开关 K_1 拨至触点 b，闭合开关 K_2，释放、中和被测电阻 R_x 和标准电容器 C 的剩余电荷；②将开关 K_1 拨至触点 a，给电阻施加电压 U；③断开开关 K_2，经被测电阻 R_x 向标准静电电位器充电，同时开始计时，至 t 时间后，在静电电压表上读出电容器两端的电压值 U_c，假如忽略静电电压表对电容器上电荷的泄漏作用，则电压的表达式为

$$U_c = U(1 - e^{-\frac{t}{R_x C}}) \tag{8—38}$$

由此式导出被测电阻的计算式

$$R_x = \frac{t}{C}\left(\ln\frac{U}{U - U_c}\right)^{-1} \tag{8—39}$$

如果用静电动态测试仪代替图 8—29 中的静电电压表，用计算机处理可消除时间对结果的影响，并可得到电压随时间的变化曲线。

4. 摇表法

在测量的准确度要求不高，且阻值较低的情况下，可以用摇表（即兆欧表）检测电阻。摇表主要由作为电源的手摇发电机和作为测量机构的磁电式流比计组成，其工作原理如图 8—30 所示。图中 R_1 为标准比较电阻、R_2 为保护电阻（在被测电阻过小时不至于烧毁仪表）、R_x 为被测电阻。流过两路电阻的电流分别通过流比计的两个线圈，流比计指针的偏转角度由 I_1/I_2 决定。I_1/I_2 比值随着 R_x 的变化而变化，因此仪表指针偏转的角度可以指示被测电阻的大小，指示值与施加的电压高低无关。

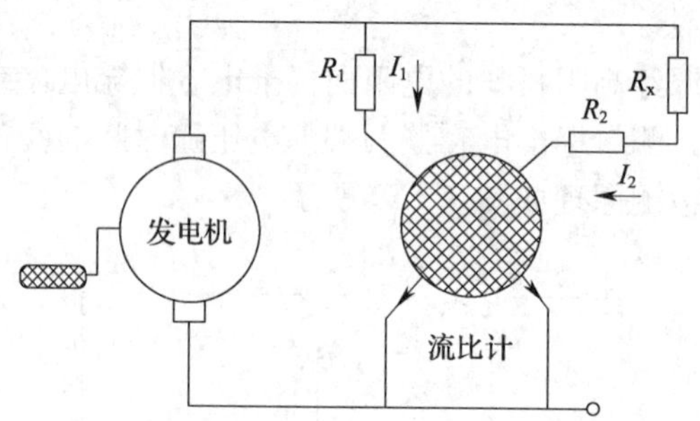

图 8—30　摇表检测电阻的原理

在电阻的检测中要特别注意空气相对湿度的影响。空气湿度大于 60%（或 65%）则大多数材料及人体静电因泄漏而自动消除，其原因是空气湿度增大能显著降低材料的电阻，尤其是表面电阻。

5. 防静电工作服及防静电鞋电阻的检测

上面介绍的是电阻的检测方法，在具体应用中，要根据被测物的形状特点，选择合适的检测方法。比如在防静电服装电阻的检测中，防静电工作服需要检测其表面电阻，而防静电鞋要检测其体电阻，检测方法分别如图 8—31 和图 8—32 所示。

检测服装表面电阻所用电极为圆柱形，要保证其与服装的密切接触。

检测防静电鞋时，需要在鞋底下方放置一个比鞋底更大的洁净钢制平板作为一个电极，其典型的最小尺寸为 150 mm×300 mm，电极要与大地绝缘隔离。另外，还需要在鞋底内侧放置一个传导电极，该电极要尽可能紧密接触和覆盖大面积鞋子的内部鞋底，传导电极的电阻应小于 500 Ω，紧密接触鞋子内底的铝箔就是很好的材料。

二、液体材料电导率的检测

电导率是表征液体或固体等介质导电性能的参数，电导率 γ 在数值上等于体电

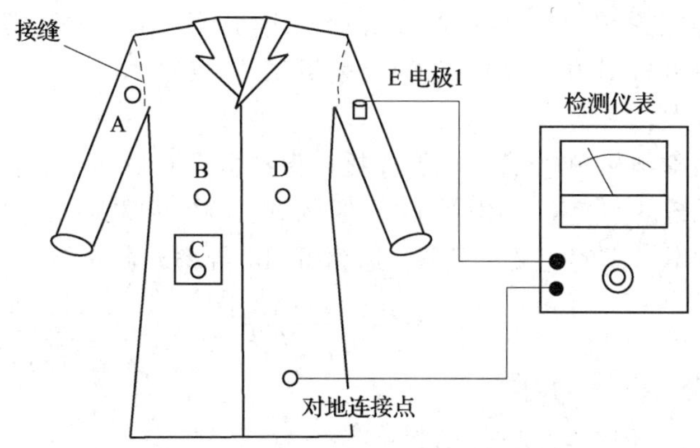

图 8—31　服装对地电阻检测接线原理图

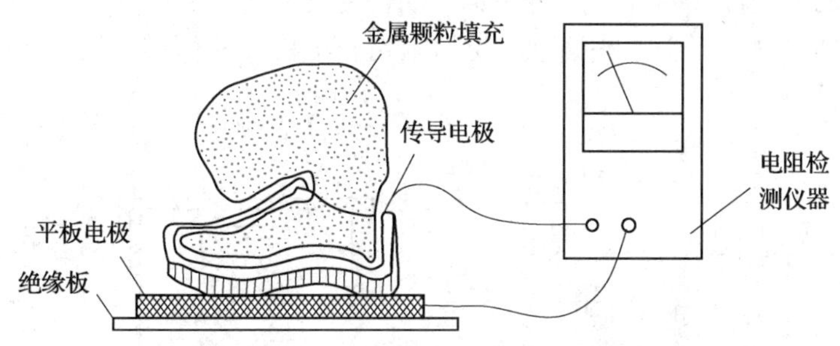

图 8—32　防静电鞋电阻检测装置

阻率的倒数，即：

$$\gamma = \frac{1}{\rho_V} \tag{8—40}$$

电导率的单位采用导电单位，即“CU”。体电阻率的单位是 Ω·m，则电导率的单位为 $\Omega^{-1} \cdot m^{-1}$，其中 $\Omega^{-1}=S$，称为“西门子”，简称“西”，实际应用的电导率单位是 S/m 或 pS/m，p 代表 1×10^{-12}，单位之间的换算关系为：

$$1CU = 1\times10^{-12}\ \Omega^{-1}\cdot m^{-1} = 1\times10^{-12} S/m = 1pS/m$$

电导率与电阻率都是物质的特性参数，其值与检测装置无关。检测的基本原理是：用惰性片状金属材料做成电导电极，形状与尺寸固定，将电极放入被测液体中，电极接线与检测仪表连接，通过测量电极间电阻，之后再换算成体电阻率或电导率。

实际应用的液体电导率检测系统有两种：一种由主电极 B、对电极 A 和保护电极C组成的三电极系统，如图8—33a所示，该结构复杂，但检测结果准确度高；另一种是只有主电极B和对电极A的二电极系统，如图8—33b所示，其结构简单，但测量误差大。

主电极B及对电极A与直流电源连接，保护电极C接地。检测时，将被测液体注入电导池系统的空腔中，用检测高电阻的方法测出液体的体电阻R，根据电极系统池体结构和电导率的定义，经积分运算得到电导率的计算公式

$$\gamma=\frac{\ln(D_A/D_B)}{2\pi(L_B+b)R} \tag{8—41}$$

式中　D_A——对电极A的内径；

D_B、L_B——主电极B的外径和宽度；

b——三电极系统主电极B与保护电极C之间的轴向距离。

所采集的油类液体样品要放置一定时间，使气泡逸出。电极应采用不锈钢、铂或表面镀金的材料，保证不被腐蚀。测试前后，电极及池体都应保持清洁，否则可能导致检测误差。

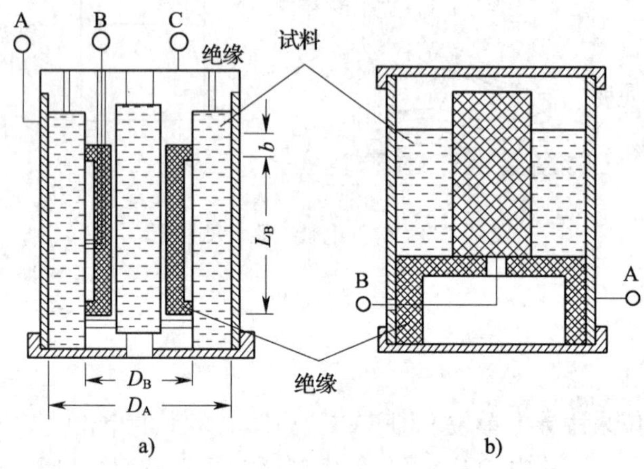

图8—33　检测液体电导率的电极系统

a）三电极系统　b）二电极系统

第七节　人体静电参数的检测

随着人们对人体静电认识的深入，对人体静电放电危害认识的也越来越清楚，要了解人体静电产生、积累、放电的规律，检验防范措施的效果，还需要检测人体

静电参数。人体静电参数包括人体静电电位、人体对地电容和人体对地电阻。人体不同于物，其参数处于一种动态变化过程中，所用检测仪器设备应能满足这样的要求。

人体属于静电导体，人体表面的静电电位较均匀。但人在工作过程中，产生静电电荷与静电电荷泄漏同时存在，也不一定处于动态平衡状态，电位值也有变化。人体静电电位检测仪器应该采用动态测试仪器，以便能在高电位、高起电率的情况下能够反映出电位的真实变化情况。

人体对地静电电容是反映人体储存电荷能力的参数，但人体电容与常规的电容器不同，身高、体重、衣着、鞋袜、地面材料、站立或蹲坐、单或双脚站立等都是影响人体静电电容的因素，所以检测结果往往差别较大，大部分检测结果在 50～500 pF，多数情况下人体电容为 100 pF 左右。根据定义，用人体储存的电荷量 Q 与人体电压 U 之比来求得人体静电电容 C。

检测时，用静电电源给人体施加电压，在人体带上 U 静电电压后与电源断开，尽快用电荷表测出人体的电荷量 Q，由 $C=Q/U$ 求出人体静电电容 C。

没有专用仪器时，也可以用普通万用表的电容挡或普通电容表准确地测量人体的静电电容。被检测者穿导电鞋或防静电鞋时，在人体与地面之间加铺一层塑料薄膜，增大人体对地的泄漏电阻（对人体电容的影响很小），如图 8—34 所示。

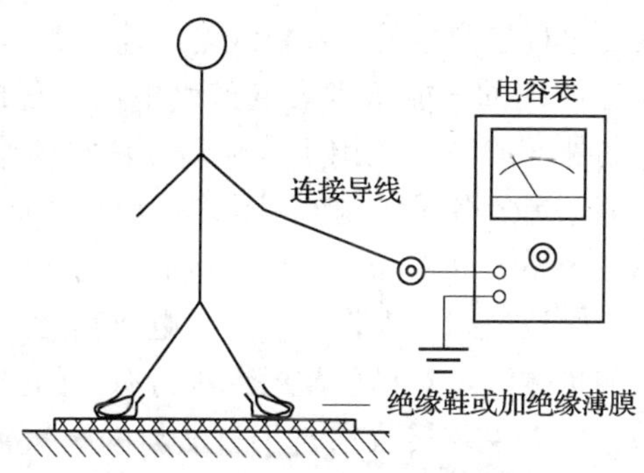

图 8—34　人体静电电容检测方法示意图

人体电阻的检测比较简单，通常测出的人体电阻往往不纯粹是肉体的电阻，而是包括了工作时所穿鞋子的电阻。例如用 RZD—1 人体综合电阻测试仪检测人体电阻时，人双脚站在“测试踏板”上，赤手按下测试盒的“手压测试”按钮约 1～3 s 就测试完毕。其阻值包括鞋底电阻能够反映工作状态下的真实情况。

图 8—35 是人佩戴腕带后手掌对地电阻的检测方法。如果人是戴防静电脚镯，

则检测的是人体电阻。检测时，被测人手持直径 25 mm、长度 75 mm 的圆柱形不锈钢电极，电极用导线与欧姆表连接。测得的电阻值包括了接地导线电阻、安全限流电阻、皮肤与腕带和电极之间的接触电阻。

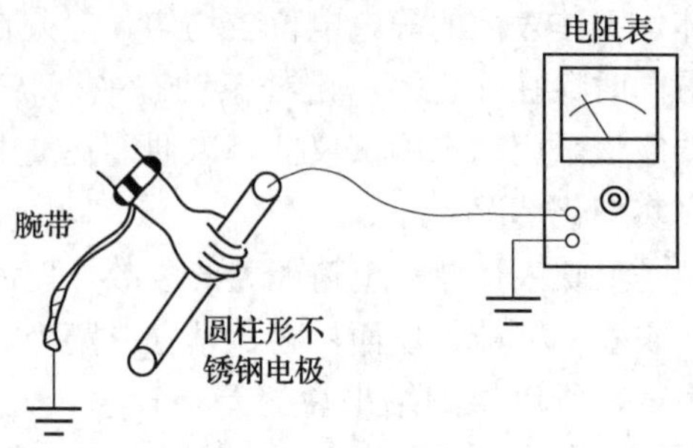

图 8—35　戴腕带情况下人体接地电阻检测

第八节　物质放射性辐射的危害

电离辐射是一切能引起物质电离的辐射的总称，包括 α 粒子、β 粒子、质子等高速带电粒子和 X 射线、γ 射线、中子等不带电粒子。α 粒子、β 粒子、γ 射线等辐射是放射性物质在衰变过程中产生的；X 射线是高速运动的电子撞击材料时，材料原子核外内层电子跃迁产生的。能自发衰变产生电离辐射的物质称为放射性物质。电离辐射通过机体的外部或内部作用于人体后，使机体中的大分子（蛋白质、酶类）化合物激发或电离，造成分子结构的变化和生物学功能性质的改变。从而引起组织细胞遭到破坏和各个系统（神经、消化、造血、内分泌等）的功能障碍，使机体发生病理性的变化，导致放射性损伤的发生。电离辐射是一种物理现象，研究与这一现象相关的量的测量方法，对物质放射性进行有效的安全检测与监控，是电离辐射计量的基本任务。人类主要接收来自于自然界的天然辐射。它来源于太阳，宇宙射线和在地壳中存在的放射性核素。从地下逸出的氡是自然界辐射的另一种重要来源。从太空来的宇宙射线包括能量化的光量子、电子、γ 射线和 X 射线。在地壳中发现的主要放射性核素有铀、钍和钋及其他放射性物质，它们释放出 α、β 或 γ 射线。超过地壳背景值的电离辐射作用于人体将造成严重伤害。1922 年，美国有 100 多名放射科医生死于职业照射。1955 年，美国钟表厂使用镭发光涂料的青年女工中就有 18 名死于再生障碍性贫血。居里夫人和她的大女儿的死因都与辐射有关。放射病这一名词是在 1945 年秋，美国向日本的广岛、长崎丢下两颗原子弹后，由于核辐射引起人员的机体损伤后才出现的一个临床术语。在此之前，有人称之为“伦琴醉态”。

放射性物质也被广泛用于医学、工业等领域。人造辐射主要用于：医用设备（例如医学及影像设备）；研究及教学机构；核反应堆及其辅助设施，如铀矿以及核燃料厂。诸如上述设施必将产生放射性废物，其中一些向环境中泄漏出一定剂量的辐射。放射性材料也广泛用于人们日常的消费，如夜光手表，釉料陶瓷，人造假牙，烟雾探测器等。

一、放射性辐射损伤发生的机理

电离辐射引起的生物效应，是一个非常复杂的过程。辐射损伤发生的机理包括两部分：一是辐射损伤的原发作用，原发作用是引起放射病的重要原因；二是继发作用，也就是机体各种代谢紊乱，导致症状出现。机体的损伤程度、放射病症状的轻重，取决于射线对机体原发作用的程度。原发作用包括以下两个方面：

1. 直接作用

辐射直接作用于机体后具有生物活性的大分子被引起电离和激发，这种直接作用造成的生物分子损伤效应称为直接作用。譬如使 RNA（核糖核酸）、DNA（脱氧核糖核酸）、蛋白质和各种酶类的化学结构的改变。剂量较大时，可使分子中的化学键发生断裂，造成与这些物质有关的代谢环节发生障碍。

人体生长、发育的主要物质基础是合成蛋白质。蛋白质是构成身体的基本成分（约占体重的 20%）。然而人体不能直接利用“异体蛋白质”，必须在自己的体内从头合成。RNA 和 DNA 在蛋白质的生物合成中起着决定性的作用。辐射引起机体损伤的直接作用就是影响了人体主要基础物质蛋白质，尤其是 DNA 的合成。

射线对 DNA 的影响可分为：

（1）DNA 分子的损伤；

（2）DNA 合成代谢的抑制；

（3）DNA 分子分解代谢增强（见图 8—36）。

2. 间接作用

辐射先作用于体液中的水分子（体内水总量占体重 60%～70%）使其电离激发后生成一些性质活泼的产物自由基（如 H·、OH·、H_2O_2·等）。然后通过自由基间接作用于生物分子，造成生物分子的损伤效应称为间接作用。

性质活泼的自由基，具有较强的氧化能力，几乎能使所有的有机化合物氧化，形成过氧化物或发生取代反应，造成生物大分子的损伤或变性。

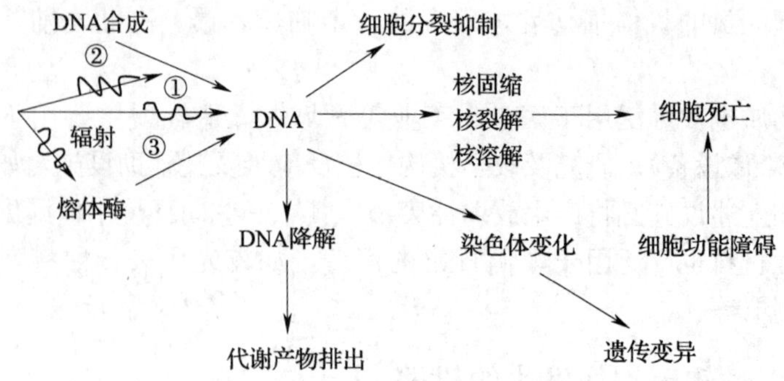

图 8—36　DNA 损伤和代谢障碍与辐射损伤的关系

①损伤 DNA 大分子　②抑制 DNA 合成　③使 DNA 分解

总之，当这些性质活泼的自由基作用于大分子的有机化合物后，导致分子结构变化而生成新的有机化合物，使代谢功能障碍，造成人体各系统的病理变化（见图 8—36）。辐射引起机体损伤有剂量因素，另外还取决于机体代偿、再生、修复过程。损伤与修复斗争的结果决定机体的死亡或生存。有些损伤虽然可以修复，但也可能引起细胞基因突变。因而，就可能在后代个体上产生某种特殊的变化，这就是辐射的遗传效应。电离辐射效应显现在受辐射者后代身上的叫遗传效应。如先天畸形、器官发育异常、呆傻、小头症及遗传性死亡等。其原因有两个方面：一是影响了正常的生殖机能，出现精子畸形或染色体发生畸变；二是影响了胚胎发育期（器官形成期 6～10 周内），这期间胚胎对射线敏感，不论是体外照射还是体内照射，均可导致出生儿的畸形（见表 8—1）。

表 8—1　　受照与未受照的双亲出生的先天畸形儿百分数

受照因素	婴儿数	畸形	
		绝对数	%
父亲受照	80	18	22.5
母亲受照	259	47	18.1
父母均受照	363	40	11.1

注：日本长崎 1949—1953 年（爆后 4～8 年）生育情况

二、辐射对人体的损伤危害

出现在受照者本人身上的效应被称为躯体效应。如乏力、恶心、呕吐、血象变化、皮肤烧伤、红肿、脱毛、造血障碍、白血病、生育能力降低、眼晶体出现白内障等。乏力、呕吐、皮肤烧伤、红肿、脱毛、血象变化等属于近期急性躯体效应；生育能力降低、白血病以及皮肤癌等属于远期躯体效应。

1. 近期躯体效应

近期躯体效应属于决定性效应范畴，是指机体受到剂量一般在 1 Gy（放射性剂量单位，戈瑞）以上的照射，在短时间（60 天左右）内出现症状。根据国内外一些核事故受照人员临床资料分析，早期症状多在受照当天出现，短时间内可自行消失。从症状看，剂量较小时，一般自觉症状有头晕、乏力、食欲不振、失眠、口渴、易出汗等；剂量较大时可出现恶心、呕吐等（见表 8—2）。受照剂量与血液变化关系（见表 8—3）。

表 8—2　　症状发生率、发生时间与剂量的关系

受照计量/Gy	例数	症状发生例数						发病时间*/h
		乏力	恶心	呕吐	头晕（疼）	食欲不振	发热	
<1	194	5	8	1	1			3～4
1～2	79	1	47	10	2	2	1	2～3
2～4	13	7	12	8	4	4		1～2

* 发病时间：指受照后初始症状出现的时间。

表 8—3　　受照剂量与外周血细胞改变情况及时间

受照计量/Gy	淋巴细胞		中性粒细胞		血小板	
	最低值**	时间*/d	最低值	时间/d	最低值	时间/d
<1	70	3	70	40	70	30
1～2	50	2	50	40	50	30
2～4	20	1	20	25	10	25

* 时间：受照后血象变化的开始时间；**最低值：受照后血象降至正常值 20%。

2. 远期躯体效应

远期躯体效应是指机体在受照后几个月、几年甚至更长的时间才出现的症状。一次受到中等剂量或长期受小剂量的辐照可引起远期躯体效应。不存在剂量阈值，它属于随机性效应范畴。远期躯体效应可发生在急性损伤已恢复的人员身上，也可发生在长期受小剂量照射的人员身上。远期躯体效应的表现主要有：

(1) 机体机能状态降低。根据对日本广岛、长崎原子弹受害者的观察，几年后见到明显的衰弱无力，劳动能力降低，体温周期性上升。抗传染病能力下降，易发

生局部感染（腮腺炎、淋巴炎、肺炎等）。有的皮肤创伤几年不愈合。射线还使寿命缩短、早衰、死亡率增加等。

日本广岛、长崎原子弹的受害者，主要是一次性接受剂量较大，如果一次性剂量较小或小剂量的慢性照射，根据对某些事故受害人员的观察，一般健康状况良好，能从事本职工作。如果慢性照射剂量累积剂量达到一定数值时，可出现慢性损伤。

（2）造血系统和血液形态学改变。远期躯体效应中受照剂量较大者可出现造血器官的特殊病理变化。如血中网状细胞增多、嗜酸性细胞增加、血管渗透性的改变、血管松弛，还可发生再生障碍性贫血或白血病等。日本长崎市对在原子弹爆炸后的3～7年内白血病的死亡人数与全国其他地区白血病死亡人数进行了比对，结果是长崎市白血病死亡率较高（见表8—4）。

表8—4　　长崎市与其他地区1万居民白血病死亡率对比

年份	其他地区	长崎
1948	1.17	2.88
1949	1.36	1.49
1950	1.47	4.91
1951	1.60	4.75
1952	1.63	4.63
1953	—	2.14
1954	—	2.07

在慢性照射情况下，血液变化不如大剂量急性照射那样有规律。一般认为长期小剂量照射后最明显的变化是不同程度的白细胞减少、淋巴细胞相对增加。但也有报道白细胞数增多的病例。

（3）视觉器官改变主要是眼晶体混浊。眼晶体是对射线敏感的器官，白内障是放射性照射远期躯体效应之一。X射线、γ射线一次照射引起白内障的剂量在2 Gy［＝200 rad（拉德）］。小剂量长期作用于眼晶体，眼晶体混浊这在从事放射性工作的人员中也有报道。国内对高本底地区的居民调查，眼晶体混浊率为24.0%，对照地区为24.4%，相差无几。

（4）出现生殖系统的改变和癌症。性腺中的卵巢和睾丸是对射线敏感的器官。射线可引起生殖器官机能和形态上的改变，特别是在射线的长期作用下较明显。女性可出现卵巢萎缩、流产等；男性可发生精子减少、活力降低、精子生成周期延长、生精上皮细胞有丝分裂异常等。男女双方均可影响生育能力。但小剂量慢性照射对生殖腺和生育能力的影响轻微，受照组与对照组比对结果基本无差别。

癌症是远期躯体效应之一，已被动物试验及日本原子弹受害者证明。在电离辐射作用于机体后，可以诱发癌瘤，但并非立即发生，而要经过一段潜伏期。日本专家研究证明，原子弹受害者中已达癌症发病年龄的个人潜伏期为 10～15 年；白血病在爆后 3 年开始出现，6～7 年达高峰，以后逐年下降。

第九节　放射性辐射防护标准

一、近现代辐射防护标准的发展历程

1977 年，ICRP（International Commission on Radiological Protection，国际放射防护委员会）在考察了放射医学、放射生物学、保健物理学等有关领域内的科研成果和辐射防护工作的丰富经验，提出了第 26 号出版物《国际放射防护委员会建议书》，用它代替了 ICRP 以往的建议书。新的建议书对放射生物学、剂量限制体系、辐射防护标准以及辐射防护工作中的基本概念提出了重要的新建议。例如提出辐射的生物效应可分为随机性效应和非随机性效应，辐射防护的目的在于防止有害的非随机性效应的发生，限制随机性效应的发生率，使之达到被认为可以接受的水平等一些新的概念和意见。1990 年后，ICRP 又提出一套全新的基本建议。新建议规定 5 年中工作人员个体年平均有效剂量限定在 20 mSv（5 年 100 mSv）。同时还规定任何个人 1 年所受剂量不得超过 50 mSv。公众照射的剂量限值新规定，每年不得超过 1 mSv（在某些情况下容许超过 1 mSv/a，但 5 年内平均值不得超过 1 mSv/a）。Sv 也是放射性剂量单位，称为希沃特，三种放射性剂量单位的关系为 1Sv＝1Gy＝100rad。

我国政府一向非常重视辐射防护工作。我国在 20 世纪 50 年代正式使用放射性物质，而在 1960 年 1 月 7 日就批准颁布了《放射性工作卫生防护暂行规定》，同年 2 月 27 日发布了《电离辐射的最大容许剂量标准》和《放射性同位素工作的卫生防护细则》以及《放射性工作人员的健康检查须知》三个标准。规定的标准值大体上相当于 ICRP1950 年第一号出版物的推荐值。

1974 年，我国正式颁布了《放射防护规定》，采用了 ICRP1965 年的推荐值。1984 年，我国政府在《放射防护规定》的基础上，采纳了 ICRP 第 26 号出版物所推荐的基本原则，并吸收了国内外最新研究成果和实践经验，重新编制了《放射卫

生防护基本标准》。使辐射防护的某些限值更加合理和安全。

我国虽然未发生核事故，但是放射事故屡有发生，我国政府为了加大对放射工作的监管，近年来陆续发布实施了《中华人民共和国职业病防治法》《放射性同位素与射线装置安全和防护条例》《放射工作人员职业健康管理办法》等一系列法律、法规、规章及80余项放射卫生标准和监控规范，使我国对放射防护工作由原来的行政管理逐步走向法制化管理。

二、剂量当量限值

所谓剂量当量限值，是指为放射工作人员和公众中的成员规定的不应超过的剂量当量值，它是放射防护标准的基本限值之一。规定这个限值的目的，就是防止决定性效应（非随机性效应）的发生，或者将随机性效应的发生率限制在可以接受的水平。

剂量限值只是防护体系的一部分，其目的在于考虑了经济和社会因素之后，使剂量达到可以合理做到的尽量低的水平。高于剂量限值水平的职业照射，被视为是不可接受的。表8—5列出了职业照射剂量限值。

表8—5　**职业照射剂量限值①**

应用		剂量限值（$mSv \cdot a^{-1}$）	
		ICRP—26	ICRP—60②
有效剂量		50	20 在规定的5年内平均③
当量剂量	眼晶体	150	150
	皮肤	500	500
	皮肤和四肢	500	500

①限值用于规定期间有关的外照射剂量及该期间摄入量的50年的待积剂量之和。

②《国际电离辐射防护和辐射源安全的基本安全标准（IBSS）》以及我国新发布的《电离辐射防护和辐射源安全的基本安全标准（BSS）》与ICRP-60相同。

③另有在任一年内有效剂量不得超过50 mSv的附加条件。对孕妇职业照射施加进一步限制。

④年限值为对任何1 cm^2 面积上平均500 mSv，而不论受照面积多大。标称深度为7 mg/cm。

针对不同受照射人群，规定了不同的当量剂量限值，如表8—6所示。

表 8—6 ICRP 建议的剂量限值① (1990)

应用		剂量限值	
		职业照射	公众照射
年有效剂量		连续 5 年内平均 20 mSv，满足上述条件下，任何单独 1 年不得超过 50 mSv	连续 5 年内平均 1 mSv，满足上述条件下，任何单独 1 年不得超过 5 mSv
年器官当量剂量	眼晶体	150 mSv	15 mSv
	皮肤	500 mSv	50 mSv
	皮肤和四肢	500 mSv	

①限值用于表列的时间范围内相关的外照射剂量和同一时间范围内因摄入放射性核素产生的待积剂量（积分时间：成人 50 年，儿童 70 年）的总和。

对空气、水源和某些物体表面（包括人体）的污染，国家也制定了剂量限值。广大居民通过呼吸、饮水，可能把空气或水中的放射性物质摄入体内而造成内照射，为此，国家特别制定了有关放射性物质在露天水源（如江、河、湖、海、水井等）和空气中的最大容许浓度和限制浓度的标准，以保护露天水源和空气不受放射性污染。具体限值参阅环境保护部门颁布的有关规定。

第十节 放射性测量和检测仪器

放射性物质的辐射剂量测量是用以确定剂量量值的一组操作。通常说的辐射剂量包括照射量、比释动能、吸收剂量和剂量当量等。这些量应用于不同领域，其测量原理和方法也不尽相同。辐射剂量测量的特点是，不仅与入射粒子的种类有关，还与入射的能量有关，甚至和粒子入射的方向、受照射物质特性也有关。电离辐射测量的内容涉及记录 α、β 等带电粒子的数目，X 射线、γ 射线和中子的强度、能谱、入射率和剂量等。以下按入射粒子的种类对辐射剂量的测量及其测量器具作简要介绍。

一、α 放射性样品检测

1. 薄 α 放射性样品检测

薄 α 放射性样品的测量主要采用小立体角法，其基本原理是：放射源朝 4π 立体角各向同性地发射 α 粒子，在探测效率已知的条件下，记录一定立体角内的 α 粒子产生的计数率，就可计算出待测样品的 α 发射率，从而计算样品的活度。

测量装置如图 8—37 所示。待测样品和探测器分别置于一个长管的两端，靠近样品一侧，管子内壁上装有一个用低原子序数物质制作的阻挡环。放射源发射的 α 粒子经准直器打到闪烁体上，为了使源接近于点源几何条件，源与探测器的距离要远些。管子的长度一般为几十厘米，这比 α 粒子在空气中的射程要大。为了避免空气的吸收和散射，管子的内部要抽成真空。准直器孔径的大小是确定立体角用的，为了准确计算立体角，准直孔的轴线必须与发射源的中心线重合。由于立体角很小，从源托反散射的 α 粒子可不予考虑。探测器可采用 ZnS（Ag）、CsI（Tl）或塑料闪烁计数器，也可用 Au-Si 面垒形半导体探测器及薄窗正比计数器。

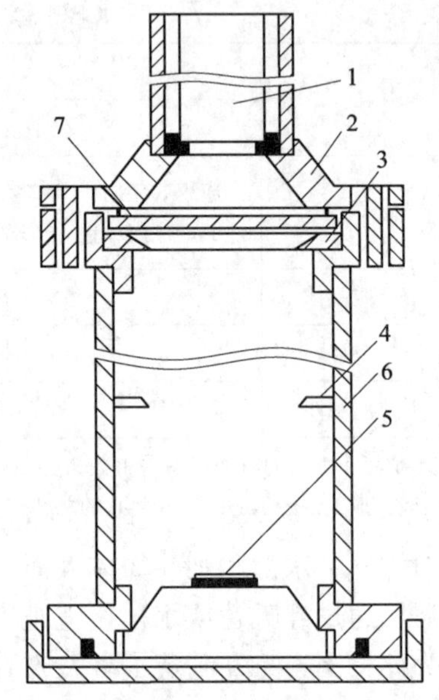

图 8—37　测定 α 源活度的小立体角装置
1—光电倍增管　2—光导　3—准直器
4—阻挡环　5—放射源　6—长管　7—闪烁器

待测样品每秒发射的 α 粒子数目 N 可用下式计算：

$$N = \frac{n_a - n_b}{f_t f_g} \tag{8—42}$$

$$f_t = 1 - n_a t$$

式中　n_a——待测样品测量时的计数率；

n_b——本底计数率；

f_g——几何因子；

f_t——分辨时间修正因子；

t——测量装置的分辨时间。

2. 厚样品 α 活度的相对测量法

厚样品是指样品有严重的自吸收，甚至样品底层的 α 粒子不能穿出上表面。具有一定厚度的样品，α 粒子是从样品不同深度发射的，而发射方向是任意的。在计算中认为样品半径远小于探测器半径，忽略样品半径对几何校正因子的影响，并忽略 α 粒子在空气中的吸收，认为探测器与样品之间距离远小于探测器半径。

设样品单位体积的 α 发射率为 S_V，样品面积 S，样品厚度为 d，α 粒子在样品

材料中的射程为 R（如图 8—38 所示），则对于深度为 x 处的 dx 厚度层中，发出的 α 粒子能射出表面进入探测器的数目 d_N 为：

$$d_N=\frac{SS_V dx}{2}\left(1-\frac{x}{R}\right) \tag{8—43}$$

其中$\frac{1}{2}\left(1-\frac{x}{R}\right)$是立体角份额，只有粒子发射方向在这个立体角的粒子才可能射出样品表面。考虑到深度 x 超过射程 R 的那一部分样品体积不可能对计数有贡献，所以总计数的上限为：

$$N=\int d_N=\int_0^R \frac{SS_V}{2}\left(1-\frac{x}{R}\right)dx=\frac{SS_V R}{4} \tag{8—44}$$

由式（8—44）中分子恰好是有可能对计数有贡献的样品层内的全部发射率，式（8—44）表示：由于有自吸收，样品全部发射的 α 粒子，最多只有 1/4 能射出表面。

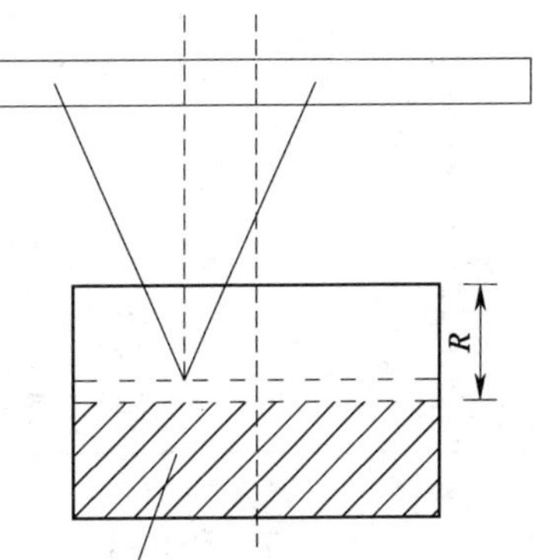

图 8—38　计算样品厚度对 α 粒子表面发生率的影响

二、β 放射性样品的测量

小立体角法测 β 和测 α 的原理相同，只是在测量 β 时需要考虑更多地修正因子。

对小立体角测量的基本要求是尽量消除和减少影响测量准确度的因素。β 粒子与 α 粒子不同，装置结构上也有差异。β 粒子的射程长，源与探测器的距离加大些，这样可以近似于点源几何条件。装置内部要求抽真空，但要对空气的吸收进行修正。典型装置的结构如图 8—39 所示。

整个装置的外层是壁厚 5～6 cm 的铅室，用来减少宇宙射线和环境辐射产生的本底。铅室内壁装有 2～5 mm 厚的低原子序数材料（铅、塑料等）制作的衬板，其作用是减少 β 射线在铅中产生的韧致辐射和散射的影响。源的支架也用低原子序数材料制成，而且要尽量空旷些，这是为了减少韧致辐射和散射的影响。准直器一般用黄铜制成，厚度要大于 β 粒子的最大射程。准直孔的大小决定了立体角的大小。

探测器常用钟罩形 G—M 计数器，也可用流气式正比计数器或塑料闪烁计数器。探测器的端窗要很薄，以保证 β 粒子能够进入探测器的灵敏区。不同能量的 β 粒子对铝窗的穿透率见表 8—7。

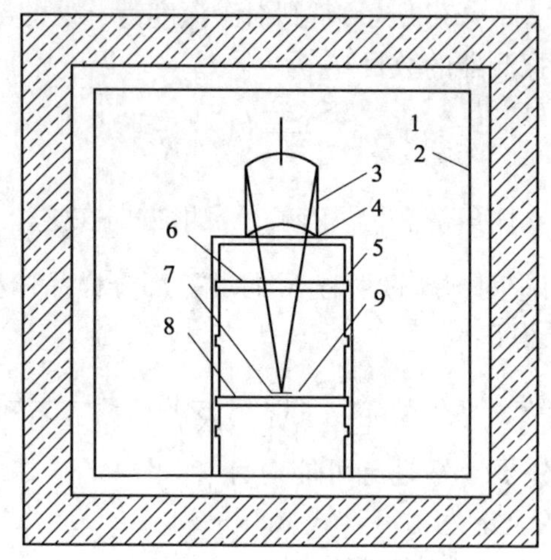

图 8—39 测 β 放射性的小立体角装置

1—铅室 2—铅或塑料板 3—计数管 4—云母窗 5—源支架
6—准直器 7—源托板 8—放射源 9—源的承托膜

表 8—7 几种不同 β 粒子对不同厚度铝窗的穿透率

β 源	最大能量 E_{max}/ (MeV)	质量系数 (cm^2/mg)	穿透率		
			30 mg/cm^2	4 mg/cm^2	0.9 mg/cm^2
14C	0.154	0.26	0.04	35	79
45Ca	0.250	0.122	3.0	61	89
32P	1.707	0.0078	79	97	99

待测样品每秒发射的 β 粒子数 N_β 由下式计算：

$$N_\beta = \frac{n_a - n_b}{\varepsilon_\beta} \tag{8—45}$$

式中 ε_β——探测效率；

n_b——本底计数率；

n_a——测量样品时的计数率。

三、γ 射线剂量测量

γ 射线穿过空气媒质时，同空气中的原子发生相互作用释放出电子，这些电子会导致空气电离。从致电离本领的角度来描述 γ 射线在空气中辐射场性质的物理量

称为照射量，用 X 表示。一个点状 γ 源在空间一点处造成的照射量率 X_1（单位为 C/kg·s）为

$$X_1 = A\sqrt{\delta/r^2} \tag{8—46}$$

式中　A——γ 源的放射性活度，单位为 Bq；

r——测量点到源的距离，单位为 m；

δ——γ 放射性核素的照射量率常数，单位为 C·m²/kg。

γ 射线在空气中某点的照射量率（单位为 R/s）为

$$X_2 = 1.832 \times 10^{-8} \varphi E(\mu_{en}/\rho)_a \tag{8—47}$$

式中　E——γ 射线的能量，单位为 MeV；

φ——γ 射线在测量点的注量率，单位为 m²/s；

$(\mu_{en}/\rho)_a$——γ 射线在空气中的质能吸收系数，单位为 m²/kg。

在研究 γ 射线的剂量时，另一个很重要的物理量是吸收剂量，通常用 D_m 表示。在带电粒子平衡条件下，吸收剂量 D_m 与照射量 X 之间存在如下关系：

$$D_m = 8.73 \times 10^{-3}[(\mu_{en}/\rho)m(\mu_{en}/\rho)_a]X \tag{8—48}$$

式中　μ_{en}/ρ——γ 射线在物质中的质能吸收系数。

用于 γ 射线剂量测量的器具有电离室、正比计数器、闪烁计数器、化学剂量计等。测量 γ 射线照射量的标准器具是自由空气电离室，对于能量较高的 γ 射线经常采用空腔电离室。

四、中子剂量测量

中子剂量通常指中子吸收剂量或中子剂量当量，平行中子束垂直入射到一块物质上时，该物质的吸收剂量 D 随深度的分布如图 8—40 所示。吸收剂量的最大值并不出现在表面，而是出现在某一深度处，这个深度取决于中子的能量。放射医学治疗上常通过调节中子（或 γ、X）辐射的能量，把这个最大值对准病变组织的部位以取得良好的效果。

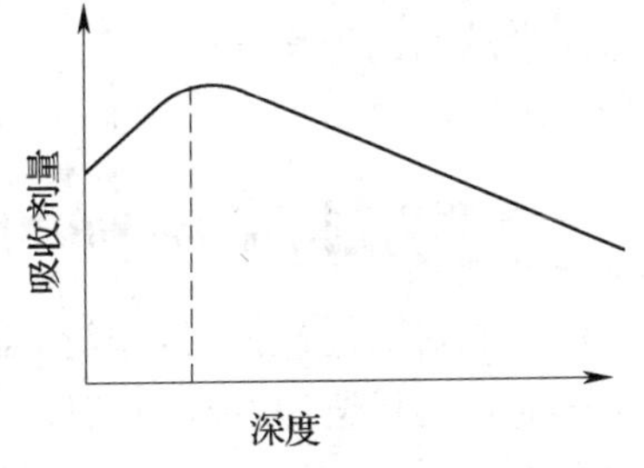

图 8—40　中子吸收剂量—深度关系图

通常使用组织等效电离室、聚乙烯正比计数器、硫酸亚铁剂量计以及量热计等测量中子吸收剂量。在多数情况下，组织等效电离室是测定中子吸收剂量最准确的

测量器具。剂量当量仪是最常用的辐射防护仪表。

第十一节　放射性检测与监控技术

辐射监控的项目很多，而辐射探测仪器的工作原理、能量响应、灵敏度及对环境的要求也各有不同。下面针对不同的监控目的，对如何正确使用辐射监控仪做一简单的介绍。

一、定性监控的常用仪器

定性监控，就是鉴别有无放射性，这种方法对放射防护的专业技术人员来讲是经常遇到的。这常见于放射性事故（放射源丢失、被盗或试剂包装破损、泄漏），用辐射探测仪进行定性测量，可鉴别可疑物有无放射性，便于现场查找和处置。另外，在重要的公共场所进行安全检查时，对查出的不明物品或人员携带物等，都可用辐射探测仪进行定性检测。

用于定性监控的仪器，最好选择适应温差较大的环境条件使用，而又灵敏度高，剂量量程宽，体积小，携带方便的辐射仪，如 70 型监控仪的性能、特点较为适宜。

1. 可测 β、γ 射线，量程宽（0.04 mR/h～200 R/h）。

2. 可在较大温差范围（－40～50℃）环境下正常工作。

3. 可加探头和耳机。探头手柄用三节（能伸缩）轻质材料制成，遇有射线时，耳机发出嗒嗒的脉冲信号，省去眼睛直视率表。

4. 操纵箱、探头是密封的，可在雨天工作。仪表刻度盘有夜间照明系统，便于昏暗无光的室内外操作。

5. 体积小，重量轻（1.3 kg），携带方便。

二、外照射剂量监控的常用仪器

进行外照射剂量监控时，根据监控点辐射强度的大小，监控对象，环境条件及监控频率等，选择适当的辐射监控仪。对剂量大，监控频繁的固定位置监控时，可选用适合强辐射场使用的量程宽、探头部分与计数（或读数）部分分开，用导线传送信号的监控仪；对辐射水平较低，监控不定时、不定点的监控项目，可选用探头与显示部分为一体的辐射监控仪。

这类监控仪的种类较多，适合公安专业技术人员使用的有：数字显示式辐射仪；FJ—347A 型 X、γ 剂量仪；FJ—317C 型 γ 剂量仪；FJ—342GI 型中子雷姆仪等。

数字显示辐射监控仪是采用 G—M 计数管做探测元件，一节 9 V 叠层电池经振荡电路转换成 400 V 的电压作为计数管的电压。测量读数由液晶显示片显示，由时间控制电路调节测量时间。其特点是：

1. 它可测量照射量率和累积剂量，并可同时进行，互不干扰（在不断电、不复“零”时）。

2. 适合温差较大（−10～40℃）的环境。

3. 量程宽（1 mR/h～1 R/h）。

4. 体积小（160 mm×83 mm×23 mm），重量轻。

因是塑料外壳，使用中要注意避免挤压。数字显示需取平均值。

FJ—347A 型 X，γ 剂量仪性能、灵敏度较好，操作方便。

三、个人剂量监控仪器

在放射性管理工作中，经常会遇到有辐射损伤的场所。其损伤程度取决于辐射剂量率，接触时间的长短，距离和防护条件等。搞好个人剂量监控，是估算个人所受辐射剂量大小的可靠依据。

用于个人剂量监控的仪器有：直读式个人剂量笔、热释光剂量计，个人剂量报警器及用于辐射场监控用的照相胶片等。这些个人剂量监控仪的体积都很小，佩戴方便。

个人剂量报警器可分为两种：一种有剂量阈值，无剂量显示，当辐射场照射量率达到规定的阈值时（1 mR/h 或 2 mR/h 等）便以声、光的形式自动发出报警信号；另一种是可调节的，能够显示累积剂量的读数，当受照剂量达到调节的阈值时，便会发出报警信号。

第一种个人剂量报警器较为灵敏，性能稳定。比如袖珍式 X、γ 剂量报警器。其特点有：

1. 辐射场照射量率大于 1 mR/h 时即可报警，而且随着照射量率的增高，报警频率增加，当辐射场照射量率超过 30 mR/h 时，报警声响连成一条线。

2. 报警器使用一节 9 V 叠层电池供电，可连续使用 4～6 个月。

3. 体积小，只有香烟盒大小。重量轻，只有 140 g，佩戴方便。

有一种直读式剂量笔，可以显示出累积剂量的大小。当进入强辐射场，停留时间又较长时，可选择量程大（0～R 级）的剂量笔；当辐射场强度较低，停留时间短时，可选用量程小（0～mR 级）的剂量笔。剂量笔的量程大小与辐射场剂量强度在灵敏度上有差异。量程大的剂量笔，在辐射强度较弱的辐射场反应灵敏性较差。在强辐射场使用量程小的剂量笔时，所测数值（累积量）很容易超过剂量笔的最大剂量刻度值。所以，正确地选择剂量笔，可以获得准确的剂量数据。但该种个人剂量笔没有声、光报警装置，用之前还需要充电机充电。

热释光剂量计的体积更小，可以做成米粒大小，佩戴时非常方便。它可作为全身剂量监控（头、胸、腹、手和四肢等），剂量数值是累积剂量。它的不足主要是不能直接读出所测得的剂量数值，也无声、光报警装置口使用前还需要在特定的仪器中进行敏化紫外线退火处理，监控后的累积剂量数值，也需经加热、退火等程序，最后打印出数值。

四、表面污染监控仪器

表面污染监控，在放射性事故现场及开放型工作场所操作中是非常重要的。前面介绍了内、外照射都可引起机体的损伤，但一些不足以引起外照射损伤的微量的放射性核素进入体内后，可能引起严重的内照射损伤。所以对实验室桌台、用品、衣物等进行表面污染监控是重要的一环。使用的仪器应选择性能好、灵敏度高、多探头（不同种类射线用不同的探头）的监控仪。另外，最好使用窗口面积为 100 cm^2的探头（防护规定是以 100 cm^2时的粒子数表示的）。如 FJ—2202 型。α，β，γ 辐射仪的性能基本可以满足上述要求。

五、大气、水、生物辐射监控

在放射性工作场所中的粉尘（铀、钍矿的开采），实验室内及排至实验室外的放射性挥发性气体（碘蒸气、氡气等），放射性废水、废物和做放射治疗的病人或实验动物的排泄物（尿、粪便）均应进行辐射监控。

监控放射性气体、气溶胶时，一般用空气采样器抽吸、过滤，若是放射性废水或排泄物应先蒸干浓缩后再监控。剂量较大时可使用一般的监控仪，若是辐射水平较低或天然本底的监控，可用低本底测量仪测定样品中的比活度。这类仪器较多，如 FJ—388 型微尘连续监控仪，FJ—364 型废水测量仪，空气碘污染仪，低本底 γ 剂量仪等。

六、辐射监控仪使用中应注意的问题

1. 熟记所使用监控仪器的工作条件，掌握其工作原理。

2. 使用前先检查仪器是否能处于正常工作状态。如电池、电压、零点。可用工作源进行自检。当发现仪器工作不正常时应先查看说明书，找出原因后修正，当遇到大的故障不能及时排除时，应送专业修理部修理，不要自行拆卸。

3. 使用时应选择合适的剂量仪和挡位。对辐射场强度大的应用高量程的仪器，辐射场强度小的则选用低量程的仪器（辐射场的强度与剂量量程的高低有一个灵敏误差问题）。但如果不知辐射场强度时，应选用量程宽的监控仪，而且先用高量程挡位进行粗测，然后选择适当的量程测量，这对仪器部件（如指针）可起保护作用。

4. 测量时，探头与辐射源的距离要适当，一是进入辐射场时先远后近地逐步测量；二是要按刻度规定的距离测量（如测表面污染时，探头距离污染物相距一般为 5～10 mm)，这样才能达到测量出的剂量数值准确，误差小。

本章小结

1. 在接地装置接地电阻检测部分中，介绍了检测系统中电流极和电压极的布置方法，推导出了三电极检测法的检测误差表达式，在详细阐述直线布极法和三角形布极法原理的基础上，说明了消除检测误差的原理与方法，介绍了接地电阻检测的电阻测量仪检测法和电压表—电流表检测法的原理，最后介绍了等距四电极法和不等距四电极法检测土壤电阻率的方法原理。

2. 静电具有总电量不大、静电电位高、放电持续时间极短、放电通道中电流密度和防电功率很高等特点，结合这些特点，说明了静电检测与强电或一般的弱电检测相比较具有的特点。确定了能反映静电特点、特性的参量，结合静电的本质及其泄漏的规律，确定了静电电位、静电电量、静电电容、电阻与电阻率等检测参数。

3. 静电电位检测包括接触式和非接触式两类方法，前者适用于静电导体电位的检测，后者适合于绝缘体、也适合于导体的检测。介绍了接触式静电电位检测法、静电感应式检测法、空气电离式检测法的原理及具体的检测方法。

4. 在静电电量检测部分，主要介绍了法拉第筒检测静电电荷总量的方法。

5. 静电带电体的对地电容是重要的静电参数之一，介绍了交流检测法和直流检测法两类检测方法的原理及方法。

6. 在电阻与电阻率检测内容中，介绍了固体材料电阻与电阻率检测方法，阐述了表面电阻率、体电阻率和电导率的定义与含义，简述了有机液体电导率的检测方法。

7. 人体静电参数检测方法的原理与前述的方法基本相同，但人体的静电电位、对地电容等参数是动态变化的。

8. 对放射性辐射损伤发生的机理进行分析，电离辐射引起的生物效应，是一个非常复杂的过程。辐射损伤发生的机理包括两部分：一是辐射损伤的原发作用，原发作用是引起放射病的重要原因；二是继发作用，也就是机体各种代谢紊乱，导致症状出现。简要介绍了辐射对人体的损伤危害。

9. 介绍放射性防护标准的发展历程，说明了剂量当量限值对放射工作人员和公众照射的标准要求。

10. 介绍了α放射性样品、β放射性样品、γ射线剂量和中子剂量的测量方法和检测仪器的使用。

11. 简要介绍了放射性监控与监控技术及监控仪器使用中应注意的问题。

复习思考题

1. 在三电极接地电阻检测系统中，检测误差主要与哪些因素有关？

2. 在三电极接地电阻检测的直线布极法中，是如何消除布极误差的？三角形布极法是否考虑了消除误差的措施？

3. 简述接地电阻测量仪检测法和电压表—电流表测量法的原理。

4. 静电具有哪些特点？与强电及一般的弱电检测相比，静电检测具有哪些特点？

5. 反映静电放电可能性、设备或物体储存静电电荷能力、静电电荷泄漏快慢的特性参数分别是什么参数？

6. 为什么接触式静电电位检测法不适用于非导体静电电位的检测？感应式检测方法能否用于静电导体的静电电位的检测？

7. 静电电位检测的一次检测持续时间过长有什么后果？说明原因。

8. 简述法拉第筒法检测静电电量的原理。

9. 能否检测油罐车的对地电容？为保证检测的准确度，应注意哪些问题？

10. 简述电荷平衡法和电荷衰减法检测电容的原理。

11. 有人说：固体或液体的电阻、电阻率及电导率的检测实质上都是电阻的检测。这种说法对否？陈述理由。

12. 检测防静电工作服的电阻，得到的是表面电阻还是体电阻？对同一件工作服，干燥的春季与潮湿的夏季检测结果可能差别较大，最可能的原因是什么？

13. 为什么人的身高、体重、衣着、鞋袜、地面材料、站立或蹲坐、单或双脚站立等情况变化时，人体对地电容都会变化？

14. 在静电感应类静电电位检测仪表中，输入电阻都比较高，说明其原因。探头与被测带电体的距离变化为什么会改变显示数值。

15. 感应式静电电位检测仪表及其探头都安装在接地的外屏蔽壳体内。阐述其原因和作用。

16. 辐射损伤发生的机理包括哪几部分？

17. 简述射线对 DNA 的影响。

18. 辐射伤害人体会出现哪些躯体效应？

19. 简述辐射损伤的原发作用间接表现形式。

20. 剂量当量限值的含义是什么？

21. 放射性监控主要分为哪几类？

22. 辐射监控仪使用中应注意哪些问题？

参考文献

[1] 赵建华．现代安全监控技术［M］．合肥：中国科学技术大学出版社，2006

[2] 黄仁东，刘敦文．安全检测技术［M］．北京：化学工业出版社，2006

[3] 魏永广，刘存．现代传感技术［M］．沈阳：东北大学出版社，2001

[4] 范玉久，朱麟章．化工测量及仪表［M］．北京：化学工业出版社，2002

[5] 陈杰，黄鸿．传感器与检测技术［M］．北京：高等教育出版社，2002

[6] 张迎新，雷道振等．非电量测量技术基础［M］．北京：北京航空航天大学出版社，2002

[7] 厉玉鸣．化工仪表及自动化［M］．北京：化学工业出版社，1987

[8] 王玲生．热工检测仪表［M］．北京：冶金工业出版社，1994

[9] 杜维等．过程检测技术及仪表［M］．北京：化学工业出版社，1998

[10] 王俊杰，王家桢．检测技术与仪表［M］．武汉：武汉理工大学出版社，2002

[11] 侯志林．过程控制与自动化仪表［M］．北京：机械工业出版社，2000

[12] 李新光，张华，孙岩等．过程检测技术［M］．北京：机械工业出版社，2004

[13] 李学政．化工测量及仪表［M］．北京：化学工业出版社，1992

[14] 盛克仁．过程测量仪表［M］．北京：化学工业出版社，1992

[15] 黄泽铣．热电偶原理及其标定［M］．北京：中国计量出版社，1993

[16] 王永红．过程测量仪表［M］．北京：清华大学出版社，1987

[17] 周培森．自动检测与仪表［M］．北京：化学工业出版社，1992

[18] 陈守仁．工程检测技术［M］．北京：中国广播电视大学出版社，1984

[19] 陈润泰，许琨．检测技术与智能仪表［M］．长沙：中南工业大学出版社，1995

[20] 萧汉卿等．容积式流量计［M］．北京：中国计量出版社，1997

[21] 翟秀贞等．差压型流量计［M］．北京：中国计量出版社，1995

[22] 夏焕彬等．气动调节仪表［M］．第一版．北京：化学工业出版社，1980

[23] 施文康，余晓芬．检测技术［M］．北京：机械工业出版社，2000

[24] 张秀彬．热工测量原理及其现代技术［M］．上海：上海交通大学出版社，1995

[25] 高魁明．热工测量仪表［M］．北京：冶金工业出版社，1993

[26] 张宏勋．过程机械量仪表［M］．北京：冶金工业出版社，1995

[27] 王家桢，王俊杰．传感器与变送器［M］．北京：清华大学出版社，1996

[28] 侯志林．过程控制与自动化仪表［M］．北京：机械工业出版社，2002

[29] 厉玉鸣等．化工仪表及自动化［M］．第一版．北京：化学工业出版社，1981

[30] 杜效荣等．化工仪表及自动化［M］．第一版．北京：化学工业出版社，1980

[31] 肖宁辉主编．现代无损检测新技术新工艺与应用技术标准大全［M］．北京：银声音像出版社，2004

[32] 邵泽波主编．无损检测技术［M］．北京：化学工业出版社，2003

[33] 黄守明主编．设备诊断技术［M］．北京：煤炭科学研究院，1980

[34] 黎源倩，杨正文．空气理化检验［M］．北京：人民卫生出版社，2000

[35] 奚旦立，孙裕生，刘秀英．环境监控（修订版）［M］．北京：高等教育出版社，1999

[36] 董文庚，刘庆洲，高增明．安全检测原理与技术［M］．北京：海洋出版社，2004

[37] 董文庚，刘庆洲，苏昭桂．安全检测技术与仪表［M］．北京：煤炭工业出版社，2007

[38] 李科杰．新编传感器技术手册［M］．北京：国防工业出版社，2002

[39] 陈安之．作业环境空气中有毒物质检测方法［M］．北京：北京经济学院出版社，1991

[40] 李国刚．环境化学污染事故应急监控技术与装备［M］．北京：化学工业出版社，2005

[41] 闫军．工作区有害气体检测的五种常用传感器［J］．仪器仪表与分析监控，2001，(2)：6～7

[42] 刘中奇，王汝琳．基于红外吸收原理的气体检测［J］．煤炭科学技术，2005，33 (1)：65～68

[43] 王子平．正确设计可燃气体和有毒气体检测报警系统［J］．石油化工自动化，1998，(4)：9～13

[44] 徐伯洪，肖宏瑞．扩散法被动式个体采样器在作业场所空气监控中的应用［J］．卫生研究，1998，27 (6)：370～371

[45] 陈卫．用活性炭管吸收和热解吸气相色谱测定车间空气中有毒物质的方法探讨［J］．中国公共卫生，2002，17 (1)：95～96

［46］徐东群，崔九思，王斌等．低浓度挥发性有机化合物被动式个体采样器的研究［J］．卫生研究，1999，28（4）：246～248

［47］孙一坚主编．工业通风（第三版）．北京：中国建筑工业出版社，2002

［48］马中飞编著．工业通风与防尘．北京：化学工业出版社，2007

［49］王汉青主编．通风工程．北京：机械工业出版社，2007

［50］赵衡阳．气体和粉尘爆炸原理．北京：北京理工大学出版社，1996

［51］马俊主编．煤矿呼吸性粉尘监控分析技术．北京：煤炭工业出版社，1999

［52］闫跃进，刘建超等．呼吸性粉尘监控技术与防治方法．武汉：中国地质大学出版社，1998

［53］田冬梅，蒋仲安，姚建等．中外粉尘监控技术的比较［J］．金属矿山，2008，385（7）：116～119

［54］范维澄编著．火灾学简明教程．合肥：中国科学技术大学出版社，1995

［55］吴龙标，袁宏永编著．火灾探测与控制工程．合肥：中国科学技术大学出版社，1999

［56］吴龙标，方俊，谢启源编著．火灾探测与信息处理．北京：化学工业出版社，2006

［57］谭炳华编著．火灾自动报警及消防联动系统．北京：机械工业出版社，2007

［58］张剑明主编．火灾自动报警与联动控制系统．北京：中国人民公安大学，2006

［59］张庆河主编．电气与静电安全．北京：中国石化出版社，2005

［60］王祥，朱焕勤，石永春．油库电气安全防爆技术．北京：中国电力出版社，2006

［61］张小青．建筑防雷与接地技术．北京：中国电力出版社，2003

［62］刘尚合．人体静电极端值的分析研究．静电，1991，6（1）：54～59

［63］刘尚合．静电理论与防护．北京：兵器工业出版社，1999

［64］刘尚合，武占成，朱长清等．静电放电及危害防护．北京：北京邮电大学出版社，2004

［65］李世俊．电离辐射剂量学．北京：原子能出版社，1981

［66］国防科工委科技与质量司组织编写．电离辐射计量．北京：原子能出版社，2002

［67］陈万金，陈燕俐，蔡捷编著．辐射及其安全防护技术．北京：化学工业出版社，2006

［68］李培英，牛庆国，陈岩主编．电离辐射防护知识．石家庄：河北科学技术出版社，2008

［69］高洪亮，刘章现，徐义勇主编．安全检测监控技术．北京：中国劳动社会保障出版社，2009